《青藏高原高寒草甸生态系统结构与功能对模拟气候变暖的响应研究》编委会

主　　编　周华坤　石国玺　马　丽

副 主 编　张中华　赵建中　周秉荣　李宏林　张春辉　姚步青　马　真　杜岩功
　　　　　　孙　建　邵新庆　李文龙

参编人员　（排名不分先后）
　　　　　　赵新全　毛旭锋　蒋胜竞　陈珂璐　于红妍　徐有学　赵天悦　何香龙
　　　　　　叶　鑫　段吉闯　温　军　陈　哲　金艳霞　付京晶　黄瑞灵　雷占兰
　　　　　　任　飞　魏　晴　田林卫　杨月娟　赵艳艳　余欣超　魏晶晶　邓艳芳
　　　　　　李以康　杨永胜　郭小伟　张法伟　周玉碧　李红梅　杨晓渊　常　涛
　　　　　　徐隆华　秦瑞敏　徐满厚　马宏义　乔　枫　于　龙　刘汉武　张　骞
　　　　　　苏洪烨　佘延娣　曲家鹏　周彦艳　贺有龙　赵晓军　王立亚　卡着才让
　　　　　　赵　娜　周宸宇　胡振军　黎　与　李志昆　刘选德　邓万香　马艳圆
　　　　　　黄小涛　王　芳　胡　雪　谢贝龙　李翠翠　包宗芳　范佩珍　徐文华
　　　　　　汪新川　贾顺斌　赵洪钱　徐成体　范月君　林　丽　李杰霞　芦光新
　　　　　　王　伟　李文浩　张　强　李　珊　袁　访　苏梦琳　姚亮伟　阿的哈则
　　　　　　马青山　姚俊飞　汤桂迎　吴发亮　李旭东　王芳萍　史正晨　屈柳燕
　　　　　　王世颖　刘汉武　逯登果　李积德　王　婧　周兴民　刘海秀　王永强
　　　　　　李文渊　赵洪景　章海龙　赵青山　朱锦福　吴桂玲　康海军　徐公芳
　　　　　　刘　塔　马向花　杨路存　盛庭岩　耿贵工　穆雪红

青海省科学技术学术著作出版资金资助

青藏高原
高寒草甸生态系统结构与功能对模拟气候变暖的响应研究

QINGZANGGAOYUAN
GAOHAN CAODIAN SHENGTAI XITONG JIEGOU YU GONGNENG
DUI MONI QIHOU BIANNUAN DE XIANGYING YANJIU

周华坤 石国玺 马 丽 主编

兰州大学出版社
LANZHOU UNIVERSITY PRESS

图书在版编目（CIP）数据

青藏高原高寒草甸生态系统结构与功能对模拟气候变暖的响应研究 / 周华坤，石国玺，马丽主编. -- 兰州：兰州大学出版社，2023.8
ISBN 978-7-311-06533-1

Ⅰ. ①青… Ⅱ. ①周… ②石… ③马… Ⅲ. ①青藏高原－寒冷地区－草甸－生态系统－研究 Ⅳ. ①S812.3

中国国家版本馆CIP数据核字(2023)第165870号

责任编辑　张　萍
封面设计　汪如祥

书　　名	青藏高原高寒草甸生态系统结构与功能对模拟气候变暖的响应研究	
作　　者	周华坤　石国玺　马　丽　主编	
出版发行	兰州大学出版社　（地址：兰州市天水南路222号　730000）	
电　　话	0931-8912613(总编办公室)　0931-8617156(营销中心)	
网　　址	http://press.lzu.edu.cn	
电子信箱	press@lzu.edu.cn	
印　　刷	陕西龙山海天艺术印务有限公司	
开　　本	787 mm×1092 mm　1/16	
印　　张	26.5(插页4)	
字　　数	638千	
版　　次	2023年8月第1版	
印　　次	2023年8月第1次印刷	
书　　号	ISBN 978-7-311-06533-1	
定　　价	128.00元	

（图书若有破损、缺页、掉页，可随时与本社联系）

资助项目

国家自然科学基金项目（32371684，32060252，31672475，32301406）

青海省自然科学基金创新团队项目（2021-ZJ-902）

中国科学院-青海省人民政府三江源国家公园联合研究专项2020年度项目（YHZX-2020-08）

第二次青藏高原综合科学考察研究项目"草地生态系统与生态畜牧业"（2019QZKK0302-02）

甘肃省杰出青年基金（20JR5RA500）

国家黄河流域生态保护和高质量发展联合研究中心项目（2022-YRUC-01-0102）

国家自然科学基金联合基金项目（U21A20186，U21A2021，U20A2006）

2020年中国科学院"西部之光"创新交叉团队—重点实验室专项课题（CASL-WC-2021）

2020年第二批林业草原生态保护恢复资金——祁连山国家公园青海片区生物多样性保护项目（QHTX-2021-009）

第五批国家"WR计划"科技创新领军人才（2020年）特殊支持经费

青海省海南州科技支撑计划项目（2022-KZ01-A）

参编单位

中国科学院西北高原生物研究所
青海省寒区恢复生态学重点实验室
天水师范学院
中国科学院高原生物适应与进化重点实验室
中国科学院三江源国家公园研究院
中国农业大学
中国科学院青藏高原研究所
青海省气象科学研究所
青海师范大学
青海大学
青海畜牧兽医职业技术学院
兰州大学
青海省草原总站
青海省草原改良实验站

前 言

温室气体增加引起气候变暖，已成为毋庸置疑的事实。联合国政府间气候变化专门委员会（Intergovernmental Panel on Climate Change，IPCC）第六次评估报告指出，2011—2020年全球地表温度比1850—1900年全球地表温度升高了1.1 ℃，而高纬度、高海拔地区温度升幅更大。青藏高原近50年的平均升温率超过全球同期平均升温率的2倍。这种全球性气候变化势必对植物的形态结构、生理特征和土壤理化性质产生影响，进而导致陆地植被-土壤系统发生改变。

植物在陆地生态系统结构中占有重要地位，对气候变化响应也最为敏感。随着气候变化加剧，植物对气候的响应逐渐明显。温度作为最重要的气候因子之一，控制着生态系统中大部分的生物化学反应速率，几乎影响所有生物学过程，并调节生态系统中的能量、水分和养分循环。一方面，温度升高可影响植物的光合作用和呼吸作用，改变植物的物候进程，引起植物生产力分配和植物群落结构发生变化，甚至导致群落发生演替；另一方面，温度升高可改变土壤水热状况，引起土壤呼吸速率、土壤微生物群落结构与功能发生变化。高海拔地区是全球气候变化最敏感的区域之一，其升温速率和幅度均远大于低海拔地区。因此，气候变暖对高海拔地区生态系统的影响已成为众多科学家研究的热点。

高寒草甸作为高海拔地区较为典型的植被类型，是陆地植被较为特殊的组成部分，属于典型的山地垂直地带性植被和高原地带性植被。研究气候变暖对高寒草甸生态系统可能带来的影响及高寒草甸植被-土壤系统对气候变暖的响应和适应问题，能够较好地反映全球气候变化效应。因此，有必要对高寒草甸植被-土壤系统响应气候变暖进行一次较为全面、系统的分析，以此为该领域相关学者的研究提供参考，同时为高寒地区草地资源在气候变化背景下的合理利用提供理论依据。

本专著根据青海省生态立省、青海省生态文明先行区建设战略的需求，依托以往的众多研究积累和实践，针对气候变暖对高寒草甸植物-土壤复合系统的生态学效应这一科学问题，以生态学原理和系统科学理论为基础，紧密结合全球变化生物学理论，采用定量、半定量方法，联合运用确定和非确定性模型以及优化技术，选择青海省海北藏族自治州为重点研究区，以中科院海北高寒草地定位研究站梯度增温样地为主要研究平台，首先针对高寒草甸生态系统不同的植物功能类群和代表性植物，将物候、植物形态、叶寿命、种子质量、比叶面积、物种多样性-生产力关系、群落稳定性等作为不同植物功能群和物种的响应敏感性评价指标，筛选出对气候变暖响应敏感的植物功能类群和代表植物种；然后以植物功能群和物种的养分有效性、水分利用效率、酶活性、光合产物分配模式等为切入点，探讨敏感植物种和功能类群对气候变暖的生态适应性，最终揭示高寒草甸不同植物功能类群对气候变暖的响应模式和生态适应机制，提出高寒草甸地区应对气候变暖的对策；最后整合海北站和三江源站长期连续的开顶式小室（open top charmber, OTC）增温样地的研究结果，分析长期增温对植物群落、土壤养分、生物多样性、地上/地下生物量、牧草营养、碳储量、门源草原毛虫幼虫发育历期、生长发育速率、体质量及存活率等生态系统结构和功能的影响，对比分析增温效应的时滞性和长期性，为动植物之间协同进化关系对环境变化的响应提供科学依据。

本书的作者均长期致力于全球变化生态学的研究，以高寒草甸生态系统为主要研究对象，先后开展了OTC增温的微环境效应，模拟气候变暖对植物物候特征、表型可塑性、生长特性、植物生理生态、植物群落组成、土壤呼吸、土壤微生物、草原毛虫等影响的研究工作。他们多年从事全球变化生态学方面的一线科研工作，有深厚的研究积累，针对上述重大科学问题开展了长期野外调查和定位观测研究，获得了大量研究资料，发表了一批学术价值很高的学术论文，提出了许多新的学术见解，本书正是对这些阶段性成果的系统总结。本书学术价值较高，其内容和见解将提升气候变化对高寒草地生态系统影响的科学认识，对合理制定高寒草甸草地生态保护和气候变化应对对策具有重要的理论价值和实践意义。

本书共分3编12章。第一编为研究背景分析，共3章。第1章，主要论述了高寒草甸的分布特征、气候特征、土壤要素及其特征与生态系统类型（由周华坤、赵新全、孙建等编写）；第2章，综述了气候变暖的成因、气候变暖的生态学效应、气候变暖的研究方法、高寒草甸的气候变化特征、当前研究进展与仍需研究的方向与内容（由周华坤、石国玺、周秉荣等编写）；第3章，系统介绍了OTC增温对微气候辐射、风速、土壤湿度、空气湿度、温度的影响（由周华坤、赵建中、邵新庆等编写）。第二编为植物系统对模拟气候变暖的响应，共5章。第4章，以野外控制试验方法，说明放牧等人为干扰和气候变暖等原因对高寒典型植物的物候特征与表型可塑性的影响（由周华坤、石国玺、马丽等编写）；第5章，主要介绍了不同温度条件下矮嵩草、黑褐苔草、垂穗披碱草、草地早熟禾、短穗兔耳草、鸟足毛茛等典型高寒植物的分蘖、叶片大小、叶片高度、生物量等指标的变化特征,讨论了植物功能群生长特征与温度的相关性(由周华坤、石国玺、赵建中等编写);第6章,主要介绍了模拟增温与刈割对典型植物叶片色素含量、瞬时光合速率、比叶面积、叶面C/N值、$\delta^{13}C$和$\delta^{15}N$含量的影响,预期通过典型植物对不同处理的差异化响应来解释增温和放牧对高寒草甸的影响,为阐明高寒草甸植物适应增温环境的内在机制提供相关依据和参考(由周华坤、石国玺、张中华等编写);第7章,主要介绍了长期增温对矮嵩草草甸主要植物功能群(禾草、莎草和杂类草)营养成分的影响,探讨了长期增温处理下植物营养品质与土壤养分的响应关系(由周华坤、李宏林、张中华等编写);第8章,主要介绍了长期增温对高寒草甸植物群落的物种多样性、植物群落组成与植物功能群的影响,并讨论了物种多样性与温度、土壤养分和土壤湿度的相关性(由周华坤、石国玺、张春辉等编写)。第三编为高寒草甸土壤系统对模拟气候变暖的响应,共3章。第9章,分析了模拟气候变暖对土壤呼吸的影响,并分析了土壤呼吸与温度、土壤湿度间的关系(由周华坤、田林卫、石国玺等编写);第10章,主要介绍了短期增温与模拟放牧、短期增温与模拟降雪、长期增温对高寒草甸丛枝菌根真菌群落多样性及其多样维持机制的影响(由石国玺、蒋胜竞、周华坤等编写);第11章,主要介绍了不同增温梯度下各龄期门源草原毛虫的生长发育、空间分布与繁殖等。通过对比分析不同增温幅度下毛虫幼虫越冬存活率、发育历期、相对生长率、体质量、存活率,雄成虫体长、翅长,雌虫孤雌产卵数、卵质量、卵孵化率等的变化,探索不同增温幅度下毛虫幼虫生长发育及成虫繁殖的变化规律,为未来温度升高时预报和防治门源草原毛虫提供基础资料(由余新超、周华坤、邵新庆等编写)。第四编为植物-土壤-昆虫复合系统对模拟增温的响应,共1章。第12章,介绍了模拟增温和丛枝菌根对门源草原毛虫幼虫的生长速率、蛹化时间、雌雄蛹质量的影响,为进一步探究丛枝菌根在气候变暖背景下的生态系统响应中所发挥的作用,为高寒草甸生态系统的科学管理提供理论基础和试验依据(由陈珂璐、石国玺、周华坤等编写)。

  本书是在大量野外研究工作的基础上,全面系统总结高寒草甸这一独特生态系统类型对气候变暖响应机制的研究成果,具有原创性。本书将生态学、土壤学、植物学、草业科学、气候学、微生物学、昆虫学和环境科学等不同学科的研究分析方法进行了整合,学术思想新颖,研究方法先进,内容丰富,资料翔实,结论真实可靠,是我国在全球变化生态学方面具有重要意义的著作。本书面向广泛的读者对象,主要包括从事全球变化生态学、草地管理学、草地生态学、土壤生态学研究的科研人员、高校教师和研究生。同时,还可作为草地可持续管理的政策制定、应对气候变化策略相应部门的管理及技术人员的参考书。

  本书的研究成果得到青海省创新平台建设专项、中国科学院-青海省人民政府三江源国家公园联合研究专项2020年度项目、国家自然科学基金项目、第二次青藏高原综合科学考察研究项目、中国科学院先导专项和甘肃省杰出青年基金等诸多项目的资助和支持，本书的出版还得到"青海省科学技术学术著作出版资金"的资助，在此一并表示衷心的感谢！

在本书组织、编撰和付梓期间，得到了中国科学院西北高原生物研究所、青海省科学技术厅、中国科学院三江源国家公园研究院、中国科学院高原生物适应与进化重点实验室、青海省寒区恢复生态学重点实验室、中国科学院西北高原生物研究所草地恢复和生态畜牧业研究团组、中科院海北高寒草甸生态系统研究站等平台和团队的支持，同时得到我的硕士研究生导师周兴民研究员的支持和帮助。我的博士后石国玺教授和张春辉副教授，我的研究生马丽、张中华、陈珂璐、叶鑫、段吉闯、温军、陈哲、金艳霞、付京晶、黄瑞灵、雷占兰、任飞、魏晴、田林卫、杨月娟、赵艳艳、余欣超、王婧、屈柳燕等在采集数据、整理资料等方面做出了实质性贡献。

由于本书涉及的学科面广，加之著者水平有限，对科学问题的认识和开展的研究工作不尽完善，疏漏之处在所难免，恳请读者批评指正。

周华坤

2023年1月

目 录

第一编 背景分析

第1章 高寒草甸生态系统的基本情况 ········003
- 1.1 高寒草甸生态系统的基本概况 ········003
- 1.2 高寒草甸分布特征 ········004
  - 1.2.1 高寒草甸分布区域 ········004
  - 1.2.2 分布模式规律 ········006
- 1.3 气候特征 ········007
  - 1.3.1 大气环流 ········007
  - 1.3.2 气温 ········009
  - 1.3.3 降水特征 ········010
  - 1.3.4 辐射与日照 ········011
- 1.4 地貌特征 ········012
- 1.5 土壤要素及特征 ········014
  - 1.5.1 土壤形成特点 ········015
  - 1.5.2 土壤类型及其特征 ········016
- 1.6 高寒草甸生态系统类型 ········017
  - 1.6.1 典型高寒草甸生态系统 ········017
  - 1.6.2 草原化高寒草甸生态系统 ········019
  - 1.6.3 沼泽化高寒草甸生态系统 ········021
- 参考文献 ········023

第2章 全球气候变暖研究现状 ········025
- 2.1 气候变暖现状 ········025
- 2.2 气候变暖的成因 ········026
  - 2.2.1 大气成分变化 ········027
  - 2.2.2 大气成分变化引起的温室效应 ········028
  - 2.2.3 温室气体改变引起的气候变化 ········029

2.3 气候变暖的研究历史 ·· 031
2.4 气候变暖的生态学效应 ··· 033
  2.4.1 温室效应对陆地生态系统的影响 ······································· 033
  2.4.2 CO_2浓度增加对生态系统的直接作用 ································ 033
  2.4.3 增温的作用 ··· 034
  2.4.4 物种的地理迁移 ··· 035
  2.4.5 温室效应对干扰的作用 ··· 035
  2.4.6 全球气候变化对生物多样性的影响 ···································· 036
2.5 陆地生态系统增温研究方法 ·· 036
  2.5.1 气候变暖的观测研究方法 ·· 036
  2.5.2 试验模拟法 ·· 037
  2.5.3 理论模型法 ·· 041
2.6 高寒草甸植被—土壤系统对气候变暖响应的研究进展 ··················· 041
  2.6.1 气候变暖对高寒草甸植物特征的影响 ································ 042
  2.6.2 气候变暖对高寒草甸土壤特性的影响 ································ 046
2.7 小结与展望 ··· 048
  2.7.1 高寒草甸植物对气候变暖的响应 ······································ 048
  2.7.2 高寒草甸土壤对气候变暖的响应 ······································ 049
  2.7.3 高寒草甸植被—土壤系统对气候变暖响应的不确定性 ············· 049
  2.7.4 展望 ··· 049
参考文献 ·· 050

第3章 OTC增温处理下的微气候和土壤特征变化 ·································· 064

3.1 研究方法 ·· 065
  3.1.1 研究地点 ·· 065
  3.1.2 材料与方法 ··· 065
3.2 增温小室对微气候的影响 ··· 067
  3.2.1 辐射 ··· 067
  3.2.2 风速差异 ··· 069
  3.2.3 土壤湿度 ··· 070
  3.2.4 空气湿度 ··· 072
  3.2.5 温度 ··· 073
3.3 土壤养分的变化 ·· 074
参考文献 ·· 075

目 录

第二编 植物系统对模拟气候变暖的响应

第4章 OTC增温对高寒草甸典型植物物候特征与表型可塑性的影响 ……079

- 4.1 研究历史及进展 ……080
  - 4.1.1 植物群落物候学研究现状 ……080
  - 4.1.2 表型可塑性研究进展 ……081
  - 4.1.3 影响植物物候和表型可塑性的主要因素 ……084
- 4.2 研究方法 ……088
  - 4.2.1 试验区概况 ……088
  - 4.2.2 试验设计 ……089
  - 4.2.3 研究方法 ……090
- 4.3 模拟增温与刈割对矮嵩草草甸环境特征的影响 ……091
  - 4.3.1 开顶式增温小室内的照度 ……091
  - 4.3.2 开顶式增温小室内风速减少量 ……091
  - 4.3.3 开顶式增温小室内的土壤湿度 ……092
  - 4.3.4 开顶式增温小室的增温幅度和有效积温 ……093
- 4.4 模拟增温与刈割对矮嵩草草甸典型植物物候特征的影响 ……095
  - 4.4.1 模拟增温与刈割对矮嵩草草甸典型植物返青始期和枯黄末期的影响 ……095
  - 4.4.2 模拟增温与刈割对矮嵩草草甸典型植物开花期(现蕾初期)的影响 ……098
  - 4.4.3 模拟增温与刈割对矮嵩草草甸典型植物结实末期的影响 ……099
- 4.5 模拟增温与刈割对矮嵩草草甸典型植物表型可塑性的影响 ……100
  - 4.5.1 矮嵩草草甸典型植物叶片性状对模拟增温与刈割的差异化响应 ……101
  - 4.5.2 矮嵩草草甸典型植物茎秆性状和全株性状对模拟增温与刈割的差异化响应 ……101
  - 4.5.3 矮嵩草草甸典型植物茎叶性状的保守性 ……108
  - 4.5.4 模拟增温和刈割对矮嵩草草甸典型植物茎叶性状变异性的影响 ……108
  - 4.5.5 模拟增温和刈割干扰下矮嵩草草甸典型植物个体生物量变化的驱动因子 ……109
  - 4.5.6 综合评价模拟增温和放牧处理对矮嵩草草甸典型植物的影响 ……111
- 参考文献 ……112

第5章 高寒草甸典型植物生长特征对OTC模拟增温梯度的响应 ……124

- 5.1 研究方法 ……125
  - 5.1.1 试验设计 ……125
  - 5.1.2 研究对象介绍 ……125

5.1.3 试验内容 ································ 126
5.1.4 数据分析 ································ 127
5.2 微气候变化 ································ 127
5.2.1 温度变化 ································ 127
5.2.2 相对湿度变化 ····························· 130
5.3 增温对矮嵩草的影响 ························· 132
5.3.1 对分蘖的影响 ····························· 132
5.3.2 对叶片的影响 ····························· 133
5.3.3 对叶片高度的影响 ························· 135
5.3.4 对生物量的影响 ··························· 136
5.4 增温对黑褐苔草的影响 ······················· 137
5.4.1 对分蘖的影响 ····························· 137
5.4.2 对叶片的影响 ····························· 138
5.4.3 对生物量的影响 ··························· 141
5.5 增温对垂穗披碱草的影响 ····················· 142
5.5.1 对分蘖的影响 ····························· 142
5.5.2 对叶片的影响 ····························· 143
5.5.3 对叶片高度的影响 ························· 145
5.5.4 对生物量的影响 ··························· 146
5.6 增温对草地早熟禾的影响 ····················· 147
5.6.1 对分蘖的影响 ····························· 147
5.6.2 对叶片的影响 ····························· 148
5.6.3 对叶片高度的影响 ························· 150
5.6.4 对生物量的影响 ··························· 151
5.7 增温对短穗兔耳草的影响 ····················· 152
5.7.1 对叶片的影响 ····························· 152
5.7.2 对叶片高度的影响 ························· 153
5.7.3 对匍匐茎的影响 ··························· 154
5.7.4 对生物量的影响 ··························· 156
5.8 增温对鸟足毛茛的影响 ······················· 156
5.8.1 对叶片的影响 ····························· 156
5.8.2 对株高的影响 ····························· 157
5.8.3 对花蕾的影响 ····························· 159
5.8.4 生长期变化 ································ 160
5.9 高寒草甸典型植物生长特征对OTC模拟增温梯度的响应机制 ··· 160
5.9.1 分蘖数变化 ································ 160

  5.9.2 叶片数变化 ··162
  5.9.3 高度变化 ··163
  5.9.4 生物量变化 ··164
  5.9.5 短穗兔耳草的匍匐茎变化 ··165
  5.9.6 鸟足毛茛的花蕾数变化 ···165
  5.9.7 鸟足毛茛的生长期变化 ···166
 5.10 植物功能群生长特征与温度的相关性分析 ···167
  5.10.1 莎草科功能群植物 ···167
  5.10.2 禾本科功能群植物 ···169
  5.10.3 杂类草功能群植物 ···171
 参考文献 ···173

第6章 高寒草甸典型植物对模拟增温和放牧的生理生态响应 ································181
 6.1 植物生理生态对气候变暖和放牧的响应概述 ···182
  6.1.1 植物光合生理对气候变暖和放牧的响应 ···182
  6.1.2 植物碳氮元素含量对气候变暖和放牧的响应 ·····································183
 6.2 研究方法 ···184
  6.2.1 试验区概况 ··184
  6.2.2 试验设计 ··185
  6.2.3 测量方法 ··185
 6.3 OTC模拟增温效果 ··186
  6.3.1 OTC增温 ···186
  6.3.2 土壤湿度 ··187
 6.4 增温与放牧对植物叶片色素含量的影响 ···188
  6.4.1 增温与放牧对矮嵩草叶片叶绿素含量的影响 ·····································188
  6.4.2 增温与放牧对垂穗披碱草叶片叶绿素含量的影响 ······························189
  6.4.3 增温与放牧对棘豆叶片叶绿素含量的影响 ··189
  6.4.4 增温与放牧对麻花艽叶绿素含量的影响 ···190
 6.5 高寒草甸典型植物生理生态特性对模拟增温和放牧的响应机制 ·····················191
  6.5.1 叶绿素对增温与放牧的响应机制 ··191
  6.5.2 叶片花青素含量对增温与放牧的响应机制 ··191
  6.5.3 植物瞬时光合速率对增温与放牧的响应机制 ·····································193
  6.5.4 植物比叶面积对增温与放牧的响应机制 ···194
  6.5.5 植物叶片碳/氮值、$\delta^{13}C$和$\delta^{15}N$含量对增温与放牧的响应机制 ············195
 参考文献 ···200

第7章 长期增温对矮嵩草草甸植物营养品质与土壤养分的影响 ················207

7.1 研究方法 ················208
7.1.1 样地设置 ················208
7.1.2 功能群划分与调查 ················208
7.1.3 样品采集与处理 ················208
7.1.4 测定项目及方法 ················209
7.1.5 数据处理 ················209
7.2 长期模拟增温对矮嵩草草甸植物营养成分含量的影响 ················210
7.3 矮嵩草草甸土壤养分与植物营养成分含量的CCA排序 ················211
7.4 长期模拟增温后植物营养品质与土壤养分的响应关系 ················213
参考文献 ················214

第8章 长期增温对高寒草甸植物群落特征的影响 ················218

8.1 长期增温对高寒草甸植物群落物种多样性的影响 ················219
8.1.1 研究方法 ················221
8.1.2 物种多样性 ················222
8.1.3 群落结构 ················225
8.1.4 长期增温对高寒草甸植物群落物种多样性的影响机制 ················227
8.2 梯度增温对植物群落物种多样性与功能群的影响 ················229
8.2.1 研究方法 ················229
8.2.2 物种多样性 ················229
8.2.3 物种多样性与温度、土壤养分和土壤湿度的相关性 ················231
8.2.4 模拟增温对功能群的影响 ················233
8.3 长期增温对高寒草甸与高寒灌丛植物群落的影响 ················247
8.3.1 研究方法 ················247
8.3.2 增温对植物群落结构的影响 ················247
8.3.3 增温对植物群落生物量的影响 ················248
8.3.4 增温对植物群落物种数的影响 ················249
8.3.5 长期增温对高寒草甸与高寒灌丛植物群落的影响机制 ················249
8.4 高寒草甸地下生物量及其碳分配对长期增温的响应差异 ················251
8.4.1 研究方法 ················251
8.4.2 增温对地下生物量的影响 ················252
8.4.3 增温对地下生物量垂直分配的影响 ················252
8.4.4 增温对根系碳含量的影响 ················253
8.4.5 增温对土壤含碳量的影响 ················254
8.4.6 高寒草甸地下生物量及其碳分配对长期增温的响应分异机制 ················254

参考文献 ··· 256

第三编　高寒草甸土壤系统对模拟气候变暖的响应

第9章　模拟增温对土壤呼吸速率的影响 ··· 269

9.1　研究方法 ·· 270
  9.1.1　试验设计及样地设置 ·· 270
  9.1.2　土壤温湿度和土壤呼吸的测定 ··· 270
9.2　增温和放牧下土壤呼吸速率的季节变化 ·· 270
9.3　土壤呼吸与温度间的相关关系 ··· 273
9.4　土壤呼吸与空气湿度的相关关系 ·· 275
9.5　增温和放牧对土壤呼吸速率的交互效应 ·· 276
参考文献 ··· 277

第10章　模拟增温对高寒草甸丛枝菌根真菌群落的效应 ·························· 279

10.1　丛枝菌根真菌概述 ··· 279
  10.1.1　简介 ··· 279
  10.1.2　AM真菌多样性 ··· 280
  10.1.3　AM真菌生态功能 ·· 282
  10.1.4　AM真菌生态功能的影响因素 ··· 284
10.2　模拟放牧处理下菌根真菌对梯度增温的响应 ··································· 286
  10.2.1　研究方法 ·· 287
  10.2.2　土壤理化特性对增温与刈割的响应 ····································· 291
  10.2.3　植物群落对增温与刈割的响应 ·· 291
  10.2.4　高通量测序分析与AM真菌分子鉴定 ·································· 292
  10.2.5　AM真菌群落对增温与刈割的响应 ······································ 294
  10.2.6　无刈割处理下增温对AM真菌群落的影响机制 ····················· 297
10.3　长期增温对青藏高原AM真菌群落的效应依赖于植被类型 ··············· 299
  10.3.1　研究方法 ·· 300
  10.3.2　土壤理化特性与植物群落 ··· 300
  10.3.3　高通量测序结果分析 ··· 302
  10.3.4　AM真菌多样性与群落组成 ·· 303
  10.3.5　长期增温对高寒草地与高寒灌丛AM真菌群落效应的作用机制 ····· 306
10.4　长期、短期增温对高寒草甸AM真菌群落的效应 ···························· 309
  10.4.1　研究方法 ·· 309
  10.4.2　土壤理化与植物群落特性 ··· 309
  10.4.3　高通量测序结果分析 ··· 312

| | 10.4.4 | AM真菌的多样性与群落组成 ································· | 312 |
| | 10.4.5 | 长期增温、短期增温对AM真菌群落效应的对比分析 ········ | 315 |

10.5 模拟增温与降雪对AM真菌多样性的影响 ························· 317
10.5.1 研究方法 ·· 318
10.5.2 增温与降雪对土壤理化特性影响 ································· 320
10.5.3 增温与降雪对AM真菌的影响 ····································· 322
10.5.4 增温与降雪对AM真菌群落的影响机制 ······················· 325

参考文献 ·· 327

第11章 不同增温梯度对门源草原毛虫生长发育与繁殖的影响 ········ 346

11.1 气候变暖对昆虫的影响述评 ·· 346
11.1.1 气候变暖对昆虫生长发育的影响 ································ 346
11.1.2 气候变暖对昆虫繁殖的影响 ······································ 347
11.1.3 气候变暖对昆虫越冬存活率的影响 ····························· 348
11.1.4 气候变暖对昆虫种群数量的影响 ································ 348
11.1.5 气候变暖对昆虫分布的影响 ······································ 349
11.1.6 门源草原毛虫的研究现状与研究意义 ························· 349

11.2 研究方法 ··· 351
11.2.1 研究区概况 ··· 351
11.2.2 样地设置与数据收集 ·· 351

11.3 OTC模拟增温的效果 ·· 354
11.3.1 OTC的增温效果 ·· 354
11.3.2 OTC对风速的影响 ··· 354

11.4 模拟增温对毛虫幼虫生长发育的影响 ································ 355
11.4.1 模拟增温对毛虫越冬存活率的影响 ····························· 355
11.4.2 模拟增温对毛虫发育历期的影响 ································ 356
11.4.3 模拟增温对相对生长速度的影响 ································ 357
11.4.4 模拟增温对体质量的影响 ·· 358
11.4.5 模拟增温对体长的影响 ··· 359
11.4.6 增温梯度与毛虫幼虫体型的相关性 ····························· 360
11.4.7 模拟增温对幼虫存活率的影响 ··································· 360

11.5 模拟增温对幼虫空间分布的影响 ······································ 361
11.5.1 聚集度指数 ··· 361
11.5.2 垂直分布 ·· 362
11.5.3 垂直分布与温度和风速的相关性 ································ 363

11.6 模拟增温对幼虫取食的影响 ·· 364
11.6.1 对采食率的影响 ·· 364

  11.6.2 对食物利用指数的影响 ·· 364
  11.6.3 模拟增温对幼虫取食的影响机制 ······································· 365
 11.7 模拟增温对毛虫成虫发育与繁殖的影响 ·································· 366
  11.7.1 模拟增温对蛹体型的影响 ··· 366
  11.7.2 模拟增温对毛虫成虫体型的影响 ······································· 368
  11.7.3 卵孵化率 ·· 370
  11.7.4 温度对门源草原毛虫生长发育与繁殖的影响机制 ················ 371
参考文献 ·· 371

第四编 植物—土壤—昆虫复合系统对模拟增温的响应

第12章 模拟增温和丛枝菌根对门源草原毛虫幼虫生长发育的影响 ············ 381
 12.1 气候变暖与AM真菌对植食性昆虫—植物关系的影响概述 ········ 381
  12.1.1 气候变暖对植食性昆虫—植物关系的影响 ·························· 381
  12.1.2 丛枝菌根真菌对食草动物—植物相互关系的影响 ················ 382
  12.1.3 地上草食动物怎样影响AM真菌 ······································· 383
  12.1.4 AM真菌怎样影响地上草食动物 ······································· 385
  12.1.5 影响因素 ·· 386
  12.1.6 问题与展望 ··· 388
  12.1.7 门源草原毛虫研究现状 ··· 388
 12.2 研究方法 ··· 389
  12.2.1 试验设计与方法 ·· 389
  12.2.2 试验指标测定 ·· 390
 12.3 苯菌灵对丛枝菌根的抑制效果 ··· 391
 12.4 增温和丛枝菌根抑制对门源草原毛虫幼虫生长发育的影响 ········ 392
 12.5 增温和丛枝菌根抑制对门源草原毛虫蛹质量的影响 ················ 392
 12.6 增温和丛枝菌根抑制对垂穗披碱草含氮量的影响 ···················· 392
 12.7 模拟增温和丛枝菌根对门源草原毛虫幼虫生长发育的影响机制 ···· 393
参考文献 ·· 395

第一编　背景分析

第1章　高寒草甸生态系统的基本情况

1.1　高寒草甸生态系统的基本概况

高寒草甸（alpine meadow）是指由寒冷中生多年生草本植物为优势种而形成的植物群落，主要分布在树木线以上、高山冰雪带以下的高山带草地。该区域寒冷、潮湿，土壤以高山草甸土为主，耐寒的多年生植物形成了一类特殊的植被类型。高寒草甸是以耐寒中生常绿灌木和落叶灌木、多年生丛生禾草、多年生地下芽短根茎嵩草、根茎苔草以及蓼科植物等为建群种所形成的植物群落，具有植物生长季短、灌木和草群低矮、群落盖度较小、层次结构简单、生物量偏低等特点。

长期以来，国内外学者对以嵩草属（Kobresia）植物组成的群落归属问题尚无一致的认识。究其原因，主要是对高寒草甸植物群落的优势种以水分为主导的生态型了解不多。为此，周兴民（1982）曾对嵩草属8种植物的形态解剖学特征进行专门研究，其结果证明，嵩草属的高山嵩草（Kobresia pygmasa）为旱中生类型，矮嵩草（Kobresia humilis）、线叶嵩草（Kobresia capillifolia）为中生类型，而藏嵩草（Kobresia tibetica）为湿中生类型；同时，他根据此类植物群落的种类组成、发生发展、分布、合理利用及生态条件讨论了它们的归属问题。嵩草属植物植株低矮，叶片呈披针形、线形或针状，具有反卷性质，以及叶表面角质层厚等耐寒特性；又具有气孔不凹陷、细胞排列疏松、具较大的间隙、海绵组织发育等中生特征。其所反映的环境为寒冷中湿环境，水分适中；群落中多伴生一些中生多年生杂类草。因此，可以认为嵩草是在高寒、中湿环境下所形成的中生植物，是在高寒半湿润气候条件下形成的相对稳定的统一体。

高寒草甸的发育和分布规律同其他地带性植被一样，受一定的生态地理条件制约，是一定区域生物气候的综合产物。在地势高亢的青藏高原东部，因受西南暖湿气流的影响，气候寒冷而较湿润，年平均气温在0 ℃以下，最冷月（1月）的平均气温低于-10 ℃，即使最暖的月份也经常出现霜冻和降雪，年降水量为400～500 mm，且自东南向西北递减，降水多集中在植物生长发育旺盛的6—9月，降水量约占全年降水量的80%，而冬春季（冷季）少雨、多风。这种气候正是耐寒中生和旱中生、地面芽与地下芽多年生植物得以充分生长发育的有利条件。此外，喜马拉雅山、祁连山和天山等高大山脉，虽然处于不同的经纬带和植被区内，因海拔梯度的变化和地形的影响，随着海拔升高气温逐渐下降；同时，暖湿气流在爬升过程中与高山寒冷气流相遇而形成降水，因而地形雨较多，加之冰雪水的补给，土壤湿润，草甸植被亦得到充分发育，构成山地垂直带谱的重要组成部分（杨元合等，2006）。

从组成高寒草甸的建群层片与建群种和主要伴生种的地理成分来看，建群层片主要是适应高原和高山寒冷气候的低草型多年生密丛短根茎嵩草层片、根茎苔草层片和轴根杂类草层片等；建群种和主要伴生种以北极—高山成分和中国—喜马拉雅植物成分为主。其中，以莎草科嵩草属植物为典型代表，主要有高山嵩草、矮嵩草、线叶嵩草、短轴嵩草（*Kobresia prattii*）、喜马拉雅嵩草（*Kobresia royleana*）、藏嵩草等建群种；除此之外，还有珠芽蓼（*Polygonum viviparum*）、圆穗蓼（*Polygonum macrophyllum*）以及龙胆属（*Gentiana*）、虎耳草属（*Saxifraga*）、银莲花属（*Anemone*）等一系列高山植物种类。

在高原与高山严寒气候的影响下，高寒草甸植物种类组成相对较少，但是高寒草地生态系统种类组成丰富，达到 15～25 种/m²，草层低矮，结构简单，层次分化不明显，一般仅草本一层，具有草群生长密集、盖度大、生长季节短、生物生产量低和外貌整齐等特点。植物种以北极—高山和中国—喜马拉雅植物成分为主。其中，组成高寒草甸的多数植物长期适应高寒气候而具有较强的抗寒性，例如丛生、莲座状或垫型、植株矮小、叶型小、被茸毛、生长期短、营养繁殖、胎生繁殖等一系列生物—生态学特性。因而由它们形成的植物群落结构简单，层次分化不明显，一般为单层结构；其种类组成、季相和结构则随海拔与所处的位置变化较大。一般从东（南）往西（北），随着气候逐渐变为干冷，这类草甸的种类组成由多变少，草层高度逐渐变低，季相从华丽趋于单调。

综上所述，高寒草甸所具有的这些基本特征截然不同于我国低海拔地区广泛分布的隐域性草甸植被。因此，青藏高原等高山地区具有水平地带性特征及周围山地垂直地带性的这类草甸独立成为一个植被类型——高寒草甸（周兴民等，2006）。

1.2　高寒草甸分布特征

1.2.1　高寒草甸分布区域

高寒草甸是亚洲中部高山及青藏高原隆起之后所引起的寒冷、湿润气候的产物，在中国以密丛短根茎地下芽嵩草属植物建成的群落为主，是典型的高原地带性和山地垂直地带性植被（周兴民等，1982），主要分布在青藏高原东部和东南缘高山以及祁连山、天山和帕米尔高原等亚洲中部高山，向东延伸到秦岭主峰太白山和小五台山，海拔 3 200～5 200 m（王秀红，2004）。

高寒草甸是青藏高原最主要的植被类型，仅在青海即占各类草场面积的49%（夏武平，1986）。高寒草甸在青藏高原独特的自然环境条件影响下得到了充分的发育，而且集中连片分布，截至2016年，其面积约5 824.7×10^4 hm^2，平均海拔在4 000 m以上。由于青藏高原耸立在欧亚大陆的东南部，使欧亚大陆的大气环流形势发生改变，影响着中国大陆乃至欧亚大陆的植被分布格局。同时，青藏高原特殊的地理位置及生态环境，使高原面上形成了一系列适应高原环境的高寒植被类型。在高原面分布的并用以放牧的植被类型主要有高寒草甸、高寒草原和高寒荒漠。因青藏高原地形复杂，并受西南季风、东南季风以及西伯利亚高压和青藏高压的综合影响，高原水热条件的地域差异较大，从而导致高原高寒植被在地理分布格局上的分异。在青藏高原的南半部，自东南向西北，西南暖湿气流从印度孟加拉湾逆横断山脉河谷而上，随着海拔的逐渐升高，其强度逐渐减弱，气温逐渐降低，降水逐渐减少，寒冷干旱程度不断增强，依次出现了高寒草甸、高寒草原和高寒荒漠。而在青藏高原的北半部，东南季风远途跋涉后又受高山峻岭的重重阻隔，到青藏高原时已成强弩之末，因此降水稀少，在低海拔的河湟谷地及两侧低海拔的低山区分布着以长芒草（*Stipa bungeana*）为优势植物的温带草原。这里的原始草原植被已被破坏殆尽，仅在中高山区有分布，由于受地形雨的影响，降水略多，同时因海拔较高、气温降低、难以垦殖，还分布着以嵩草属为建群种的高寒草地自然植被；在青海湖周围的山地及湖盆，因海拔高、气候寒冷，则分布着高寒灌丛、高寒草甸和高寒草原；柴达木盆地因受控于西伯利亚冷高压，气温较低，降水稀少，蒸发量大，则分布着高原温带荒漠，盆地周围山地则分布着高寒草原和高寒草甸。总而言之，青藏高原植被的分布规律既不同于纬向分布，也不同于经向分布，而是在高原上形成的一种水平分布叠加垂直分布的特有的高原分布规律（周兴民等，1987）。

适应冷湿气候条件的高寒草甸在水平分布上体现了从适合森林带型向适合草原带型的高原水热条件过渡，垂直地带性分布也可反映从季风性向大陆性过渡的性质。按照垂直自然带谱的基带、类型组合、优势垂直带及温度水分条件等特点，将青藏高原各山系的垂直自然带划分为季风性和大陆性两类带谱系统；还可按温度、水分状况及带谱特征进一步将其划分为9种不同的结构类型。高寒草甸出现在6个结构类型组中：Ⅰ湿润结构类型组，以喜马拉雅山南翼山地为代表，热带雨林或季雨林为基带，山地常绿阔叶林带为优势垂直带，向上依次为山地针阔叶混交林带—山地暗针叶林带—高山灌丛草甸带—亚冰雪带—冰雪带；Ⅱ半湿润结构类型组，广泛分布于青藏高原的东南部，多以山地针阔叶混交林带为基带，山地暗针叶林带常成为优势垂直带，横断山区若干谷地气候干旱，常出现旱中生落叶灌丛作为垂直带谱的基带；Ⅲ高寒半湿润结构类型组，主要分布于青藏高原中东部，带谱结构比较简单，为高山灌丛草甸带—亚冰雪带—冰雪带；Ⅳ高寒半干旱结构类型组，见于藏南喜马拉雅山北翼及羌塘高原诸山地，其带谱结构是高山草原带—高山草甸—亚冰雪带—冰雪带；Ⅴ半干旱结构类型组，以山地灌丛草原带/山地草原带为基带，在局部山地阴坡可有山地针叶林分布，其上接高山灌丛草甸带（或高山草原带），青海东部、祁连山东段及藏南山地多属于此；Ⅵ干旱结构类型组，较广泛分布于青藏高原北部和西部，分带的组合系列是山地荒漠带—山地荒漠草原带—山地草原带（或含山地针叶林）—高山草甸带—亚冰雪带—冰雪带，其中山地草原带占有较宽的幅度（王秀红，1997）。

1.2.2 分布模式规律

高寒草甸由适合低温的中生多年生草本植物组成，一般分布在比较冷湿的地区或部位。在比较干旱或温暖的地区，高寒草甸一般出现在海拔较高的高山，从高寒草甸上下限模拟的相关系数可以看出：上限分布的规律性较强，这既与海拔较高处水热条件比较稳定、有类似海洋性的气候条件有关，也与在比较严酷的生境处植物对其生境的敏感性和适应性有关，即在较高海拔处，自然景观表现出趋同现象；而下限分布规律较差，这既与海拔较低处水热组合条件比较复杂，有类似大陆性的气候条件有关，也与在较好的生境条件下植物的竞争性增强有关。

1.高寒草甸上限分布特征

高寒草甸上限分布的最大特征是具有极值点。在纬向上，首先，由南到北青藏高原上的温度总的趋势是逐渐降低，降水量逐渐减少，受温度垂直递减率的影响，高寒草甸分布上限随纬度值的增大而降低。其次，青藏高原东南部有降水丰沛、云量较大的特点。这一方面，造成空气湿度较大，太阳辐射较低，青藏高原东南部高山上部的温度较低；另一方面，较高海拔处，降雪量大，雪线降低，造成亚冰雪带界线降低。因此，高寒草甸的分布上限在青藏高原东南部降低。最后，青藏高原高亢的海拔、巨大的加热作用，使高寒草甸的上限分布上升。在上述三方面因素的作用下，高寒草甸分布上限在纬向上出现极大值。纬向极值点出现的位置（30.7°N）与藏南藏北的分界线冈底斯山、念青唐古拉山的位置比较吻合。高寒草甸分布上限在纬向上的极值出现在半干旱区的高原亚寒带—高原温带过渡带和温暖区的湿润—半湿润过渡带。在经向上，极值点不明显，极值点以西上限分布高度的下降很小，故可近似认为随经度值的增大（向东部），上限高度基本是下降的，经向极值出现在高原半干旱区向干旱区过渡的边缘，干旱区一般没有高寒草甸出现。经向极值的出现主要是因为东南部降水量较大、云量增多造成空气湿度较大、太阳辐射减弱，以及雪线下降的胁迫作用，致使高寒草甸的分布上限降低；而高原的加热作用，使上限高度随经度值的降低（向西部）而升高。结合高寒草甸带上部的亚冰雪带温度极低，以及高山稀疏植被也以中生植物为主等特点综合分析，造成高寒草甸带和亚冰雪带分异的主要因素是温度条件。换而言之，影响高寒草甸上限分布的主导因素是温度条件。综合以前半定量资料可以大致看出，高寒草甸上限的最暖月温度为2~3℃，一般在比较湿润的地区上限最暖月温度较高，在比较干旱的地区上限最暖月温度较低。

2.高寒草甸下限分布特征

高寒草甸的分布下限实际上是山地森林（高原东南部）、高寒草原（高原西北部）的分布上限。在纬向上，由于从南到北温度和降水量递减的总趋势，其下限分布高度逐渐降低。与其上限相比，下限分布高度在高原南部的低纬度区，受降水量较大造成的空气湿度较大、太阳辐射降低的影响较小。在经向上，由于由东到西较干旱的气候条件适合高寒草原扩展，故高寒草甸的下限上移。由于高寒草甸的下限是上述景观上限的组合，因此探讨各种景观之间的水热状况，可以推断决定高寒草甸下限分布的主导因素。高原温暖指数和湿润系数趋势面分析表明，高寒草甸与相邻高寒草原分布区的湿润系数差异较大，而高寒草甸与相邻山地针叶林分布区的最暖月均温差异较大。这说明决定高寒草甸下限分布的主导因素也有空间变异。总体来看，在青藏高原东南部决定高寒草甸下限分布（山地针叶林上限分布）的主导因素是温度条件，最暖月温度大约为10℃；在高寒草甸分布的西北部，决定高寒草甸下限分布（高寒草原上限分布）的主导因素是水分状况，年湿润系数（年湿润系数＝1/年干燥度）约为0.7，年降水量约为300 mm（王秀红，1997）。

在地质历史演化的长河中，植物种、种群、群落与环境条件相互作用、相互影响，在地球上占有一定的空间，形成了有规律的分布模式和格局。在自然生态环境条件相对一致的一定区域所形成的生态系统具有一定的种类组成、结构与功能特征，而在不同的生态条件下可以形成不同的生态系统类型。青藏高原独特的地理单元和生态环境地域分异的复杂性决定了该地区生态系统的多样性。因此，要深入研究和阐明高寒草甸生态系统的空间分布格局、分异规律以及系统的种类组成、结构特征、功能过程及其物种多样性与群落稳定性等，就必须对其环境条件进行分析。

1.3　气候特征

气候因素是植物生长和发育至关重要的环境条件之一，对植物群落的空间分布格局（水平分布和垂直分布）、种类组成、发育节律、层片结构和群落生产力及能量流动和物质循环等均起着重要的作用。青藏高原海拔高、日光充足、辐射强、气温低、昼夜温差大和气压低等独特的气候环境特点及"青藏高压"迫使大气环流形成特殊的西风环流和南北分流形势，不仅影响了我国植被分布格局，而且也影响了欧亚大陆的植被分布和空间模式。高寒草甸是在青藏高原隆起、严寒的气候条件、长期的历史演化与恶劣环境下相互作用的产物（周兴民等，2001；姚莉等，2002）。

1.3.1　大气环流

大气环流是受地理位置、海陆分布与大地貌等因素综合作用产生的一种大尺度大气运行的基本状况。青藏高原是由一系列巨大山系和辽阔高原面组成的山脉体系，是近300万年来地球大面积隆升形成的巨大构造地貌单元，对我国乃至亚洲大气环流产生了深刻的影响（李文华等，1998）。

平均海拔高度在4 000 m以上、面积约250万 km^{2}的青藏高原，耸立在欧亚大陆的中部，占对流层高度的1/3～1/2。它有强大的热力作用和动力作用，影响着北起中亚与西伯利亚，南至南亚次大陆与东南亚，东至东亚大陆与阿留申群岛以至日本等地区气候的改变和发生（张新时，1978），从而使这一辽阔区域的植被受到高原综合因素的影响而具有特殊的空间分布格局、多种多样的植被类型以及丰富的生物多样性。受高海拔条件的制约，青藏高原大部分地区气温较低，最热月气温小于10 ℃，只有冷、暖季（冬、夏季）之分。冬半年对高原天气和气候有重要影响作用的是对流层西风、极地西风、平流层西风以及这些风带中的急流；影响高原夏半年气候的基本气流是热带东风、副热带西风、平流层东风以及相应的东西风急流（周秀骥等，2009）。

冬半年（10月中旬至翌年5月）地面基本以西伯利亚—蒙古冷高压为气压系统。1月高压中心可达1035 hPa以上，脊线伸入亚洲西部，与中东欧的高压连成一片。与太平洋北部的阿留申低压系统相配合，盛行自大陆向海洋的季风，加之高原本身地形作用及极地大陆性气团水汽含量甚微这些特征，冬半年漫长，寒冷，干燥少雨，天空晴朗，但高原中部地带气压梯度大，形成明显的偏西风，且风速较大。据1.5 km和3.0 km高度的西风流场分析，在高原西端具有明显的分支现象，而在高原东端则有明显的汇合现象。高原本身的巨大高程和辽阔面积，成为高空西风环流中的巨大动力障碍和热源，而对它的运行产生阻碍和分支作用恰好在30°～40° N，迫使气流在高原西端分为南北两支，南支成西北气流，位置在20°～30° N；北支成西南气流，沿高原北部流动，位置在37°～52° N。强大而稳定的青藏高压大大加强了北支气流的强度和稳定性。高原阻止了西伯利亚气流在大陆积蓄，形成一个强大的反气旋环流系统，即蒙古—西伯利亚冷高压，成为冬半年的控制系统。因而青藏高原冬半年的气候极其严寒，干燥少雨，多大风，对家畜过冬极为不利。

夏半年（6—10月）欧亚大陆强烈增温，形成了深厚广阔的印度低压。印度低压使印度洋暖湿气流从孟加拉湾源源不断地输送至青藏高原，形成明显的夏季风；其影响北界一般可达35°N左右，盛夏时平均北界为37.5°N左右，表现出青藏高原在夏半年东南部地区被海洋气团所笼罩，而西部及北部地区仍受变形的极地大陆性气团的影响，致使区域雨季短暂，气旋活动频繁。由于高原沟谷纵横，西部植被类型分布不一致，下垫面性质具有很大的差异性，因而在青藏高原易产生由于地区热力差异和动力抬升作用下的对流天气过程，阵性雨、地形雨明显多于平原。

冬季环流型式向夏季环流型式过渡是比较突然的，高原在5月底以前，在90°E剖面上，高空仍有南北两支西风急流，但在5月最后的几天中，南支西风急流突然消失，而西南季风得以迅速向北推进，冬季环流型式结束，夏季环流型式开始建立。与环流型式的转变相联系，西南季风带有丰富的水汽，遇高山拦截而降雨，这就表示青藏高原雨季开始。夏季环流型式向冬季环流型式过渡相对缓慢。

自东南向西北，西南季风随着海拔升高和进入高原腹地而逐渐减弱，降水量逐渐减少，与此相适应地，自东南向西北依次出现森林、高寒灌丛草甸、高寒草甸、高寒草原和高寒荒漠。与高空西风环流前进和后退相联系，东南季风在夏半年经远途跋涉并受层层高山的阻挡，其前峰到达兰州与西宁，再向西已成强弩之末，所以仅影响青藏高原的东北部，形成半干旱的气候类型，在此，分布着森林和温性草原类型；在祁连山区，由于山地的影响，降水增多，因而在山地和滩地分布着高寒灌丛和高寒草甸。

1.3.2 气温

位于西藏东北部的昌都（海拔3 240.7 m）因纬度偏北，年平均温度7.6 ℃，最冷月平均温度-2.5 ℃，最热月平均温度16.3 ℃，极端最低温度-19.3 ℃，极端最高温度33.4 ℃。位于西藏北部的那曲（海拔4 507 m）年平均温度-1.9 ℃，最冷月平均温度-13.9 ℃，最热月平均温度8.9 ℃，极端最低温度-41.2 ℃，极端最高温度22.6 ℃。随着纬度偏高，气温有所下降，例如位于青南高原南部的玛多县（海拔4 272 m），年平均温度-4.2 ℃，最冷月平均温度-17.1 ℃，最热月平均温度7.4 ℃，极端最高温度22.9 ℃，极端最低温度-41.8 ℃。位于青藏高原东北一隅的海拔2 400 m以下的黄河、湟水流域河谷是热量较为丰富的区域之一，成为发展农业的重要基地。地处黄河谷地的循化县（海拔1 870 m），年平均温度8.7 ℃，极端最低温度-19.9 ℃，极端最高温度33.5 ℃；地处湟水河谷最东部的民和县（海拔1 813 m），年平均温度7.9 ℃，极端最低温度-21.7 ℃，极端最高温度34.7 ℃；地处湟水河谷中部的西宁市（海拔2 261 m），年平均温度5.6 ℃，极端最低温度21.9 ℃，极端最高温度32.4 ℃；位于日月山脚下的湟源县（海拔2 634 m），年平均温度3 ℃，极端最低温度-28.5 ℃，极端最高温度28.4 ℃。

由于海拔升高，温度随之降低，祁连山山地、青南高原、羌塘高原和藏北高原热量为青藏高原最低的地区，但由于南北横跨纬度10°左右，所接受太阳直射的差异较大，因此，在海拔高度基本相同的情况下，南部较北部平均气温要高。例如地处祁连山中部的祁连县（海拔2 728 m），年平均温度0.6 ℃，极端最低温度-29.6 ℃，极端最高温度30 ℃；托勒（海拔3 360m），年平均温度-3.2 ℃，极端最低温度-35.4 ℃，极端最高温度28 ℃。地处青南高原西北部的曲麻莱县（海拔4 262 m），年平均温度-2.69 ℃，极端最低温度-32.1 ℃，极端最高温度24.9 ℃；玛多县，年平均温度-4.2 ℃，极端最低温度-41.8 ℃，极端最高温度22.9 ℃；青南高原最南端的囊谦县（海拔3 643 m），年平均温度3.7 ℃，极端最低温度-22.6 ℃，极端最高温度27.9 ℃；地处青南高原西部唐古拉山北麓的五道梁（海拔4 645 m），年平均温度-5.9 ℃，极端最低温度-33.2 ℃，极端最高温度23.2 ℃。除纬度、海拔对温度变化的影响外，地形条件对温度的影响也是很大的，例如玛多县位于宽阔平坦的滩地中央，西面为鄂陵湖、扎陵湖以及星宿海，无山地为障，西风急流可长驱直入，加之辽阔的湖面和星星海沼泽地的影响，年平均温度较西部海拔高的曲麻莱县还低。

气温的日较差和年较差大，亦是本地区气候的重要特征之一。白天接收大量的太阳辐射，使近地面的气温迅速上升，夜晚由于空气干燥，少云，地面散热快，温度剧烈下降，造成每日温差很大。就全区的情况来看，日较差小于年较差，日较差以冬季1月份最大，为13~23 ℃，夏季7月份最小，为9~16 ℃，柴达木盆地最大，东部和东南部河谷地区次之，而青南高原较小。年较差以柴达木盆地较大，为26～31 ℃，其余地区为19～26 ℃。白天温度高，光照强，有利于绿色植物进行光合作用；夜晚温度降低，植物呼吸作用减弱而减少营养物质消耗，有利于营养物质的积累，从而提高植物的生物产量。

1.3.3 降水特征

青藏高原是我国降水量比较少的地区，受青藏高压、西风急流、东南季风和西南季风等大气环流系统控制以及地形的影响，年平均降水量东（南）西（北）差异很大，总的趋势是自雅鲁藏布江河谷的多雨地区向西北逐渐减少。如柴达木盆地西北部的冷湖年平均降水量只有18 mm，比塔克拉玛干沙漠还少；但在青藏高原南部雅鲁藏布江下游的巴昔卡年降水量多达4 500 mm。

雅鲁藏布江下游到怒江下游流域以西，是青藏高原年降水量最高的地区，一般在600～800 mm；另一个多雨区是黄河流域的松潘地区，年平均降水量约为700 mm；受地形及北部"极锋"的影响，祁连山的东南部也是一个多雨区，年降水量为500～600 mm，如中国科学院海北高寒草甸生态系统定位站年平均降水量达580 mm，极端最高降水量可达840 mm（李英年，2000）。其余大部分地区年水量为200～500 mm；年降水低值中心除柴达木盆地外，大约在藏西北与新疆交界处、喜马拉雅山脉北麓、怒江以东的地区。这些降雨的分布与西南季风、地形阻挡等影响相关。西南季风溯金沙江、澜沧江河谷而上，到达青藏高原东南部的波密、昌都、川西以及青南高原的囊谦、班玛、久治等地，最远可到达35°N左右，向西北方向随着东南季风的减弱，降水亦逐渐减少，到西部的伍道梁，年平均降水量已减少到267.6 mm。

青海省东北部的黄河、湟水流域及祁连山地区，东南季风影响较弱，但由于高耸的祁连山的拦截，加之"极锋"活动频繁，降水略多。湟水谷地年平均降水量为370.7 mm左右。西北部的柴达木盆地由于远离海洋，暖湿气流难以到达该区域，空气水汽含量极低，降水的概率不高，降水稀少，年平均降水量不足100 mm；西部的芒崖、冷湖、乌图美仁等地，年降水量仅25 mm。同时，地形对大气降水亦有明显的作用，处于祁连山东段的门源，年平均降水量为514.5 mm，较民和与西宁等地多130 mm左右，引起这种差异的根本原因是地形。门源海拔较高，并处在高山环抱之中，东南季风沿大通河谷而上，动力爬坡抬升，水汽易达饱和状态，凝结后易产生丰沛的降水；民和与西宁等地，由于河谷的热效应，形成干热河谷，不易使冷空气下沉凝结降水。相应地，出现了不同的植被类型：青藏高原东南部为森林，青南高原东部为高寒灌丛草甸，中部为高寒草甸，西部为高寒草原，东北部的黄河、湟水流域为森林草原，柴达木盆地则为荒漠。

在青藏高原，年降水量主要集中于下半年，雨季和干季分明，降水多分布在6—9月，降水量占全年降水量的80%～85%，冬季降水量只占全年降水量的5%左右。年内降水量随季节分配表现为两种形式，即单峰型和双峰型。除喜马拉雅山南麓和雅鲁藏布江下游河谷地区呈双峰型外，其他大部分地区为单峰型，如西藏的聂拉木、普兰、察隅等地为双峰型，高峰值基本出现于2—4月和7—8月；单峰型降水的分布地区，除个别地区雨季开始较迟外，降水量主要集中于6—9月。降水的季节分配，对植物的生长发育节律以及生物量季节变化是极其重要的气象因素。6—9月正值青藏高原的暖季，气温凉爽，雨热分配同期，对农作物和植被的生长发育均十分有利。

1.3.4 辐射与日照

太阳辐射是地球大气运动和动植物生存的最根本能源，它的分布及其年周期性变化直接影响着气候的变化，是天气形成和气候变化的基础。青藏高原海拔高，空气稀薄，空气密度仅为东南沿海的2/3，加之水汽和气溶胶含量少，空气透明度高，致使到达地面的太阳直接辐射明显大于散射辐射，在总辐射中，直接辐射量占年总辐射量的55%~78%，表现出光照充足、辐射强烈的特点。

青藏高原地区直接辐射年总量为$3.0×10^9$~$6.0×10^9$ J/m^2，年散射总量为$1.7×10^9$~$2.9×10^9$ J/m^2，总辐射量居全国之首，年总辐射量达$5.0×10^9$~$8.0×10^9$ J/m^2，较同纬度的我国东部地区高$2.0×10^9$~$3.0×10^9$ J/m^2。年总辐射量分布表现出西高东低，低值区在青藏高原东南部和东部地区，藏东南地区小于$5.0×10^9$ J/m^2，青海东部为$5.0×10^9$~$6.0×10^9$ J/m^2，如昌都地区为$6.32×10^9$ J/m^2，西宁为$6.18×10^9$ J/m^2。高值区主要在羌塘高原的阿里地区和柴达木盆地，年总辐射量达$7.0×10^9$~$8.0×10^9$ J/m^2，如格尔木为$7.08×10^9$ J/m^2。

青藏高原一年中总辐射量的月际变化大部分呈单峰式曲线变化，最小辐射量出现于每年12月至翌年1月，最大辐射量出现于5—6月，3—5月的辐射递增量较5—9月的辐射递减量要大。但由于高原地区雨季强盛与衰减时间不一致，年总辐射量的月际变化也表现出双峰式的曲线变化，如玉树地区，6月云雨较多，太阳总辐射量明显小于前后的月值分布，呈现出准双峰态的变化过程。

青藏高原日照时间长，大部分地区年日照时间为2 500~3 600 h，在植物生长期的5—9月，虽然正值多降水时期，云量多，但此期间日平均日照时间仍在6.5 h左右，可满足植物生长的光照需求。就青藏高原总体来看，日照分布形势是西部和北部日照丰富，东南部较少，呈现自西北向东南递减。年日照时间西北部最高可达3 700 h，如青海冷湖1962年曾观测到3 786.7 h的罕见值；年日照时间东南部最低仅为1 500 h，如西藏波密平均为1 543.7 h，比冷湖地区要少约2 200 h。青藏高原日照时间分布基本有两个高值区，分别在柴达木盆地（年日照时间为3 200~3 600 h）和藏西南的阿里地区、雅鲁藏布江河谷中上游（年日照时间为3 200~3 400 h）；低值区主要分布于高原东南部的玉树—那曲一线，年日照时间小于2 500 h。

日照时间的月际分布较为复杂，主要与当地气候湿润状况、夏季云雨分布及雨季来临迟早等状况有关。如西藏的波密、林芝、错那、帕里及青海的玛沁、久治、河南等地，气候湿润，云雨丰富，表现出冬季11月至翌年1月日照时间最长，而夏季的6—9月日照时间最短。拉萨、那曲、江孜、西宁、共和、门源等地区，由于雨季来临迟，地区云系变化剧烈，这些地区月日照时间最大值出现于5—6月，最小值出现于8—9月。位于青藏高原西南部的狮泉河和青藏高原西部的格尔木、托托河等地区，干燥少雨，虽有一定云系的影响，但对日照时间的影响不甚明显，日照时间最大值出现于5—7月，最小值出现于12月至翌年的2月。

1.4　地貌特征

天山山脉横亘于新疆中部，是经历了褶皱、抬升、剥蚀、沉降的古老地槽山地，山地结构复杂。天山实际上是由从北到南的几条平行山脉组成，可分为北路天山、中路天山和南路天山。北路天山由诸如喀喇乌成山、阿尔善山、伊连哈比尔尕山、阿吾拉勒山、博罗霍洛山和阿拉套山组成，一般海拔在4 000 m以上，个别山峰可超过5 000 m，高山顶部常年积雪，雪线海拔3 800～3 900 m，地势高峻，角峰林立，多悬冰川和冰斗冰川。雪线附近寒冻，风化强烈，形成规模巨大的倒石堆。中路天山较北路天山海拔低，山地海拔为3 000 m左右，自西而东逐渐降低，多由前寒武纪的变质岩、片麻岩、石英岩、大理岩、千枚岩组成。南路天山的汗·腾格里峰海拔为6 995 m，向东分出两支。其北支由奥陶纪的千枚岩、沙页岩和志留纪的大理岩、绿色片岩组成；南支多由奥陶纪和志留纪的砂岩、页岩、灰岩组成，山地切割破碎，机械风化强烈。在腾格里山、哈里克套山有较大冰川发育，雪线一般在3 600 m左右。

宏伟的祁连山系是在晚古生代海西褶皱带（西褶皱带）和中生代晚白垩世到第三纪始新世褶皱（燕山褶皱带）的基础上形成的，它一直以块状断裂的升降运动占优势，断裂方向以北西西—南东东为主，但北东走向的断层也经常出现，给东南季风与高空西风急流穿越祁连山提供了有利条件，使祁连山成为东南暖湿气流和西伯利亚—蒙古干冷气流的交汇地，使祁连山植被的生长发育和分布具有多样性和复杂性。祁连山位于青海省的东北部，除北支主脉构成青海、甘肃两省的天然分界，最东部余脉伸入兰州西北地区以外，它的大部分地区舒展在青海省境内。东西长约800 km，南北宽为200～300 km。它是由一系列北西西—南东东的平行山脉与谷地所组成。西段自北向南有走廊南山等七条山脉和黑河等六个谷地；东段只有冷龙岭、达坂山、拉脊山等三条山脉和大通河、湟水等两个谷地及青海湖盆地。地势自西向东逐渐降低，山地平均海拔在4 000 m以上。西段不少地区海拔超过5 000 m，最高的哈拉湖周围山地和走廊南山主峰海拔接近6 000 m，冰川地貌极为发育，山顶终年积雪，是天然的固体水库。进入暖季，冰雪消融，补给了众多河流，灌溉着甘肃省河西走廊和柴达木盆地荒漠地区的万顷良田，这也成为祁连山和广阔的河西走廊与柴达木盆地自然植被生长发育所需的水分来源。谷地平均海拔为3 000 m左右，自西向东微缓倾斜，西部海拔最高可达4 000 m，祁连山东段的青海湖盆地海拔为3 000～3 200 m，地势平坦，湖积平原广阔。最东部的大通河、湟水和黄河流域谷地，海拔降到1 700～2 600 m，这一带是青海省海拔最低的地区，也是青藏高原向西北黄土高原逐渐过渡的一个地带，质地疏松的第三纪红色地层沉积较厚，上面覆盖着黄土，在强烈的流水侵蚀下,地面被切割得支离破碎,但由于海拔较低,气候比较温暖,从而成为青海省最主要的农业基地(刘宗香等,2000)。

青南高原、藏北高原、川西高原、甘南高原和羌塘高原共同构成了巨大的青藏高原主体。世界上最高大的山系之一——昆仑山以及唐古拉山、念青唐古拉山—冈底斯山铺展在广大的高原面上。昆仑山的许多平行支脉伸展于青南高原,其中较大而著名的山脉有博卡雷克塔格山、布尔汗布达山、可可西里山、巴颜喀拉山、阿尼玛卿山(积石山)、布青山等。昆仑山系属于晚古生代海西褶皱带(华力西褶皱带),特别是在古生代泥盆纪与二叠纪后期褶皱形成的山系,在第三纪末与第四纪初受喜马拉雅造山运动的影响,再度抬升,形成了现代巍峨迤逦的昆仑山的基本外貌。它西起帕米尔高原,向东横亘于青南高原并延伸到四川西部的阿坝地区,长达2 500 km,西部海拔5 000~7 000 m,向东逐渐降低到4 000 m左右。组成的岩石主要为绿色片岩、板岩、千枚岩、大理岩和花岗岩等。高原境内山峦起伏,连绵不断,平原相间,沟谷纵横,雪峰很多,古代冰川和现代冰川地貌特别发育,雪线高度一般在海拔5 000~5 300 m。整个高原面自西向东倾斜,由于强烈的寒冻风化和风蚀作用,相对高差不大,地形比较平缓。西部江河源地区尤其开阔坦荡,河流比降很小,河谷开阔,平均海拔在4 500 m以上,气候寒冷、多风、少雨、干燥,分布着以寒旱生的紫花针茅(*Stipa purpurea*)为优势种的高寒草原和以垫状植物甘肃蚤缀(*Arenarea kansuensis*)、苔状蚤缀(*Arenarea museciformis*)、簇生柔籽草(*Thylacospermum caespitosum*)、垫状点地梅(*Andorosace tapete*)等为主的高山垫状植被。而黄河、长江(在青海境内称通天河)、澜沧江(在青海境内分为两大支流,一支为扎曲,另一支为解曲,二者流至西藏昌都地区汇合称澜沧江),流经青南高原东部和东南部时开始深切,形成西北—东南和西南—东北走向的高山峡谷地貌,即著名的横断山脉地区。该地区地势高低悬殊,相对高度均在1 000 m以上,河谷狭窄,成为西南季风(印度洋季风)进入高原的通道。该地区气候温暖湿润,降水较多,年平均降水量为500~600 mm,与此相适应,山地阴坡海拔在3 800 m以下,发育着青海云杉(*Picea crassifolia*)、云杉(*Picea asperata*)、川西云杉(*Picea likiangensis* var. *balfouriana*)林。山地阳坡海拔在3 800 m以下,发育着以祁连圆柏(*Sabina przewalskii*)、大果圆柏(*Sabina tibetica*)等为主的山地寒温性针叶林;而在海拔3 800 m以上的山地阴坡发育着以金露梅(*Potentilla fruticosa*)、毛枝山居柳(*Salix oritrepha*)、积石山柳(*Salix oritrepha* var. *amnematdhinensis*)、尖叶杜鹃(*Rhododendron openshanianum*)、理塘杜鹃(*Rhododendron litangense*)、百里香杜鹃(*Rhododendron thymifolium*)、头花杜鹃(*Rhododendron capitatum*)等为主的高寒灌丛。海拔3 800 m(4 000 m)以上的山地阳坡和辽阔的高原面上发育着由高山嵩草、矮嵩草、线叶嵩草和珠芽蓼、头花蓼(*Polygonum sphacrostachyum*)等植物组成的高寒草甸。

青南高原、藏北高原、甘南、川西等地区由于地势高亢、地形开阔平坦,气候寒冷,地下发育着多年冻土,形成不透水层,排水不畅,每逢冰雪融化季节,形成众多的沼泽地和湖泊，如若尔盖以及青海玉树州和果洛州西部的莫云滩、隆宝滩、星星海便是有名的沼泽地带。在此等生态条件下，发育着以藏嵩草、藏北嵩草（*Kobresia littledalei*）为主的沼泽化草甸。

唐古拉山西段位于西藏中部，东段位于青海、西藏之间，为青海与西藏的自然分界线。褶皱展布范围包括念青唐古拉山，其在新生代受喜马拉雅造山运动的影响而再次上升，成为西南季风进入高原西部的天然屏障。唐古拉山出露的岩层，主要为晚古生代石炭纪至二叠纪普遍变质的结晶灰岩、砂岩、板岩和中生代晚三叠纪的石灰岩，含煤碎屑岩以及早侏罗世的砾岩、砂岩、页岩和中侏罗世的砂岩、泥岩等。唐古拉山南北宽达160 km，主脊大唐古拉山海拔平均在6 000 m以上，但相对高度一般在500 m左右，最大可达1 000 m，主峰各拉丹冬雪峰海拔6 621 m，位于沱沱河的上源。唐古拉山寒冻风化作用强烈，山脊形态尖刻，多呈锥形山峰，冰斗、U形谷等冰川地貌非常发育。

位于青藏高原最南侧的喜马拉雅山脉，是世界上最雄伟的年轻褶皱山脉，东西绵延数千千米。尼泊尔、印度、不丹和缅甸以喜马拉雅山为界与我国西藏自治区为邻。整个山脉平均海拔在6 000 m以上，主脊平均海拔在7 000 m以上。位于中尼边界的珠穆朗玛峰海拔为8 848 m，为世界第一高峰，山势陡峭，雪峰林立，现代冰川比较发育。综上所述，高寒草甸分布区复杂多样的地貌对大气环流以及大气温度、降水、辐射等产生了明显的影响，进而对植被生长、发育和空间分布格局也相应地产生了明显作用。

1.5 土壤要素及特征

土壤的形成、发展与自然条件和植被的发生、演变有着密切的联系，它们互为条件，相互作用，相互影响，相互制约着对方的发生和演化，因而在漫长的历史演化过程中形成了统一的自然综合体。一方面，土壤库中贮存着可供植物生长发育所必需的营养物质（氮、磷、钾等元素）以及其他生长发育所必需的元素和水分。同时，土壤中具有巨大的种子库，这些种子除绝大部分腐烂变质外，保存较好的种子在适宜的土壤条件下，经一段休眠期后发芽，以扩大种群的数量，维持群落的稳定。另一方面，植物的枯枝落叶、碎屑物质和死亡根系以及动物（家畜）的粪便和尸体等，经微生物分解，变有机物质为无机养料，归还给土壤，构成了土壤—植物—动物（家畜）之间物质循环的有机系统。在青藏高原占据优势的高寒草甸土壤、高寒草原土壤与高寒荒漠土壤三种土壤类型中，由于高寒草甸与高寒草原土壤的水热变化的显著性、植被系统对气候变化的高度敏感性以及畜牧业土地利用的相对集中性，研究高寒植被类型的土壤—植被—大气相互作用关系，更具有理论与现实意义（周兴民，2001；王根绪等，2003）。

1.5.1 土壤形成特点

青藏高原是我国自然植被和土壤保存比较完好的地区。土壤的发生、发展受自然因素（气候、生物、地形、母质、水文地质等）和人为活动（经济活动和生产活动）的综合影响和制约，它也综合地影响植被的结构、演替和生物生产力，因而土壤与植被相互影响、相互制约着对方的发生、发展和演化。高寒草甸土壤的形成具有以下突出特点：

1. 土壤的年轻性

自第三纪以来，青藏高原强烈隆升，形成了现代的高原严寒气候。由于青藏高原隆升至现代高度及脱离第四纪冰川作用较晚，还有一些现代山岳冰川分布，因高寒生态条件影响，成土过程中的生物化学作用相对减弱，寒冻风化增强，从而导致土壤现代形成过程比较年轻。高山带由于海拔升高，温度降低，物理风化强烈，并且还有现代冰川的发育，故成土绝对年龄或相对年龄均较年轻，剖面发育普遍具有土层较薄、粗骨性明显的共同特点。土层总厚度一般为30～50 cm，表土层以下常夹有大量砾石，呈 A_s-A 或 C/D 的基本剖面结构，B层发育不明显，常以 A/B 或 B/C 过渡层出现。

2. 有机质分解缓慢，积累明显

在温湿季节，高寒草甸生长旺盛，但由于高寒草甸分布区夏季气温较低，加之太阳辐射与紫外线强等原因，土壤微生物活动并不旺盛；漫长的冷季，微生物活动更趋微弱，甚至停止，因而植物残落物和死亡根系得不到完全分解，以半分解和未分解有机质的形式在土壤表层和亚表层积累，故在高寒草甸土壤中形成了根系盘结的较厚草皮层，在草皮层之下发育有暗色腐殖质层（夏武平等，1982）。

3. 淋溶淀积作用较弱

干冷季和温湿季的交替变化，引起土壤内部物质发生一定程度的淋溶和淀积，并因地形和坡向、局部气候的差异而有不同的表现。发育在山地阳坡下部和开阔地形的碳酸盐高山草甸土，常可在 A_1/B 层发现石灰新生体，C/B 层砾石表面具有石灰膜，钙化过程明显；分布于阴坡和阳坡中上部的高山草甸土，淋溶较强，一般通层无土壤石灰反应。淋溶淀积作用弱，甚至缺少淀积层，故风化强度低，发育程度弱。

4. 强烈的生草过程

高山草甸土的成土过程以强烈的生草过程为主导。其表层有4～15 cm厚的草皮层（As），草皮层盘结极为紧实而富有弹性，容量很小（1以下），而坚实度大（50～60 kg/cm³），草根可占本层总质量的25%～30%，土壤有机质含量高达8%～25%，腐殖质全碳含量高达5%～14%。草皮层以下腐殖质层明显，腐殖质层全碳含量达1.8%～8.8%，绝对量虽然低于上层，但有机碳总量相对比例高于上层，土壤内有机质积累远大于分解，腐殖质化过程十分明显。生草过程强烈和坚韧的草皮层的形成，主要是由气候、生物因素造成。长期适应于高山严寒半湿润气候条件的嵩草属植物，尤其是高山嵩草、矮嵩草，其密集而庞大的根系大部分集中分布在0～10 cm土层，可占总根量的60%～85%，死亡根系在低温条件下得不到应有的分解，长期积累加厚而形成草皮层，由于持水能力强（夏季雨后实测自然含水量可达自身干质量的80%~117%），加之土壤孔隙度以毛管孔隙度为主（毛管孔隙度达46%~61%，占总孔隙度的90%以上），易于造成嫌气环境，因而死亡根系多以有机残体和腐殖质形式保存下来。而下层土壤则因草皮层的保护和缓冲，利于腐殖化进行（周兴民，2001）。

1.5.2 土壤类型及其特征

根据高寒草甸的主要类型，可将土壤分为高山草甸土、高山灌丛草甸土和沼泽草甸土三大类。

1. 高山草甸土

高山草甸土曾称黑毡土、亚高山草甸土、草毡土，是在高原和高山低温中湿条件以及高寒草甸植被下发育的土壤类型。高山草甸土是青藏高原分布最为广泛的土壤类型之一，主要分布在青藏高原寒温性针叶林带以上的山地阳坡、高寒灌丛带以上的山地以及青藏高原的中东部的高原面。成土母质为多种多样的冰积物、冰积沉积物、冲积物、残积物和坡积残积物，天山北坡有黄土母质。分布地区的气候寒冷而较湿润，年平均气温在0℃以下，无≥10℃的天数或仅有几十天，年降水量为350~700 mm。在高山带冬春季有较厚的积雪，因而山地土壤经常处于湿润状态。土壤有较长的冻结期，一般为3~7个月。由于青藏高原脱离海浸而成陆较晚，成土绝对年龄或相对年龄较年轻，剖面发育普遍具有薄层性、粗骨性的特点，土层薄，一般仅为40~60 mm，表土层以下常夹带多量砾石，剖面呈 As-A_1-C/D 的基本结构，B层发育不明显。成土过程以强烈的生草过程为主导，表层具有5~15 cm厚的草皮层（As），草皮的根系可占本层总质量的25%~30%，有机质含量高达8~25 g/kg。干冷季和温暖季的交替变化引起土壤内部物质发生一定的淋溶和淀积，常可发育在山地阳坡下部和开阔地带的碳酸盐高山草甸土中，A_1/B层有石灰新生体，C/B层砾石表面具有石灰膜，钙化过程明显。而分布于阴坡和阳坡中上部的高山草甸土淋溶较强，一般通层无土壤石灰反应。

2. 高山灌丛草甸土

高山灌丛草甸土是在半湿润的气候和高寒灌丛下发育的土壤类型，广泛分布在青藏高原东北部山地针叶林带以上的山地阴坡，其上植物生长茂密，盖度较大，主要灌木有毛枝山居柳、金露梅和杜鹃（*Rhododendron* spp.）。成土母质主要为坡积物。在成土过程中，腐殖质积累明显，淋溶较强。根据成土过程和剖面特点，高山灌丛草甸土可分为腐殖质高山灌丛草甸土和高山灌丛草甸土两类。腐殖质高山灌丛草甸土是在常绿的杜鹃灌丛下发育起来的土壤类型，剖面一般具有A_0层。A_0层厚6~8 cm，富弹性，主要由枯枝落叶、草根和死亡的苔藓等组成；A_1层颜色深暗而较厚（可达10~20 cm）；A_1/B层常有少量锈斑、锈条，这是季节冻土影响所造成的氧化还原交替的结果。全剖面无土壤石灰反应，多呈酸性剖面，或剖面上部呈酸性，向下逐渐变为中性或微碱性。生长落叶阔叶灌木毛枝山居柳、金露梅的高山灌丛草甸土，其剖面构造一般不具有明显的A_0层，通层具土壤石灰反应，在A_1/B层或C/D层常具有大量的石灰新生体。

3. 沼泽草甸土

草甸沼泽土为隐域性土壤类型，是在寒湿生境和沼泽化草甸植被下发育的土壤。主要分布在：青海玉树州杂多县，治多县西部的莫云滩、旦云滩，以及川西高原的红原、若尔盖（海拔4 500~4 800 m）；果洛州玛多县西部星宿海和扎陵湖、鄂陵湖的南岸（海拔4 500 m以上），久治县西北部（海拔4 000 m左右）；祁连山中段山地上部的河源（海拔3 800~4 500 m）以及川西高原的红原、若尔盖和甘南的碌曲、玛曲、那曲等地区。分布地形多为河曲、古冰蚀谷地底部、湖盆洼地、扇缘洼地、山间碟形洼地和坡麓潜水溢出带。成土母质以河湖沉积物居多，并有洪积物、坡积物、冰积物等。分布地区气候严寒而较湿润，年平均气温-5~-3 ℃。年降水量400~500 mm，由于地形平缓低洼，气候寒湿，地下永久冻土发育（夏季在青南高原，60 cm以下即为冻土层），构成不透水层，较多的降水和冰雪融水汇积于此而难以外泄和下渗，导致土体过湿和地表常年积水或季节性积水，使潜水位抬高。寒湿生境下生长的藏嵩草、藏北嵩草和华扁穗草死亡的有机残体和根系，在低湿和通气不良的情况下得不到充分的分解，因而在土层的上部逐渐形成较厚的泥炭层和半泥炭化的泥炭层（AT），下层土壤由于潜水和积水的影响，呈嫌气状态，还原作用旺盛，形成质地稍黏重的灰白色潜育层（G）。所以高原沼泽土的形成过程包括上层土壤的泥炭化过程和下层土壤的潜育化过程。一般呈微酸性至碱性反应，泥炭层有机质含量为20%~78%。根据泥炭层的厚度可将其分为高原泥炭沼泽土和高原泥炭土两个亚类。高原泥炭沼泽土，地下水位较高（夏季多在20 cm以内），泥炭层厚度小于50 cm；高原泥炭土地下水位一般较低（夏季多为30~50 cm），泥炭层深厚，一般大于50 cm，多在1 m以上。

1.6 高寒草甸生态系统类型

根据高寒草甸对水分（包括大气降水、土壤含水量）条件的适应以及建群种的形态、生态—生物学特性，将高寒草甸划分为典型高寒草甸生态系统、草原化高寒草甸生态系统和沼泽化高寒草甸生态系统（周兴民，2001；孙鸿烈，2005）。

1.6.1 典型高寒草甸生态系统

1. 嵩草高寒草甸生态系统

嵩草高寒草甸是我国青藏高原及亚洲中部高山特有的类型之一，是最典型、面积最大、分布最广的一类高寒草甸生态系统，主要分布于青藏高原中东部排水良好、土壤水分适中的山地、低丘、漫岗及宽谷，也见于青藏高原周围高山，分布海拔为3 200~5 200 m，个别地区可下降到2 300 m。土壤为高山草甸土，土层较薄，有机质含量高，中性或微酸性，pH为6~7.5。群落外貌整齐，草层茂密，总盖度为50%~90%；草群较低，群落结构简单，层次分化不明显。嵩草高寒草甸是典型的高原地带性和山地垂直地带性植被类型。嵩草长期适应高寒而产生的形态特征，如植株低矮、叶线形、密丛短根茎、地下芽等，使本类群可以巧妙地适应严寒的不利环境。嵩草高寒草甸生态系统主要包括矮嵩草典型草甸生态系统、线叶嵩草典型草甸生态系统、禾叶嵩草（*Kobresia graminifolia*）典型草甸生态系统、四川嵩草（*Kobresia setschwanensis*）典型草甸生态系统、短轴嵩草典型草甸生态系统、喜马拉雅嵩草典型草甸生态系统等。

2. 薹草高寒草甸生态系统

以青藏薹草（*Carex moorcroftii*）为建群种的高寒草甸常呈片状或块状分布在青藏高原北部的祁连山比较湿润的老冰碛丘和流石坡下部平缓台地、U形谷等地，在阿尔泰山的高山地带也有分布。土壤为高山草甸土，但同嵩草高寒草甸相比，没有紧实的草皮层，土层一般较薄而疏松，并多有裸露的砾石。薹草地下根茎发达，在湿润疏松的土壤中容易生长。群落结构简单，层次分化不明显，仅在局部地段有苔藓和地衣出现。种类组成比较多，一般多为高山和亚高山草甸种类。

3. 丛生禾草高寒草甸生态系统

黄花茅（*Anthoxanthum odoratum*）草甸生态系统是以中生多年生丛生的黄花茅为建群种的草甸植物群落，该类型仅分布于新疆阿尔泰山中部和东南部的高山带，常占据平缓的山坡和分水岭。土壤为高山草甸土，土体较为潮湿，建群种主要为疏丛型的短根茎禾草黄花茅，次优势种为丛生禾草阿尔泰早熟禾（*Poa altaica*）和紫羊茅（*Festuca rubra*）。群落盖度达60%～95%，草层高20～30 cm，种类组成较少，一般只有10～20种，常见的多为高山、亚高山杂类草。

4. 垂穗披碱草高寒草甸生态系统

垂穗披碱草（*Elymus nutans*）草甸生态系统是以垂穗披碱草为建群种的草甸植物群落，常呈小片或块状分布于青藏高原的东南部和祁连山东部山地，它的分布与滥垦草地和过度放牧有密切的联系，特别是在废弃的圈窝子，该类型发育极其茂密。垂穗披碱草草甸在高寒牧区属次生类型。垂穗披碱草进行有性繁殖和无性繁殖，需要比较疏松的土壤环境，然而天然的高寒嵩草草甸土壤具有厚约10 cm的坚实草结皮层，不利于垂穗披碱草的种群繁衍。高寒草甸被垦殖而弃耕或因过度放牧引起草地退化，加之鼠类的挖掘活动，草结皮层被破坏，土壤疏松，为种子的定居和根状茎的扩展创造了条件。另外，垂穗披碱草的生态幅度较大，在气候温暖、土壤疏松的低海拔地区生长发育良好，植株生长高大、茂密，而随着海拔升高、气候变冷，则生长发育变差，植株低矮。垂穗披碱草草甸草群茂密，总盖度可达70%～95%；草层高40～80 cm，最高者可达150 cm。由于垂穗披碱草生长较高，盖度大，抑制了其他植物的生长发育，垂穗披碱草草甸常显单优势植物群落。因此，群落结构较简单，伴生种极少，多为耐阴的杂类草，主要有鹅绒委陵菜（*Potentilla anserina*）、银莲花（*Anemone cathayensis*）、蒲公英（*Taraxacum mongolicum*）等。

5. 杂类草高寒草甸生态系统

以杂类草为建群种的高寒草甸类型，主要分布在青藏高原及其周围山地的流石坡下部冰碛平面与高寒嵩草草甸之间的过渡地带，地形一般比较平缓，气候严寒，多风，冬半年多被大雪所覆盖，夏季排水不易或经常被冰雪融水所浸润，土壤潮湿，为高山草甸土，土层较薄，无草皮层，具有裸露的砾石。以莲座状、半莲座状的轴根形植物为主，群落外貌较为华丽，植物生长低矮，分布稀疏，盖度相对较小。杂类草高寒草甸生态系统主要包括以珠芽蓼为主的杂类草草甸生态系统、以圆穗蓼为主的草甸生态系统、以虎耳草（*Saxifraga stolonifera*）和高山龙胆（*Gentiana algida*）为主的草甸生态系统。

1.6.2 草原化高寒草甸生态系统

以高山嵩草为建群种的草原化草甸，是青藏高原分布最广、占比面积最大的类型之一，广泛发育在森林带以上的高寒灌丛草甸带和高原面上。分布地区气候寒冷，年平均气温低于 0 ℃，年平均降水量为 350~550 mm，日照充足，太阳辐射强，风大。土壤为碳酸盐高山草甸土。因长期的寒冷风化作用，地面具有不规则的冻胀裂缝和泥流阶地。生草过程强烈，土层薄，表层具有 10 cm 左右的富有弹性的草结皮层，全剖面具有石灰反应。高山嵩草株高 3~5 cm，生长密集，夏季呈黄绿色或绿色，并夹杂杂类草的各色花朵，犹如华丽而平展的绿色地毯，很容易与其他类型相区别。组成该群落的植物种类较为丰富，根据在青海阿尼玛卿山地区的 16 个 1 m² 的样方统计，有 30~50 种植物。植被草层低矮，分布均匀，结构简单，层次不明显，总盖度一般为 70%~90%。高山嵩草占绝对优势，分盖度为 50%~80%。由于该类草甸水平分布广，垂直分布幅度较大，因而其种类组成、结构和外貌等具有明显的差异。

在西藏东部的昌都、林芝一带，青海东南部的久治、班玛以及川西的阿坝、石渠等比较湿润的地区，高山嵩草草原化草甸主要分布在海拔 4 200~4 800 m 的山地阳坡，常与阴坡的高寒常绿阔叶杜鹃灌丛和高寒落叶灌丛呈复合分布。总盖度为 70%~90%，圆穗蓼常成次优势种或主要伴生种。圆穗蓼株高 10 cm 以上，形成群落的上层，盖度为 15%~30%，此时，群落可分为两层结构。伴生种主要有高禾草及杂类草，包括薹草、羊茅（*Festuca ovina*）、早熟禾（*Poa annua*）、条叶银莲花（*Anemone trullifolia* var. *linearis*）、紫菀（*Aster* spp.）、川藏蒲公英（*Taraxacum maurocarpum*）、川西小黄菊（*Pyrethrum tatsienense*）、高山唐松草（*Thalictrum alpinum*）、华丽龙胆（*Gentiana sino-ornata*）、委陵菜（*Potentilla* spp.）、风毛菊（*Saussurea japonica*）等。第二层以高山嵩草为优势种，盖度为 60% 左右。由于上层植物的覆盖，伴生种矮小，其中有独一味（*Lamiophlomis rotata*）、硬毛蓼（*Polygonum hookeri*）等。夏秋之交，圆穗蓼及杂类草花朵各色，五彩缤纷，外貌比较华丽（张新时，1978）。

在藏北高原和青南高原东部，高山嵩草草原化草甸广泛分布于海拔 5 300 m 以下的阳坡、阴坡、浑圆低丘和河谷阶地，是该地区最具有地带性的类型。草群发育良好，群落总盖度为 70%~90%，高山嵩草为绝对优势种，分盖度为 50%~80%；结构简单，无层次分化。虽然多种杂类草侵入，但数量较少而分布均匀，外貌呈黄绿色或绿色。常见的伴生种有矮嵩草、异针茅（*Stipa aliena*）、紫花针茅、羊茅、矮火绒草（*Leontopodium nanum*）、细火绒草（*Lontopodium pusillum*）、华丽龙胆、沙生风毛菊（*Saussurea arenaria*）、高山唐松草等。在海拔较高的山地上部或宽阔平坦的低地，有垫状植物苔状蚤缀和垫状点地梅等侵入。

喜马拉雅山北坡和雅鲁藏布江流域，由于宏伟的喜马拉雅山的屏障作用，南坡暖湿气流翻越高山之后不能立即下沉降水，这些地区成为雨影地带，气候相对比较干旱，因而本类型分布在灌丛草原带之上，占据海拔 4 600～5 200 m 的高山带，与高寒草原交错分布。阴坡发育较好，阳坡因气温相对较高，排水性好，土体干燥，而加入了草甸草原成分。草层稍稀疏，群落的总盖度为 50%～80%，群落外貌单调，高山嵩草的盖度为 30%～60%，而冰川薹草（*Carex atrata* var. *glacialis*）的数量有所增加，其盖度有时可达 10%～20%，其余常见的伴生种有矮嵩草、黑褐薹草（*Carex atrofusca*）、高山早熟禾（*Poa alpina*）、光稃早熟禾（*Poa psilolepis*）、云生早熟禾（*Poa nubigena*）、丝颖针茅（*Stipa capillacea*）、紫花针茅、二裂委陵菜（*Potentilla bifurca*）、木根香青（*Anaphalis xylorrhiza*）、矮火绒草、独一味、蓝玉簪龙胆（*Gentiana veitchiorum*）、高山唐松草、球花马先蒿（*Pedicularis globifera*）、藏布红景天（*Rhodiola sangpo-tibetana*）、中华红景天（*Rhodiola sinoarctica*）、禾叶点地梅（*Androsace graminifilia*）、苔状蚤缀和小叶金露梅（*Potentilla parvifolia*）等。在 5 000 m 以上的山地顶部，由于气候条件严酷，土壤发育原始，沙砾性强，因而群落发育较差，盖度较小，种类组成简单，垫状植物显著增多，除上述种类外，还有金发藓状蚤缀（*Arenar polytrichoides*）、垫状蚤缀（*Arenar pulvinata*）、簇生柔籽草、长毛点地梅（*Androsace villosa*）等。

在更干旱的羌塘高原南部、雅鲁藏布江源头和阿里南部的高山上，本类型的分布往往同冰雪融化密切联系，发育较微弱，仅局部斑块分布于海拔 5 000～5 600 m 的阴坡。群落盖度显著变小，仅 30%～40%，草层低矮，外貌黄绿色。常见的伴生种有矮嵩草、高山早熟禾、羊茅、细火绒草、沙生风毛菊、碎米蕨叶马先蒿（*Pedicularis cheilanthifolia*）、绵穗马先蒿（*Pedicularis pilostachya*）以及垫状点地梅、簇生柔籽草和少量的小叶金露梅。

此外，在青藏高原内流和外流水系的分水岭两侧，高寒草甸与高寒草原的过渡地带，群落中除高山嵩草仍占优势地位外，侵入大量高寒草原成分，如紫花针茅、硬叶薹草等。这一类型主要见于冈底斯山北坡海拔 4 900～5 300 m 以及青藏高原东北部的长江和黄河谷地、湖盆周围的山地等。土壤为草原化草甸土，生草过程弱，草皮层较薄，有机质积累减弱，质地多为沙壤，透水性强，土壤贫瘠。植物稀疏，盖度为 50%～70%，层次分化明显，一般可分为高低两层：第一层以丛生禾草紫花针茅为主，高约 20 cm，分盖度 20% 左右；第二层以高山嵩草为优势种，高 3～5 cm，分盖度 20%～30%。伴生种较少，主要有早熟禾、矮火绒草、黄芪（*Astragalus membranaceus*）、短穗兔耳草（*Lagotis brachystachys*）、委陵菜、沙生风毛菊、高山唐松草等。除以上种外，垫状植物苔状蚤缀和垫状点地梅在迎风坡及平坦开阔的滩地大量侵入，成为该类型重要的组成成分。

1.6.3 沼泽化高寒草甸生态系统

1.藏嵩草沼泽化草甸生态系统

藏嵩草耐寒喜湿，以它为建群种所形成的植物群落广泛分布于青藏高原，是分布面积较大、较广的类型。在川西若尔盖、青海南部的莫云和星宿海等地尤为集中。主要占据排水不良、土壤过分湿润、通透性不良的山间谷地、河流两岸的低阶地、高原湖盆、高山鞍部和山麓潜水溢出带以及高山冰川下部冰碛平台等处。这些地段海拔高，气候严寒，地形平缓，地下埋藏着多年冻土，成为不透水层，使天然降水和冰雪消融水不能下渗而汇积地表，形成滞留地带；土壤处于过湿状态或有季节性积水。因长期的寒冻作用，以及植物根系的固着作用，使地面产生了较多特殊的冻土地貌。这些冻土地貌常引起土壤水分的差异，导致群落分布的差异。土壤为沼泽化草甸土。植物根系在寒湿条件下不能充分分解，在土壤表层大量积累，形成半泥炭化的泥炭层。泥炭层以下为潜育层，有机质含量高达20%～78%，呈微酸性至碱性反应。地下水位浅，一般为10～15 cm。由于藏嵩草沼泽化草甸的分布地区辽阔，地形差异很大，因而群落的结构、种类组成各异。在祁连山东段海拔3 600～3 800 m的山地半阴坡和3 200 m的滩地气候比较温暖，年冻土发育较弱，冻胀丘较小；本类型草群茂密，群落总盖度为60%～70%；藏嵩草株高10～20 cm，生长旺盛，分盖度为10%～15%；小灌木金露梅散布其中，分盖度为10%～15%。伴生种有羊茅、双叉细柄茅（*Ptilagrostis dichotoma*）、山地虎耳草（*Saxifraga sinomontana*）、镰萼假龙胆（*Gentianella falcata*）、假龙胆、黑药爵缀（*Arenaria melanandra*）、穗三毛（*Trisetum spicatum*）、无瓣女娄菜（*Silene gonosperma*）、多子芹（*Pleurospermum candollei*）、沼生柳叶菜（*Epilobium palustre*）、长果婆婆纳（*Veronica ciliata*）、胎生早熟禾（*Poa attenuata*）、冰岛蓼（*Koenigia islandica*）、爪虎耳草（*Saxifraga unguiculata*）、钻裂风铃草（*Campanula aristata*）、甘青乌头（*Aconitumtan guticum*）、碎米蕨叶马先蒿（*Pedicularischei lanthifolia*）等，盖度可达10%～15%。

青南高原海拔高，气候比较寒冷，地表冻土特征更加发育。以藏嵩草为绝对优势种，而灌木已经完全消失；群落结构简单，仅有草本一层；总盖度为60%～95%；伴生种有羊茅、长花野青茅（*Deyeuxia longiflora*）、喜马拉雅嵩草、短轴嵩草、圆穗蓼、海韭菜（*Triglochin maritima*）、矮金莲花（*Trollius pumilus*）、长花马先蒿（*Pedicularis longiflora*）、无尾果（*Coluria longifolia*）、驴蹄草（*Caltha palustris*）、双叉细柄茅、甘青报春（*Primula tangutica*）、条叶垂头菊（*Cremanthodium lileaxe*）、车前状垂头菊（*Cremanthodium ellisii*）、星状风毛菊（*Saussurea stella*）、高山银莲花（*Anemone demissa*）等。在塔头间没有积水的凹地，常以华扁穗草（*Blysmus sinocompressus*）为优势种。

在川西高原的红原、若尔盖和甘南等地的宽谷底部、河流低阶地，由于海拔较低（平均海拔3 400 m），气候较高原内部温暖，所以组成群落的植物种类较多，层次分化亦较明显，一般可分为三层：第一层高15～30 cm，以藏嵩草为优势种，伴生种有木里薹草

（Carex muliensis）和多舌飞蓬（Erigeron multiradiatus）；第二层高3~15 cm，为各种杂类草，其中以驴蹄草为优势种，伴生种有羊茅、矮金莲花、高山唐松草、矮地榆（Sanguisorba filiformis）、珠芽蓼等；第三层为苔藓植物，盖度仅为15%左右。

2. 藏北嵩草沼泽化草甸生态系统

以藏北嵩草为建群种的沼泽化草甸植物群落，主要分布在唐古拉山以南的藏北高原、羌塘高原南部、喜马拉雅山北侧的藏南湖盆区，以及雅鲁藏布江中上游流域的非盐渍化的湖滨、河滩和山麓潜水溢出地带，地下水位较高，为50~100 cm。地表一般没有积水或有季节性积水。土壤为沼泽化草甸土，有机质含量较高，泥炭层较为发育。那曲以南，因纬度偏南，地下很少有多年冻土存在，地面塔头发育较弱，积水凹地较少，植物分布均匀。

该类型植物生长茂密，总盖度为60%~90%。由于分布地区辽阔，海拔跨度大，从低海拔到高海拔，随气候变冷，草层则由高变矮。群落结构比较复杂，层次分化明显，一般可分为两层：建群种大嵩草高10~25 cm，最高可达40 cm，构成群落上层，盖度为30%~60%；下层草本植物一般在5 cm以下，以低矮的矮嵩草为主，盖度为10%~30%。伴生植物种类较多，常见的有喜马拉雅嵩草、展苞灯心草（Iuncus thomsonii）、华扁穗草、珠芽蓼、斑唇马先蒿（Pedicularis longiflora var. tubiformis）、碎米蕨叶马先蒿、蒲公英、鹅绒委陵菜、风毛菊、高山唐松草、云生毛茛（Ranunculus nephelogenes）、三尖水葫芦苗（Halerpestes tricuspis）、蓝白龙胆（Gentiana leucomelaena）、海韭菜、水麦冬（Triglochin palustris）等。

在地下水位降低的坡麓或距河流较远的地段，土壤湿度较小，藏北嵩草沼泽化草甸可逐渐向典型草甸过渡。在这种情况下，矮嵩草大量侵入，藏北嵩草数量减少，优势度降低；地下水位愈低，土壤水分愈少，矮嵩草愈占优势。藏北嵩草沼泽化草甸在藏北高原分布较广，草层高，草质优良。

3. 帕米尔嵩草沼泽化草甸生态系统

以帕米尔嵩草为建群种的沼泽化草甸植物群落，在西藏主要分布在阿里中南部地区，分布面积不大。该地区地下水位较高，土壤为沼泽化草甸土，土壤潮湿，泥炭层较发育，有机质含量高。植物生长茂密，群落总盖度为80%~90%，帕米尔嵩草分盖度为40%~50%，伴生种主要有喜马拉雅嵩草、硬叶薹草、华扁穗草、珠芽蓼、斑唇马先蒿、蒲公英、风毛菊、唐松草、云生毛茛、蓝白龙胆、海韭菜、水麦冬等。

该类型在新疆仅见于帕米尔和西昆仑山海拔3 000~3 900 m的高山河谷阶地。生境潮湿，土壤为沼泽化草甸土。地表具有盐霜和盐结皮。以帕米尔嵩草为优势种，薹草成为次优势种，两者往往成为共建种。草丛高5~20 cm，群落结构简单，层次分化不明显，盖度一般为60%~80%，而在湿润平坦的谷地，盖度可达90%。伴生种较少，其中有较多的盐化草甸种加入，如水麦冬、牛毛毡（Eleocharis yokoscensis）、海乳草（Glaux maritima）、赖草（Leymus secalinus）等。

4.甘肃嵩草沼泽化草甸生态系统

甘肃嵩草喜温暖、湿润的环境,以它为建群种所形成的沼泽化草甸植物群落在青藏高原分布面积较小,常呈块状分布于青海南部海拔3 800~4 700 m的山地垭口部位和山麓潜水溢水带,土壤为高山沼泽草甸土,土层较薄,土壤有机质含量高。

群落结构简单,组成种类比较丰富,以甘肃嵩草为优势种。甘肃嵩草株高10~30 cm,最高可达40 cm,常呈一簇一簇地生长。其外貌独特,植物生长茂密,总盖度在80%以上。伴生种以湿中生植物为主,常见的有藏嵩草、驴蹄草、矮金莲花、沿沟草（*Catabrosa aquatica*）、海韭菜、星状风毛菊、条叶垂头菊、车前状垂头菊、珠芽蓼、头花蓼、斑唇马先蒿、无尾果、双叉细柄茅等。

参考文献

[1] 常承法,郑锡澜.中国西藏南部珠穆朗玛峰地区地质构造特征以及青藏高原东西向诸山系形成的探讨 [J].中国科学,1973（2）:190-201.

[2] 李文华,周兴民.青藏高原生态系统及优化利用模式 [M].广州:广东科技出版社,1998.

[3] 李英年.海北高寒草甸生态系统定位近40年降水分布特征 [J].资源生态环境网络研究动态,2000,11（3）:9-13.

[4] 刘宗香,苏珍,姚檀栋,等.青藏高原冰川资源及其分布特征 [J].资源科学,2000,22（5）:49-52.

[5] 孙鸿烈.中国生态系统 [M].北京:科学出版社,2005:570-580.

[6] 王根绪,沈永平,钱鞠,等.高寒草地植被覆盖变化对土壤水分循环影响研究 [J].冰川冻土,2003（6）:653-659.

[7] 王秀红.高寒草甸分布的数学模式探讨 [J].自然资源,1997（5）:71-77.

[8] 王秀红.青藏高原高寒草甸层带 [J].山地研究,1997,15（2）:67-72.

[9] 王秀红,傅小锋,王秀红.青藏高原高山草甸的可持续管理:忽视的问题与改变的建议 [J].人类环境杂志,2004,33（3）:153-154.

[10] 夏武平.海北高寒草甸生态系统定位站的基本特点及研究工作简介 [C] //高寒草甸生态系统国际学术讨论会论文集.北京:科学出版社,1986:1-9.

[11] 杨元合,朴世龙.青藏高原草地植被覆盖变化及其与气候因子的关系 [J].植物生态学报,2006,30（1）:1-8.

[12] 姚莉,吴庆梅.青藏高原气候变化特征 [J].气象科技,2002（3）:16,36-37.

[13] 张新时.西藏植被的高原地带性 [J].植物学报,1978（2）:140-149.

[14] 周兴民.中国嵩草草甸[M].北京：科学出版社，2001.

[15] 夏武平.高寒草甸生态系统[M].兰州：甘肃人民出版社，1982：9-18.

[16] 周兴民，王质彬，杜庆.青海植被[M].西宁：青海人民出版社，1987.

[17] 周兴民，吴珍兰.中国科学院海北高寒草甸生态系统定位站植被与植物检索表[M].西宁：青海人民出版社，2006.

[18] 周秀骥，赵平，陈军明，等.青藏高原热力作用对北半球气候影响的研究[J].中国科学，2009，39（11）：1473-1486.

第2章 全球气候变暖研究现状

2.1 气候变暖现状

工业革命以来，伴随着人类社会的飞速发展，地球系统的物质循环不断加速，大量的工业污染物和有害废弃物累积于大气、水体、土壤和生物圈中，如氟利昂积存于大气中，有机化合物富集于水生生物体内，化石燃料燃烧释放的污染物和温室气体进入大气、水体、土壤和生物体等。所有这些变化正逐渐接近并有可能超出地球系统的正常承载阈值。同时，这些变化会伴随着全球化进程逐渐扩展到更大尺度的空间范围，从而诱发全球变化的正反馈效应（Cox et al，2000），主要包括全球变暖、干旱化现象、大气 CO_2 浓度升高、空气污染、氮沉降增加、大气气溶胶增加、臭氧空洞、紫外线增加、自然和人为干扰（频率和强度）增强、土壤侵蚀和海平面上升等。这些史无前例的全球环境变化不仅通过改变生态系统的结构和功能来直接影响人类的生活质量，而且通过影响生态系统提供的生产资料和生态服务（Lmhoff et al，2004；Costanza et al，1997），改变生态系统生产力（Tian et al，1998；Schimel et al，2000），碳、氮、磷、硫循环（Melillo et al，2003），以及生物多样性（Chapin et al，2000）等多个过程，间接作用于人类社会（田汉勤等，2007）。

气候变暖作为全球变化的主要表现之一，已成为不争的事实。政府间气候变化专门委员会（Intergovernmental Panel on Climate Change，IPCC）第六次评估报告指出，一个多世纪以来，化石燃料的燃烧以及不平等且不可持续的能源和土地使用方式导致全球气温持续上升，现在的气温比工业化前（1850—1900年）高出了1.1 ℃。世界气象组织（World Meteorological Organization，WMO）调查数据显示，2020年全球平均气温约为14.9 ℃，比工业化前高出1.2 ℃。预计未来一百年全球大气地表平均温度增幅最低可能为1.5 ℃，最高将增加5.8 ℃（Held，2013；Houghton et al，2001）。但这一预测结果并没有考虑到某些由温度上升引发的反馈机制。美国加利福尼亚州劳伦斯·伯克利国家实验室的生物地质化学家Margaret Torn和加利福尼亚大学伯克利分校的科学家John Harte利用南极冰芯，估算了在过去的42万年间排放到大气中的温室气体总量，并以此预测2100年全球的平均温度将上升7.7 ℃。荷兰瓦格宁根大学的气候学家Marten Schefer和同事研究了两极的冰芯数据，预计21世纪人类活动导致的气候变暖将使温度上升1.7~8.0 ℃。到2100年为止，全球气温估计将上升1.4~5.8 ℃（IPCC，2001）。尽管各种方法所估算的结果在数量上存在一定的差别，但变化的趋势是一致的（Cenrrnstc，1995）。

因此，温室效应对陆地生态系统的影响成为当今国内外生态学家研究的核心问题之一（Jackdon，1994；Wang et al，2004；Wu et al，2018），特别是高海拔、高纬度地带的生态系统对气候变化最敏感（Chapin et al，1992；Korner，1992；Grabherr et al，1994），已成为生态学家研究的热点地区，并取得了一批重要的成果（Grabherr et al，1994；周华坤等，2000；Wang et al，2019）。在全球气候变暖的趋势下，降水格局也发生了变化，就某一地区而言，降水的变化有很大的差异（IPCC，1995）。虽然气候变暖可能会导致水分蒸腾、蒸发损失的总量增加，使植物生长环境更加干旱，尤其在那些缺乏降水的地区（Barber et al，2000），但研究发现，全球气候变化将会使高纬度地区的降水量增加（Walsh et al，2002）。这必将影响植物的生理生态特征，进而对植物种群、群落、生态系统乃至整个生物圈产生巨大影响（刘建国，1992）。

有"世界屋脊"之称的青藏高原属于气候变化的敏感区和生态脆弱带（孙鸿烈等，1998），是研究陆地生态系统对气候变化响应机制的理想场所。从1979—2018年的气象数据来看，青藏高原近40年来的升温率超过全球同期平均升温率的2倍，是过去2 000年中最温暖的时段。冰芯记录的结果显示，青藏高原古代气温和现代气温变化幅度均比低海拔地区大（姚檀栋等，2000）。冻土退化的研究结果也证实了青藏高原气候转暖的事实（南卓铜等，2003）。可以看出，近20年来青藏高原的气温变化与全国一致，表现为升温，而且升温幅度较大。研究表明，青藏高原草地植被活动在增强，并且植被活动的变化与气候变化（尤其是温度上升）密切相关（杨元合等，2006）。部分全球变化作物模型的预测结果表明，气候的改变会导致荒漠化、干旱加剧和农作物减产，增加病虫害风险（任海等，2001）。

2.2　气候变暖的成因

目前多数气候学家认为，最近100年的全球气候变暖，特别是最近50多年的气候变暖，可能主要是由温室气体浓度增加引起的（IPCC，2001）。影响地球表面气温变化的因子有很多，但一般可分为自然因子和人类活动因子两大类。就自然因子而言，太阳活动、火山活动及气候系统内部的多尺度振动都可影响全球或区域气温变化。由于太阳辐射和火山活动历史序列资料可靠性不高，以及人们对气候系统如何响应太阳辐射变化认识的局限性，目前还无法准确评价其对全球和中国气温变化的影响程度。海洋—大气系统年代以上尺度的低频振动，如北大西洋涛动、北极涛动、太平洋年代涛动或厄尔尼诺与南方涛动的多年代振动，对全球和区域气温也具有重要影响。人类活动则主要通过土地利用变化以及温室气体和气溶胶排放对地面气温变化产生影响（叶笃正，2003；IPCC，2007；任国玉等，2005）。人类向大气中排放了CO_2、CH_4和N_2O等温室气体，导致大气温室气体浓度增加，温室效应增强；人类也向大气中排放了SO_2等化学物质，生成硫酸盐等各种气溶胶，引起大气化学过程、辐射过程和云物理过程的变化，导致近地表辐射平衡和气温的改变；土地利用变化通过改变陆地与大气之间的物质和能量交换，使区域或局地气温发生变化，同时也向大气中排放额外的温室气体和矿物性气溶胶。此外，农业灌溉等人类活动还会影响区域甚至全球的陆地蒸发量，造成大气水汽含量增加。水汽是比CO_2等气体更有效的温室气体，其含量增加也可能会引起气候变暖。

目前气候学界达成的共识，即过去50年的气候变暖很可能是由CO_2、CH_4、N_2O等大气温室气体浓度增加引起的（IPCC，2001；IPCC，2007；IPCC，2014；IPCC，2023），主要是基于观测事实和气候模式分析。模拟研究一般采用全球气候模式，考虑自然强迫因子如太阳和火山活动，以及人类排放的温室气体和硫化物气溶胶等，模拟20世纪气温的变化。这些研究表明，当只考虑自然强迫时，模拟不出20世纪的气候变暖；当只考虑人类活动时，基本上能模拟出20世纪的气候变暖趋势；而当输入所有的强迫时，模拟与观测的气温变化吻合效果最好（IPCC，2007；Santer，1996；Zwiers，2003；Stott，2006；Stone，2007）。由此表明，影响20世纪气温变化的主要因子是太阳活动、火山活动和人类活动，而人类排放的温室气体在近50年的气候变暖中起主导作用。1950年以前至少7个世纪北半球的气温变化，一些研究也给出了解释，认为可能主要是火山爆发和太阳活动引起的，但20世纪初的增暖仍然和人为活动影响有关（IPCC，2007；Crowley，2000；Rind，2004；Hegerl，2007）。20世纪火山活动主要施加一个弱的变冷作用，这和人为排放的气溶胶效应，可能会使全球地表趋于变冷。由于火山活动和气溶胶效应抵消了一部分增暖，因此若单独考虑温室气体浓度增加的效应，其导致的20世纪气候变暖幅度可能比观测到的更大。

多数研究者还相信，人类活动引起全球平均地表气温明显上升，这也是造成暖夜、暖日和热浪增多，以及冷夜、冷日和寒潮减少的主要原因。有研究指出，人类活动的影响可能已经使欧洲2003年夏季那样的高温热浪风险显著增加（Stott，2006）。在区域尺度上检测气候变暖的影响因子更加困难，因为自然的年代到多年代尺度气候变率一般更明显（Li，2000；周连童，2003），人为影响的信号更难识别（Brohan，2006；Zhang，2006）。中国学者分析了太阳、火山和人类活动对我国气候变暖的可能影响，获得了与IPCC报告相似的结论（石广玉，2002；Ma，2004；赵宗慈，2005），认为人类排放的温室气体可能也是造成我国近50年地面气候变暖的重要原因。将气候变暖的主要成因进行详细分析，主要表现为如下方面：

2.2.1 大气成分变化

大气成分一直处于变化之中，但近代大气成分的变化引起了我们的高度关注。主要是因为100多年来，大气中的一些温室气体或稀有气体，如 CO_2、CH_4 和 N_2O 等，正以前所未有的速度增加（Houghton et al，1990）。在人类工业化革命之前，这些气体一直处于较低的稳定水平。从1850年起，由于人类活动的增加以及工业化程度的提高和农业的进一步发展，大气中 CO_2 浓度增加了26%，CH_4 浓度增加了100%，N_2O 浓度增加了8%，而CFC-11（氟氯烷-11）的体积分数由1950年的近乎0增加到1990年的 $0.29×10^{-9}$（Houghton et al，1990；林光辉，1995）。

虽然我们对化石燃料产生 CO_2 的量比较清楚，但对因森林砍伐造成的 CO_2 释放量还不能准确测定。另外，只有一半的人为释放的 CO_2 存留在大气中，我们还不清楚剩下的一半有多少被海洋吸收，多少为陆地植被利用，对 CH_4 和 N_2O 的来源，我们还了解得不够，只知道 CH_4 的增加与水稻生产、天然湿地、畜牧业、生物质燃烧、煤矿开采和天然气挥发有关，N_2O 的增加很可能与海洋和农业生产有关。虽然如此，可以很肯定地说，这些温室气体的增加一定会引起全球气候的变化（Vitousek，1994）。大气成分变化的另一方面是臭氧的变化。由于氮氧化合物、碳氢化合物以及一氧化碳的排放增加，大气对流层中的臭氧浓度不断地增加，而在平流层臭氧浓度却因CFCs的影响而降低。这些变化均会影响全球气候波动（Houghton et al，1990）。

2.2.2 大气成分变化引起的温室效应

地球大气的主要成分是氮、氧、氩三种气体，除此以外的气体统称为微量气体。碳通过燃烧释放热的同时，生成 CO_2 进入大气，成为大气中的微量气体之一。大气中的水蒸气和 CO_2 等微量气体不仅能让太阳辐射透过大气层进入地球表面，而且还强烈吸收地球表面散发出的红外辐射，使大气升温，吸热后的 CO_2 等再将能量逆辐射到地面，因此大气层就像一个天然的大温室，而微量气体像一个防止把热散射到温室外的玻璃顶罩一样，增强了地球表面的热效应，导致地球表面气温升高，称为"温室效应"，这使得地球不至于成为一个寒冷孤寂的荒凉世界，地球上的生命才有可能世代繁衍生存下去。而 CO_2 等微量气体也被冠以"温室气体"的名字。这本是一种自然的温室效应，但19世纪尤其是工业革命以来，石油、天然气和煤等矿物燃料不断被大量开采，森林被砍伐，草原过牧与沙化、荒漠化，大气中的 CO_2 浓度不断增加，改变了大气的组成，从太阳辐射到地球表面的辐射能并没有明显减少，而从地球向大气散发的热量增多，导致了人为温室效应的增强，这将会对人类的生存环境产生巨大影响。作为一种主要的温室气体，大气中 CO_2 目前的浓度为 $350×10^{-6}$ 左右，比20世纪中期增加了大约25%，如果对 CO_2、CH_4、N_2O、CFCs等温室气体的排放不加节制，全球增温速度势必加快。据IPCC 1990年的权威预测，到21世纪中叶（2030—2050年），CO_2 浓度将加倍（$560×10^{-6}$～$600×10^{-6}$），全球年平均气温将升高1.5～4.5 ℃，降水可能增加7%～15%。

但由于温室效应的产生和影响有许多不确定因素，具有很大的地域差异，对未来气候的预测存在不确定性，这就造成了不同地域不同角度看问题的科学家对温室效应的不同看法，但温室效应的存在以及全球气候变暖的可能性和趋势已为众人所接受。对此，学者们争论的主要问题是它们将于何时发生,其幅度的大小和地区与季节分布的格局。而政府和公众最为关心的却是这些变化对人类的生活、农牧业生产、资源和生存环境产生的影响。尽管温室效应的计算方法和研究结果不一样,但其恶果却是一个值得认真讨论的问题,如果大气CO_2含量增加引起全球气温和气候发生重大变化的预言成为事实,那么温室效应将对人类环境造成不可逆转的严重危害。温室效应导致的气候变化将影响森林、草原、荒漠、冻原、湿地以及农业区的转换,更严重的是使海平面上升,危及沿海城市,特别是中、高纬地区的发达国家。因此,温室效应很明显已经成为一个确实存在的全球性环境问题。

2.2.3 温室气体改变引起的气候变化

可以肯定地说,大气CO_2和其他温室气体的增加势必导致全球气候变暖。据预测,22世纪全球气温将以每10年0.3 ℃(0.2~0.5 ℃)的速度升高。从未来20年的平均温度变化预估来看,全球气温升高预计将达到或超过1.5 ℃,这样的升温速度在过去十万多年来是最快的。而且,陆地表面将比海洋增温快,北纬高纬度地区比低纬度地区增温快。1982年7月,美国科学院所属国家科学委员会重申了对大气CO_2含量增加的可能效应预报,估计在21世纪中叶可能出现大气CO_2含量翻番,并引起全球平均气温上升1.5~4.5 ℃。然而在做上述估计时,却忽略了气温上升导致云量增加,从而引起对气温的缓冲效应。另外,区域性气候变化未必和全球的气温变化同步。例如,欧洲南部和中美洲的增温速率比全球平均气温升高的速度快,因为这些地区夏季降雨量和土壤湿度大大降低(Houghton et al, 1990)。大气成分的变化已使全球降雨量模式发生改变。在过去几十年里,中纬度地区降雨量增大,北半球的亚热带地区降雨量却下降,而南半球的降雨量增大(Houghton et al, 1990)。因而很难准确地推测将来降雨量如何随大气成分的变化而变化。也就是说,全球降雨量的变化存在很大的空间异质性。温室气体的增加也会增加海洋表面的蒸发量,但目前我们还很难准确地定量预测这种变化的程度。

另一重要的气候变化是全球云层分布的变化。据Henderson-Sellers、Mcguttie和Henderson-Sellers的研究(林光辉,1995)发现,自21世纪初以来,全球的云层出现增加现象。印度50年内云层增加了7%,欧洲80年内增加了6%,大洋洲80年内增加了8%,而北美也在90年内增加了近9%。这些变化由于测量误差存在不确定性,因此,目前还不能肯定全球云层增加是否因大气成分的改变而引发(Vitousek, 1994)。气候变化表现并不在平均值的变化上,而在极端气候条件(如高温、水灾、干旱、风暴等)的出现频率上。奇怪的是,已有的证据表明过去几十年来极端气候条件的发生频率并没有增大。相反,有一些证据表明极端气候的发生频率还有下降的趋势,特别是北印度洋的台风和中美洲的热带风暴(Houghton et al, 1990)。尽管多数学者一致认为,过去100多年特别是过去50年的增暖原因主要由人类排放的温室气体所引起,但许多学者也认识到,引起气候变化的因素非常复杂,今后还需要做大量研究(任国玉等,2005;丁一汇,1997;龚道溢,2002;秦大河,2005;赵新全等,2009)。

气候变暖原因研究的不确定性概括起来主要源于以下方面：

1. 仪器和代用资料本身还存在很多偏差

目前可靠的、高分辨率的代用资料还不充分，20世纪中期以前的高质量仪器测定资料较缺乏；气候资料序列的非均一性问题难以得到很好的解决，不同研究人员采用不同的非均一性检验、订正方法，而气温变化趋势计算结果对订正方法和订正资料序列又十分敏感；城市化对地面气温记录的影响难以完全分离，现有的全球和区域陆面气温序列还不同程度地受到城市热岛效应增强因素的影响，在城市发展迅速、城乡差别很大的国家和地区，这个问题尤为突出；高空气温变化分析还存在很多问题，探空温度资料序列和卫星遥感资料序列的可靠性仍需不断提高；区域土地利用变化对地面气温变化的确切影响缺乏了解，这个影响在大多数用于检测和归因分析的气候模式里也没有包含；一些重要的外强迫因子，如太阳输出辐射、火山活动和气溶胶浓度等，其全球和区域性真实历史变化规律还不清楚。不论采用何种检测和归因分析方法，都需要利用现有的长时间序列气候观测资料。在当前观测资料完整性、均一性、连续性和可靠性存在明显缺陷的情况下，开展气候变暖成因研究的难度可想而知。

2. 气候系统运行机理的认识还不完善

气候系统包含了大气、水、冰雪、生态、固体地壳等多个圈层，不同圈层之间存在着复杂的相互作用，特别是具有复杂的物理、化学与生物反馈作用（丁一汇等，2008）。这些反馈过程包括水汽反馈、云层反馈、冰冻圈反馈、海洋反馈、陆地生态系统反馈等，目前对其认识还处于初始阶段。如在过去的50多年里，世界许多地区蒸发皿蒸发量呈现明显减少趋势，我国大部分气象台站也记录到水面蒸发显著减弱的现象（丁一汇等，2008；任国玉等，2005）。不管造成水面蒸发减少的原因是什么，如果观测点附近的陆地实际蒸发也减弱了，那么这一过程将对地面气温上升产生增幅作用。然而现在对于水面和陆地实际蒸发的许多问题还没了解清楚。云和大气水汽的情况更为复杂。目前一般认为，气候变暖将导致海洋蒸发加强，大气水汽含量增加，水汽反馈将进一步增强气候变暖。但如前所述，如果观测的部分地区大气水汽增加是由人类活动直接引起的，而不全是温度—水汽反馈作用的结果，则气候系统对CO_2等温室气体的敏感性就应比目前估计的要低。对气候系统运行机理的认识是气候变化检测、归因和预估研究的关键所在，然而，目前在这方面还有大量的科学问题没有解决。借用"盲人摸象"的成语来形容当前气候学者对气候系统运行机理的探索过程，在一定程度上是比较贴切的。

3. 气候系统模式还有待改进

近20年来气候模式发展较快，对全球和区域气候已具有一定模拟能力。但总体上看，气候模式对温室气体等外强迫因子的敏感性问题仍没有很好解决。这主要和观测资料的缺乏、观测资料的偏差以及对气候系统运行机理的了解不充分有关。由于气候模式本身的问题，以及缺乏可靠的关键外强迫因子历史时间序列，利用气候模式进行全球和区域气候变暖的检测和归因分析，其结果也就不能完全令人信服。

2.3 气候变暖的研究历史

人类对气候变暖现象及其原因的研究已有很长的历史。欧洲和北美地区的气温自 19 世纪晚期以来表现出上升趋势。到 20 世纪 30 年代中后期，美国科学家利用东部观测资料和世界其他地区的稀疏资料，获得了"全球"平均气温序列，发现自 1865 年以来全球陆地平均气温已明显上升。但他们认为，这种变化可能是气候长周期变化的表现。1938 年，Callendar 发现，从 1890 年到 1935 年全球陆地平均气温上升了 0.5 ℃，并认为这可能是由人类活动造成 CO_2 升高而使温室效应加剧造成的。但其他科学家认为，变暖可能是自然变化的一部分，变暖不会一直持续下去（Weart，2003）。20 世纪 30 年代后期随着多数地区的继续升温，温室效应引起增暖的观点变得逐渐流行起来，但与气候自然变化观点仍然存在着明显的争论。

实际上，早在 19 世纪中后期，Tyndall 等就认识到大气中的水汽和 CO_2 等气体具有所谓的"温室效应"，影响地球的气温。19 世纪末，瑞典科学家 Arrhenius 和 Högbom 计算了大气 CO_2 浓度变化对欧洲地面气温的影响，指出人类活动引起的温室气体浓度增加，可能造成地球表面气温上升。Arrhenius 甚至计算了 CO_2 浓度加倍情况下，地球表面平均气温将增加 5~6 ℃，不过他认为要达到这一情况，可能需要很长时间。但是，Ahlmann 在 1952 年发现，北方的气温实际上从 20 世纪 40 年代初开始就降下来了。气温下降无疑给温室效应增暖学说泼了冷水，有关气候变化原因的争论曾一度停息下来。1961 年，Mitchell 发现全球地面平均气温从 20 世纪 40 年代初开始下降。不过他认为，原来的增暖可能仍和大气 CO_2 浓度增加有关，而温度逆转可能和火山或太阳活动的影响有关（Weart，2003；Mitchell，1972）。

20 世纪 60 年代到 70 年代初，全球地面气温一直较低，欧亚大陆尤其明显。气候学界对 CO_2 引起变暖的推测产生怀疑。Landsberg 认为，气候可能正在发生间歇性的波动，而不是持续地变暖。在全球尺度上，自然因子的作用还是主要的，但不排除遥远未来全球变暖的可能性。20 世纪 70 年代是异常气候事件频繁发生、学术思潮激昂荡漾的时期。北非等地一系列异常气候事件和进一步的转冷引发了人们的思考和争鸣。一些学者倾向于气候变化的自然控制作用，并认为太阳输出辐射变化可以引起气候变冷（Eddy，1976），轨道参数变化也可能正在引起气候长期缓慢变冷，甚至有可能返回到一个新的冰期阶段（Kukla，1972；Dansgaard，1972；Hays，1976；Berger，1978）；一些学者认为，火山活动或人类排放的气溶胶可能正在引起气候变冷（Mitchell，1972；Rasool，1971；Schneider，1975；Bryson，1977；Lamb，1977）。

但20世纪70年代早期仍有人坚持认为人类活动排放的CO_2将导致未来全球气候增暖（Budyko，1972；Kellogg，1974；Manabe，1975；Broecker，1975），当时的变冷可能是暂时的，温室效应引起的全球变暖在未来几十年终将显露出来。Budyko（1972）和Manabe（1975）采用气候模式对未来可能由大气CO_2浓度增加引起的气候变暖趋势进行了模拟。到20世纪70年代末，全球陆地平均气温停止下降，转而上升，关于未来温室效应将增强的观点逐渐占了上风。与此同时，古气候研究证实，地球轨道参数的周期变化与北半球冰期和间冰期交互转换步调一致，而且过去的地球系统存在着若干突然的状态变化。简单气候模式模拟（Budyko，1972）和北极地区雪盖面积的剧烈年际波动等观测事实（Kukla，1974）表明，气候系统对外强迫的响应可能更敏感、迅速。这些都进一步唤起科学界对气候变化问题的关注。到20世纪80年代初，人们由原来担心核战争会导致平流层臭氧显著下降，变为担心核战争可能引发"核冬天"，导致全球变冷和地球生物大绝灭（National Academy of Sciences，1975；Crutzen，1982；Turco，1983）。

与此同时，美国、英国和苏联的科学家分别对全球地面气温资料进行了系统整理，获得了更可靠的全球陆地地面平均气温序列。Hansen等（1981）证实，全球地面平均气温在经历了20多年的变冷后，20世纪70年代中后期开始转暖。Jones等（1982）和苏联的学者获得了同样的结论。此后，不断更新的观测资料序列表明了持续的全球气候变暖（Jones，1986；Wigley，1986；Hansen，1999；Folland，2001）。1957—1958年国际地球物理年期间开始的CO_2浓度监测已积累了足够长的序列。20世纪80年代中后期对冰芯资料分析还发现，大气CO_2浓度已明显超出自然波动范围，在过去的几十万年时间里它和地面气温同步波动（Oeschger，1984；Bradley，1985）。这些说明，人类活动是工业革命以来大气CO_2浓度持续上升的主要原因，同时至少在千年以上尺度大气CO_2浓度波动可能是引起气温变化的原因之一。

20世纪80年代末，联合国环境署和世界气象组织共同成立了政府间气候变化专门委员会（Intergovernmental Panel on Climate Change，IPCC），负责对气候变化研究进展进行定期评估。至此，全球变暖和气候变化的名词开始真正流行起来，学术界主流观点对气候变暖的解释倾向于温室效应增强理论。与此同时，一系列国际合作研究计划也在20世纪80年代初以后陆续启动，包括国际地圈生物圈计划（International Geosphere-Biosphere Programme，IGBP）、世界气候研究计划（World Climate Research Programme，WCRP）和国际全球变化人文因素计划（International Human Dimensions Programme on Global Environmental Change，IHDP）等，着重探讨由于人类活动引起的全球变暖现象、机理及其影响（National Academy of Sciences，1975；Malone，1984；Ye，1987；叶笃正，2003）。

2.4 气候变暖的生态学效应

2.4.1 温室效应对陆地生态系统的影响

全球变化已成为众多科学家关注的世界三大环境热点之一,其中CO_2浓度升高导致的温室效应和全球气候变化对陆地生态系统的影响以及生态系统对全球气候变化的响应与反馈,是关系到人类社会、经济生活、农林牧业生产、资源和生存环境的重大问题,成为众多科学工作者、各国政府领导人以及普通民众所共同关注的焦点问题。

由于19世纪工业革命以来,石油、天然气和煤不断被开采利用,大量的CO_2被释放到大气中。20世纪80年代大气中CO_2的浓度为$340×10^{-6}$(Shands et al, 1987),比19世纪中期增加了大约25%,目前还处在不断增加的趋势中(赵新全等,2009)。据预测,到21世纪中叶,CO_2浓度将为20世纪80年代的2倍(Hoffman et al, 1987)。这个结论是没有多少争议的,但对CO_2浓度升高可能引起的温度变化,却存在各种不同的看法(Bazzaz,1990)。大多数专家认为,高浓度CO_2会形成严重的温室效应(Roberts,1987)。按大气综合环流模型的预测,21世纪全球温度将平均升高1.5~4.5 ℃(Hansen et al, 1987; Roberts, 1987; IPCC, 1990)。

2.4.2 CO_2浓度增加对生态系统的直接作用

一般来说,大气中CO_2含量增加会加强植物的光合作用,提高生产力,增加根部的碳,提高菌根的活性,增强氮素的固定,从而促进植物生长(蒋高明等,1997)。Bazzaz(1990)就这一问题进行了很好的综述。在CO_2加倍的情况下,许多植物的光合作用增加50%~75%,树木与农作物的生长也相应增加50%~70%,农作物产量可增加30%~50%,但CO_2浓度增加对植物生长的影响受到土壤养分和水分供应的限制。

根据同化CO_2的代谢途径差异可以将植物分为不同的功能类型,如C3、C4与CAM植物。C3植物对于CO_2浓度增加的反应强于C4植物,因此C3植物的光合作用明显随CO_2浓度的增加而加强,但随时间的延长则可能降低,在养分、水分与光照充足的情况下,植物对CO_2浓度增加的正向反应最为明显,反之则受限制,但是CO_2浓度增加也存在着降低或抑制光合作用的方面,这可能是由于增强的光合作用引起叶绿体中过多的淀粉积累而妨碍细胞器的功能。在大量CO_2存在的状况下,植物产生碳水化合物的能力一旦超过其将淀粉副产品转移到活动生长部分的能力时,则某种生化的反馈可能减缓光合作用。另外,涉及传输积累的碳水化合物所必需的磷,由于磷循环速度或许跟不上光合作用增加的速度,从而可能降低1,5-二磷酸核酮糖羧化酶的数量和活性(Bazzaz,1990)。CO_2的浓度增加还会导致植物叶片气孔变小,植物呼吸和蒸腾作用强度降低,从而减少水分消耗，提高水分利用效率（water using efficiency，WUE）。植物的叶面积、根茎比与果实的大小则随CO_2浓度的增加而加大，但如果氮素供应不相应增加，就可能导致植物碳氮比失调，质量下降，则植食性生物需要采食更多的植物以满足其养分与需求。由于C3、C4植物对CO_2浓度增加的反应不同，还会改变植物种间的竞争关系，进而影响植物群落的结构与功能。

大气中CO_2浓度变化对种群的影响，主要表现在种群中不同个体的适应性以及由此引起的种群消长变化。植物在高浓度CO_2环境中生长，由于CO_2浓度升高会使植物组织中的碳水化合物增加而使含氮量相对下降，从而间接影响植食性动物种群。由此，高浓度CO_2条件下生长的植物不如低浓度CO_2条件下的植物组织对昆虫有利，这对农林业生产将产生一定影响。高浓度CO_2能影响植物群落结构，对农田作物群落而言，CO_2浓度升高，群落中各种植物反应不同，导致许多C3类杂草可能超过许多C4作物的生长，使农业区大幅度减收。

2.4.3 增温的作用

增温对陆地生态系统有正、负两方面的作用，其正面的作用是延长生长季节，提高光合作用效率，增加土壤养分的释放等，从而提高植物产量。增温的另一个显著作用是使生态系统与农林业种植的界限向北或在山地向上扩展。一般来说，全球变暖对于冷湿的北方和高寒地区有较大好处，因为在这些地区，低温是植物生产力的限制因素（Adams et al，1990；赵新全等，2009）。

增温对植物生长发育的负作用主要在于增加蒸腾作用，增加土壤水分消耗，直接和间接地引起干旱，并在受到水分不足胁迫的同时易于感染病虫害，从而使农作物严重减产或阻碍森林生长与更新。此外，全球增暖所造成的暖冬将加大冬旱的危害。综合来看，生态系统的结构和功能都可能受高浓度的CO_2和气候变暖的影响。对森林生态系统而言，全球变暖可能导致干旱年频率和森林大火风险的增加，从而导致森林植被的衰亡和毁灭。森林的生产力会随气温及CO_2浓度的提高而变化（刘建国，1992），而气温及CO_2浓度的提高对凋落物分解速度既有正作用又有负作用，从而影响森林营养物质的循环。全球变化对农业生态系统的影响尤为突出（刘建国，1992）。当CO_2浓度倍增导致全球变暖后，作物的年产量会发生不同的变化，作物单产会有所增加，但也有减少的例子。从全球不同地区来说，气候变化导致一些地区的农业产量增加，而另一些地区的农业产量降低，尤其是非洲和南美洲的一些地区。由于农业管理技术的调整，全球总的粮食产量将基本上维持现状（IPCC，1990）。就南北两极生态系统而言，据全球气候变化模型预测，南北两极的温度提高幅度最大（UNEP，1987），南极将对未来海平面变化起重要作用，但已有的研究多集中在北极（Maxwell et al，1989）。Billings研究认为，如果夏季温度升高4 ℃，CO_2浓度提高1倍的话，北极冻原生态系统对CO_2的吸收量将会减少50%。高温能使生物生长季节延长，分解者活动加强，有机质分解速度加快，冻原生态系统本身释放的CO_2量也会增高。

2.4.4 物种的地理迁移

通常认为以赤道为界，植被地带在全球变暖进程中将向南北方移动，但因物种对气候变化的适应性与遗传忍耐力的不同以及它们繁殖与散布的能力差异而有很大区别。此外，土壤与基质的异质性也能强烈地长期阻碍或促进植被的变化，增加植被在空间上的复杂性。

山地森林与植被则随全球变暖而向山地上部迁移。树木线上升伴以山地冰川迅速消融后退，是全球变暖最明显的标志和先兆。然而，植物迁移的速度慢于气候变暖的速度。据估计，植物每年向上迁移约1 m才能适应气候的变化，但多数植物迁移的速度每十年不过1 m，因此很难适应环境变化，或因山地高度不够而找不到避难所，许多高山植物就会因此绝灭。即使是1 ℃的增温也足以使许多山地的高山植被带整个消失或碎裂化呈岛屿状存在于局部的山头。预计在全球气候变暖情况下，山地树木线与植被带将会上升300~500 m，但有时高山深厚的积雪和雪崩会阻碍树木线的扩展。

对整个生物圈来说，全球气候变化会影响其物理和生物景观。气候变化的空间与时间分布是不均匀的，对降雨和土壤湿度的影响也不均一，而全球气温升高使得冰川融化和海洋热膨胀，导致海平面上升，这是气候变化最可能的影响之一，这些都使得世界陆地上的一些生物群区面积发生很大的变化（Shugart，1990）。若CO_2浓度加倍，亚热带森林、极地荒漠、冻原和北方森林的面积将大幅度减少，其中亚热带森林损失最为严重，超过了$500×10^4 km^2$，与此同时，稀树草原、热带雨林和热带沙漠却会大面积增加。

2.4.5 温室效应对干扰的作用

全球气候变化最显著的特征是干扰性气候变化的频度与强度增加。全球增温后，强风与暴风雨将更加频繁，干旱区尘暴发生的频率和强度增加，风暴对森林和农田会造成较大的危害。气候的极端性也会加强，夏季可能出现酷热天气，冬季则可能异常寒冷，从而引起农业生产的巨大摆动和不稳定性。气候的地区差异也将增强，某些地区可能特大丰收，而另一些地区可能严重减产。洪水的强度和频度也会大大增加。干热的天气将会引起猛烈和频繁的森林、灌丛与草原火灾，不但强烈地改变植被的种类组成和结构，还会造成碳与氮素循环的巨大变化。

全球气候变暖会使鼠类大量繁殖，甚至达到爆炸性的程度，因而对人类健康和动植物带来不良影响，造成生态系统破坏和农业生产力下降，引起病虫害的流行性爆发。干热的气候将有利于杂草的生长，尤其是C3杂草的竞争力加强，分布区得到扩展，对C4作物造成胁迫（陈佐忠等，1997）。此外，21世纪，全球变暖会使大面积土地因风沙侵蚀而严重退化，对农业生产十分不利，其总产量将下降1/3~1/2，因而可能导致大规模饥荒，对世界各地的社会稳定构成威胁。

2.4.6 全球气候变化对生物多样性的影响

在地球的地质时期，气候变化曾导致生物物种大规模迁移、生物群落组成发生巨大变化与许多物种绝灭，在全球气候变化条件下，这一过程势必以更快的速度发生。尤其是气候变化与生境破坏相配合将威胁更多物种的生存。气候变暖，气候带迁移，植被带产生新的分布，赖以生存的动物有一部分来不及迁移，或由于海平面上升，沿海岸长期生活的某些动植物会随之消失等等，势必会引起更多的物种绝灭，后果十分严峻。

全球变暖和与之相伴随的全球降水变化对生物多样性产生重大影响。CO_2浓度增加能改变生物竞争的格局，造成生态系统不稳定。全球变化带来的极端事件，如干旱、火灾、洪水、风暴及冷暖变化等更会对物种的分布与生存产生很大影响。一般来说，增温对北方高纬度和高海拔的物种和群落造成的压力较大，物种可能向极地方向迁移数百千米或向山地上部上升数百米。

物种对环境变化的适应能力取决于它的生理适应性及繁殖、散布与迁移的特性。许多物种的完全绝灭和局部绝灭往往是由于其散布速度赶不上气候变化速度。气候变化可能有利于某些外来侵入种而造成某些物种因竞争而局地绝灭。气候变化对不同物种的作用会有所不同，即物种迁移和重新分布过程对气候变化的敏感性不一，有些物种对气候变化敏感，并能做出密切反应，而另一些物种的反应则很慢，许多物种迁移速度可能低于未来气候变化的速度。

2.5 陆地生态系统增温研究方法

2.5.1 气候变暖的观测研究方法

探讨气候变暖的成因离不开对气候观测事实的了解。IPCC报告表明（IPCC，2007；秦大河，2007），全球平均地表温度在1906—2005年期间增加了0.74 ℃，考虑到资料的误差，实际增温幅度为0.56～0.92 ℃。其中20世纪初的10—40年代和70年代至21世纪初是两个明显的增温阶段。20世纪中期以来的线性增暖趋势几乎是近100年的2倍。在近100年里，20世纪90年代是最暖的10年，1998年是最暖的1年。近100年来，北极地区平均气温增加速率约是全球平均气温增加速率的2倍。北极气候具有很高的年代际变率，1925—1945年也是一个暖期。自1950年以来，全球海面水温的增加大约是陆面气温增加的一半，陆地上夜间日最低气温平均每10年增加0.2 ℃，约是同期白天最高气温增加速率的2倍。近50年来，与气温相关的极端事件频率也出现了变化。全球陆地上冷日、冷夜和霜冻事件发生频率明显减小，而热日、热夜和热浪事件发生频率则明显增加。与此对应的是，平均日最低气温明显上升，一些地区的平均日最高气温增加明显，陆地大部分区域气温日较差有下降趋势。

《气候变化国家评估报告》(气候变化国家评估报告编委会，2007) 指出，过去100年我国大陆地区的年平均气温增加0.5~0.8 ℃，与全球或北半球变暖趋势大体相近，其中冬季增暖最明显，但夏季变化很小。与全球或北半球平均比较，我国20世纪30—40年代的变暖更为突出，20世纪50—60年代的相对冷期也较明显（气候变化国家评估报告编委会，2007；丁一汇等，2008)。我国1951—2004年期间年平均地面气温变暖幅度约为1.3 ℃，线性增温速率约为每10年0.25 ℃，比全球或半球同期平均增温速率高得多。近半个世纪的变暖在东北、华北和西北以及青藏高原北部地区更明显，多数台站冬、春、秋季升温比夏季明显，夜间最低气温上升比白天最高气温显著（任国玉等，2005；唐红玉等，2005)。多数台站平均气温日较差明显下降。

我国平均气温在1901—2017年波动上升，上升了1.21 ℃，1951—2017年，我国地表年平均气温平均每10年升高0.24 ℃，升温率高于同期全球平均水平。我国北方增温速率明显大于南方地区，西部地区大于东部，其中青藏地区增温速率最大。在增温明显的华北地区，国家级台站附近1961—2000年间城市化引起的年平均气温增加值占全部增温的39%以上。其他地区的增温趋势中也或多或少保留着城市化的影响。1961—2004年期间我国对流层中下层气温增加趋势仅为每10年0.05 ℃，比国家级地面站观测的气温变化小一个量级。这从另一个角度说明，我国地面台站记录的增温在一定程度上反映了城市热岛效应加强因素的影响。当然，即使消除城市化的影响，我国地面气温仍呈较明显的增暖趋势，这和迄今报道的全球变暖是一致的。但是，考虑城市化影响以后，不论中国还是全球，陆面气温增加速率可能要比目前的估计值来得弱。这一判断对于气候变化研究来说是非常重要的。

在中国和全球陆面气温记录中保留的城市热岛效应影响，可以看作是观测资料中的系统偏差。早在20世纪60年代就有人指出存在这个偏差的可能性，认为20世纪40年代以前的增温不真实，有可能是局地城市热岛效应加强的反映（Dronia, 1967)。Karl等 (1988)在美国的历史气候资料序列中检测出明显的城市化影响，并对其进行了订正。但Jones等 (1990)根据包括中国华北在内的3个区域分析认为，在大尺度平均地面气温序列中城市化的影响微乎其微，比观测的增温趋势小一个量值。这个结论后来得到其他分析结果的支持 (Peterson, 2003; Parker, 2004; Parker, 2006)，并成为IPCC报告中相关评估结论的主要依据。但是，这个结论不断受到来自区域性研究的挑战。应该说，在大陆或全球尺度上，现有气温序列中在多大程度上残留着局地人类活动的影响，还是一个有待解决的问题。

2.5.2 试验模拟法

在研究温室效应对陆地生态系统的影响时，尤其二氧化碳浓度升高对植物的直接影响研究上大量使用试验模拟法。

1. 控制环境试验

控制环境试验是最初大部分生理生态学家广为采用的一种方法（Lawor et al，1991），尤其在农作物试验方面应用最广（Chaudhur et al，1990；Finn et al，1982；Nie et al，1995）。在室外开阔地带，设立一系列控制环境的装置。一般以铝合金做骨架，用透明材料（玻璃、塑料薄膜等）罩在外面，研究温室效应对植被的影响。另外，还有人通过远红外照射控制环境温度，造成温差，研究其对生态系统中植物种群组成、生物量、土壤有机质分解等的影响（Harte et al，1995）。该法为研究者提供长期稳定的环境，并使温度条件与CO_2浓度等因素人为组合，重复性好，然而光照、昼夜温差通常减少，光温不能同步，温度升高，风速相对静止。为了有效地整合和总结世界各地开展的生态系统增温试验，国际地圈生物圈计划的核心项目全球环境变化和陆地生态系统成立了生态系统增温研究网络。在该网络中广泛用于各种生态系统类型的温度控制装置可以分为四大类：温室和开顶箱、土壤加热管道和电缆、红外线反射器、红外线辐射器。

(1) 温室和开顶箱

根据研究目的，温室和开顶箱有多种材料和设计样式，包括开顶式设计、园艺用钟形玻璃罩、圆顶式帐篷、屏风式、玻璃温室、塑料温室以及纤维板等。不同材料的温室对温度的升高幅度、光的衰减程度以及气体的透过率都是不同的。因此，不同温室材料和结构式样的选择非常重要。

温室和开顶箱是最经济、简单易行的增温装置，维持费用不高，可以用在一些偏远没有电力支持的地区。这种增温设施已经在一系列的生境中被应用，主要是在一些高纬度和高海拔地区（Chapin et al，1985；Havstrom et al，1993；Klein et al，2005；Walker et al，2006），包括北极和南极冻原、亚高山草地、青藏高原和温带草原。温室和开顶箱一般来说可以增加空气温度 2~6 ℃（Stenstrom et al，1997；Klein et al，2005），具体的温度要根据试验的目的和实际情况而定。

(2) 土壤加热管道和电缆

土壤加热管道早在20世纪70年代被用于农业试验研究中，俄勒冈州立大学的Rykbost 等（1975）利用发电厂的废热水，通过埋在地下92 cm深处的管道对作物和蔬菜进行增温处理。他们的目的不是模拟气候变暖，而是想探讨利用掩埋加热管道所产生的热量来刺激植物生长的可能性，显然，这种方法可以应用于研究气候变暖。

埋地电缆可以通过适宜的电路控制从而得到一个精确的可控温度，它不像温室那样引起微气候环境的改变。尽管这种装置需要电力，在没有电力设施的地方受到限制，但它是目前研究全球变暖对于森林生态系统影响的可行性较高的手段。运用埋地电缆对土壤进行增温同样存在一定的局限性：1) 在掩埋电缆时对土壤和地表枯枝落叶层造成物理干扰，尽管Peterjohn 等（1993）发现这种干扰对日均温并没有影响，但其他土壤和生态系统过程，例如气体的扩散、水分的径流、中型动物的活动以及根系等都有可能受到影响；2) 加热不均匀，埋地电缆会在土壤中造成垂直和水平的温度梯度；3) 埋地电缆不能加热空气和植物的地上部分，因而不能比较真实地模拟全球变暖影响陆地生态系统的情形；4）土壤管道和电缆所造成的恒定增温不能模拟自然条件下全球变暖所引起的增温幅度的季节和日间变化（牛书丽等，2007）。

（3）红外线反射器

红外线反射器是一种比较好的用于模拟夜间增温的试验装置，原理和设计相对比较简单，加热试验小区周围的支架可以收放反射红外线的帘布，这种帘布可以反射97%的直射光和96%的散射光，同时允许水蒸气透过。帘布可以被卷进脚手架一端的横梁内，此横梁与一个马达相连以供应电力。马达被一个电子控制器控制而自动开动，帘布可以自动伸卷，整个伸卷过程大约需要4分钟。每天日落（光密度大约小于0.4 W/m^2）帘布可以自动地伸开并覆盖植被以降低红外线辐射所造成的能量散失，太阳升起时，帘布自动卷回，从而使加热的试验小区保持白天的开放状态。另外，此装置还可以连接雨水感应器和风速感应器，在有雨或大风的夜晚也会自动卷起帘布（Beier et al，2004）。

该装置相对经济易行，已经被成功地应用于农作物和灌丛生态系统。但是在实际操作过程中，一些潜在的负面效应还是要考虑在内，尤其是在干旱地区，清晨露水的输入对于水分的收支很重要，该装置降低了露水的输入；该装置没有降雪感应器，阻止了加热小区内雨雪的降落；可能还有其他一些非生物因素，比如在有风的夜晚降低风速等对试验所造成的影响（牛书丽等，2007）。

（4）红外线辐射器

该装置是通过悬挂在样地上方、可以散发红外线辐射的灯管来实现空气温度升高（Shaver et al，2000）。红外线灯管非破坏性地传递能量，而且不改变微环境，对那些冬季积雪比较厚的地方进行全年增温控制试验也是可行的。但是由于辐射器并不直接加热空气，这种技术不能模拟全球变暖的对流加热效应，而且对于比较密集的植被层可能会削弱对土壤的增温。另外，由于该种加热装置所能覆盖的面积有限，因此在森林生态系统中的应用受到限制（牛书丽等，2007）。

此外，在20多年的发展基础上，生态系统尺度的野外增温试验也出现了两种新一代的技术，即对全部土壤剖面（0～1 m甚至0～3 m）进行增温的全土壤剖面增温技术（Hanson et al，2011；Pries et al，2017），以及对包括地上空气、植物和地下全部土壤剖面进行增温的全生态系统增温技术（Hanson et al，2017；Richardson et al，2018）。这两种新一代的生态系统尺度的增温技术，如果在全球各地同步开展有协调的联网试验（Fraser et al，2013），将极大地推动陆地生态系统碳循环与气候变化反馈的研究。

① 全土壤剖面增温

由于深层土壤对生态系统碳循环的贡献越来越受到重视，并且气候模型也预测深层土壤和表层土壤的未来增温程度相似（Hicks et al，2018），所以包括了深层土壤的全土壤剖面增温技术近些年受到广泛重视。全土壤剖面增温，是在圆形样方的四周垂直埋入多根加热电缆，对全部土壤剖面进行均匀增温的技术。该技术在2009年首次应用于温带落叶阔叶林的增温预试验（Hanson et al，2011）。试验设1个重复，样方直径3.0 m，在3.5 m直径的圆周，均匀地将24根铁管和电缆垂直埋入地下0～3 m，通过测定不同深度的土壤温度和程序反馈控制，对整个土壤剖面（0~2 m）增温4 ℃。应用该技术初步成功后，2013年开始在美国加利福尼亚州针叶林生态系统进行了有重复的全土壤剖面增温试验（Hicks et al，2017）。

目前，国际上已有多个团队在全球不同的生态系统，采用该技术研究土壤碳循环对增温的响应和反馈，并联合发起了国际土壤试验网络（Torn et al，2015）。国内也有一些团队开始这方面的研究，比如北京大学采用该技术研究青海海北站的高寒草甸生态系统碳循环对全土壤剖面（0~100 cm）增温4 ℃的响应。当预算受限的时候，可以对该技术做些改变，对较小体积的土壤进行全剖面增温。

② 全生态系统增温

全生态系统增温是对包括地上植物和地下全部土壤在内的全生态系统进行增温的技术。由于早期的增温技术均有各种不足，不能对整个生态系统进行全组分增温，美国能源部资助Paul Hanson领导的团队，在早期预试验（Hanson et al，2011）的基础上，自2015年开始在明尼苏达州的云杉（*Picea mariana*）林—泥炭地生态系统，开展了包括5个温度水平以及2个CO_2浓度的野外大型试验（spruce and peatland responses under changing environments，SPRUCE）（Hanson et al，2017）。SPRUCE试验的样方直径为12 m，采用8 m高的开顶箱和热空气对地上植物和空气增温，并采用3圈（半径分别为5.42、4.00、2.00 m）垂直埋入0~3 m土壤（泥炭）的电缆（分别是48、12、6根）对地下全土壤剖面进行增温。根据不同深度土壤温度的测定数据和计算机程序反馈控制电缆和热空气，可以对整个生态系统进行不同程度（对照，增温2.25、4.50、6.75、9.00 ℃）的增温处理。2015年开始运行以来，取得了较为良好的效果（Hanson et al，2017）。

全生态系统增温技术，相对来说成本较高，操作起来较复杂，但是包括生态系统全部组分，最接近真实增温情景，因此是最先进、最前沿的生态系统尺度的野外增温试验技术。利用全生态系统增温技术对生态系统进行增温试验，能够更加准确地了解陆地生态系统碳循环过程对增温的响应和适应。

2. 自由CO_2气体施肥试验

自由CO_2气体施肥试验由美国能源部Brookhove研究室的Hendrey等设计，首次应用于亚利桑那州的美国农业部水分保持实验室（Hendrey et al，1993）。先是应用于棉花、小麦等农作物试验，目前有人对较大块的森林进行自由CO_2气体施肥试验处理（Culotta，1995）。CO_2浓度通过计算机系统控制。这是目前公认的研究植物对高CO_2浓度响应的最理想的手段之一。

除上述几种试验设施外，美国亚利桑那州的生物圈2号及英国陆地生态研究所设计的太阳穹（Solardome，类似于生物圈2号结构，但规模小很多）等也正用于进行CO_2浓度升高对植被、植物影响方面的试验。部分研究利用海拔高度不同造成的温差模拟全球变暖对植物群落的生物量和结构的影响（杨永辉等，1997；赵新全等，2009）。

2.5.3 理论模型法

全球气候变化影响的定量化研究方法是揭示物理机制的强有力工具。研究温室效应时，对于高组织层次，试验难度太大，模型应是一种主要手段（IGBP，1990；Shugart，1990）。经过努力，大气物理学家构建了大气环流模型（general circulation models，GCMs）来模拟地球的气候变化。生物模型学家在构建模型时，既要保持足够的复杂性以合理地表现生物的真实世界，又要使模型简单实用，可在全球尺度上运行。

目前发展了三种不同尺度的全球变化的两类生态模型，这三种尺度为斑块、景观、区域，两类模型则为全球植被模型与全球动态植被模型。全球植被模型曾被应用于预测未来气候变化条件下的全球植被响应变化（张新时，1993）。

为了研究有关全球气候变化对植物生产力、生物量、地表温度、植被分布等的影响，数学生态学家也构建了一些相对简单的数学理论模型（Melillo et al，1993；周广胜等，1995）、生物圈理论模型（齐晔等，1995）等。

2.6 高寒草甸植被—土壤系统对气候变暖响应的研究进展

植被在陆地生态系统结构中占有重要地位，对气候变化响应也最为敏感。随着气候变化加剧，植被对气候的响应逐渐明显。温度作为最重要的气候因子之一，控制着生态系统中大部分的生物化学反应速率，几乎影响所有生物学过程，并调节生态系统中的能量、水分和养分循环（沈振西等，2015）。温度升高，一方面影响植物的光合呼吸作用（陈翔等，2016），改变植物的物候进程（王晓云等，2014），引起植物生物量生产分配（Carlyle et al，2014；余欣超等，2015；Xu et al，2015）及植物群落结构发生变化，甚至导致群落演替发生（林丽等，2016）；另一方面，改变土壤水热状况（杨月娟等，2015），引起土壤中各种酶活性变化（何芳兰等，2016），间接影响土壤呼吸速率（Li et al，2013；杜岩功等，2016）、有机质分解和养分矿化等过程（武倩等，2016）。

高海拔地区是响应全球气候变化最敏感的区域之一。高海拔地区升温速率及幅度均远大于低海拔地区（Penuelas et al，2013；Xia et al，2014），在极端气候事件发生频率方面也表现得更为突出（Shi et al，2015）。因此，高海拔生态系统对气候变暖的响应已成为众多科学家研究的热点。高寒草甸作为高海拔地区较为典型的植被类型，是陆地植被中较为特殊的组成部分（周兴民等，2001），属于典型的山地垂直地带性和高原地带性植被（崔树娟等，2014）。研究气候变暖对高寒草甸生态系统可能带来的影响及高寒草甸植被—土壤系统对气候变暖的响应和适应问题，能够较好地反映全球气候变化效应，具有理论超前性。到目前为止，有关高寒草甸对气候变化响应的研究成果众多，主要集中在青藏高原、川西北、海北、青海湖等区域，且仅有少量有关高寒草甸植被—土壤系统对气候变化响应方面的综述性研究。例如，综述气温和降水变化对中国主要草原区植被时空格局影响的研究（梁艳等，2014），综述高寒草甸和高寒草原对气候变化响应过程以及应对气候变化适应性管理的研究（王常顺等，2013）。但是，以上研究缺乏对高寒草甸植被—土壤系统各组分的综合分析。因此，有必要对高寒草甸植被—土壤系统响应气候变暖的研究进行一次较为全面的综述，以此为该领域相关学者的研究提供参考，同时为高寒地区草地资源在气候变化背景下的合理利用提供理论依据。

2.6.1 气候变暖对高寒草甸植物特征的影响

1. 植物个体水平

（1）物候与生长

植物的生长与物候是对气候变化敏感且易观测的指标，直接影响生态系统碳含量的收支平衡（丛楠等，2016）。温度对植物的影响主要通过改变其生长期长度，影响物种多样性以及生物量生产和分配，最终对植被生态系统的结构和功能造成影响。目前绝大部分植物所处的环境温度普遍低于植物生长的最佳温度，总的来说，温度升高会促进植物生长发育（Gugerli et al，2001）。然而，气候变暖并不是全球地表温度的平均变暖，而是呈现一定的非对称性。在北半球中高纬度表现为夜间比白天增温更快，春冬季增温幅度大于夏秋季（Xia et al，2014）。夜间增温可通过增加最低温度和延长植物生长期对植物的生长产生积极影响，也可通过增加植物的呼吸作用消耗碳减轻这种积极作用（Peng et al，2015；Su et al，2015）。

在极地和高寒地区，温度升高可以缓减低温对植物物候的限制作用，促进植物生长。增温对海北矮嵩草草甸物候期产生显著影响，使植物种群生长期平均延长 4.95 d，比正常年份生长期增加了 22 d（周华坤等，2000；李英年等，2004）。在川西亚高山草甸研究中同样发现，增温使得群落建群种萌动期、花蕾期和花期均显著提前，而枯黄期显著推迟（徐振锋等，2009）。在高寒草甸区的研究也发现，温度升高能使高寒草甸植物物候始期提前，末期推迟，各物候进程加快，植物生长季长度延长，从而促进植物的生长发育（徐满厚等，2013）。此外，研究还发现，增温下藏北高寒草甸浅根—早花植物的繁殖时间显著推迟，浅根—中花植物和深根—晚花植物的繁殖时间显著提前，增温改变了高寒草甸植物的繁殖时间（朱军涛，2016）。可见，植物物候作为气候变暖的指示器，对温度升高响应尤为敏感，且不同功能群植物的物候对气候变暖响应不同。

温度升高在促进植物生长发育的同时也会带来严重后果。非生长季增暖会促进早熟植物生长发育，但推迟了寒冷冬季气温回归，植物遭受冻害的风险增大（Bokhorst et al，2008）。例如，温度升高使岷江冷杉芽开放期提前，生长季延长，有利于植物生长，但冷杉芽开放期提前使其幼苗新生芽遭受严重冻害（徐振锋等，2009）。适度增温虽可促进高寒植物生长，但温度持续升高会对植被产生负影响（徐满厚等，2013）。受气候变暖的影响，植物体普遍在缩小，全球平均气温每上升 1 ℃，植物体可能缩小 3%～17%

(Sheridan et al, 2011), 分析其原因可能是植物体在温度升高情况下新陈代谢速度加快, 体形随之减小。但在气候变暖的背景下, 高海拔地区的植株高度表现出增加趋势, 低海拔地区植被可能出现矮化 (徐满厚等, 2013), 气候变化究竟是如何影响高寒草甸植物高度的, 现在还没有明确答案 (Xu et al, 2014)。赵建中等 (2006) 对青藏高原矮嵩草草甸的研究发现, 黑褐苔草叶片数量随温度升高表现出减少趋势, 但生物量和分蘖数在一定增温范围内达到最大值。可见, 不同种类高寒草甸植物具有不同的生理结构, 导致草甸植物对温度升高的敏感性不同, 使其生长和物候出现差异。然而, 温度变化对植被的影响在短期内主要表现在功能上, 在较长时间尺度上其影响更重要的是在组成和结构上 (齐晔, 1999)。因此, 开展长时间尺度上植物物候和生长对增温响应的研究十分必要。

(2) 光合与呼吸

温度通过直接影响酶活性, 改变植物光合能力和呼吸作用以制造或是消耗有机物。白天和夜间不同温度升高对植物光合作用和呼吸作用产生的不同影响, 直接或间接引起植被生产力和生态系统碳过程发生改变。如生长季增温显著提高了中高纬度草地生态系统初级生产力和呼吸作用 (Xia et al, 2014), 同时气候变暖促进了地上植被的呼吸作用和总自养呼吸作用 (Chen et al, 2016)。Jarvis 等 (2004) 和 Liang 等 (2013) 研究发现, 增温使叶片净光合平均速率增加, 可直接影响高寒植物光合作用和生长速率。但是, 增温使高寒矮嵩草草甸植物气孔长度减小, 而气孔密度对增温的响应规律在不同物种间存在差异 (张立荣等, 2010)。例如, 在增温处理下发草 (*Deschampsia cespitosa*) 的蒸腾速率、净光合速率、气孔导度指标都明显上升, 而遏蓝菜 (*Thlaspi arvense*) 的相应指标在增温后明显下降 (石福孙等, 2009)。因此, 增温处理下生长最适宜温度低的植物光合速率增加, 而气孔导度变化没有规律 (黄文华等, 2014)。

温度升高对高寒草甸植物光合、呼吸作用的影响因植物种类而异, 不同植物光合、呼吸特征对于增温的响应模式不同, 其生理指标的变化也有差异。温度升高一般可以促进植物光合、呼吸作用, 对高寒草甸植物而言, 增温使得植物气孔导度指标上升, 气孔长度降低, 而气孔密度对增温的响应在不同物种间存在差异, 各种变化总是朝着最适宜温度的方向进行。

2. 植物群落水平

(1) 生物量生产及分配

植被生物量生产及分配主要受气候因素影响 (Wang et al, 2010)。气候变暖可通过降低土壤含水量抑制植物生长, 或是增加植物呼吸作用消耗有机物, 以减少生物量, 也可通过增强植物光合作用或对矿物营养的吸收能力来促进有机物生产。因此, 温度上升对植物生物量的影响存在不确定性。张新时 (1993) 的研究表明, 无论是高寒草原还是高寒草甸, 其潜在第一生产力在气温升高下均呈现不同程度的增加。刘伟等 (2010) 对海北矮嵩草草甸观测也得出, 植物群落地上生物量、盖度、平均高度在模拟增温试验处理下均表现为逐渐上升趋势。此外, Chen 等 (2016) 通过对青藏高原高寒草甸 3 年模拟增温试验发现, 温度升高显著提高了禾本科和豆科植物的丰富度和生物量, 总初级生产力有所增强。但是，受全球气候变暖的影响，植被出现明显退化，造成牧草产量和高寒草地生物总量出现不同程度的减少（王谋等，2005）。因此，增温对植物生物量的影响具有复杂性。

首先，增温幅度和增温持续时间的不同对生物量变化产生显著影响。在增温幅度方面，高寒草甸生物量随温度升高呈增加趋势，但大幅增温下生物量出现不同程度的减少（李娜等，2011）；短期增温对高寒生态系统植被生长发育产生显著影响，同时增温幅度增加抑制了生物量增加（刘光生等，2012）。在增温时间方面，高寒矮嵩草草甸生物量在模拟增温试验初期呈增加趋势，但增温时间持续 5 年后生物量反而下降（李英年等，2004）；温度增加初期对高寒植被有正效应，但温度持续升高，则对植被产生负效应（徐满厚等，2016）。造成这种现象的主要原因可能是在增温条件下植物生长速度加快，成熟过程提前，生长期反而缩短。因此，生物量对初期温度升高非常敏感，但随着增温时间延长和增温幅度增加，生物量表现出对温度升高的适应性，增加幅度开始出现下降趋势，再加之增温装置使得温度日变化长时间受到限制，影响干物质积累，最终导致生物量减少。

其次，高寒草甸各功能群植物生物学特性不同，其生物量生产对气候变化的响应也不同（刘美等，2021）。川西北亚高山草甸建群种牛尾蒿（*Artemisia dubia*）和野青茅（*Deyeuxia pyramidalis*）在模拟增温条件下地上生物量均显著增加，伴生种中华羊茅（*Festuca sinensis*）地上生物量却有所减少，草甸群落上层生物量对短期温度上升的响应更为敏感（徐振锋等，2009）。矮嵩草草甸生物量在短期增温条件下表现出随着温度上升而增加的趋势，禾草地上生物量增加了 12.30%，但杂草地上生物量减少了 21.13%（周华坤等，2000）。因此，短期增温能促进禾本科植物生长，抑制杂草类植物生长（李英年等，2004；石福孙等，2008；权国玲等，2015）。但李娜等（2011）研究发现，增温样地内禾草和莎草盖度及生物量均显著小于对照样地，而杂草类盖度及生物量均显著大于对照样地，认为对高寒草甸大幅度温度增加促进了莎草和禾草盖度减少，杂草类盖度增加。主要原因可能是在温度上升影响下草甸出现明显的层片结构，上层禾草科植物占据了绝大部分空间，莎草科和杂草类下层植物为了争取更多阳光和空间，植株高度整体增加。

最后，增温可改变高寒草甸植被地下生物量在土壤中的分布。北半球高纬度地区非生长季增温会减少积雪覆盖面积，加速冻土形成，导致细菌死亡量增加，使地下生物量分配格局发生变化（Xia et al，2014）。草地植物地下部分生物量的垂直分布呈典型的倒金字塔模式，主要集中在 0～10 cm 土壤表层中（杨秀静等，2013）。但在增温试验处理下，亚高山草甸 0～30 cm 地下土层中生物量减小，根系在土壤中的分配比例发生明显改变（石福孙等，2008）。青藏高原高寒草甸 0～5 cm 土壤表层生物量有所减少，5～20 cm 土层生物量有所增加。因此，温度升高使得高寒草甸地下生物量出现向深层转移的分配格局趋势（李娜等，2011），对土壤深层地下生物量的影响逐渐加强（徐满厚等，2016）。同时，在荒漠草原地区，增温处理下 0～10 cm 土层地下生物量下降，10～30 cm 土层地下生物量显著增加，地下生物量也表现出向地下深层土壤根系层中迁移的现象

（王晨晨等，2014）。可见，高寒草甸和荒漠草原两种不同类型植被生态系统地下生物量对气候变暖的响应表现出相似的变化趋势。因此，温度上升引起表层土壤含水量减少，使得水分成为限制植物生长的最关键因子，导致土壤表层生物量减少，植物为了更好地生存，根系向更深土层延伸吸收水分，以此来适应环境，导致地下生物量向深层土壤转移。

（2）群落结构

气候变暖对植被群落动态变化和陆面碳循环过程产生重大影响（Hoover et al，2015）。在全球气候变化环境下，总有一些植物群落的组成物种对温度升高的响应更为迅速和敏感，进而破坏群落种间竞争关系，引起植物群落中优势种和组成成分发生改变，甚至出现群落演替过程，最终对群落结构产生影响。亚高山草甸在适度增温试验处理后群落物种组成未发生明显改变，但由鹅绒委陵菜等占绝对优势的群落物种组成，演变为由垂穗披碱草等非优势种共同占优势种的群落物种组成，气候变暖引起各物种在群落中的地位发生改变（石福孙等，2008）。矮嵩草草甸在短期模拟增温下群落成层结构也没有发生太大变化，但增温效应增强了建群种和主要伴生种在群落中的作用（刘伟等，2010），但经过5年的模拟增温试验，样地内以适应寒冷、湿中生环境为主的原生矮嵩草草甸植被类型发生退化，被以旱生为主的植被类型所替代，植物种群优势度发生倾斜（李英年等，2004）。因此，气候变暖引起的干旱胁迫通过改变群落组成物种（优势种）丰富度和稳定性进而影响整个植被群落的水平稳定性（Dieleman et al，2015）。

白天增温和夜间增温可影响植物群落结构和生态系统功能。Yang等（2017）通过8年增温试验，比较了日间和夜间增温对草地植被群落稳定性的影响，发现白天增温通过减少优势种丰富度和盖度以及物种间联结性影响群落结构稳定性。白天和夜晚不对称增温对生态系统影响的研究表明，白天、夜晚不对称增温引起的生态结果不同，不能够真实预测未来气候变化背景下植被群落的动态变化，面对环境变化，优势种（而不是物种多样性）在调节植被群落稳定性中承担着更重要的角色（Fu et al，2014；Xia et al，2014；Piao et al，2015）。14年增温试验结果发现，草地植被群落物种组成在试验前7年并没有变化，从第8年开始出现物种多样性减少，这种变化主要是由入侵种和优势种丰富度的负相关竞争引起，表明长期增温才能引起草地群落结构的响应（Shi et al，2015）。温度升高有效地改善了植物群落的小气候，大多数物种优势比和重要值均有不同程度增加。因此，气候变暖有利于增强高寒草甸建群种和主要伴生种在群落内的作用，对群落结构没有产生太大影响，但过度增温导致高寒草甸物种数量减少，对植物种演替产生重要影响。这些变化与植物种间（特别是优势种）对环境条件竞争有很大关系，长期气候变化观测试验和气候变暖与极端降水事件可能存在的相互作用在揭示群落组成转变过程中起到至关重要作用。

（3）物种多样性

气候变化决定着地球上物种的分布以及植被类型，是影响生物多样性的主要自然因素，气候要素变化将引起物种多样性改变（卢慧等，2015）。高寒草甸植被物种多样性在短期适度增温处理下有所增加（权国玲等，2015），但是响应并不敏感（徐满厚等，2015）。然而，5年增温试验结果表明，矮嵩草草甸物种多样性比原生对照植被物种多样性有所减少（李英年等，2004）。因此，短期增温使物种多样性指数增加，但是长期过度增温引起物种多样性降低（李娜等，2011）。Yang等（2017）通过8年增温试验进一步验证，不管夜间增温还是白天增温，物种丰富度都在一个相对较小的范围内波动。可见，高寒草甸植被物种多样性在不同增温幅度和增温时间下变化不同，对温度优势的物种，优势逐渐变得更大，而对温度劣势的物种逐渐被淘汰，如果长期过度温度升高，会使样地内物种趋于单一化发展，最终引起物种多样性降低。

2.6.2 气候变暖对高寒草甸土壤特性的影响

1. 土壤水热环境

温度升高对土壤水热产生不同影响。对土壤温度而言，温度升高能显著增加高寒草甸地温和地表温度（Xu et al, 2016）。9个生长季的增温试验发现，5 cm处土壤温度平均增加0.4 ℃（Li et al, 2017）。但对土壤湿度而言，增温处理使土壤蒸发和植被蒸腾作用加强，导致土壤含水量减少（杨月娟等，2015）。随着全球气候变暖，青藏高原气候呈现暖干化趋势（王谋等，2005），温度升高对表层土壤相对含水量影响较大（石福孙等，2010）。对青藏高原藏北那曲地区高寒草原的研究表明，增温可以显著增加土壤温度，非生长季温度增幅大于生长季增幅，气候变暖对高寒草甸土壤湿度的影响表现出季节性差异，夏季增温会显著降低高寒草甸土壤湿度，而冬季增温会显著增加土壤湿度（陈有超等，2014）。土壤湿度的这种季节性变化可能是由于冬季高寒草甸土壤气温比较低，模拟增温幅度相对土壤温度来说不仅不会增加蒸发量，反而会加热近地表空气中的水蒸气，加大与土壤的温差，水蒸气遇冷液化渗入土壤，增加土壤湿度。

2. 土壤呼吸

土壤呼吸是陆地生态系统碳循环的重要环节，气候变暖可通过改变地上植被生长特征和土壤生物活性等因子对土壤呼吸产生影响。温度升高，可改变植物群落功能成分、物种组成和主导地位，以及输入土壤有机物的数量和质量，促进土壤呼吸作用，影响生态系统碳库变化。随着高原气候暖化，温度增加使得高寒草甸土壤中碳活性显著提高，引起高寒草甸生态系统土壤呼吸速率增加（Xu et al, 2015），土壤异养呼吸作用小幅上升（李东等，2015）；但随着增温时间延长，土壤呼吸速率对增温的响应表现出适应性（熊沛等，2010；Lu et al, 2013）。气候变暖尽管能在短时间内刺激土壤呼吸，但是并不能从根本上增加土壤呼吸（姹娜等，2016）。短期增温能提高土壤呼吸，而长期增温下土壤呼吸变化无统一规律（Chen et al, 2016；孙宝玉等，2016）。因此，生态系统呼吸、土壤呼吸作用对气候变暖的响应存在时间效应。生态系统不同组分对气候变暖引起土壤温度和水分变化的响应不同，导致陆地生态系统碳通量在气候变化下的反馈仍然存在很大不确定性。

在全球尺度上，冬季和春季增温速度较快，而夏季和秋季增温速率明显低于冬季和春季以及年平均增温速率（Xia et al, 2014）。冬季土壤呼吸释放的CO_2在全球碳收支中占非常重要的部分，显著影响着生态系统碳平衡。目前模拟增温对土壤呼吸的影响控制试验主要在生长季开展，对非生长季土壤呼吸研究十分有限。在青藏高原的研究表明，增温使年均异养呼吸提高了17.2%，而在生长季内仅仅增加了12.3%，非生长季增温引起的土壤呼吸速率增幅比生长季更为显著（亓伟伟等，2012）。相比于生长季和全年性土壤呼吸，非生长季高寒草甸具有更低的土壤呼吸温度敏感性，并且这种敏感性随着温度升高而降低（陈骥等，2014）。但是，高寒生态系统冬季土壤呼吸对气候变化响应的敏感性存在很大不确定性（Bronson et al, 2008；Wang et al, 2010）。当土壤含水量较低时，土壤呼吸速率随温度变化不明显；当土壤含水量比较高时，土壤呼吸速率随温度升高而增大（徐洪灵等，2009）。冬季土壤呼吸可能不受温度限制，相比于温度变化，其他因素的影响更大，比如微生物含量、土壤水分等（王娓等，2007）。可见，影响土壤呼吸各组分的关键环境因子存在不确定性，任何一个过程改变都会引起总土壤呼吸速率变化，当土壤养分、土壤水分、微生物等成为土壤呼吸的主导因素时，温度变化对其可能影响不大；当温度是土壤呼吸的主导因素时，温度变化对其影响较大（解欢欢等，2016）。因此，研究高寒生态系统土壤呼吸（特别是非生长季）对温度变化的响应机制尤为重要。

3.土壤养分含量

温度是高寒草甸最主要的环境限制因子，增温可提高土壤中微生物活性，加快凋落物中有机质分解，促进土壤养分循环速率。关于高寒草甸土壤有机碳对气候变暖的响应模式主要有两种：一是土壤有机碳含量降低。衡涛等（2011）对高寒草甸研究表明，增温使高寒草甸表层土壤有机碳含量减少。陈智等（2010）对川西北亚高山草甸研究也发现，增温处理下土壤有机碳含量下降，并随增温时间延长而作用减弱。因此，增温能促进土壤呼吸，导致土壤有机碳分解加速，但随着增温时间持续，结构性有机碳难以被分解利用，对温度的敏感性降低。二是土壤有机碳含量增加。李娜等（2010）研究发现，温度升高能促进土壤表层有机碳含量增加。增温促进了植物生长发育，提高了植物固碳能力，增加向土壤输入的碳含量。另一种可能是土壤有机碳分解速度小于根系凋落物分解速度，促进了土壤中有机碳累积。目前气候变暖对土壤有机碳动态变化影响的研究结果不一致，这种增温对土壤有机碳影响的不确定性可以认为是植被—土壤生态系统各组分对气候变暖响应强度和广度的不同。从增温时间来讲，短期温度增加有利于有机质分解，使更多有机氮分解为植物可利用的矿化氮，促进土壤表层全氮含量增加（亓伟伟等，2012）；而长期温度升高增加了植物可直接利用的土壤养分含量，但土壤中有机质、全氮、全磷、全钾均低于其各自对照（杨月娟等，2015）。因此，高寒草甸土壤中各养分含量对气候变暖的响应存在不确定性，各研究结果较不一致，各变量在不同增温时间尺度和空间尺度上的变化趋势还有待进一步研究。

4.土壤酶与土壤微生物

土壤酶是推动土壤生态系统代谢的一类重要动力，主要来源于动植物及其残体分泌和微生物分泌，因此酶活性与土壤中微生物数量的变化趋势相一致，可作为评价土壤质量的生物指标（胡雷等，2014）。温度是影响土壤酶活性的关键因素，不同种类土壤酶往往对温度敏感性有差异，适度增温会明显提高土壤酶活性。高寒草甸土壤中脲酶、过氧化物酶、蔗糖酶3种酶活性都和温度呈正相关关系，并且随着土壤深度增加，其活力表现出下降趋势（黄文华等，2014）。温度升高有利于提高高寒草甸土壤中过氧化氢酶、脲酶和蛋白酶活性，但磷酸酶活性反而减弱（李娜等，2010）。

酶活性与土壤中有机质含量，氮、磷含量有直接关系（孙亚男等，2016）。适度增温能促进高寒草甸土壤表层全氮含量增加，全磷含量减少，因而使得碱性磷酸酶活性降低，对土壤中多酚氧化酶和过氧化物酶活性没有产生显著影响，但引起脲酶活性降低18.0%（刘琳等，2011）。主要原因可能是采样时间为秋天，土壤含水量相对较低，而水分又是限制土壤脲酶活性的主要因子，同时温度升高后土壤含水量显著低于对照样地，从而使得增温条件下土壤脲酶活性显著降低。因此，土壤中各种酶活性对温度升高有一个适应过程（陈书涛等，2016）。

土壤微生物在调节陆地碳循环及其对气候变化的反馈中起到了至关重要的作用。适度增温可以增加土壤微生物生物量碳和氮，促进高寒草甸土壤碳、磷循环（权国玲等，2015）。64项研究成果综合表明，气候变暖可显著增加土壤微生物的数量和丰富度，其中苔原和有机土微生物对气候变暖响应最为强烈，相比于暖湿地区，气候变暖对寒冷地区碳库影响比较大（Chen et al，2015）。但短期增温对高寒草甸土壤微生物生物量碳和氮含量影响不明显（衡涛等，2011），过度增温使得土壤中微生物活性降低，微生物生物量碳和氮含量也会相应减少，且深层土壤中微生物生物量碳和氮含量受温度的影响大于表层（李娜等，2010）。可见，土壤酶与土壤微生物对增温的响应在增温时间和增温幅度方面存在较大差异。

2.7 小结与展望

2.7.1 高寒草甸植物对气候变暖的响应

在植物个体水平上，温度升高可以增强高寒草甸植物的光合、呼吸作用，使植物物候进程加快，生长季长度延长，从而促进植物生长发育和生物量积累。然而，不同高寒草甸植物种具有不同的生理结构和生态位，对温度敏感性和适应性不同，加之温度升高的幅度和持续时间不同，导致植物光合和呼吸强度、生物量分配、物候期的差异。在植物群落水平上，适度升高温度有利于增强高寒草甸建群种和主要伴生种的作用，但随着时间的延长，对温度优势的物种，优势逐渐变大，而对温度劣势的物种逐渐被淘汰，长期过度温度升高会导致高寒草甸物种数量减少，物种趋于单一化发展，最终引起物种多样性降低，对群落演替产生重要影响。

2.7.2 高寒草甸土壤对气候变暖的响应

温度升高能显著增加高寒草甸土壤温度，但由于增温的同时，土壤蒸发和植被蒸腾作用加强，导致土壤含水量减少，从而使土壤有机碳含量降低或增加。土壤碳和酶活性升高，导致土壤呼吸增加，但随着时间延长，土壤呼吸速率对温度升高的响应表现出适应性。由于高寒草甸土壤中各养分含量、酶活性、土壤微生物生命活动对温度升高的响应及影响土壤呼吸各组分的关键环境因子存在不确定性，研究高寒草甸生态系统土壤呼吸对温度变化的响应机制就尤为重要。

2.7.3 高寒草甸植被—土壤系统对气候变暖响应的不确定性

生态系统是一个集生物—土壤—大气于一体的综合体，任何因子的改变都会引起该综合体的联动与互馈作用。高寒草甸生态系统不同组分和各生命过程对温度的响应模式不同，导致气候变暖对高寒草甸植被—土壤系统各组分的影响在某些方面还存在很大不确定性。短期增温往往很难得到生态系统响应与适应全球变暖的正确结论，增温方式的不同、增温幅度的大小、增温时间的长短、研究区域微气候的差异，以及不同植物种对温度的不同响应，都会引起高寒草甸植物生长发育特征和土壤理化特性对气候变暖的响应差异。因此，高寒草甸与全球变化研究重点应放在其生态—分子生物学过程的诠释上。

2.7.4 展望

以全球变暖为突出标志的全球环境变化及其对高寒草地生态系统产生的影响已经引起了众多科学家的极大关注，但是现有模拟增温试验结果的不确定性导致区域高寒草地生态系统在未来气候变暖背景下的代表性受到质疑。这主要表现在：（1）模拟试验结果基本上都剔除了放牧活动干扰，草地处于封育状态，部分试验以短期放牧处理或以剪草代替放牧干扰，这与实际草地生产中的放牧作用有质的区别；（2）封育造成草地优势植物种群演替，改变了其生物地球化学循环与植被层片结构和生物量分配，这究竟是封育效应还是增温效应，尚需进一步证实；（3）放牧活动可以减弱甚至抵消模拟增温造成的环境效应。因此，模拟增温试验结果不确定性的有效消除，成为研究高寒草地生态系统响应和适应全球变暖格局与内在机理，准确地预测气候变暖及其对高寒草地生态系统影响的关键。

生态系统模型已被证实是一种很好的模拟工具，建议加强高寒草地生态系统模型的研究和应用，深入研究不同增温幅度和增温时间对高寒草甸植被—土壤系统各组分正负效应影响的定量化阈值判断，以降低研究结果和模拟预测的不确定性。为便于研究，现提出未来应重点关注的方向：

第一，针对高寒草地生态系统类型，利用区域和全球尺度试验观测数据，发展和应用相应尺度的高寒草地生态系统模型；加强人为扰动（放牧、旅游活动等）对生态系统结构和功能影响机理的研究，在模型中能够参数化土地利用或土地覆盖变化等人为因素的影响。

第二,在试验中注重原始数据积累,综合不同类型高寒草地生态系统的研究结果,或在同一类型高寒草地生态系统进行不同增温模式探讨,设置多种增温幅度,加长增温年限,突出植被—土壤耦合系统在不同试验时间和试验幅度下的定量化研究。

第三,生态系统是一个物质和能量循环、信息传递高度统一的动态整体,在今后的研究中需要把研究角度从宏观转向微观,不能单一地测定某些指标来衡量全球变暖效应,需要加强分子基因生物学水平的微观响应机制研究。

参考文献

[1] Adams R M, Rosenzweig C, Peart R M, et al. Global climate change and US agriculture [J]. Nature, 1990, 345: 219-224.

[2] Barber V, Juday G P, Finney B. Reduced growth of Alaska white spruce in the twentieth century from temperature-induced drought stress [J]. Nature, 2000, 405, 668-672.

[3] Bazzaz F A. The response of natural ecosystems to the rising CO_2 levels [J]. Annual Review in Ecology and Systematics, 1990, 21: 167-196.

[4] Beier C, Emmett B, Gundersen P, et al. Novel approaches to study climate change effects on terrestrial ecosystems in the field: drought and passive nighttime warming [J]. Ecosystems, 2004, 7: 583-597.

[5] Benestad R E, Schmidt G A. Solar trends and global warming [J]. Journal of Geophysical Research, 2009, 114: 14101.

[6] Berger A L. Long-term variations of caloric insolation resulting from the Earth's orbital elements [J]. Quaternary Research, 1978, 9: 139-167.

[7] Bokhorst S, Bjerke J W, Bowles F W, et al. Impacts of extreme winter warming in the sub-Arctic: Growing season responses of dwarf shrub heathland [J]. Global Change Biology, 2008, 14: 2603-2612.

[8] Bradley R S. Quaternary paleo climatology: methods of paleo climatic reconstruction [M]. Boston: Allen & Unwin, 1985.

[9] Broecker W S. Climatic change: Are we on the brink of a pronounced global warming? [J]. Science, 1975, 189: 460-464.

[10] Brohan P, Kennedy J J, Harris I, et al. Uncertainty estimates in regional and global observed temperature changes: A new dataset from 1850 [J]. Journal of Geophysical Research, 2006, 111: 12106.

[11] Bronson D R, Gower S T, Tanner M, et al. Response of soil surface CO_2 flux in a

boreal forest to ecosystem warming [J]. Global Change Biology, 2008, 14: 856-867.

[12] Bryson R A, Murray T J. Climates of hunger: Mankind and the world's changing weather [M]. Madison: University of Wisconsin Press, 1977.

[13] Budyko M I. The future climate [J]. EOS, Transactions of the American Geophysical Union, 1972, 53: 868-874.

[14] Carlyle C N, Fraser L H, Turkington R. Response of grass-land biomass production to simulated climate change and clipping along an elevation gradient [J]. Oecologia, 2014, 174: 1065-1073.

[15] Chapin F S, Shaver G R, Giblin A E, et al. Responses of arctic tundra to experimental and observed changes in climate [J]. Ecology, 1995, 76: 694-711.

[16] Chapin F S III, Zavaleta E S, Eviner V T, et al. Consequences of changing biodiversity [J]. Nature, 2000, 405: 234-242.

[17] Chapin F S, Jefferies R L, Reynolds J F, et al. Arctic plant physiological ecology in an ecosystem context [M]. San Diego: Academic Press, 1992: 441-452.

[18] Chaudhuri U N, Kirkham M B, Kanemasu E T. Root growth of winter wheat under elevated carbon dioxide and drought [J]. Crop Science, 1990, 30: 853-857.

[19] Chen J, Luo Y Q, Xia J Y, et al. Differential responses of ecosystem respiration components to experimental warming in a meadow grassland on the Tibetan Plateau [J]. Agricultural and Forest Meteorology, 2016, 220: 21-29.

[20] Chen J, Luo Y Q, Xia J Y, et al. Stronger warming effects on microbial abundances in colder regions [J]. Scientific Reports, 2015, 5: 18032.

[21] Chen J, Luo Y Q, Xia J Y, et al. Warming effects on ecosystem carbon fluxes are modulated by plant functional types [J]. Ecosystems, 2016, 20: 515-526.

[22] Costanza R, Arge R, Groot R, et al. The value of the world's ecosystem services and natural capital [J]. Nature, 1997, 387: 253-260.

[23] Cox P M, Betts R A, Jones C D, et al. Acceleration of global warming due to carbon-cycle feedbacks in a coupled climate model [J]. Nature, 2000, 408: 184-187.

[24] Crowley T J. Causes of climate change over the past 1000 years [J]. Science, 2000, 289, 5477: 270-277.

[25] Crutzen P J, Birks J W. The atmosphere after a nuclear war: Twilight at noon [J]. Ambio, 1982, 11: 114-125.

[26] Culotta E. Will plants profit from high CO_2? [J]. Science, 1995, 268: 654-656.

[27] Dansgaard W, Johnson S J, Clausen H B, et al. Speculations about the next Glaciation [J]. Quaternary Research, 1972, 2: 396-398.

[28] Dieleman C M, Branfireun B A, McLaughlin J W, et al. Climate change drives a shift in peatland ecosystem plant community: Implications for ecosystem function and stability

[J]. Global Change Biology, 2015, 21: 388-395.

[29] Dronia H. Der Stadte influss Auf Den Weltweiten temperature trend [J]. Meteorologis Che Abhandlungen, 1967, 74 (4): 1-65.

[30] Eddy J A. The maunder minimum [J]. Science, 1976, 192: 1088.

[31] Finn G A, Brun W A. Effect of atmospheric CO_2 enrichment on growth, nonstructural carbon hyd rate content and root nodule activity in soy bean [J]. Plant Physiology, 1982, 69: 327-331.

[32] Folland C K, Rayner N A. Global temperature change and its uncertain ties since 1861 [J]. Geophysical Research Letters, 2001, 28: 2621-2624.

[33] Fraser L H, Henry H A, Carlyle C N, et al. Coordinated distributed experiments: an emerging tool for testing global hypotheses in ecology and environmental science [J]. Frontiers in Ecology and the Environment, 2013, 11:147-155.

[34] Fu Y, Piao S L, Zhao H F, et al. Unexpected role of winter precipitation in determining heat requirement for spring vegetation green up at northern middle and high latitudes [J]. Global Change Biology, 2014, 20: 3743-3755.

[35] Grabherr G, Gottfried M, Pauli H. Climate effects on mountain plants [J]. Nature, 1994, 369: 448-450.

[36] Gugerli F, Bauert M R. Growth and reproduction of polygonum viviparum show weak responses to experimentally increased temperature at a Swiss Alpine site [J]. Botanica Helvetica, 2001, 111: 169-180.

[37] Hansen J E, Lacis A, Lebedeff S, et al. Climate impact of increasing atmospheric carbon dioxide [J]. Science, 1981, 213: 957-966.

[38] Hansen J, Ruedy R, Glascoe J, et al. GISS analysis of surface temperature change [J]. Journal of Geophysical Research, 1999, 104 (24): 30997-31022.

[39] Hanson P J, Childs K W, Wullschleger S D, et al. A method for experimental heating of intact soil profiles for application to climate change experiments [J]. Global Change Biology, 2011, 17: 1083-1096.

[40] Hanson P J, Riggs J S, Nettles W R, et al. Attaining whole-ecosystem warming using air and deep-soil heating methods with an elevated CO_2 atmosphere [J]. Biogeosciences, 2017, 14: 861-883.

[41] Harte J, Shaw R. Shifting dominance within a montane vegetation community: results of a climate warming experiment [J]. Science, 1995, 27 (10): 876-880.

[42] Harte J, Torn M S, Chang F R, et al. Global warming and soil microclimate: results from a meadow-warming experiment [J]. Ecological Applications, 1995, 5: 132-150.

[43] Havström M, Challaghan T V, Jonasson S. Differential growth responses of

Cassiope tetragona, an arctic dwarf-shrub, to environmental perturbations among three contrasting high and subarctic sites [J]. Oikos, 1993, 66: 389-402.

[44] Hays J D, Imbrie J, Shackleton N J. Variations in the Earth's orbit: Pacemaker of the Ice Ages [J]. Science, 1976, 194: 1121-1132.

[45] Hegerl G C, Crowley T J, Allen M, et al. Detection of human in-fluence on a new, validated 1500-year temperature reconstruction [J]. Journal of Climate, 2007, 20: 650-666.

[46] Held I M. Climate science: The cause of the pause [J]. Nature, 2013, 501: 318-319.

[47] Hendrey G R, Lewin K F, Nagy J. Free air carbon dioxide enrichment: development, progress, results [J]. Vegetatio, 1993, 104/105: 17-31.

[48] Hicks C E, Castanha C, Porras R C, et al. The whole-soil carbon flux in response to warming [J]. Science, 2017, 355: 1420-1422.

[49] Hicks C E, Castanha C, Porras R, et al. Response to Comment on "The whole-soil carbon flux in response to warming" [J]. Science, 2018, 359: 457.

[50] Hoover D L, Duniway M C, Belnap J. Pulse-drought at oppress drought: Unexpected plant responses and implications for dryland ecosystems [J]. Oecologia, 2015, 179: 1211-1221.

[51] Houghton J T, Ding Y, Griggs D J, et al. Climate change: The scientific basis contribution of working group i to the third assessment report of the intergovernmental panel on climate change [M]. Cambridge: Cambridge University Press, 2001.

[52] IPCC. Climate change 1995: the science of climate change summary for policy maker and technical summary of the working group I report [M]. London: Cambridge University Press, 1995.

[53] IPCC. Climate change 2001, impact, adaptation, and vulnerability [M]. Cambridge: Cambridge University Press, 2001.

[54] IPCC. Climate change: impact adaptation, and vulnerability [M]. Cambridge: Cambridge University Press, 2014: 189.

[55] IPCC. Climate change 2001: The scientific basis contribution ofworking group I to the third assessment report of the IPCC [C]. Cambridge: Cambridge University Press, 2001.

[56] IPCC. Climate change 2007-The physical science basis, contribution of working group i to the third assessment report of the IPCC [C] //Solomon S, Qin D. Cambridge: Cambridge University Press, 2007: 996.

[57] Jackdon R B, Sala O E, Field C D, et al. CO_2 alters water use, carbon gain, and yield for the dominant species in a natural grassland [J]. Oecologica, 1994, 98: 257-262.

[58] Jarvis A J, Stauch V J, Schulz K, et al. The seasonal temperature dependency of

photosynthesis and respiration in two deciduous forests [J]. Global Change Biology, 2004, 10: 939-950.

[59] Jones P D, Groisman P, Coughlan M, et al. Assessment of urbanization effects in time series of surface air temperature overland [J]. Nature, 1990, 347: 169-172.

[60] Jones P D, Wigley T M L, Kelly P M. Variations of surface air temperatures. Part I: Northern hemisphere, 1881-1980 [J]. Monthly Weather Review, 1982, 110: 59-70.

[61] Jones P D, Wigley T M L, Wright P B. Global temperature variations between 1861 and 1984 [J]. Nature, 1986, 322: 430-434.

[62] Karl T R, Diaz H F, Kukla G. Urbanization: Its detection and effect in the United States climate record [J]. Journal of Climate, 1988, 1: 1099-1123.

[63] Kellogg W W, Schneider S H. Climate stabilization: For better or for worse? [J]. Science, 1974, 186: 1163-1172.

[64] Klein J A, Harte J, Zhao X Q. Dynamic and complex microclimate responses to warming and grazing manipulations [J]. Global Change Biology, 2005, 11, 1440-1451.

[65] Korner C. Response of alpine vegetation to global climate change. Internation community conference on landscape ecological impact of climate change [J]. Lunteren, The Netherlands: Catena Verlag, 1992, 22: 85-96.

[66] Kukla G J, Kukla H J. Increased surface albedo in the northern hemisphere [J]. Science, 1974, 183: 709-714.

[67] Kukla G J, Matthews R K, Mitchell J M, et al. The end of the present interglacial [J]. Quaternary Research, 1972 (2): 261-69.

[68] Lamb H H. Climate: present, past and future [M]. London: Methuen, 1977.

[69] Lawlor D W, Motchell A C. The effects of increasing CO_2 on crop photosynthesis and productivity: a-review of field studies [J]. Plant Cell and Environment, 1991, 14: 807-818.

[70] Li C Y, Li G L. The NAO/NPO and interdecadal climate varia-tion in China [J]. Advances in Atmospheric Sciences, 2000, 17: 555-561.

[71] Li D J, Zhou X H, Wu L Y, et al. Contrasting responses of heterotrophic and autotrophic respiration to experimental warming in a winter annual-dominated prairie [J]. Global Change Biology, 2013, 19: 3553-3564.

[72] Li G Y, Han H Y, Du Y, et al. Effects of warming and increased precipitation on net ecosystem productivity: Along-term manipulative experiment in a semiarid grassland [J]. Agricultural and Forest Meteorology, 2017, 232: 359-366.

[73] Liang J Y, Xia J Y, Liu L L, et al. Global patterns of the responses of leaf-level photosynthesis and respiration in terrestrial plants to experimental warming [J]. Journal of Plant Ecology, 2013, 6: 437-447.

[74] Lmhoff M L, Bounoua L, Ricketts T, et al. Global patterns of human consumption of net primary production [J]. Nature, 2004, 429, 870-873.

[75] Lu M, Zhou X H, Yang Q, et al. Responses of ecosystem carbon cycle to experimental warning: A meta-analysis [J]. Ecology, 2013, 94: 726-738.

[76] Ma X, Guo Y, Shi G, et al. Numerical simulations of global temperature change over the 20th century with IAP/LASGGOALS model [J]. Advances in Atmospheric Sciences, 2004, 21: 234-242.

[77] Malone T F, Roederer J G. Global Change [M]. Cambridge: Cambridge University Press, 1984.

[78] Manabe S, Wetherald R T. The effects of doubling the CO_2 concentration on the climate of a general circulation model [J]. Journal of Atmospheric Sciences, 1975, 32: 3-15.

[79] Mann M E, Zhang Z H, Hughes M K, et al. Proxy-based reconstructions of hemispheric and global surface temperature variations over the past two millennia [J]. Proc Natl Acad Sci. USA, 2008, 105: 13252-13257.

[80] Maxwell J B, Barrie L A. Atmosphere and climate changes in the Arctic and Antarctic [J]. Ambio, 1989, 18 (1): 42-49.

[81] Melillo J M, Mcguire D A, Kicklighter D K, et. al. Global climate change and terrestrial net primary production [J]. Nature, 1993, 363 (20): 234-240.

[82] Mitchell J M Jr. The natural break down of the present inter glacial and its possible intervention by human activities [J]. Quaternary Research, 1972, 2: 436-445.

[83] Nie G Y, Long S P, Garcia R L, et al. Effects of free air CO_2 enrichment on the evelopment of the photosynthesis apparatus in wheat, as indicted by changes in leaf proteins [J]. Plant, Cell and Environment, 1995, 18: 855-864.

[84] Oeschger H, Beer J, Siegenthaler U. Late glacial climate history From ice cores [C] // Climate Processes and Climate Sensitivity. Washington DC: American Geophysical Union, 1984: 299-306.

[85] Parker D E. A demonstration that large-scale warming is not urban [J]. Journal of Climate, 2006, 19: 2882-2895.

[86] Parker D E. Large-scale warming is not urban [J]. Nature, 2004, 432: 290-290.

[87] Peng F, Xu M H, You Q G, et al. Different responses of soil respiration and its components to experimental warming with contrasting soil water content [J]. Arctic, Antarctic and Alpine Research, 2015, 47: 359-368.

[88] Peterjohn W T, Melillo J M, Bowles F P, et al. Soil warming and trace gas fluxes: experimental design and preliminary flux results [J]. Oecologia, 1993, 93, 18-24.

[89] Peterson T C. Assessment of urban versus rural in situ surface temperature in the

contiguous United States: No difference found [J]. Journal of Climate, 2003, 16 (18): 2941-2959.

[90] Piao S L, Fang J Y, Yi W, et al. Variation in a satellite-based vegetation index in relation to climate in China [J]. Journal of Vegetation Science, 2004, 15: 219-226.

[91] Piao S L, Tan J G, Chen A P, et al. Leaf onset in the northern hemisphere triggered by daytime temperature [J]. Nature Communications, 2015, 6: 6911.

[92] Rasool S I, Schneider S H. Atmospheric carbon dioxide and aerosols: Effects of large increases on global climate [J]. Science, 1971, 173: 138-141.

[93] Richardson A D, Hufkens K, Milliman T, et al. Ecosystem warming extends vegetation activity but heightens vulnerability to cold temperatures [J]. Nature, 2018, 560, 368-371.

[94] Rind D. The relative importance of solar and anthropogenic forcing of climate change between the Maunder Minimum and the present [J]. Journal of Climate, 2004, 17 (5): 906-929.

[95] Rykbost K A, Boersma L, Mack H J. Yield response to soil warming: agronomic crops [J]. Agronomy Journal, 1975, 67: 733-738.

[96] Santer B D, Taylor K E, Wigley T M L. A search for human in-fluences on the thermal structure of the atmosphere [J]. Nature, 1996, 382: 39-46.

[97] Scafetta N, West B J. Is climate sensitive to solar variability [J]. Phys Today, 2008, 3: 50-51.

[98] Schimel D, Melillo J M, Tian H Q, et al. Contribution of increasing CO_2 and climate to carbon storage by ecosystems in the United States [J]. Science, 2000, 287, 2004-2006.

[99] Schneider S H, Mass C. Volcanic dust, sunspots, and temperature trends [J]. Science, 1975, 190: 741-746.

[100] Shaver G R, Canadell J, Chapin III FS, et al. Global warming and terrestrial ecosystems: a conceptual framework for analysis [J]. Bio. Science, 2000, 50: 871-882.

[101] Sheridan J A, Bickford D. Shrinking body size as an eco-logical response to climate change [J]. Nature Climate Change, 2011, 1: 401-406.

[102] Shi Z, Sherry R, Xu X, et al. Evidence for long-term shift in plant community composition under experimental climate warming [J]. Journal of Ecology, 2015, 103: 1131-1140.

[103] Shugart H H. Using ecosystem models to assess potential consequence of global climate change [J]. Trends in Ecology and Evolution, 1990, 5: 303-307.

[104] Stenstrom M, Gugerli F, Henry G H R. Response of *Saifraga oppositifolia* L. to simulated climate change at three contrasting latitudes [J]. Global Change Biology, 1997, 3

(1): 44-54.

[105] Stone D A, Allen M R, Stott P A. A multi-model update on thedetection and attribution of global surface warming [J]. Journal of Climate, 2007, 20: 517-530.

[106] Stott P A, Jones G S, Lowe J A. Transient climate simulations with the HadGEM1 model: Causes of past warming and future cli-mate change [J]. Journal of Climate, 2006, 19: 2763-2782.

[107] Stuart C, Gaius R. Shaver. Individualistic growth response of tundra plant species to environmental manipulation in the field [J]. Ecology, 1985, 66 (2): 564-576.

[108] Su H X, Feng J C, Axmacher J C, et al. Asymmetric warming significantly affects net primary production, but not ecosystem carbon balances of forest and grassland ecosystems in northern China [J]. Scientific Reports, 2015, 5: 9115.

[109] Tian H Q, Melillo J M, Kicklighter D W et al. Effect of interannual climate variability on carbon storage in Amazonian ecosystems [J]. Nature, 1998, 396: 664-667.

[110] Torn M S, Chabbi A, Crill P, et al. A call for international soil experiment networks for studying, predicting, and managing global change impacts [J]. Soil, 2015: 1575-1582.

[111] Turco R P, Toon O B, Ackerman T P, et al. Nuclear winter: Global consequences of multiple nuclear explosions [J]. Science, 1983, 222: 1283-1292.

[112] Vitousek P M. Beyond global warming: Ecology and global change [J]. Ecology, 1994, 75: 1861-1876.

[113] Walker M D, Wahren C H, Hollister R, et al. Plant community response to experimental warming across the tundra biome [J]. Proceedings of the National Academy of Sciences, 2006, 103: 1342-1346.

[114] Walsh J E, Kattsov V M, Chapman W L, et al. Comparison of arctic climate simulations by uncoupled and coupled global models [J]. Journal of Climate, 2002, 15: 1429-1446.

[115] Wang Q, Zhang Z H, Du R, et al. Richness of plant communities plays a larger role than climate in determining responses of species richness to climate change [J]. Journal of Ecology, 2019: 1-12.

[116] Wang S P, Meng F D, Duan J C, et al. Asymmetric sensitivity of first flowering date to warming and cooling in alpine plants [J]. Ecology, 2014, 95 (12): 3387-3398.

[117] Wang W, Peng S S, Wang T, et al. Winter soil CO_2 efflux and its contribution to annual soil respiration in different ecosystems of a forest steppe ecotone, north China [J]. Soil Biology and Biochemistry, 2010, 42: 451-458.

[118] Weart S R. The Discovery of global warming [M]. Harvard: Harvard University Press, 2003.

[119] Wu C Y, Wang X Y, Wang H J, et al. Contrasting responses of autumn-leaf senescence to daytimeand night-time warming [J]. Nature Climate Change, 2018, 8: 1092-1096.

[120] Xia J Y, Chen J Q, Piao S L, et al. Terrestrial carbon cycle affected by non-uniform climate warming [J]. Nature Geosci-ence, 2014, 7: 173-180.

[121] Xu M H, Liu M, Xue X, et al. Warming effects on plant biomass allocation and correlations with the soil environment in an alpine meadow, China [J]. Journal of Arid Land, 2016, 8: 773-786.

[122] Xu M H, Peng F, You Q G, et al. Initial effects of experimental warming on temperature, moisture and vegetation characteristics in an alpine meadow on the Qinghai-Tibetan Plateau [J]. Polish Journal of Ecology, 2014, 62: 491-509.

[123] Xu M H, Peng F, You Q G, et al. Year-round warmingand autumnal clipping lead to downward transport of root biomass, carbon and total nitrogen in soil of an alpine meadow [J]. Environmental and Experimental Botany, 2015, 109: 54-62.

[124] Yang Z L, Zhang Q, Su F L, et al. Daytime warming low-ers community temporal stability by reducing the abundance of dominant, stable species [J]. Global Change Biology, 2017, 23: 154-163.

[125] Ye D, Fu C, Chao J. The climate of China and global climate [M]. Beijing: China Ocean Press, 1987.

[126] Zhang X, Zwiers F W, Stott P A. Multi-model multi-signal cli-mate change detection at regional scale [J]. Journal of Climate, 2006, 19: 4294-4307.

[127] Zwiers F W, Zhang X. Toward regional scale climate change de-tection [J]. Journal of Climate, 2003, 16: 793-797.

[128] 妠娜, 李兆磊, 燕东, 等. 长期野外增温对不同草原土壤有机碳分解过程的影响 [J]. 复旦学报, 2016, 55 (4): 452-459.

[129] 陈骥, 曹军骥, 魏永林, 等. 青海湖北岸高寒草甸草原非生长季土壤呼吸对温度和湿度的响应 [J]. 草业学报, 2014, 23 (6): 78-86.

[130] 陈书涛, 桑琳, 张旭, 等. 增温及秸秆施用对冬小麦田土壤呼吸和酶活性的影响 [J]. 环境科学, 2016, 37 (2): 703-709.

[131] 陈翔, 彭飞, 尤全刚, 等. 高寒草甸植被特征对模拟增温的响应——以青藏高原多年冻土区为例 [J]. 草业科学, 2016, 33 (5): 825-834.

[132] 陈有超, 鲁旭阳, 李卫朋, 等. 藏北典型高寒草原土壤微气候对增温的响应 [J]. 山地学报, 2014, 32 (4): 401-406.

[133] 陈智, 尹华军, 卫云燕, 等. 夜间增温和施氮对川西亚高山针叶林土壤有效氮和微生物特性的短期影响 [J]. 植物生态学报, 2010, 34 (11): 1254-1264.

[134] 丛楠, 沈妙根. 1982—2009年基于卫星数据的北半球中高纬地区植被春季物

候动态及其与气候的关系 [J].应用生态学报,2016,27 (9):2737-2746.

[135] 崔树娟,布仁巴音,朱小雪,等.不同季节适度放牧对高寒草甸植物群落特征的影响 [J].西北植物学报,2014,34 (2):349-357.

[136] 丁一汇,任国玉.中国气候变化科学概论 [M].北京:气象出版社,2008.

[137] 丁一汇.IPCC第二次气候变化科学评估报告的主要科学成果和问题 [J].地球科学进展,1997,12 (2):158-163.

[138] 杜岩功,周耕,郭小伟,等.青藏高原高寒草甸土壤N_2O排放通量对温度和湿度的响应 [J].草原与草坪,2016,36 (1):55-59.

[139] 龚道溢,王绍武.全球气候变暖研究中的不确定性 [J].地学前缘,2002,9 (2):371-376.

[140] 何芳兰,金红喜,王锁民,等.沙化对玛曲高寒草甸土壤微生物数量及土壤酶活性的影响 [J].生态学报,2016,36 (18):5876-5883.

[141] 衡涛,吴建国,谢世友,等.高寒草甸土壤碳和氮及微生物生物量碳和氮对温度与降水量变化的响应 [J].中国农学通报,2011,27 (3):425-430.

[142] 胡雷,王长庭,王根绪,等.三江源区不同退化演替阶段高寒草甸土壤酶活性和微生物群落结构的变化 [J].草业学报,2014,23 (3):8-19.

[143] 黄文华,王树彦,韩冰,等.草地生态系统对模拟大气增温的响应 [J].草业科学,2014,31 (11):2069-2076.

[144] 蒋高明,韩兴国,林光辉.大气CO_2浓度升高对植物的直接影响——国外十余年来模拟实验研究之主要手段及基本结论 [J].植物生态学报,1997,21 (6):489-502.

[145] 解欢欢,马文瑛,赵传燕,等.祁连山中部亚高山草地土壤呼吸及其组分研究 [J].冰川冻土,2016,38 (3):653-661.

[146] 李东,罗旭鹏,曹广民,等.高寒草甸土壤异养呼吸对气候变化和氮沉降响应的模拟 [J].草业学报,2015,24 (7):1-11.

[147] 李娜,王根绪,高永恒,等.模拟增温对长江源区高寒草甸土壤养分状况和生物学特性的影响研究.土壤学报,2010,47 (6):1214-1224.

[148] 李娜,王根绪,杨燕,等.短期增温对青藏高原高寒草甸植物群落结构和生物量的影响 [J].生态学报,2011,31 (4):895-905.

[149] 李英年,赵亮,赵新全,等.5年模拟增温后矮嵩草草甸群落结构及生产量的变化 [J].草地学报,2004,12 (3):236-239.

[150]

[151] 梁艳,干珠扎布,张伟娜,等.气候变化对中国草原生态系统影响研究综述 [J].中国农业科技导报,2014,16 (2):1-8.

[152] 林丽,张德罡,曹广民,等.高寒嵩草草甸植物群落数量特征对不同利用强度的短期响应 [J].生态学报,2016,36 (24):1-10.

[153] 林光辉.全球变化研究进展与新方向[M].北京：中国科学技术出版社，1995：142-159.

[154] 刘琳，朱霞，孙庚，等.模拟增温与施肥对高寒草甸土壤酶活性的影响[J].草业科学，2011，28（8）：1405-1410.

[155] 刘伟，王长庭，赵建中，等.矮嵩草草甸植物群落数量特征对模拟增温的响应[J].西北植物学报，2010，30（5）：995-1003.

[156] 刘光生，王根绪，白炜，等.青藏高原沼泽草甸活动层土壤热状况对增温的响应[J].冰川冻土，2012，34（3）：555-562.

[157] 刘建国.全球CO_2浓度升高和气候变暖对六个生物组织层次的影响[M].北京：中国科学技术出版社，1992：369-380.

[158] 卢慧，丛静，刘晓，等.三江源区高寒草甸植物多样性的海拔分布格局[J].草业学报，2015，24（7）：197-204.

[159] 南卓铜，高泽深，李述训，等.近30年来青藏高原西大滩多年冻土变化[J].地理学报，2003，58（6）：817-823.

[160] 牛书丽，韩兴国，马克平，等.全球变暖与陆地生态系统研究中的野外增温装置[J].植物生态学报，2007，31（2）：262-271.

[161] 亓伟伟，牛海山，汪诗平，等.增温对青藏高原高寒草甸生态系统固碳通量影响的模拟研究[J].生态学报，2012，32（6）：1713-1722.

[162] 齐晔.北半球高纬度地区气候变化对植被的影响途径与机制[J].生态学报，1999，19（4）：474-478.

[163] 齐晔，Charles A S H.全球变化研究中的生物圈模型I——初级生产力模拟[M].北京：中国科学技术出版社，1995：129-141.

[164] 气候变化国家评估报告编委会.气候变化国家评估报告[M].北京：科学出版社，2007.

[165] 钱维宏，陆波，祝从文.全球平均温度在21世纪将怎样变化[J].科学通报，2010，55：1532-1537.

[166] 秦大河，Thomas S.IPCC第五次评估报告第一工作组报告的亮点结论[J].气候变化研究进展，2014，10（1）：1-6.

[167] 秦大河，陈振林，罗勇，等.气候变化科学的最新认知[J].气候变化研究进展，2007，3（2）：63-73.

[168] 秦大河，丁一汇，苏纪兰.中国气候与环境演变（上卷）[M].北京：科学出版社，2005：562.

[169] 权国玲，尚占环.中国草地生态系统模拟增温实验的综合比较[J].生态学杂志，2015，34（4）：1166-1173.

[170] 任国玉，徐铭志，初子莹，等.中国气温变化研究的最新进展[J].气候与环境研究，2005，10（4）：701-716.

[171] 任海, 彭少麟. 恢复生态学 [M]. 北京: 科学出版社, 2001.

[172] 沈振西, 孙维, 李少伟, 等. 藏北高原不同海拔高度高寒草甸植被指数与环境温湿度的关系 [J]. 生态环境学报, 2015, 24 (10): 1591-1598.

[173] 石福孙, 吴宁, 罗鹏. 川西北亚高山草甸植物群落结构及生物量对温度升高的响应 [J]. 生态学报, 28 (11): 5286-5293.

[174] 石福孙, 吴宁, 吴彦, 等. 模拟增温对川西北高寒草甸两种典型植物生长和光合特征的影响 [J]. 应用与环境生物学报, 2009, 15 (6): 750-755.

[175] 石福孙, 吴宁, 吴彦. 川西北高寒草地3种主要植物的生长及物质分配对温度升高的响应 [J]. 植物生态学报, 2010, 34 (5): 488-497.

[176] 石广玉, 王喜红, 张立盛, 等. 人类活动对气候影响研究Ⅱ. 对东亚和中国气候变化与变率影响 [J]. 气候与环境研究, 2002, 7: 255-266.

[177] 孙宝玉, 韩广轩. 模拟增温对土壤呼吸影响机制的研究进展与展望 [J]. 应用生态学报, 2016, 7 (10): 3394-3402.

[178] 孙鸿烈, 郑度. 青藏高原形成演化与发展 [M]. 广东科技出版社, 1998.

[179] 孙亚男, 李茜, 李以康, 等. 氮、磷养分添加对高寒草甸土壤酶活性的影响 [J]. 草业学报, 2016, 25 (2): 18-26.

[180] 唐红玉, 翟盘茂, 王振宇. 中国平均最高、最低气温及日较差变化: 1951~2002 [J]. 气候与环境研究, 2005, 10 (4): 728-735.

[181] 田汉勤, 万师强, 马克平. 全球变化生态学: 全球变化与陆地生态系统 [J]. 植物生态学报, 2007 (2): 173-174.

[182] 王谋, 李勇, 黄润秋, 等. 气候变暖对青藏高原腹地高寒植被的影响 [J]. 生态学报, 2005, 25 (6): 1275-1281.

[183] 王娓, 汪涛, 彭书时, 等. 冬季土壤呼吸: 不可忽视的地气 CO_2 交换过程 [J]. 植物生态学报, 2007, 31 (3): 394-402.

[184] 王常顺, 孟凡栋, 李新娥, 等. 青藏高原草地生态系统对气候变化的响应 [J]. 生态学杂志, 2013, 32 (6): 1587-1595.

[185] 王晨晨, 王珍, 张新杰, 等. 增温对荒漠草原植物群落组成及物种多样性的影响 [J]. 生态环境学报, 2014, 23 (1): 43-49.

[186] 王晓云, 宜树华, 秦彧, 等. 增温对疏勒河上游流域高寒草地物候期的影响 [J]. 兰州大学学报, 2014, 50 (6): 864-870.

[187] 武倩, 韩国栋, 王瑞珍, 等. 模拟增温对草地植物、土壤和生态系统碳交换的影响 [J]. 中国草地学报, 2016, 38 (4): 105-114.

[188] 熊沛, 徐振锋, 林波, 等. 岷江上游华山松林冬季土壤呼吸对模拟增温的短期响应 [J]. 植物生态学报, 2010, 34 (12): 1369-1376.

[189] 徐洪灵, 张宏. 我国高寒草甸生态系统土壤呼吸研究进展 [J]. 草业与畜牧, 2009 (2): 1-5.

[190] 徐满厚, 刘敏, 翟大彤, 等. 模拟增温对青藏高原高寒草甸根系生物量的影响 [J]. 生态学报, 2016, 36 (21): 6812-6822.

[191] 徐满厚, 刘敏, 翟大彤, 等. 青藏高原高寒草甸生物量动态变化及与环境因子的关系——基于模拟增温实验 [J]. 生态学报, 2016, 36 (18): 5759-5767.

[192] 徐满厚, 刘敏, 薛娴, 等. 增温、刈割对高寒草甸植被物种多样性和地下生物量的影响 [J]. 生态学杂志, 2015, 34 (9): 2432-2439.

[193] 徐满厚, 薛娴. 气候变暖对高寒地区植物生长与物候影响分析 [J]. 干旱区资源与环境, 2013, 27 (3): 137-141.

[194] 徐振锋, 胡庭兴, 李小艳, 等. 川西亚高山采伐迹地草坡群落对模拟增温的短期响应 [J]. 生态学报, 2009, 29 (6): 2899-2905.

[195] 徐振锋, 胡庭兴, 张远彬, 等. 增温引发的早春冻害——以岷江冷杉为例 [J]. 生态学报, 2009, 29 (11): 6275-6280.

[196] 杨秀静, 黄玫, 王军邦, 等. 青藏高原草地地下生物量与环境因子的关系 [J]. 生态学报, 2013, 33 (7): 2032-2042.

[197] 杨永辉, 托尼·哈里森, 费尔·安纳逊, 等. 山地草原生物量的垂直变化及其与气候变暖和施肥的关系 [J]. 植物生态学报, 1997, 21 (3): 234-241.

[198] 杨元合, 朴世龙. 青藏高原草甸植被覆盖变化及其与气候因子的关系 [J]. 植物生态学报, 2006, 30 (1): 1-8.

[199] 杨月娟, 周华坤, 姚步青, 等. 长期模拟增温对矮嵩草草甸土壤理化性质与植物化学成分的影响 [J]. 生态学杂志, 2015, 34 (3): 781-789.

[200] 姚檀栋, 刘晓东, 王宁练. 青藏高原地区的气候变化幅度问题 [J]. 科学通报, 2000, 13 (8): 98-106.

[201] 叶笃正, 符淙斌, 董文杰, 等. 全球变化科学领域的若干研究进展 [J]. 大气科学, 2003, 27 (4): 435-450.

[202] 余欣超, 姚步青, 周华坤, 等. 青藏高原两种高寒草甸地下生物量及其碳分配对长期增温的响应差异 [J]. 科学通报, 2015, 60 (4): 379-388.

[203] 张立荣, 牛海山, 汪诗平, 等. 增温与放牧对矮嵩草草甸4种植物气孔密度和气孔长度的影响 [J]. 生态学报, 2010, 30 (24): 6961-6969.

[204] 张新时. 研究全球变化的植被-气候分类系统 [J]. 第四纪研究, 1993, 45 (2): 157-169.

[205] 赵新全, 曹广民, 周华坤, 等. 高寒草甸生态系统与全球变化 [M]. 北京: 科学出版社, 2009.

[206] 赵建中, 刘伟, 周华坤, 等. 模拟增温效应对矮嵩草生长特征的影响 [J]. 西北植物学报, 2006, 26 (12): 2533-2539.

[207] 赵宗慈, 王绍武, 徐影, 等. 近百年我国地表气温趋势变化的可能原因 [J]. 气候与环境研究, 2005, 10 (4): 808-817.

[208] 钟章成.森林植被和温室效应·生态学研究进展 [M].北京：中国科技出版社，1991：20-22.

[209] 周广胜，王辉民，邢雪荣.中国油松林净第一性生产力及其对气候变化的响应 [J].植物学通报，1995，12：102-108.

[210] 周广胜.全球生态学 [M].北京：气象出版社，2003.

[211] 周广胜，张新时.自然植被净第一性生产力模型初探 [J].植物生态学报，1995，19（3）：193-200.

[212] 周华坤，周兴民，赵新全.模拟增温效应对矮嵩草草甸影响的初步研究 [J].植物生态学报，2000，24（5）：547-553.

[213] 周连童，黄荣辉.关于我国夏季气候年代际变化特征及其可能成因的研究 [J].气候与环境研究，2003，8（3）：274-290.

[214] 周兴民.中国嵩草草甸 [M].北京：科学出版社，2001：2.

[215] 朱军涛.实验增温对藏北高寒草甸植物繁殖物候的影响 [J].植物生态学报，2016，40（10）：1028-1036.

第3章 OTC增温处理下的微气候和土壤特征变化

当今，全球气候变化、生物多样性和可持续发展等全球性环境问题，已成为世界三大环境热点话题。其中，CO_2浓度升高导致的温室效应和全球气候变化及其对陆地生态系统的影响、生态系统对全球气候变化的响应和反馈是关系到人类社会、经济生活、农林牧业生产、资源、生存环境的重大问题，已成为众多科学工作者、各国政府领导人及普通民众所共同关注的焦点问题。温室效应对陆地生态系统的影响已成为当今国内外生态学家研究的核心问题之一（钟章成，1991；Jackdon，1994；Vitousek，1994；周华坤等，2000；Kudo et al，2003），特别是高海拔、高纬度地带的生态系统对气候变化极其敏感（Chapin et al，1992；Korner，1992；Grabherr et al，1994），在这方面的研究已取得了一批重要成果（Korner，1992；Grabherr et al，1994；Zhang et al，1996）。

我国对青藏高原生态系统在全球变暖方面的研究始于20世纪90年代初期，大部分研究是利用地理信息系统（geographic information system，GIS）或数学模型的方法来模拟全球变暖对生态系统所带来的可能影响，但缺乏实验证据。目前，除Zhang等（1996）、周华坤等（2000）和Klein等（2004）就模拟气候变化对高寒草甸产生的影响做过初步研究外，尚未见到其他有关报道。目前在青藏高原高寒植被开展的大部分模拟气候变化的研究基本采用国际冻原计划模拟温室效应对植被影响的方法，通过设定不同大小的增温小室以形成不同梯度的增温来模拟气候变化缓慢递进的过程，开展对高寒植物群落结构和生产力的影响，以探讨高寒草甸对增温效应的反应研究较多。此类研究为预测全球气候变化对高寒草甸植被的影响以及高寒草甸对全球气候变化的反应与反馈提供科学依据，并进行人工增温效应对高寒嵩草草甸第一性生产力影响的预测研究，揭示全球气候变暖与高寒草甸退化的相关关系。

3.1 研究方法

3.1.1 研究地点

研究地点选在青海省果洛藏族自治州玛沁县东南的牧场。该牧场位于34°17′～34°26′N、100°26′～100°43′E，为一山间小盆地，平均海拔4 120 m（范围3 800～4 800 m）。该地区气候具有典型的高原大陆性气候特点，无四季之分，仅有冷暖季之别，冷季漫长、干燥而寒冷，暖季短暂、湿润而凉爽。温度年差较小而日差较悬殊，太阳辐射强烈，属高寒半湿润性气候，除冷暖两季外没有明显的四季之分。日照充足，各地历年日照平均值为2 500 h，年总辐射量629.9～623.8 kJ/cm²，年均气温-4 ℃。冷季持续7～8个月，且风大雪多；暖季湿润，长4～5个月。平均气温在0 ℃以下，全年无绝对无霜期。年降水量为420～560 mm，多集中在5—9月。

总面积约1.6万hm²，其中滩地约1.04万hm²，山地约0.56万hm²；黄河的支流格曲（大武河）发源并流经这里。牧场的原生植被为高寒草甸，土壤为高山草甸土和高山灌丛草甸土，土壤表层和亚表层中的有机质含量丰富。矮嵩草草甸为该地区主要的冬春草场。建群种为矮嵩草（*Kobresia humilis*），主要的伴生种有：小嵩草（*Kobresia pygmaea*）、二柱头藨草（*Scirpus distigmaticus*）、垂穗披碱草（*Elymus nutans*）、早熟禾（*Poa annua*）、异针茅（*Stipa aliena*）、短穗兔耳草（*Lagotis brachystachya*）、矮火绒草（*Leontopodium nanum*）、细叶亚菊（*Ajania tenuifolia*）、兰石草（*Lancea tibetica*）、美丽风毛菊（*Saussurea superba*）、三裂叶碱毛茛（*Halerpestes tricuspis*）等牧草。嵩草草甸原生植被以寒冷中生、湿中生的多年生密丛短根茎嵩草植物为优势种，草丛低矮，层次结构简单，地表盖度较高且具有较厚的草结皮层。由于长期过度放牧和药材采挖导致天然植被不同程度的退化，随着退化程度的增加莎草和禾草等优势植物逐渐减少直至完全被杂类草所替代，退化严重的地段植被盖度很低甚至裸露，加之1954—2001年未进行过任何草地建设，约有80%的草地已严重退化为"黑土滩"。

3.1.2 材料与方法

2002年5月下旬，在牧场内选择轻度退化的矮嵩草草甸样地建设增温试验样地（面积为40 m×33 m），试验装置为开顶式增温小室（open top chamber，OTC）（周华坤等，2000），采用聚氯乙烯塑料，圆台型框架用细钢筋制作（图3.1）。开顶式增温小室设5个大小梯度，增温小室顶直径/底直径依次为0.40 m/0.85 m（A）、0.70 m/1.15 m（B）、1.00 m/1.45 m（C）、1.30 m/1.75 m（D）、1.60 m/2.05 m（E），圆台高0.4 m，随机设置6×4个样圆，分6种处理：5类温室和对照（CK），4次重复。

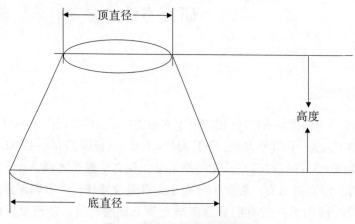

图3.1　圆台形开顶式增温小室

2002年5—9月在5类温室及其对照样地内测定了风速（距地表20 cm，三杯风向风速表测定）、气温和空气湿度（距地表20 cm，用温湿度表测定）、地温（用曲管地温表测定10 cm处的地温）、土壤湿度（用土钻取土样，保存在铝盒，烘干称量，重复4次，0～10 cm、10～20 cm、20～30 cm三个层次）。为了验证说明聚氯乙烯塑料材料对光照的影响，利用照度计于6月选择不同天气情况测定塑料材料遮挡下的光照强度（水平辐射、垂直辐射和反射辐射），测定各类温室中的照度，并与对照进行比较。

2003年5—9月用AZWS03便携式自动气象站、HOBO-H8 4通道温湿度数据采集器（7套）、AZS-2土壤水分探测器（1套）、RL-2C土壤养分测定仪（1套）测定研究区的各项环境因子参数（包括太阳总辐射、光合有效辐射、气压、气温、空气湿度、土壤温度与湿度）。2003年9月测定各温室和对照样地土壤养分参数，包括土壤有机质、速效N、速效P、速效K、全N、全P、全K和全盐含量。

2002年、2003年8月下旬进行植物群落调查和生物量测定工作。分别统计各温室和对照处理植物群落的高度、盖度，以及不同植物种群的盖度、密度、高度和频度，各选随机样方6个（25 cm×25 cm），其中百分比分盖度用目测法，禾草、莎草按株统计分蘖枝，高度以20次重复的均值计。计算各种群的重要值（姜恕等，1986），植物群落物种多样性指数（Shannon-Wiener，1949）、均匀度指数（Pielou，1975）和丰富度指数（Marglef，1958）。调查完毕后齐地面剪草，将植物按不同种分开，在80℃的恒温箱中烘干至恒重，精密天平称量，归类并进行相关分析。试验布局及设施情况见图3.2。

图 3.2 试验布局及设施

3.2 增温小室对微气候的影响

微气候指在局地内,因下垫面条件影响而形成的与大区域气候不同的贴地层和土壤上层气候,这种气候的特点主要表现在个别气象要素、个别天气现象的差异上,如温湿度、风速、降雨等(翁笃鸣等,1982)。

3.2.1 辐射

在不同的天气情况下通过测定各类温室中的照度(水平、垂直和反射),并与对照条件下进行比较,结果(表3.1、表3.2、表3.3)表明,不同处理下温室中的照度没有明显差异($P>0.001$)。对试验塑料遮挡情况下的照度测定(表3.4)也表明,照度差异不显著,说明该试验材料对光照的影响不大,是较理想的增温试验材料。

表 3.1 不同温室内的水平照度($\times 10^4$ lx,$n=7$)

组别	平均值	标准差	t	P值
A类温室	6.92	2.14	0.02	>0.01
对照	7.57	1.94		
B类温室	7.55	2.59	0.11	>0.01
对照	7.69	2.56		
C类温室	7.72	2.20	0.04	>0.01
对照	7.93	229		

续表 3.1

组别	平均值	标准差	t	P 值
D 类温室	7.89	1.99	0.34	> 0.01
对照	7.97	1.93		
E 类温室	6.47	2.19	0.05	> 0.01
对照	6.57	2.27		

表 3.2　不同温室内的垂直照度（$\times 10^4$ lx, $n=7$）

组别	平均值	标准差	t	P 值
A 类温室	7.42	2.28	0.03	> 0.01
对照	8.07	2.02		
B 类温室	7.83	2.86	0.11	> 0.01
对照	8.05	2.72		
C 类温室	8.02	2.27	0.02	> 0.01
对照	8.38	2.34		
D 类温室	8.02	2.09	0.07	> 0.01
对照	8.17	2.11		
E 类温室	6.97	2.22	0.00	> 0.01
对照	7.26	2.35		

表 3.3　不同温室内的反射照度（$\times 10^4$ lx, $n=7$）

组别	平均值	标准差	t	P 值
A 类温室	0.47	0.13	0.00	> 0.01
对照	0.57	0.11		
B 类温室	0.54	0.16	0.00	> 0.01
对照	0.59	0.14		
C 类温室	5200	0.12	0.00	> 0.01
对照	0.58	0.12		
D 类温室	0.49	0.13	0.01	> 0.01
对照	0.52	0.13		
E 类温室	0.48	0.13	0.08	> 0.01
对照	0.51	0.16		

表 3.4　试验塑料对光的遮挡（$\times 10^4$ LX，$n=7$）

组别		垂直辐射		水平辐射	
		无塑料遮挡	塑料遮挡	无塑料遮挡	塑料遮挡
6月12日 12:40—13:00, 多云,$n=10$	平均值	7.04	5.66	7.01	5.60
	标准差	1.52	1.24	1.80	1.50
	t	5.82E−06		5.26E−05	
	t-test	$P > 0.01$		$P > 0.01$	
6月12日 14:10—14:25, 阴转多云, $n=10$	平均值	4.22	3.41	3.75	2.95
	标准差	1.14	0.92	0.54	0.50
	t	1.20E−05		2.39E−06	
	t-test	$P > 0.01$		$P > 0.01$	
6月12日 18:25—18:34, 晴,$n=10$	平均值	7.25	6.27	3.15	2.73
	标准差	8.84	8.96	3.01	3.76
	t	2.13E−07		1.09E−06	
	t-test	$P > 0.01$		$P > 0.01$	
6月13日 10:28—10:38, 多云,$n=10$	平均值	4.91	3.78	4.64	3.66
	标准差	2.06	2.40	4.09	0.40
	t	2.19E−08		3.81E−08	
	t-test	$P > 0.01$		$P > 0.01$	

3.2.2　风速差异

2002年和2003年5—9月在5类温室及其对照样地内测定了风速（距地表20 cm，用三杯风向风速表测定），每个月测定10~21次，计算因修建温室而减少的风速（取平均值），最后计算5—9月平均减少的风速（$n=5$）。2002年5—9月5类温室内降低的风速为0.4~1.2 m/s，2003年5—9月5类温室内降低的风速为0.8~1.3 m/s。单因素方差分析表明，各类温室修建导致风速减少的差异显著（$F_{4,20}=5.107$，$P< 0.05$）。温室越小，减少风速量越大（图3.3、图3.4）。正因为温室的阻挡作用，室内空气湍流明显减弱、风速降低，使热量不易散失，起了聚热作用，加之聚氯乙烯塑料透光率较好，所以温室内温度提高成了必然。

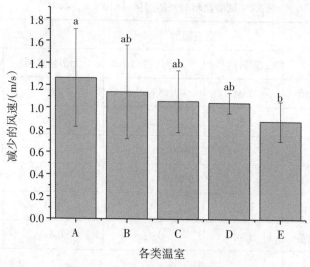

图3.3 2002年各类温室的风速减少量

注：各温室柱状误差线上字母相同，表示减少风速间差异不显著；字母不同，表示减少风速间差异显著。

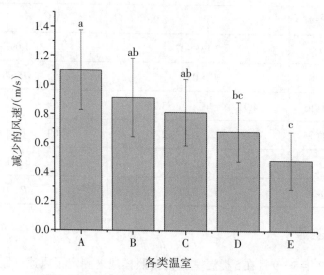

图3.4 2003年各类温室内风速的减少状况（$n=5$）

注：各温室柱状误差线上字母相同，表示减少风速间差异不显著；字母不同，表示减少风速间差异显著。

3.2.3 土壤湿度

经单因素方差分析，2002年6—9月，各处理之间除了10～20 cm土层土壤湿度有差异外（$F_{5,18}=4.58$，$P<0.05$），0～10 cm、20～30 cm和0～30 cm土层土壤湿度都没有明显差异（$F_{5,18,0\sim10\,cm}=1.60$，$F_{5,18,20\sim30\,cm}=0.416$，$F_{5,18,0\sim30\,cm}=1.53$，$P>0.05$）。2003年5—9月

0～10 cm 土层土壤湿度也没有明显差异（$F_{5,24}$=0.86，$P > 0.05$）。各个处理中，不同土层土壤湿度依照 0～10 cm、0～30 cm、10～20 cm、20～30 cm 的顺序逐渐下降（图3.5）。两年的湿度测定表明，E温室和对照的土壤湿度相对较高，其他温室的则低一些（图3.5、图3.6）。

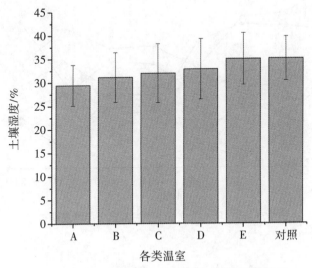

图3.5　2002年6—9月不同温室土壤湿度

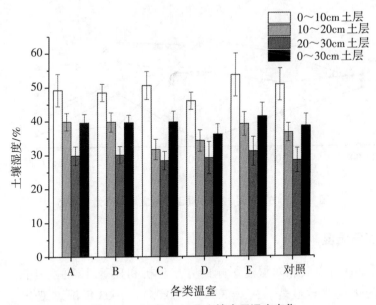

图3.6　2003年5—9月土壤表层湿度变化

图3.7、图3.8显示了在晴天状况下不同温室内土壤湿度的日变化动态。2003年8月17日为晴天，不同温室内土壤湿度没有明显的变化规律可循，总的来看，A、B温室内土壤湿度最小，C、D温室居中，对照和E温室内土壤湿度最大。2003年6月22日经过一天

的曝晒，土壤湿度都有所下降，中间可能由于地上和地表及地下在增温作用下导致地下水汽向上输送，则土壤湿度偶有上升。

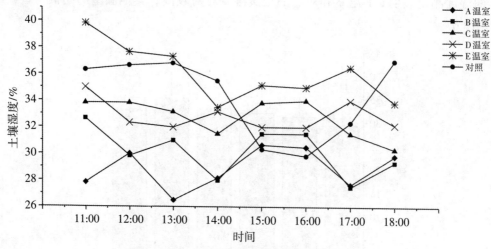

图 3.7　2003 年 8 月 17 日不同温室内土壤湿度动态

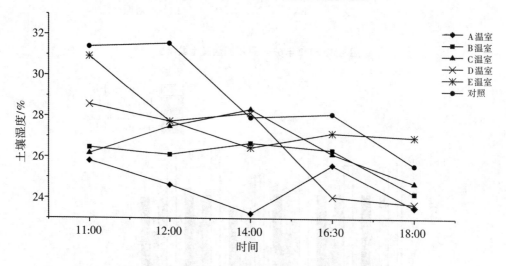

图 3.8　2003 年 6 月 22 日不同温室内土壤含水量日动态

3.2.4　空气湿度

不同增温小室对空气相对湿度影响的方差分析和显著性检验表明，与对照相比，2002 年湿度变化量差异显著（$F_{4,15}=3.29$，$P<0.05$），2003 年湿度变化量差异不显著（$F_{4,20}=1.80$，$P>0.05$）。两年的显著性检验结果不一样，可能与测定前后的降雨状况、测定时的天气状况有关。两年的空气湿度测定表明，较小的 A、B 温室内空气湿度有所增加（图3.9、图3.10），这可能是由于这两类温室较小，增温效果明显（表3.5），不利于近地表层的空气湍流、热量与水汽的散失等。C、D 温室内空气湿度略有减少或保持不变，E

温室内空气湿度有所增加，但增加幅度不如A、B温室（图3.9、图3.10）。

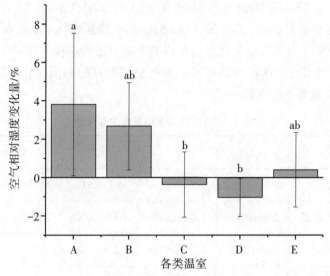

图3.9　2002年不同增温小室内空气相对湿度的变化

注：误差线上相同字母，表示相对湿度变化量间差异不显著；不同字母，表示相对湿度变化量间差异显著。

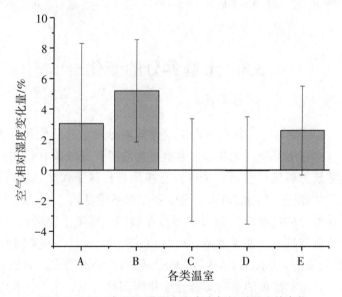

图3.10　2003年不同增温小室内空气相对湿度的变化

注：误差线上相同字母，表示相对湿度变化量间差异不显著。

3.2.5　温度

2个生长季节的温度测定表明，随着温室由大到小，气温、地表温度和地温的平均增温量逐渐增加,并且增温差异明显（$P<0.05$）。2002年气温增量为 0.32～2.39 ℃,地下温度增量为 0.17～2.05 ℃;2003年气温增量为 0.08～2.63 ℃,地表温度增量为 0.58～2.07 ℃,地下温度增量为 0.45～2.07 ℃ (表3.5)。其中符合国际冻原计划要求的C温室的增温量 1.00～1.50 ℃,模拟增温量处于高海拔的西欧报道的温度升高的范围（Rozanski et al,1992）和苔原生境下 CO_2 浓度翻倍所预测的温度升高的范围（Maxwell et al,1992）,说明有较好的模拟温室效应效果。

表3.5　5—9月不同增温小室内的温度增量

年份	项目	A	B	C	D	E
2002年	气温增量	2.39±0.92a	1.57±0.19ab	1.03±0.61bc	0.67±0.40c	0.32±0.46c
	地下温度增量	2.05±0.84a	1.40±0.69ab	1.22±1.03ab	1.08±0.71ab	0.17±0.40b
2003年	气温增量	2.63±1.37a	1.29±1.87ab	1.21±1.10bc	0.37±1.36c	0.08±0.78c
	地表温度增量	2.07±4.14a	1.47±5.14ab	1.10±3.44ab	0.97±4.80ab	0.58±2.57b
	地下温度增量	2.07±1.88a	1.24±1.05ab	1.06±0.76ab	0.56±0.68b	0.45±0.91b

注:各行数据字母相同,表示差异不显著（$P>0.05$）;字母不同,表示差异显著（$P<0.05$）。

3.3　土壤养分的变化

增温第2年,与对照相比,各温室内土壤速效养分含量有所变化（表3.6）,其中速效氮和速效钾含量都有所下降,尤其以A温室更为明显;速效磷含量和全盐含量有所上升,尤其以C温室最为明显;全氮、全钾及有机质含量除了A温室较对照有所下降外,其他温室内变化不太明显;不同温室内外全磷变化都不明显。

温室内外土壤养分的这种变化与人工增温导致的土壤微生物活动、矿化速率增强,禾本科植物及部分典型杂草,如细柄茅（*Ptilagrostis concinna*）、双叉细柄茅（*Ptilagrostis dichotoma*）、短穗兔耳草（*Lagotis brachystachya*）等的优势度增大,导致其对土壤养分的吸收利用率增加,土壤和植被的蒸腾蒸散量变化等都有关系,是一种典型的增温后反馈结果。

值得注意的是,随着增温量增大,土壤湿度略有下降（图3.5、图3.6）,而土壤所含全盐量有增加的趋势（表3.6）,说明全球温暖化的大背景下,如果降水量不变或减少,高寒草甸土壤也有盐碱化的可能,应该注意预警和预防。

表3.6 温室内外土壤养分的变化

项目	A温室	B温室	C温室	D温室	E温室	对照
速效氮/($\times 10^{-6}$)	18.61	37.37	36.14	44.91	29.94	54.90
全氮/%	0.38	0.45	0.44	0.41	0.42	0.41
速效磷/($\times 10^{-6}$)	9.72	8.49	10.95	7.00	10.15	6.33
全磷/%	0.06	0.06	0.07	0.07	0.07	0.07
速效钾/($\times 10^{-6}$)	122.01	131.87	139.94	135.96	126.97	144.93
全钾/%	1.46	1.98	1.83	1.82	2.03	1.84
有机质/%	7.84	9.03	10.4	8.6	8.91	8.58
全盐量/%	0.08	0.08	0.09	0.08	0.07	0.06

参考文献

[1] Grabherr G. Climate effects on mountain plants [J]. Nature, 1994, 369: 448-450.

[2] Jackdon R B, Sala O E, Field C D, et al. CO_2 alters water use, carbon gain, and yield for the dominant species in a natural grassland [J]. Oecologica, 1994, 98: 257-262.

[3] Klein J A, Harte J, Zhao X Q. Experimental warming causes large and rapid species loss, dampened by simulated grazing, on the Tibetan Plateau [J]. Ecology Letters, 2004, 7: 1170-1179.

[4] Kudo G, Suzuki S. Warming effects on growth, production, and vegetation structure of alpine shrub: a five-year experiment in northern Japan [J]. Oecologia, 2003, 135: 280-287.

[5] Marglef R. Information theory in ecology [J]. Gen. Syst., 1958, 3: 36-71.

[6] Pielou E C. Ecological diversity [M]. New York: John Wiley & Sons Inc., 1975.

[7] Vitousek P M. Beyond global warming: Ecology and global change [J]. Ecology, 1994, 75: 1861-1876.

[8] Shannon C E, Wiener W. The mathematical theory of communication [M]. Urbana: University of Illinois Press, 1949.

[9] Simpson E H. Measurement of diversity [J]. Nature, 1949, 163: 688.

[10] Zhang Y Q, Welker J M. Tibetan alpine tundra response to simulated changes in climate: aboveground biomass and community responses [J]. Arc. Alp. Res., 1996, 128: 203-209.

［11］姜恕.草地生态研究方法［M］.北京：农业出版社，1986：15-22.

［12］翁笃鸣.小气候和农田小气候［M］.北京：农业出版社，1982.

［13］钟章成.森林植被和温室效应·生态学研究进展［M］.北京：中国科技出版社，1991：20-22.

［14］周华坤，周兴民，赵新全.模拟增温效应对矮嵩草草甸影响的初步研究［J］.植物生态学报，2000，24（5）：547-553.

第二编
植物系统对模拟气候变暖的响应

第4章 OTC增温对高寒草甸典型植物物候特征与表型可塑性的影响

物候是指由于受环境条件（如气候、水文、土壤条件等）的影响而出现的周期性（通常以年为主）自然现象（张福春，1990；竺可桢，1980）。植物物候学是一门介于生物学和气候学之间的边缘科学。在生物学方面，它比较接近植物学，而在气候学方面，则比较接近农业气象学。物候学的研究方法属于生态学方法，因此植物物候学也属于生态学的范畴（竺可桢，1980；李元恒，2008）。植物物候学的研究目的主要是认识自然现象的变化规律，并揭示植物生活史的季节性和时间性，为农牧业生产和科学研究服务（Pitt et al，1990）。植物物候的年际变化（如展叶、开花等）可以反映气候的变化，因而被认为是陆地生态系统对气候变化响应和反馈的重要指示器（Root et al，2003）。

植物物候是植物在进化过程中遗传下来的，并在生存过程中不断适应环境的结果。近百年对植物物候的研究主要分为：（1）植物生长发育与非生物因子的关系，包括光周期和气候限制因素等，如温度、光照等；（2）植物物候的遗传基础和自然选择的研究，如系统进化对植物开花物候的影响、开花物候的进化与控制等（李荣平等，2004），植物物候对全球变暖的响应及其适应机制，以及全球变暖对植物物候的影响。

从植物种类上又可以分为：（1）森林物候的研究；（2）农作物候的研究；（3）草地物候的研究。近年来，随着遥感技术和计算机的应用，植物物候的研究更加深入，物候的研究也得到空前的发展。

表型可塑性是有机体在不同环境中产生不同表型的能力，是器官在复杂环境中产生一系列不同的相对适合表现型的潜能（Sultan，2000）。关于表型可塑性有两种观点。第一种观点中，表型可塑性被定义为经过选择和进化的性状，是一个基因型的一种特征。在这个观点中，表型可塑性可能具有重要的生态意义，任何性状是一个关于进化的性状。第二个观点中，表型可塑性被认为是促进进化的一个发育过程，是发育表型的一个内在特性。在这个观点中，最重要的问题不是表型可塑性本身如何进化，而是表型可塑性如何改变发育途径，从而导致进化。

表型可塑性广泛存在于自然界中。表型可塑性可缓解环境压力，保持生物体的遗传变异，在植物适应和进化中扮演着重要角色。具有较高表型可塑性的物种可能是生态意义上的一个多面手，而可塑性表达有限的物种可能会被限制在狭窄的、"特化的"生态范围内（Sultan，2005）。因此，表型可塑性在生态和进化方面都具有重要的意义。

可塑性影响着个体和环境之间的相互作用：（1）直接作用。不同的环境条件下（生物环境和非生物环境），有机体表现出大量的可塑性响应，而这些改变后的表型反过来又影响着随后的相互作用。例如，生长在不同营养梯度下的植物根结构和生长率发生变化，这些变化使得根在局部小生境中获取营养的能力最大化（Hodge，2004）。（2）间接作用。表型可塑性对物种间间接相互作用的影响表现在很多方面，例如消费的间接作用（捕食者的捕食行为降低了被捕食者的数量，反过来又影响了被捕食者与第三个物种之间的相互作用）。对非生物环境因素的可塑性响应也能够导致间接的作用，例如，植物通过改变叶片的化学成分来响应 CO_2 浓度的变化，而叶片化学成分的改变会影响叶片的营养含量及适口性，从而影响草食动物的食草行为、植物的发育时间及捕食危险，进而对群落动态产生影响（Stiling，2003）。

4.1　研究历史及进展

4.1.1　植物群落物候学研究现状

植物物候过程在众多方面（生物间的相互作用，植被对大气界面层的反馈作用，碳、氮、水等主要生态系统过程及物种的迁移与适应等）都扮演着重要的角色（William et al，2005；Aerts et al，2006；Borner et al，2008）。植物物候节律与气候等环境因子密切相关（Snyder et al，2001；郑景云等，2002），全球气候变化势必对植物物候产生深刻的影响。温度控制着生态系统中许多生物和化学反应速率，而且几乎影响着所有生物学过程，植物物候也不例外（Snyder et al，2001）。据报道，欧洲地区生物春季物候在 1969—1998 年间提早了 8 d（Chmielewski et al，2001），北美地区生物春季物候在 1959—1993 年间提早了 6 d（Schwartz et al，2000），Sparks 等（2000）研究了英国 11 个植物物种 58 年的平均开花时间，发现由于气候变暖，春季和夏季物种的开花时间将会进一步提前。基于气候和物候数据的研究，在过去几十年间受到全球气候变暖的影响，许多区域植被生长季明显延长（Meazel，2000；Robeson，2002；Schwartz et al，2006）。

1960—2011 年中国 145 个站点的 112 个物种物候观测研究结果表明：90.8% 的春/夏季物候期记录显示平均每 10 年提前了 2.75 d，69.0% 的秋季物候记录显示平均每 10 年延迟了 2.00 d，而且木本植物春/夏季物候期的变化率通常与其中 49 个站点的局部变暖相匹配（Ge et al，2015）。1982—2015 年，中国北方大部分纬度带的植被随着春季升温，SOS 提前，EOS 延迟，其中东北、华北、青海、新疆的大部分地区植被生长季有明显的延长趋势（王宏等，2007），但是长江中游等地春季降温造成春季物候期推迟（郑景云等，2002）。以上基于地面观测、遥感监测和物候模型等的研究表明，气候变化已经对植物物候产生了显著的影响，植物物候变化与温度变化是高度一致的。虽然植物物候对全球气候变化的响应因物种及区域而异，但在大尺度上存在共性，如春季物候提前（郑景云等，2002；张福春，1995；Schwartz et al，2001；常兆丰等，2009）、秋季物候延迟（Keeling et al，1996；Meazel，2003）和生长季延伸（Meazel，2000；Schwartz et al，2006）。

4.1.2 表型可塑性研究进展

表型可塑性对种群和群落产生的影响主要表现为：第一，种群的稳定性和物种的共存。物种的行为和生理的可塑性能够影响种群动态。例如，环境的变化诱导种群产生各种抵御和防御能力，这种变化影响了种群的波动，提高了种群在群落中的稳定性（Reekie et al，1992）。大量研究也表明，适应性的表型可塑性能够使物种扩大其生存的环境条件，从而提高物种的共存（Persson et al，2003）。例如，Krivan（2003）在一个数学模型中描绘了这样的一种现象：当一个群落内有两个被捕食者和一个捕食者时，如果捕食者具有适应性捕食行为，它可以选择不同的被捕食者进行消费，这种情况将有利于被捕食者的持续存在，从而有利于物种的共存。第二，局部多样性。研究表明，表型可塑性通过改变生物之间间接相互作用而影响局部的生物多样性。例如，研究人员在新西兰的一个田间发现，蜘蛛的存在导致几种食草昆虫的出现。然而这几种昆虫啃食具有竞争优势的植物物种，这就导致了非竞争优势植物物种的增加（Schmitz，2003）。

1. 生物适应异质环境的策略

适应是生物界的普遍现象，也是生命的特有现象，它包括生物体的各个层次，大分子、细胞、组织、器官，乃至由个体组成的群体组织等都适合于一定的功能实现，也包括生物结构与功能（行为、习性等）适合于该生物在一定环境下的生存和延续。

在各种变化环境条件中，植物要实现（生态上）广泛的分布，通常表现出三种情况：个体的表型可塑性；一个种群内部特征的多态现象；种群间的遗传变异（Kudoh et al，1995；Dudley et al，1996）。因此，通常认为表型可塑性和遗传分化（包括生态型分化）是生物适应异质生境的两种主要方式（Sultan，1995；Schlichting et al，1998）。在经典的"新达尔文"模型中，基因型和表型是一种简单的对应关系。在这个概念模型中，种群对局部生境产生的自然选择表现出应答，通过改变群体的基因型频率形成分化的局域种群来适应异质的环境（Sultan，1995）。这种适应是通过自然选择在群体水平实现的。遗传分化常常影响植物在其分布范围内的异质生境中的分布和多度。因此，遗传分化在广布的物种中是常见的现象，是生物适应多变生境的重要机制（Joshi et al，2001）。

另一种适应则是通过表型可塑性在个体水平实现的。在表型可塑性的模型中，基因型和表现型的关系不再是简单的对应，表型不单由基因型决定，还受到环境因素和发育过程的影响（Pigliucci et al，2001）。在这个新的概念模型中，单个基因型可以通过对发育和生理过程的调节，在一系列不同的环境条件下通过产生不同的表型来保持正常的生理功能，进而维持其适合度。这样，除了自然选择引起的种群分化外，个体还可以通过表型可塑性来适应异质环境（Sultan，1995）。

2. 物种间表型可塑性差异的三个假说

当环境发生变化或在异质生境中，植物能够通过表型可塑性调节自身行为，从而提高对环境的适应性。但是物种之间、同一物种的不同种群之间表型可塑性的程度和方式存在很大差异（Soule et al, 1981），这是一个不争的事实。对于造成这种差异的因素有三个假说（Pederson, 1968）：

基因异质性假说（相对于个体物种）：一个物种的表型可塑性的程度与其基因异质性呈负相关。也就是说，物种的遗传多样性越低，则它的表型可塑性的程度就越大。反之，物种的遗传变异越丰富，表型可塑性的程度就越小。

相关性假说：这里的相关性指的是物种亲缘关系的远近。该假说认为，亲缘关系相差较远的物种之间可塑性的程度和方式相差越大。

生态学假说：同一生境中生长的物种与不同生境中生长的物种相比，前者之间可塑性的程度和方式更相近。这个假说的一个首要前提就是，不同的生境中自然选择压力有差异，由环境差异引起的可塑性的程度和方式是自然选择压力作用的结果。

3. 不同性状在种间适应性差异中的作用

表型可塑性和发育稳态性是植物适应异质环境的两种模式（Weinig, 2000）。研究表明，当植物经历一种单一类型的微生境时（也就是环境条件的变化不显著），自然选择将偏向于固定表达的表型，因为一个发育稳定的表型可以始终如一地使适合度最大化（Levins, 1969）。例如，生长在竞争条件下的植物种群的表型性状不断进化，从而产生了适应竞争性环境的表型，这种表型在竞争性环境中能够使适合度最大化（Harper, 1977）。然而，当环境条件的信号逐渐被精确地获取时，例如竞争性的和非竞争性的斑块同时存在，自然选择预期偏向于表型可塑性（Bradshaw, 1965）。因为可塑性的表型能够适应性地匹配所经历的竞争环境，从而提高适合度。如果产生一个竞争性的表型需要耗费很高的资源代价，那么在非竞争性的生境中，发育稳定的竞争性表型的个体与可塑的个体相比，前者将降低适合度。

如果一个可塑性响应具有生理代价，那么在同一个环境内，两个具有相同表型的可塑基因型与非可塑的基因型相比，可塑基因型具有较低的适合度（Van Tienderen, 1991）。也就是说，自然选择将直接降低对可塑性状的选择（而偏向于非可塑性状的选择）。相反，如果一个性状的表型稳定性是有代价的，那么表达相同性状值的可塑性状与非可塑性状相比，可塑基因型将有较高适合度，直接的选择将偏向于提高可塑性。

种间表型差异和物种分布之间的关系已成为生态学研究中的一个焦点问题，总结起来有两种观点。一种观点认为，物种间适应性的差异是由能够提高适合度的发育稳态性状的差异造成的（Griffith et al, 2006）。同时大量研究也表明，表型可塑性能够使植物改变形态、生理和发育，从而使植物表型与所生长环境相适应（Sultan, 2005）。因此，当环境发生变化时，表型可塑性的响应能够使适合度最大化（Schlichting et al, 1990）。表型可塑性使物种具有更宽的生态幅和更好的耐受性，可以占据更加广阔的地理范围和更加多样化的生境，即成为生态位理论中的广幅种（史刚荣等, 2007）。而不同的进化史及对不同环境的适应导致物种间表型可塑性存在很大差异（Schlichting，1986）。另一种观点认为，物种间表型可塑性的差异形成了适应性多样性的源泉（Bradshaw，1965；Schlichting et al，1998）。

遗传的稳定性被认为确保了近缘的物种间（Badyaev et al，2000）、种群间及种群内的表型稳定性（Debat et al，2001）。事实上，表型可塑性能够使不同基因型产生同一个表型，表型可塑性和遗传稳定性同时促进产生稳定的反应规则（Debat et al，2001）。

植株个体的不同性状对环境变化的敏感性是不同的，其中总有一些性状对环境的变化更为敏感。这些对环境变化较为敏感的可塑性状和发育稳态性状可能通过某种复杂的方式相互作用而形成一个整合的表型，整合的表型最终形成具体环境中个体的适合度。物种间在表型可塑性（环境之间）或发育稳定性（同一环境内）方面都可能存在差异，而这两方面的差异反过来影响着总的表型变化（Valladares et al，2002）。因此 Griffith 等（2006）认为，物种间发育稳态性状和可塑性状的差异共同作用于物种间适应性的差异。事实上，植物的性状间存在着相关性，这种性状相关性具有遗传基础，同时也受到环境的影响。因此环境引起的性状相关性的变化能够改变自然种群中与适合度相关的性状的选择强度，并且可能改变对不同性状的选择（Ackerly et al，2000）。

4.适应性可塑性的检测方法

当植物生长于不同的环境中时，其表型将发生变化，交互试验就是将发生可塑性响应的表型的适合度与其他表型的适合度相比较，从而检测适应性表型的优势。Schmitt 和他的同事设计了一个经典的试验，该试验可以应用交互的测试方法恰当地测量出特定可塑性响应的适应性。他们将植物控制在两个密度条件下（高密度和低密度），同时控制了红外线和远红外线的比率。当植物生长于高密度条件下时，邻株的遮阴将导致红外线和远红外线比率下降，在变化光信号的诱导下，植株将表现出茎延长的可塑性响应，这种响应能够使植物获得较多的光照。在这个试验中，诱导表型发生变化的环境信号与环境的胁迫是非常明显的。这个经典的试验用来测试高密度和低密度处理中茎延长的表型与低矮表型的相对适合度。结果表明，较高的表型在高密度处理中具有优势，而低矮的表型在没有遮阴条件下具有较高适合度。这些方法的使用范围非常有限，因此需要进一步研究能够提供恰当的不能够使可塑性发生突变的模型系统，研究一些能够对环境信号或可塑性响应的生理路径进行控制的系统，这样的模型系统或系统能够对表型进行直接比较，从而为适应性可塑性提供重要的信息（Sultan，2000）。

自然种群中生理生态性状适应性的最直接证据是对性状和适合度之间的相关性的观察，但是这种方法存在问题。例如，自然种群中光合速率与适合度之间的直接相关性很难被观察到。即便是观察到了这种相关性，也很难确定性状对适合度变化的直接贡献有多大，或者所观察到的相关性反映的是通过与其他性状的相关性而产生的间接相关性。因为许多性状相互作用共同影响着个体的适合度，因此多变量的选择分析是检测对生理生态性状选择的一个有力的工具。

表型选择分析法，包括对个体植株一组性状及适合度的测量。应用相对适合度关于所有测量性状的多重回归中的偏回归系数作为对每个性状的直接选择的测量，对性状的选择方式也就是生理生态性状与适合度之间的相关性的强度和方向。这里所说的选择是指性状是否有利于适合度的提高，如果特定环境中某个性状有利于适合度的提高，自然选择将使该性状保留下来。不同环境中选择方式的变化为种群的差异及局部的适应提供基础（Sultan，2000）。Farris 等（1990）首次应用选择分析对生理生态性状进行了研究。他们测量了生长于同一环境条件下的 *Xanthium* 种群对生理生态性状、物候性状、形态性状和生长性状的选择。研究者发现，幼苗萌发时间、植株高度、分枝生长速率及水分利用效率都影响营养生物量，而营养生物量与适合度密切相关，这就说明对这些性状都有选择。

要理解暗含在不同选择方式中的功能机制，对不同环境中各性状如何相互作用共同影响适合度的方式的检测是非常有价值的。如果性状间的因果关系已知，那么通径分析也可以被应用于验证每个性状对适合度的直接和间接的影响（Kingsolver et al，1991）。通径分析法通过分析各性状对适合度组分的影响可以解释对功能性状的选择。通径图表明了一种清晰的线性路径系统，说明了性状间的因果调节机制。

4.1.3 影响植物物候和表型可塑性的主要因素

1. 光照

光为植物重要的能源来源，光通过光辐射强度、长度和光谱组成影响植物开花期。高寒草甸群落开花期对光照长度反应敏感（Keller et al，2003），光照期缩短使短日照植物花期提前，光照期延长使短日照植物开花期推迟（潘瑞炽，2004）。植物群落结构和物种组成取决于资源利用方式和物种性状差异，光直接或间接影响植物资源的利用和分配，目前尚未完全掌握群落中光分布变化如何影响植物群落结构及其功能（Thomas，2006）。群落冠层对光资源的吸收随着叶面积和生物量的增加而增强，在冠层顶部分布的叶有效截获光资源，随着冠层叶面积指数（单位面积上植物叶面积总和）的增加，光子通量密度从冠层顶部向底层以指数式减弱。在群落中光分布单向性迫使植物选择增加高度获取更多光资源或植物定植在冠层底部，适应遮阴生境，其中任何一种选择对策均使植物演化出一系列性状和适应机制。通常植物为了截取光资源，将生物量大部分分配到支持部分。叶面积比率（叶面积和总生物量比）决定植物吸收光能效率。在冠层顶部分布的植物叶片比叶面积（叶片单面面积与叶片生物量比）低，在冠层底部分布植物叶片比叶面积高。King（1990）认为，群落冠层底部生长的植物依靠形态性状增加对光资源的吸收，以满足在遮阴生境中对光资源的需求，冠层顶部分布的植物通过增加茎分配占有冠层中光资源分布的有利位置。

在高光照环境下，植物会增加光合产物向根系的资源分配比例，减少向叶片的分配比例（Poorter et al，2000；Kotowski et al，2001；Ammer，2003；Grechi et al，2007；陈亚军等，2008；孙晓方等，2008）。弱光照环境下，植物光合产物向叶片和茎的分配比例增加，向根系的分配比例减少（Welander et al，1998；Day et al，2005）。但也有研究表明，弱光下光合产物向茎的分配比例增加，向叶的分配比例不变甚至降低，但比叶面积增加（陈亚军等，2008），表明植物可以通过调节叶片功能特征在一定程度上对光环境改变做出积极响应。光照对植物叶片功能特征的影响非常明显，由于光环境控制着叶片厚度，从而间接影响叶片比叶面积、比叶重及叶片密度。叶片大小和比叶面积都随日光照的增强而减小，常绿植物的比叶面积明显低于落叶植物（Ackerly et al，2002）。荫蔽植物的比叶面积较向阳植物高（Reich，2004；Sack，2003）。

2. 温度

在生态系统中的一系列环境因素，如温度、湿度、光照强度、光照长度、光谱组成、CO_2 和土壤养分等，影响植物的生长及其物候。在诸多环境因素中，温度是影响物候的主要因素，开花期年际差异与日均温变化相关（Schemske et al，1978）。Fitter 等（1995）对英格兰中南部 243 种被子植物和裸子植物始花期物候研究结果表明，春季温度增加 1 ℃，始花期平均提前 4 d，月平均温度升高 1 ℃，早开花植物花期推迟，晚开花植物花期提前。Amano 等（2010）对英格兰 405 种植物物候期分析表明，在群落水平物候期提前了 2.2~12.7 d，英格兰中部温度升高 1 ℃，物候期相应提前 5 d。Gordo 等（2010）对地中海植物物候研究也得出相似结果。王宏等（2007）利用阈值法和滑动平均法对我国北方植物物候生长季节变化的分析表明，不同植被类型生长季节的趋势变化亦不同，典型草原和荒漠草原生长季节的开始日期提前，结束日期推迟，而温带落叶阔叶林则开始日期和结束日期均推迟。大部分纬度带的生长季节开始日期表现为提前的趋势，结束日期表现为推迟的趋势，生长季节在延长。以上研究结果表明，全球气候变化正在影响植物群落物候，然而在植物种间和区域间物候对气候变化反应存在差异。在全球气候变化及其他环境因素的综合作用下，群落物候变动使群落中种间相互作用发生变化，导致群落种间关系重新组合，在群落物候变化过程中有的植物种可能从中"受益"，有的植物种从群落中被排除或消失，由此产生的群落结构变化对生态系统产生深远影响（Menzel et al，1999；Visser et al，2005）。

根据高寒草甸群落加热试验结果，气候带、植物功能群和试验季节等因素制约植物物候对温度变化的响应（Arft，1999）。周华坤等（2000）对青藏高原草地群落温室试验表明，增温对矮嵩草草甸建群种和伴生种各物候阶段开始期提前，终花期推迟，生长期延长。草地群落人工加热试验表明，加热后草地群落中早开花种花期显著提前，晚开花种花期显著推迟，但是花期持续期没有显著延长或缩短，群落生长期则相应延长（Cleland et al，2006；Sherry et al，2007）。根据 Xu 等（2009）研究结果，人工加热后青藏高原凹叶瑞香（*Daphne retusa*）、蒙古绣线菊（*Spiraea mongolica*）、金露梅（*Potentilla fruticosa*）和刚毛忍冬（*Lonicera hispicla*）等四个种萌发期提前，叶片凋落期推迟，凹叶瑞香、蒙古绣线菊和金露梅的始花期提前，刚毛忍冬花期无明显变化。

温度变化对植物光合产物分配的影响目前还没有得到一致的结论。有研究表明，空气温度升高会减少植物叶片同化产物的积累，植物生产能力下降会使光合产物向叶片的分配比例提高，因此根冠比下降（Farrar et al，1991）。但也有研究发现，在一定的温度范围内土壤温度升高会降低光合产物向根系的分配比例,但当温度高于或低于这一阈值时光合产物向根系的分配比例都会增加(Lambers et al, 1998; Peng et al, 2003)。另外,也有大量研究表明,温度的变化影响土壤养分、水分、植被群落结构以及植物的物候期等(周华坤等,2000;贺金生等,2004;李英年等,2004),这些变化会间接地引起植物分配方式和形态可塑性的响应,如增温使北极苔原土壤有机质的分解加速,土壤氮的有效性提高,使白胡子草(*Eriophorum vaginatum*)根系投资增加,生长速率加快(Sullivan et al, 2005)。Yin等(2008)研究发现,云杉(*Picea asperata*)幼苗生物量的分配模式对增温的响应则表现出相反的趋势,即增温促使幼苗将更多的生物量分配到植物根部,主要是由于温度升高使土壤干旱胁迫加剧,高的根系投资能提高植物的耐旱性。

3. 放牧

放牧是草地基本的利用方式(Gillson et al, 2007),国内外研究者从群落结构、物种多样性、土壤物理化性状等多方入手,开展了大量研究概括前人的研究成果,中度放牧能够维持群落多样性和提高产量,而过度放牧则使草地多样性降低,初级生产力下降。放牧通常以两条途径影响草地群落的结构与功能。(1)放牧能够改变群落冠层结构:家畜采食和践踏抑制群落顶层植物种的高度和盖度,同时促进群落中层和底层莲座类和匍匐类植物种的生长,进而导致群落冠层结构变化。(2)放牧引起群落物种组成变化:家畜选择性采食,降低可食牧草种类和多度,增加有毒、有害植物种类,进而改变群落植物组成。

Diaz等(1994)在阿根廷山地草地封育群落与放牧群落物候观测中将2个生境中共有种根据传粉方式分为风媒花和虫媒花两种类型,该结果表明,在放牧和封育群落间传粉方式相同的类型间花期生态位重叠和生态位宽度无显著差异。根据Ansquer等(2009)对放牧群落与封育群落之间花期物候研究结果,在适度放牧条件下放牧群落花期与封育群落花期物候之间未出现显著分离。Bergmeier等(1996)对希腊克里特岛灌丛群落研究表明,封育群落开花率显著高于放牧群落开花率。根据Yamamura等(2007)对连续采食胁迫下一年生植物最佳物候期非线性模型表明,连续放牧能够推迟开花期物候。

植物茎和叶是牲畜采食和践踏的主要对象,因此放牧干扰首先影响植物地上部分。一般而言,在长期放牧压力下植物根冠比更高,叶茎的投资比更低,地下部分生物量分配比例提高的同时减少了最易被采食的植物叶片部分的生物量损失,这是植物在与草食动物的长期共存中所形成的应对放牧干扰的适应性策略。对于耐牧性较高的矮嵩草草甸来说,放牧强度的改变会引起矮嵩草克隆构件的等级反应,表现在不同等级的分蘖数发生变化(朱志红等,1994;杨元武,2011),适度放牧有利于矮嵩草分株数的增加,而重牧或者不放牧则使其分株数减少,长期的轻度放牧有利于矮嵩草分蘖数增加。对于许多可同时进行无性繁殖和有性繁殖的植物,放牧明显降低或抑制了有性繁殖,随放牧强度的增加,种子产量显著下降,重牧情况下几乎没有种子产生。也就是说,随着放牧强度增加,两性繁殖的植物优先将光合产物分配给营养器官,使营养繁殖的权重增大(朱志红等,1994;Hickman et al, 2003)。但也有研究表明,随着放牧强度的增加,繁殖分配可能增大也可能降低，这主要与物种种类有关（包国章等，2002）。放牧干扰使植物地上叶面积指数迅速下降，群落郁闭度也下降，因此光照条件得以改善，为了降低被采食风险，植物的叶片数、叶面积、植株高度、丛幅面积也会减小，但植物功能性状的调整与放牧强度有关（董世魁等，2004；任海彦等，2009）。

4. 土壤养分

草地群落研究很少涉及土壤养分对草地群落物候和植物可塑性的影响。张昊等（2005）研究水分对克氏针茅（*Stipa krylovii*）和冷蒿（*Artemisia frigida*）生殖生长的影响，结果表明在生殖生长期，增加水分有利于克氏针茅生长，但不利于冷蒿生长。而在研究水分对小麦开花及结实的影响时，其结果表明，同发育期水分胁迫对小麦经济产量的影响，以返青拔节期—开花期和开花期—成熟期最敏感，出苗期—三叶期和三叶期—返青拔节期影响次之（柳芳等，2002）。盛海彦等（2004）研究了不同土壤水分条件对鹅绒委陵菜（*Potentilla anserina*）表型可塑性的影响，当土壤含水量为田间最大持水量的64%左右时的生境最为适宜，克隆植物构型的可塑性有可能促进其对斑块性分布土壤水分资源的利用。何军等（2009）在研究土壤水分条件对克隆植物互花米草（*Spartina alterniflora*）表型可塑性的影响时发现，土壤水分条件适中有利于互花米草的生长扩张以占领有利的资源环境，而土壤水分条件低则抑制互花米草的生长繁殖，影响其种群延续。

在土壤速效营养方面，Cleland等（2006）的研究结果表明，当氮施肥量为7 g/m^2 时，杂草类花期提前2~4 d，禾草类花期推迟2~6 d，其中野燕麦（*Avena fatua*）花期推迟9 d。草地群落试验表明，施氮使杂草类开花期轻度提前，而禾草类开花期显著推迟。该试验中所表现出的功能群间花期物候对施肥响应，反映了功能群间开花期生理差异，各功能群间花期生理差异表现在光周期、资源利用和花期变化对资源供给的反应方向等。当土壤肥力增加时禾草类产量显著增加，营养生长期相应延长而繁殖生长期相应推迟，禾草类开花期相应推迟。施肥后杂草类提前进入花期，说明相对外部因素，其开花期更多受内因制约（Sherry et al，2007）。根据李元恒（2008）对内蒙古典型草原生殖物候研究结果，施氮肥10 g/m^2 和磷肥10 g/m^2 时，单独施氮肥或磷肥使克氏针茅开花期和结实期显著提前，增施氮肥使冷蒿生殖生长持续期延长，增施磷肥使冷蒿结实期显著推迟，但是对其生殖生长持续期无显著影响，同时增施氮肥和磷肥使克氏针茅、冷蒿和冰草（*Agropyron crystatum*）开花期显著提前，使双齿葱（*Allium bidentatum*）、糙叶黄芪（*Astragalus scaberrimus*）和糙隐子草（*Cleistogenes squarrosa*）结实期延迟，冷蒿和糙隐子草生殖生长期延长。根据前人研究结果，草地群落不同功能群花期物候对施肥反应存在差异，氮肥可能是影响草地群落物候的主因子。

对青藏高原高寒草甸群落研究表明，氮是土壤限制性养分，并且施氮肥后土壤酸性明显增加。牛克昌等（2006）在施肥试验样地上进行的青藏高原高寒草甸群落主要组分种繁殖特征对施肥响应研究表明，施肥后杂草类茎分配显著增加，禾草类叶分配显著增加，在功能群水平上所有功能群繁殖分配因施肥而减小。这可能是由于施肥处理使禾草、莎草、豆科植物的重要值增加，而杂草类重要值减少（杨月娟等，2014）。从物候学角度看，草地群落物候对环境变化敏感，群落物候变化有可能直接影响植物的适应性，进而影响种群维持和自然选择。Weiner等（2009）认为，植物对环境因素的可塑性反应能够影响植物生活史对策。

4.2 研究方法

4.2.1 试验区概况

试验选择在中国科学院海北高寒草地生态系统国家野外科学观测研究站（简称海北站）附近区域进行。海北站地理坐标37°37′N，101°19′E。地处青藏高原东北隅，祁连山东段北支冷龙岭南麓，大通河河谷的西北部，位于青海省海北藏族自治州门源回族自治县境内的风匣口。冷龙岭与大坂山位于站的南北两侧，北—西北部为冷龙岭，山脊平均海拔4 600 m，主峰岗什卡峰海拔5 254.5 m，常年积雪，并发育着现代冰川；西南约15 km处是平均海拔为4 000 m的达坂山。南—东南以宁张（西宁—张掖）公路为界，与青海浩门农场接壤；西—西南部被永安河、大通河所环绕，与门源县的皇城、苏吉滩二乡毗邻。站区以低山、丘陵、滩地和河流阶地为主，海拔3 200～3 600 m（李英年等，2004）。

该地区位于亚洲大陆腹地，属典型的高原大陆性气候，东南季风及西南季风微弱。受高海拔条件的制约，气温极低，按气候四季的标准划分，这里全年皆冬，无明显四季之分，仅有冷暖季之别，干湿季分明；空气稀薄，大气透明度高，年平均空气密度约为0.8496 kg/m³。海北站多年平均气温为−1.7 ℃，最热7月平均气温为9.8 ℃，最冷1月平均气温为−15.1 ℃。降水量约580 mm，植物生长季5—9月降水量占全年降水量的80%。日照充足，年日照时间可达2467.7 h，其中植物生长期日平均达6.5 h。水面蒸发1 238 mm，平均风速较低，年平均风速仅为1.7 m/s，空气相对湿度为67%，平均气压691 hPa。年内无绝对无霜期，相对无霜期约为20 d，在最热的7月仍可出现霜冻、结冰、降雪（雨夹雪）等冬季的天气现象。表现出冷季寒冷、干燥、漫长，暖季凉爽、湿润、短暂的特点（皮南林等，1985）。

青藏高原隆起过程所形成的特殊自然环境，造就了适应寒冷湿中生的多年生草本植物群落，形成了以矮嵩草草甸、金露梅灌丛草甸、小嵩草草甸，以及藏嵩草沼泽化草甸为主要建群种的不同植被类型。矮嵩草草甸是该地区主要的草场类型之一，主要分布在地势平坦的阶地、浑圆低丘，在山地半阳坡有局部分布，其群落外貌整齐，草层茂密，总盖度50%～90%，植物生长低矮，高度一般为5～15 cm。禾本科牧草在此植物群落组成和生物量分配中的比例较大，在高原草地畜牧业生产中具有重要的地位，以寒冷中生植物矮嵩草为优势种，次优势种为垂穗披碱草、异针茅、紫羊茅等，结构简单，层次分化不明显。主要伴生种有矮火绒草、棘豆、钉柱委陵菜等。其中，本研究所涉及的4种植物的重要值分别为6.056%（垂穗披碱草）、6.545%（矮嵩草）、1.512%（棘豆）、3.857%（麻花艽）（赵新全等，2011）。

4.2.2 试验设计

2011年在地势平坦、植被分布均匀的未退化的矮嵩草草甸内设置增温试验样地，样地面积均为60 m×60 m，以铁丝网围栏做保护，样地内随机设置40个样圆。试验装置为开顶式增温小室（open top chamber，OTC），使用材料为美国产玻璃纤维，圆台型框架用细钢筋制作，模拟增温效应比较理想（周华坤等，2000；Klein et al，2005）。OTC顶直径/底直径依次为1.60 m/2.05 m（A）、1.30 m/1.75m（B）、1.00 m/1.45m（C）、0.70 m/1.15 m（D），圆台高0.4 m，底角60°，分别代表四个增温梯度（图4.1）。于每年4月底左右刈割，剔除地上现存量的70%~80%。CK1、CK3、CK5、CK7和CK9为刈割×不增温（WMCK），重复1、3、5、7和9为刈割×增温（WM）；CK2、CK4、CK6、CK8和CK10为不刈割×不增温（WNMCK），重复2、4、6、8和10为不刈割×增温（WNM）。即所有的试验处理为：WMCK、WMA、WMB、WMC、WMD、WNMCK、WNMA、WNMB、WNMC和WNMD（表4.1）。

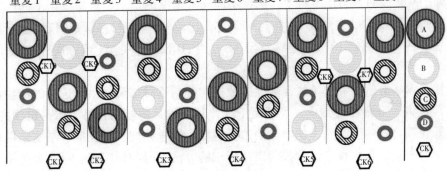

图4.1　样地平面图

表4.1　试验处理

简称	处理
WMCK	刈割×不增温
WMA	刈割×增温处理1
WMB	刈割×增温处理2
WMC	刈割×增温处理3

续表 4.1

简称	处理
WMD	刈割×增温处理4
WNMCK	不刈割×不增温
WNMA	不刈割×增温处理5
WNMB	不刈割×增温处理6
WNMC	不刈割×增温处理7
WNMD	不刈割×增温处理8

4.2.3 研究方法

在2014年时,选用HOBO温度自动记录仪对生长季各月的温度进行记录,选用3个层次:地下5 cm、地上5 cm和地上20 cm,每两小时自动记录一次。根据逐日平均气温,采用五日滑动平均法计算有效积温(高绍凤等,2004)。为了验证说明玻璃纤维材料对开顶式增温小室光照的影响,用照度计选择不同天气情况测定增温材料遮挡下的照度(水平照度、垂直照度、反射照度),并与对照进行比较。利用手持式风速仪测定温室内外瞬时风速,内外各测定10次,连续测定3 d。用TDR200(美国产)测定各样地的土壤湿度。

物候观测从群落返青开始到群落中多数植物种凋落时结束。由于选择的植物包括禾本科、莎草科、豆科和杂类草,为了便于统计和比较其物候期,将禾本科植物的拔节、抽穗、开花期合并为开花期,即物候的选择包括:返青始期、开花期、结实末期和枯黄末期,具有一定的代表性。试验采用定株标记的方法进行物候观测。每个处理中的同种标记个数为3株或3丛,5次重复。对每个种选定个体时考虑种内个体差异、生境差异和分布位置差异,以避免在同一个样方或相邻样方中集中定株。第一次观察到物种某一物候期的出现日期记为该种该物候期的开始日,而把最后一次观测到的日期记为该物候期的结束日,某一物候期的持续时间为从开始日到结束日之间的间隔期(巴雅尔塔,2010)。用儒略历(Julian calendar)计数法(1月1日为1年的第1天)进行物候期统计分析。

4.3 模拟增温与刈割对矮嵩草草甸环境特征的影响

4.3.1 开顶式增温小室内的照度

测定OTC对光遮挡的水平照度、垂直照度和反射照度,并与对照条件下进行比较,由表4.2可见,各OTC与对照之间的水平照度、垂直照度和反射照度不具有显著差异($P > 0.05$),即玻璃纤维材料对光照的影响不大,是较理想的增温试验材料。

表4.2 开顶式增温小室内的照度（$\times 10^4$ lx）

处理	照度		
	水平照度	垂直照度	反射照度
CK	7.19 ± 1.06	7.48 ± 2.28	0.50 ± 0.09
A	6.98 ± 1.44	7.39 ± 2.10	0.51 ± 0.16
B	6.87 ± 1.71	7.45 ± 1.99	0.45 ± 0.17
C	7.11 ± 2.35	7.32 ± 2.43	0.49 ± 0.14
D	7.25 ± 2.29	7.57 ± 2.16	0.55 ± 0.12
检验	F=0.31, P=0.7441	F=2.08, P=0.1809	F=1.67, P=0.2412

4.3.2 开顶式增温小室内风速减少量

在自然状态下,该研究地区风速变化较为复杂,由于条件限制,不同温室处理风速的测定没有同时进行,仅同时测定了温室内外的风速,因此,对处理之间风速减少量进行了对比。单因素方差分析（图4.2）表明,各类温室的建立导致温室内风速显著减少（$P < 0.05$）,温室越小,风速减少量越大。即温室的阻挡作用,风速减小,温室内空气湍流减弱,热量散失减慢,起了聚热作用,所以温室内温度提高成了必然。

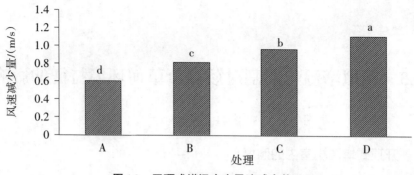

图4.2 开顶式增温小室风速减少状况

注：不同小写字母表示不同面积的开顶式增温小室达显著水平（$P < 0.05$）。

4.3.3 开顶式增温小室内的土壤湿度

连续晴朗3 d后，在第4天测量土壤湿度。5—9月，每月测量2次。如表4.3所示，在刈割或者不刈割条件下，同一土层深度（0～5 cm、5～10 cm和10～15 cm）不同增温梯度之间的土壤湿度没有显著差异（$P > 0.05$）。即不同的增温幅度对土壤湿度没有显著影响。

表4.3 模拟增温与刈割对土壤湿度的影响

土层深度/cm	处理	湿度/%	
		刈割	不刈割
0～5	CK	21.62±0.27	22.02±1.19
	A	20.51±0.64	20.90±0.27
	B	19.30±0.21	19.82±0.16
	C	18.95±0.30	19.88±0.72
	D	20.06±0.73	21.03±0.44
5～10	CK	28.26±0.55	29.50±0.30
	A	27.28±0.49	28.76±0.39
	B	27.38±0.39	29.32±0.27
	C	28.12±0.16	27.86±0.13
	D	29.26±1.40	28.04±0.65
10～15	CK	36.06±0.49	37.72±0.59
	A	33.44±0.25	34.60±0.44
	B	34.48±0.39	35.48±0.27
	C	39.86±0.39	37.92±0.18
	D	36.16±1.06	38.44±0.55

如图4.3所示，在同一增温梯度下，刈割后的土壤湿度与不刈割的土壤湿度没有显著差异（$P > 0.05$）。即刈割减少了地表枯落物和凋落物而促进温度升高，光照充足，但整体上对土壤水分的蒸发作用影响不显著。

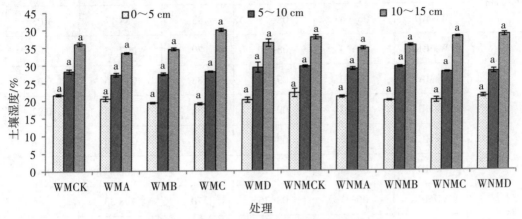

图4.3 模拟增温与刈割对土壤湿度的影响

注：相同小写字母表示刈割/不刈割下同一增温梯度差异未达显著水平（$P < 0.05$）。

4.3.4 开顶式增温小室的增温幅度和有效积温

从表4.4可以看出，在地下5 cm、地上5 cm和地上20 cm处，增温使矮嵩草草甸≥10 ℃有效积温（以下简称有效积温）增加（WMD > WMC > WMB > WMA > WMCK，WNMD > WNMC > WNMB > WNMA > WNMCK），增温的范围为0.35～1.33 ℃；而在同一增温幅度下，刈割使开顶式增温小室的有效积温均大于未刈割的（WMD > WNMD，WMC > WNMC，WMB > WNMB，WMA > WNMA，WMCK > WNMCK）；其中，WMD条件下的有效积温和增温幅度均为最大（435.73 ℃和1.33 ℃）。

表4.4 开顶式增温小室的增温幅度和有效积温

处理		初日/月-日	终日/月-日	持续时间/d	有效积温/℃	增温幅度/℃
-5 cm	WMCK	06-12	08-31	81	259.27	—
	WMA	06-11	09-02	84	272.20	0.43
	WMB	06-11	09-10	92	289.15	0.66
	WMC	06-11	09-10	92	299.38	0.91
	WMD	06-10	09-10	93	320.10	1.18
	WNMCK	06-12	08-27	77	241.82	—
	WNMA	06-11	08-29	80	253.87	0.35
	WNMB	06-11	08-29	80	262.99	0.57

续表 4.4

处理		初日/月-日	终日/月-日	持续时间/d	有效积温/℃	增温幅度/℃
−5 cm	WNMC	06-11	08-30	81	271.19	0.80
	WNMD	06-14	08-31	83	288.17	1.03
5 cm	WMCK	06-14	08-31	79	207.35	—
	WMA	06-13	09-02	82	218.96	0.63
	WMB	06-12	09-10	85	238.16	0.92
	WMC	06-12	09-04	85	272.46	1.18
	WMD	06-11	09-13	95	300.33	1.49
	WNMCK	06-17	08-25	70	198.33	—
	WNMA	06-15	08-25	72	210.38	0.46
	WNMB	06-15	08-27	74	224.5	0.63
	WNMC	06-12	08-31	81	250.73	1.04
	WNMD	06-12	08-31	81	272.12	1.22
20 cm	WMCK	06-12	09-10	91	311.7	—
	WMA	06-11	09-10	92	319.37	0.51
	WMB	06-10	09-11	93	337.21	0.80
	WMC	06-08	09-13	98	375.57	1.04
	WMD	05-29	09-24	119	435.73	1.33
	WNMCK	06-12	09-10	91	267.84	—
	WNMA	06-11	09-10	92	282.88	0.41
	WNMB	06-11	09-10	92	302.29	0.62
	WNMC	06-08	09-12	97	340.12	0.93
	WNMD	06-09	09-18	102	392.12	1.12

4.4 模拟增温与刈割对矮嵩草草甸典型植物物候特征的影响

生物过程改变是生物对长期气候变化的重要响应,最明显的表现之一就是物候期变化,因为气候因子是决定生物物候期的重要因子(Bollen et al, 2005)。不同时期的气候变化速率将导致相应时期植物物候期变化速率发生改变,各季节的气候变化将影响不同物种的物候期。物候期变化是生物响应环境扰动的一种重要方式,而且易于被观察发现(Sherry et al, 2007; Van et al, 2002; Walther et al, 2002)。用气候变化来揭示物候期变化规律,不少研究认为气温升高导致了不少植物春季物候期提前,秋季物候期推迟(Parmesan et al, 2003; Root et al, 2003; Chen et al, 2005)。

4.4.1 模拟增温与刈割对矮嵩草草甸典型植物返青始期和枯黄末期的影响

从表4.5可以看出,除了棘豆之外,刈割极显著地影响了垂穗披碱草、矮嵩草和麻花艽的返青始期($P < 0.01$),使植物的返青始期提前;而相对于仅刈割(WMCK)、对照(WNMCK),模拟增温使矮嵩草草甸典型植物的返青始期显著提前($P < 0.05$),各增温梯度之间差异达显著水平($P < 0.05$);同一OTC底面积下,模拟增温×刈割(WMCK、WMA、WMB、WMC和WMD)的返青始期大于相对应的模拟增温(WNMCK、WNMA、WNMB、WNMC和WNMD)的返青始期。

植物物候变化既是植物生活史对策改变以适应气候变化和刈割等干扰的外在表现形式,也是植物表现特征变化的驱使力。本试验结果表明,短期的增温效应使个体水平植物物候返青始期、现蕾期和结实始期均提前,这与Stenstrom和Jonsdonttir(1997)、Totland(1997)和周华坤等(2000)的研究结果类似。此外,物候对模拟增温的响应方式及程度在不同物种间存在一定差异,即使是同一个物种,不同物候现象响应温度升高和刈割的方式或程度也存在一定差异。例如,就返青期而言,模拟增温和刈割处理下,矮嵩草表现最为敏感,而枯黄期对模拟增温和刈割敏感性依次为麻花艽 > 矮嵩草 > 棘豆 > 垂穗披碱草。而且,所有植物物候均呈现了对温度的趋同响应,没有表现出物候对温度的分异。这与Sherry等(2007)研究繁殖物候对温度响应有分异现象而不同。

Dunne等(2003)利用辐射加热器控制环境温度研究了气候变化对11种亚高山灌丛和草本植物花期的可能影响,结果表明:各物种花期对增温的反应有所不同,花期对全球变暖的短期响应可能导致种间关系发生变化。Suzuki等(2000)利用开顶式同化箱法控制环境温度,研究日本北部山脉高山极地植物物候的响应,结果表明:试验初期,各观测物种的生长季延长,落叶期滞后,而在试验进行到第三个生长季时,只有笃斯越橘(*Vaccinium uliginosum*)提前发芽,而其他物种[叶杜香(*Ledum plalutre*)、北极果

（*Arctous alpinus*）和岩高兰（*Empetrum nigrum*）］则表现不明显。

植物的物候是植物在进化过程中遗传下来的，是植物为了生存而不断适应环境的结果。早出叶可能有利于物种对资源的利用，因为随着叶片展开，净光合速率会随之增加，直到叶子完全展开，光合能力达到最高峰（Gower et al，1993），而早出叶也可能加大植物叶片遭受昆虫等小型动物取食的风险（Ayres et al，1987），增加植物叶或花遭受春季霜冻的可能性（Hänninen，1994）。该项试验研究中，刈割有利于牧草再生，未发现霜冻等现象。不同物候现象响应刈割的方式或程度也存在一定差异，刈割加强了增温对植物物候的正效应，不同物种对刈割的响应程度也不同。而不同物种对增温和刈割的响应程度不同，说明各种植物对环境的变化会产生不同的选择，物候提前的时间不一样，可能避免了资源利用时间的过度集中，减少了物种间对有限资源的竞争。例如，返青始期对刈割敏感性程度依次为：麻花艽>矮嵩草>棘豆>垂穗披碱草，而枯黄期对刈割敏感性程度依次为：矮嵩草>棘豆>麻花艽>垂穗披碱草。

表4.5 模拟增温与刈割对矮嵩草草甸典型植物返青始期的影响

处理	垂穗披碱草/d	矮嵩草/d	棘豆/d	麻花艽/d
WMCK	137.30Ab	122.10Ad	129.40Aa	136.50Ab
WMA	136.80Ab	122.00Ac	129.20Aa	135.10Ab
WMB	134.00Ab	117.10Ab	125.55Aa	134.50Ab
WMC	128.50Aa	111.30Aa	119.90Aa	128.70Aa
WMD	126.80Aa	109.90Aa	118.35Aa	125.10Aa
WNMCK	139.80Ab	128.60Bb	134.20Ac	143.20Ac
WNMA	138.30Ab	128.00Bb	133.15Abc	139.90Abc
WNMB	137.90Aab	125.30Bb	131.60Aabc	138.00Aabc
WNMC	133.20Ba	116.90Ba	125.05Aab	134.00Bab
WNMD	131.30Ba	116.00Ba	123.65Aa	132.10Aa

从表4.6可以看出，除了垂穗披碱草之外，刈割极显著影响了矮嵩草、棘豆和麻花艽的枯黄末期（$P<0.01$），使植物的枯黄末期显著地推后；而相对于仅刈割（WMCK）、对照（WNMCK），模拟增温使矮嵩草草甸典型植物的枯黄末期显著推后（$P<0.05$），各增温梯度之间差异达显著水平（$P<0.05$）；同一OTC底面积下，模拟增温×刈割（WMCK、WMA、WMB、WMC和WMD）的枯黄末期大于相对应的模拟增温（WNMCK、WNMA、WNMB、WNMC和WNMD）的枯黄末期。

表4.6 模拟增温与刈割对矮嵩草草甸典型植物枯黄末期的影响

处理	垂穗披碱草/d	矮嵩草/d	棘豆/d	麻花艽/d
WMCK	301.20Aa	281.50Ad	291.35Ab	300.90Ab
WMA	301.90Aa	282.00Ac	291.95Ab	302.50Ab
WMB	303.50Aa	284.30Ab	293.90Ab	303.30Ab
WMC	309.80Aa	287.50Aa	298.65Ab	309.90Aa
WMD	310.00Aa	290.20Aa	300.10Aa	311.30Aa
WNMCK	298.00Ac	277.50Bb	287.75Ac	297.50Ab
WNMA	299.20Abc	278.10Bb	288.65Abc	298.20Ab
WNMB	299.70Aabc	281.30Bb	290.50Aabc	300.20Aab
WNMC	306.20Aab	285.20Ba	295.70Bab	307.00Ba
WNMD	307.50Aa	285.90Ba	296.70Aa	308.10Ba

由图4.4可知，模拟增温和刈割使其返青始期提前，枯黄末期延迟，不同物种的敏感程度不同，物种返青始期提前和枯黄末期延迟是对增温响应的正效应，刈割则增强了这种效应，从而使生长季延长。另一方面，由图4.4可见，刈割主要提前了植物的返青始期，对枯黄期的影响较小，而增温主要延迟了枯黄期，而对返青期影响较小。WMD使返青始期提前最明显，返青始期提前时间的敏感程度依次为：WMD > WMC > WNMD > WNMC > WMB > WMA > WMCK > WNMB > WNMA。而同一增温或刈割处理下，不同物种的响应速率也不一样。例如，WMD使矮嵩草返青始期提前18.7 d，麻花艽返青始期提前18.1 d，棘豆返青始期提前15.8 d，垂穗披碱草返青始期提前13 d；WNMD使矮嵩草返青始期提前12.6 d，麻花艽返青始期提前11.1 d，棘豆返青始期提前10.6 d，垂穗披碱草返青始期提前8.5 d；WMCK使麻花艽返青始期提前6.7 d，矮嵩草返青始期提前6.5 d，棘豆返青始期提前4.8 d，垂穗披碱草返青始期提前2.5 d。

WNMD使枯黄末期推后最明显，枯黄末期推后时间的敏感程度依次为：WNMD > WNMC > WMD > WMC > WNMB > WNMA > WMB > WMA > WMCK。而同一增温或刈割处理下，不同物种的响应速率也不一样。例如，WNMD使麻花艽枯黄末期延迟13.8 d，矮嵩草枯黄末期延迟12.7 d，棘豆枯黄末期延迟12.4 d，垂穗披碱草枯黄末期延迟12 d；WMD使麻花艽枯黄末期延迟10.6 d，垂穗披碱草枯黄末期延迟9.5 d，棘豆枯黄末期延迟8.9 d，矮嵩草枯黄末期延迟8.4 d；WMCK使矮嵩草枯黄末期延迟4 d，棘豆枯黄末期延迟3.6 d，麻花艽枯黄末期延迟3.4 d，垂穗披碱草枯黄末期延迟3.2 d。由此可知，刈割主要提前了植物的返青始期，对枯黄期的影响较小，而增温主要延迟了枯黄期，对返青期影响较小。

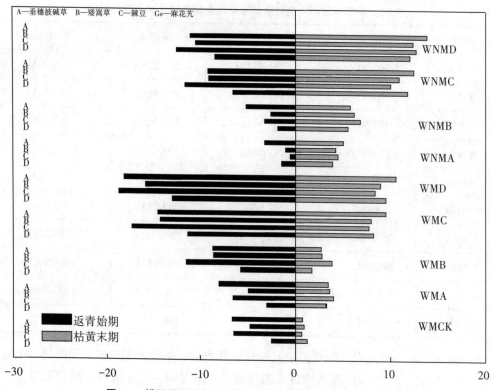

图4.4 模拟增温和刈割对矮嵩草草甸典型植物返青始期
和枯黄末期的影响（比对照提前或延迟的天数）

4.4.2 模拟增温与刈割对矮嵩草草甸典型植物开花期（现蕾初期）的影响

不同物种的物候开花期呈现相似趋同的反应，增温和刈割对所有观测的物种而言，均使植物开花期提前（$P<0.05$）。从表4.7可以看出，增温与刈割交互作用下，矮嵩草草甸典型植物的开花期提前，显著差异（$P<0.05$），说明刈割增加了增温对开花期时间影响的正效应。相对于对照（WNMCK），开花期提前时间的敏感程度依次为：WMD > WMC > WNMD > WNMC > WMB > WMA > WMCK > WNMB > WNMA > WNMCK，但不同物种的敏感程度不同。例如，WMD使麻花艽开花期提前15.7 d，矮嵩草开花期提前15.7 d，棘豆开花期提前13.2 d，垂穗披碱草开花期提前10.7 d；WNMD使麻花艽开花期提前14.5 d，矮嵩草开花期提前12 d，棘豆开花期提前9.5 d，垂穗披碱草开花期提前7 d；WMCK使矮嵩草开花期提前5.9 d，麻花艽开花期提前4.8 d，棘豆开花期提前4.4 d，垂穗披碱草开花期提前2.9 d。

本研究发现，温度升高能提前植物始花时间，缩短整个群落花持续期而加速生殖物候进程，这与极地和高山地区的研究结果类似（Suzuki et al, 1997; Suzuki et al, 2000; Henry et al, 1997; Arft et al, 1999）。植物提前开花可能通过两种手段来实现：一是在植物有性生殖开始时所需最小形体大小保持不变的情况下，通过提高植物相对生长速率，加快个体发育，使植株在较短时间内达到有性生殖所需的个体大小；二是改变植物开花时所需的个体大小（Reekie et al，1994）。植物开花物候，是植物生活史的关键参数，在一定程度反映了生活史的适合度（Wesselingh et al，1997）。花物候（早开花或晚开花）是植物生殖特性的一个重要控制因素，因此花期对全球变暖的反应在一定程度上决定了植物生殖成功概率（Stenstrom et al，1997），长花寿命可能有助于提高植物生殖成功率。而本试验中物候变化对增温和刈割的积极响应，可能有利于物种与其授粉者之间的关系，避免使某些植物繁殖成效受到影响进而引起种群的急剧退化。增温和刈割对高寒草甸植物生殖分配、传粉和繁殖成效等方面的影响，还有待进一步监测和深入的研究。

表4.7 模拟增温与刈割对矮嵩草草甸典型植物开花期的影响

处理	垂穗披碱草/d	矮嵩草/d	棘豆/d	麻花艽/d
WMCK	205.10Ab	159.3Ad	192.2Ab	205.1Aa
WMA	203.2Ab	158.1Ac	190.65Ab	202.3Aa
WMB	202.3Ab	155.0Ab	188.65Ab	200.1Aa
WMC	200.1Aa	152.1Aa	186.1Aa	195.0Aa
WMD	197.3Aa	149.5Aa	183.4Aa	194.2Aa
WNMCK	208Ac	165.2Bb	196.6Ab	209.9Ac
WNMA	207.3Abc	163.1Bb	195.2Ab	208.1Abc
WNMB	205.8Aabc	160.2Bb	193Aab	207.2Aabc
WNMC	202.1Bab	154.8Ba	188.45Ba	198.3Aab
WNMD	201Aa	153.2Ba	187.1Ba	195.4Aa

4.4.3 模拟增温与刈割对矮嵩草草甸典型植物结实末期的影响

从表4.8可以看出，不同物种对增温、刈割和增温+刈割均表现出相同的规律，结实末期均提前。增温+刈割共同作用下，使结实末期提前最明显，显著差异（$P < 0.05$），说明刈割增强了增温对结实末期的影响。相对于对照（WNMCK），提前时间的敏感程度依次为：WMD > WMC > WNMD > WNMC > WMB > WMA > WMCK > WNMB > WNMA > WNMCK，温度升高，促进了高寒草甸植物的生殖物候期结实末期的提前，但不同物种的敏感程度不同。例如，WMD使麻花艽结实末期提前23.2 d，矮嵩草结实末期提前17 d，棘豆结实末期提前16.1 d，垂穗披碱草结实末期提前14.9 d；WNMD使麻花艽结实末期提前18.7 d，垂穗披碱草结实末期提前13.8 d，棘豆结实末期提前12.6 d，矮嵩草结实末期提前11.3 d；WMCK使麻花艽结实末期提前8.8 d，垂穗披碱草结实末期提前4.9 d，棘豆结实末期提前3.5 d，矮嵩草结实末期提前1.9 d。

研究表明，增温使个体植物物候返青期初期、开花期和结实末期均提前，枯黄末期延迟，从而延长了生长季。个体水平植物物候对增温和刈割的响应有趋同性，但敏感度程度不同，其响应的速率也有差异，刈割则加强了增温的这种趋势。

表4.8 模拟增温与刈割对矮嵩草草甸典型植物结实末期的影响

处理	垂穗披碱草/d	矮嵩草/d	棘豆/d	麻花艽/d
WMCK	240.10Ad	219.20Ab	234.65Ab	240.20Aa
WMA	239.20Ac	217.10Ab	233.15Ab	237.50Aa
WMB	237.00Ab	214.50Ab	230.75Ab	235.20Aa
WMC	231.10Aa	207.30Aa	224.20Aa	228.10Aa
WMD	230.10Aa	204.10Aa	222.05Aa	225.80Aa
WNMCK	245.00Bb	221.10Ac	238.05Ab	249.00Ac
WNMA	241.10Bb	220.50Abc	237.30Ab	247.20Abc
WNMB	242.50Bb	219.50Aabc	236.00Aab	247.10Aabc
WNMC	234.30Ba	210.20Bab	227.20Ba	233.70Aab
WNMD	231.20Ba	209.80Aa	225.50Ba	230.30Aa

4.5 模拟增温与刈割对矮嵩草草甸典型植物表型可塑性的影响

表型可塑性是生物体响应环境变化表现多种表型的能力（Dewitt，1998），这是在异质环境条件下动植物为维持较大适合度所普遍采用的一种策略（Pigliucci，2001），也是整个响应过程的最终环节。全球气候变化对全球生态系统造成了深刻和潜在的影响，其主要特征是温室气体浓度持续上升导致的全球气候变暖（陈建国等，2011）。对青藏高原高寒草甸生态系统响应模拟增温的较多研究表明，温度升高能够显著影响植物物候、生长、凋落物分解、生殖、生理及物种组成（郭春爱等，2006；Walker et al，2006），而刈割利用及其驱动草原生产力的衰减机理，是草原生态学研究的核心问题之一。

模拟增温和刈割影响草原生产力主要表现在两方面：其一，影响微环境，通过温度变化和养分输出等使土壤结构改变、营养元素减少、种子库变化等（Klimkowska et al，2010；萨茹拉等，2013），进而影响植物生长发育（Akiyama et al，2007）；其二，植物对增温和刈割的适应性变化形成抗干扰机制（Suzuki et al，2011）。本研究也证实，植物个体高大化现象显著增加了矮嵩草草甸典型植物的生产力，可能是一种抗干扰策略，即草原植物的叶片、无性系等形态可塑性变大，单株生物量显著增加，从而使草原生产力增加。形态表型等功能性状变化是植物适应外界环境变化的综合表现（Louault et al，2005；Mooney et al，2010），植物个体高大化型变是草原生产力增加的机理性环节，草原植物高大化是植物植株变高、叶片变长变宽、节间变长、枝叶硬挺、丛幅变大等性状的集合。本研究表明，株高、叶片数、叶长、叶宽、茎粗、茎长等垂穗披碱草、矮嵩草、棘豆和麻花艽的各种茎叶表型性状中，除叶片数外，其他性状均出现显著的变大特征（$P < 0.05$），而短期模拟增温和刈割后，垂穗披碱草、矮嵩草、棘豆和麻花艽的叶片数、叶长宽比、茎长粗比、茎质量比叶质量、比叶质量等功能性状在各处理间差异不显著（$P > 0.05$），即矮嵩草草甸典型植物表型性状具有保守性。那么，这些性状的变化将产生怎样的生态学效应？植物随着增温和刈割幅度增强，往往先采取高度和生物量升高的适应策略，而且，家畜喜食的牧草和杂毒草互相竞争生态位，种间竞争激烈。因此，植物的高大化型变是草原生态系统结构与功能变化的重要触发机制。

4.5.1 矮嵩草草甸典型植物叶片性状对模拟增温与刈割的差异化响应

叶片是植物体重要的功能器官，由表4.9、表4.10、表4.11和表4.12可见，垂穗披碱草、矮嵩草、棘豆和麻花艽叶长、叶宽、叶长宽比、总叶面积、单叶面积、总叶质量、单叶质量和比叶质量均为 WMD > WMC > WNMD > WNMC > WMB > WMA > WMCK > WNMB > WNMA > WNMCK，4种叶片表型性状呈现变大的趋势（$P < 0.05$），但叶片数与上述性状的响应规律不同，没有表现出一定的规律。

在环境梯度下，植物各种性状具有协同变化特征，木本植物性状变化的关联性很早就受到关注，Corner（1949）对不同植物种的研究均发现，小枝与叶片大小具有相关性，树枝越粗，其支撑的叶面积亦越大。Corner法则在自然界具有普遍性，在不同生态系统各种植物中陆续得以验证（Hodge，2004）。在增温和刈割干扰下，4种矮嵩草草甸植物茎叶功能性状之间表现出协同变化机制，增温和刈割是垂穗披碱草、矮嵩草、棘豆和麻花艽表型变异的重要调控因子，随着株高升高，叶片变长变宽，茎秆粗壮化，叶质量与茎质量变大，即各种性状的变化具有较强的相关性。

4.5.2 矮嵩草草甸典型植物茎秆性状和全株性状对模拟增温与刈割的差异化响应

茎秆性状、全株性状和叶片性状的响应规律相似（表4.13、表4.14），与WNMCK相比，垂穗披碱草、矮嵩草、棘豆和麻花艽的茎性状茎长、茎粗、茎长粗比和茎质量，以及全株功能性状株高、地上总质量和茎质量比叶质量等均显著变大（$P < 0.05$）。其中，茎长粗比呈现显著变大（$P < 0.05$），茎秆相对细长化（表4.13）。光合产物的分配存在权衡关系，随着增温幅度的增大，地上茎叶总物质朝着茎秆分配增加的方向发展（表4.14）。

通过分析发现，茎质量、总质量、株高变异性较大，为响应模拟增温和刈割的敏感性状，而茎粗、叶宽、叶片数等性状较为稳定，为响应模拟增温和刈割的惰性性状。可见，垂穗披碱草、矮嵩草、棘豆和麻花艽的茎叶性状在增温和刈割等干扰下其不同性状在协同变化的同时，可塑性变化的程度却有较大差异。

那么，4种矮嵩草草甸植物茎叶功能性状对增温和刈割响应的敏感度的分化具有什么样的生态学含义？惰性性状、敏感性状分别在维持其植株的光合作用、营养吸收、水分利用中的生物学功能如何？由于植物在环境胁迫下具有权衡性状关系的适应策略（Mooney et al，2010），叶片是植物形成光合产物的主要器官（He et al，2008），维持叶片数的惰性响应特征对充分发挥植物生产功能具有重要作用。随着增温幅度的增强，茎叶物质分配朝着茎部分配增加的方向发展，这与4种矮嵩草草甸植物的平均叶片宽度和叶片数的惰性反应有关，有利于发挥叶片光合功能（Poorter et al，2012）。

表4.9 垂穗披碱草叶片性状对模拟增温与刈割的差异化响应

处理	叶片数/片	叶长/mm	叶宽/cm	叶长宽比	总叶面积/cm²	单叶面积/cm²	总叶质量/g	单叶质量/g	比叶质量/(g/cm²)
WMCK	3.20 Aa	43.07 Ac	1.29 Ab	31.89 Aa	5.83 Ab	2.18 Ab	0.07 Ab	0.03 Ab	0.0082 Ab
WMA	2.52 Aa	44.08 Ac	1.38 Ab	32.79 Aa	5.93 Ab	2.27 Ab	0.08 Ab	0.03 Ab	0.0083 Aab
WMB	2.33 Aa	48.22 Abc	1.39 Ab	33.85 Aa	6.32 Ab	2.32 Aab	0.09 Ab	0.04 Ab	0.0085 Aab
WMC	3.25 Aa	53.70 Aab	1.52 Aa	35.99 Aa	6.85 Aa	2.80 Aa	0.14 Aa	0.05 Aa	0.0087 Aa
WMD	3.58 Aa	55.89 Aa	1.68 Aa	37.03 Aa	7.06 Aa	2.93 Aa	0.17 Aa	0.05 Aa	0.0088 Aa
WNMCK	2.82 Aa	38.18 Bd	0.96 Ab	28.89 Ab	5.61 Ab	1.89 Ab	0.04 Ab	0.01 Ac	0.0078 Aa
WNMA	3.33 Aa	39.66 Bcd	1.03 Ab	29.99 Ab	5.69 Bb	1.95 Aab	0.05 Aab	0.02 Abc	0.0079 Aa
WNMB	2.28 Aa	41.28 Abc	1.18 Ab	30.08 Aab	5.75 Bb	2.06 Aab	0.07 Aab	0.02 Aabc	0.0081 Aa
WNMC	3.63 Aa	51.37 Ba	1.41 Ba	30.02 Aab	6.57 Ba	2.45 Aab	0.11 Ba	0.05 Bab	0.0085 Aa
WNMD	2.82 Aa	53.2 Aa	1.49 Ba	30.87 Ba	6.61 Ba	2.52 Aa	0.13 Ba	0.04 Aa	0.0085 Aa

表4.10 矮嵩草叶片性状对模拟增温与刈割的差异化响应

处理	叶片数/片	叶长/mm	叶宽/cm	叶长宽比	总叶面积/cm²	单叶面积/cm²	总叶质量/g	单叶质量/g	比叶质量/(g/cm²)
WMCK	35.5Aa	25.98Ac	1.78Ab	21.81Aa	6.95Ab	0.31Ab	0.25Ab	0.008Ab	0.0235Ab
WMA	34.82Aa	27.82Ac	1.81Ab	21.93Aa	7.09Ab	0.35Ab	0.27Ab	0.009Ab	0.0239Aab
WMB	28.85Aa	28.08Abc	1.85Ab	22.32Aa	7.35Ab	0.37Aab	0.28Ab	0.009Ab	0.0315Aab
WMC	30.26Aa	33.82Aab	1.97Aa	23.90Aa	7.83Aa	0.41Aa	0.32Aa	0.12Aa	0.0329Aa
WMD	33.55Aa	35.09Aa	1.99Aa	24.56Aa	8.01Aa	0.43Aa	0.33Aa	0.13Aa	0.0330Aa
WNMCK	36.67Aa	23.17Bd	1.59Ab	20.09Ab	6.77Ab	0.25Ab	0.19Ab	0.06Ac	0.0227Aa
WNMA	29.39Aa	23.29Bcd	1.65Ab	21.32Ab	6.83Bb	0.28Aab	0.23Aab	0.07Abc	0.0229Aa
WNMB	31.27Aa	25.60Abc	1.72Ab	21.38Aab	6.89Bb	0.29Aab	0.24Aab	0.07Aabc	0.0230Aa
WNMC	32.33Aa	30.01Ba	1.89Ba	21.08Aab	7.43Ba	0.41Aab	0.29Ba	0.10Bab	0.0321Aa
WNMD	28.12Aa	31.29Aa	1.95Ba	21.52Aa	7.50Ba	0.39Aa	0.31Ba	0.11Aa	0.0325Aa

表4.11 棘豆叶片性状对模拟增温与刈割的差异化响应

处理	叶片数/片	叶长/mm	叶宽/cm	叶长宽比	总叶面积/cm²	单叶面积/cm²	总叶质量/g	单叶质量/g	比叶质量/(g/cm²)
WMCK	64.55 Aa	10.29 Ac	4.58 Ab	2.62 Aa	8.81 Ab	0.17 Ab	0.15 Ab	0.003 Ab	0.1301 Ab
WMA	66.59 Aa	11.01 Ac	4.72 Ab	2.69 Aa	8.93 Ab	0.18 Ab	0.17 Ab	0.003 Ab	0.1305 Aab
WMB	69.32 Aa	11.32 Abc	4.89 Ab	2.73 Aa	9.02 Ab	0.19 Aab	0.18 Ab	0.004 Ab	0.1313 Aab
WMC	71.58 Aa	14.87 Aab	5.23 Aa	2.93 Aa	9.54 Aa	0.23 Aa	0.21 Aa	0.006 Aa	0.1452 Aa
WMD	70.23 Aa	15.92 Aa	5.55 Aa	3.19 Aa	9.58 Aa	0.25 Aa	0.22 Aa	0.006 Aa	0.1519 Aa
WNMCK	65.88 Aa	9.89 Bd	3.97 Ab	2.47 Ab	8.39 Ab	0.11 Ab	0.10 Ab	0.001 Ac	0.1264 Aa
WNMA	73.45 Aa	10.03 Bcd	4.23 Ab	2.49 Ab	8.52 Bb	0.12 Aab	0.13 Aab	0.001 Abc	0.1271 Aa

续表4.11

处理	叶片数/片	叶长/mm	叶宽/cm	叶长宽比	总叶面积/cm²	单叶面积/cm²	总叶质量/g	单叶质量/g	比叶质量/(g/cm²)
WNMB	75.89 Aa	10.18 Abc	4.37 Ab	2.54 Aab	8.67 Bb	0.15 Aab	0.14 Aab	0.002 Aabc	0.1289 Aa
WNMC	67.67 Aa	13.55 Ba	5.01 Ba	2.81 Aab	9.13 Ba	0.21 Aab	0.20 Ba	0.005 Bab	0.1382 Aa
WNMD	69.40 Aa	13.98 Aa	5.19 Ba	2.89 Aa	9.28 Ba	0.22 Aa	0.21 Ba	0.006 Aa	0.1397 Aa

表4.12 麻花艽叶片性状对模拟增温与刈割的差异化响应

处理	叶片数/片	叶长/mm	叶宽/cm	叶长宽比	总叶面积/cm²	单叶面积/cm²	总叶质量/g	单叶质量/g	比叶质量/(g/cm²)
WMCK	12.67 Aa	12.49 Ac	1.51 Ab	8.25 Aa	61.22 Ab	5.02 Ab	0.75 Ab	0.06 Ab	0.013 Ab
WMA	11.21 Aa	12.80 Ac	1.52 Ab	8.46 Aa	68.37 Ab	5.27 Ab	0.96 Ab	0.08 Ab	0.014 Aab
WMB	14.02 Aa	13.23 Abc	1.65 Ab	8.02 Aa	70.33 Ab	5.73 Aab	1.12 Ab	0.09 Ab	0.016 Aab
WMC	13.38 Aa	14.67 Aab	2.03 Aa	7.24 Aa	94.67 Aa	7.58 Aa	1.72 Aa	0.13 Aa	0.018 Aa
WMD	13.01 Aa	15.03 Aa	2.08 Aa	7.23 Aa	95.44 Aa	7.83 Aa	1.77 Aa	0.14 Aa	0.018 Aa
WNMCK	12.76 Aa	10.90 Bd	1.34 Ab	8.11 Ab	50.26 Ab	4.21 Ab	0.61 Ab	0.05 Ac	0.012 Aa
WNMA	10.93 Aa	11.27 Bcd	1.40 Ab	8.07 Ab	51.56 Bb	4.84 Aab	0.68 Aab	0.06 Abc	0.012 Aa
WNMB	11.85 Aa	12.27 Abc	1.48 Ab	8.32 Aab	58.01 Bb	4.93 Aab	0.72 Aab	0.06 Aabc	0.013 Aa
WNMC	12.57 Aa	13.44 Ba	1.67 Ba	8.21 Aab	72.69 Ba	6.04 Aab	1.14 Ba	0.09 Bab	0.016 Aa
WNMD	12.63 Aa	14.03 Aa	1.68 Ba	8.36 Aa	74.15 Ba	6.95 Aa	1.16 Ba	0.10 Aa	0.016 Aa

表4.13 矮嵩草草甸典型植物茎秆性状对模拟增温与刈割的差异化响应

种名	处理	茎长/cm	茎粗/cm	茎长粗比	茎质量/g
垂穗披碱草	WMCK	54.07Ab	0.11Ab	542.57Aa	0.21Ad
	WMA	55.23Ab	0.12Ab	463.29Aa	0.22Ac
	WMB	56.69Ab	0.14Ab	468.57Aa	0.22Ab
	WMC	59.97Aa	0.16Aa	472.98Aa	0.25Aa
	WMD	60.39Aa	0.16Aa	474.08Aa	0.27Aa
	WNMCK	49.98Bb	0.08Bc	423.11Ac	0.14Bb
	WNMA	51.17Bb	0.09Bb	438.12Abc	0.16Bb
	WNMB	52.25Bb	0.09Bb	447.81Aabc	0.18Bb
	WNMC	58.17Ba	0.16Ba	470.22Aab	0.23Ba
	WNMD	59.85Ba	0.16Ba	472.31Aa	0.23Ba
矮嵩草	WMCK	6.29Ab	0.07Ab	108.17Aa	0.09Ad
	WMA	6.35Ab	0.09Ab	109.55Aa	0.10Ac
	WMB	6.56Ab	0.10Ab	110.05Aa	0.11Ab
	WMC	6.80Aa	0.10Aa	112.63Aa	0.13Aa
	WMD	6.83Aa	0.10Aa	113.58Aa	0.14Aa
	WNMCK	5.88Bb	0.04Bc	103.25Ac	0.06Bb
	WNMA	6.02Bb	0.06Bb	106.81Abc	0.07Bb
	WNMB	6.15Bb	0.06Bb	107.56Aabc	0.09Bb
	WNMC	6.59Ba	0.10Ba	111.32Aab	0.12Ba
	WNMD	6.73Ba	0.10Ba	111.59Aa	0.12Ba
棘豆	WMCK	24.98Ab	0.11Ab	227.62Aa	0.27Ad
	WMA	25.09Ab	0.12Ab	228.37Aa	0.29Ac
	WMB	25.82Ab	0.14Ab	229.56Aa	0.35Ab
	WMC	26.49Aa	0.16Aa	232.15Aa	0.40Aa
	WMD	26.79Aa	0.16Aa	235.28Aa	0.42Aa
	WNMCK	22.81Bb	0.08Bc	212.39Ac	0.18Bb
	WNMA	23.08Bb	0.09Bb	218.45Abc	0.18Bb
	WNMB	24.55Bb	0.10Bb	222.57Aabc	0.20Bb
	WNMC	25.99Ba	0.15Ba	230.41Aab	0.39Ba
	WNMD	26.32Ba	0.15Ba	231.08Aa	0.39Ba

续表4.13

种名	处理	茎长/cm	茎粗/cm	茎长粗比	茎质量/g
麻花艽	WMCK	16.35Ab	0.20Ab	75.96Aa	0.22Ad
	WMA	17.26Ab	0.21Ab	77.08Aa	0.34Ac
	WMB	17.45Ab	0.22Ab	79.65Aa	0.40Ab
	WMC	24.93Aa	0.28Aa	89.07Aa	0.56Aa
	WMD	26.37Aa	0.30Aa	90.35Aa	0.57Aa
	WNMCK	11.98Bb	0.15Bc	62.52Ac	0.16Bb
	WNMA	12.20Bb	0.18Bb	67.25Abc	0.19Bb
	WNMB	13.30Bb	0.19Bb	75.84Aabc	0.21Bb
	WNMC	19.03Ba	0.23Ba	79.69Aab	0.44Ba
	WNMD	19.21Ba	0.25Ba	82.28Aa	0.45Ba

表4.14 矮嵩草草甸典型植物全株性状对模拟增温与刈割的差异化响应

种名	处理	株高/cm	地上总质量/g	茎质量/叶质量
垂穗披碱草	WMCK	58.05Ab	0.30Ab	1.65Aa
	WMA	58.93Ab	0.31Ab	1.71Aa
	WMB	59.62Ab	0.34Ab	1.75Aa
	WMC	62.59Aa	0.35Aa	1.77Aa
	WMD	65.93Aa	0.36Aa	1.80Aa
	WNMCK	56.27Bb	0.23Ab	1.52Aa
	WNMA	57.05Bb	0.27Ab	1.58Aa
	WNMB	57.95Ab	0.28Aab	1.61Aa
	WNMC	60.05Ba	0.33Ba	1.75Aa
	WNMD	60.93Ba	0.34Ba	1.76Aa
矮嵩草	WMCK	6.88Ab	0.31Ab	0.26Aa
	WMA	6.92Ab	0.32Ab	0.26Aa
	WMB	7.05Ab	0.34Ab	0.27Aa
	WMC	7.23Aa	0.39Aa	0.31Aa
	WMD	7.38Aa	0.39Aa	0.31Aa

续表4.14

种名	处理	株高/cm	地上总质量/g	茎质量/叶质量
矮嵩草	WNMCK	6.33Bb	0.20Ab	0.21Aa
	WNMA	6.59Bb	0.28Ab	0.23Aa
	WNMB	6.75Ab	0.30Aab	0.24Aa
	WNMC	7.12Ba	0.35Ba	0.29Aa
	WNMD	7.19Ba	0.35Ba	0.29Aa
棘豆	WMCK	27.99Ab	0.52Ab	0.45Aa
	WMA	28.32Ab	0.55Ab	0.47Aa
	WMB	29.92Ab	0.56Ab	0.47Aa
	WMC	30.54Aa	0.63Aa	0.51Aa
	WMD	31.09Aa	0.66Aa	0.52Aa
	WNMCK	25.19Bb	0.42Ab	0.40Aa
	WNMA	26.58Bb	0.45Ab	0.42Aa
	WNMB	27.07Ab	0.51Aab	0.43Aa
	WNMC	29.98Ba	0.57Ba	0.49Aa
	WNMD	30.03Ba	0.61Ba	0.51Aa
麻花艽	WMCK	20.36Ab	1.95Ab	3.59Aa
	WMA	20.58Ab	2.03Ab	4.18Aa
	WMB	21.70Ab	2.17Ab	4.31Aa
	WMC	30.77Aa	3.24Aa	4.93Aa
	WMD	31.63Aa	3.03Aa	5.09Aa
	WNMCK	16.16Bb	1.41Ab	3.20Aa
	WNMA	16.57Bb	1.52Ab	3.37Aa
	WNMB	18.45Ab	1.77Aab	3.53Aa
	WNMC	22.47Ba	2.20Ba	4.41Aa
	WNMD	24.13Ba	2.24Ba	4.50Aa

4.5.3 矮嵩草草甸典型植物茎叶性状的保守性

由表4.9、表4.10、表4.11、表4.12、表4.13和表4.14可见,4种植物的叶片数、茎质量比叶质量,在刈割或者未刈割下,各增温处理间差异均不显著($P > 0.05$),而在同一增温幅度下,刈割或者未刈割处理间差异均不显著($P > 0.05$);叶长宽比和茎长粗比在刈割条件下,不同增温处理间未达显著差异($P > 0.05$),而在同一增温幅度处理下,刈割对其影响不大($P > 0.05$);比叶质量,在不刈割条件下,不同增温处理间差异不显著($P > 0.05$),而在同一增温幅度下,刈割对其影响不大($P > 0.05$)。即3年短期增温与刈割仅明显改变部分茎叶性状,说明其具有一定的保守性,仍需进行长期的监测和试验研究。

4.5.4 模拟增温和刈割对矮嵩草草甸典型植物茎叶性状变异性的影响

在各种茎叶功能性状指标中,茎质量、总质量、株高等性状的变异性最大,茎粗、叶宽、叶片数的变异性最小(图4.5),各处理的敏感性大小为:WMD>WMC>WNMD>WNMC>WMB>WMA>WMCK>WNMB>WNMA>WNMCK,即随着增温幅度的增加,垂穗披碱草、矮嵩草、棘豆和麻花艽的茎叶功能性状变异性变大(WMD>WMC>WMB>WMA>WMCK 和 WNMD>WNMC>WNMB>WNMA>WNMCK),而刈割加大了这一趋势(WMCK>WNMCK 和 WMA>WNMA 和 WMB>WNMB 和 WMC>WNMC 和 WMD>WNMD)。其中,麻花艽茎叶功能性状在各处理间差异较大。

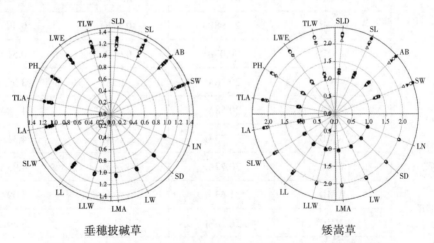

垂穗披碱草 矮嵩草

图4.5 模拟增温和刈割对矮嵩草草甸典型植物茎叶性状变异性的影响

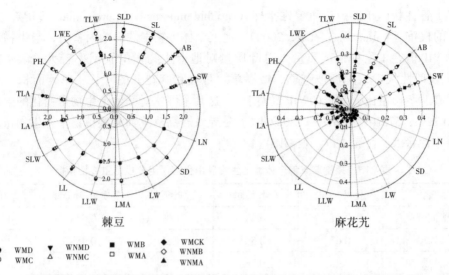

续图 4.5 模拟增温和刈割对矮嵩草草甸典型植物茎叶性状变异性的影响

短期模拟增温和刈割导致矮嵩草草甸 4 种典型植物的可塑性高化型变中,至少存在两种适应机制,一是植物个体发生高大化趋向,以得到更多的光、空间等资源,二是植物不同性状对干扰响应的非对称性,通过各种性状之间的权衡,实现在增温和刈割干扰下的生活对策最优,在生态系统亚稳态下,充分利用环境资源供给,完成其生活史。但是,垂穗披碱草、矮嵩草、棘豆和麻花艽茎叶表型中不同性状对增温和刈割非对称响应的具体生物学功能与生态学意义,以及它的形成过程和机制,尚需进一步研究。

4.5.5 模拟增温和刈割干扰下矮嵩草草甸典型植物个体生物量变化的驱动因子

草原生产力的影响机制一直是草原研究的重要问题,综合来看,其形成是建立在土—草—畜界面耦合关系的基础上,通过草地农业系统的结构优化,使得系统功能特别是生产力维持在较高的能级态(刘钟龄,2002;任继周,2004)。反之,草原生态系统在退化过程中伴随着生产力衰减,生产力衰减与个体、种群、群落、生态系统等不同尺度具有内在关联性(Milton et al,1994)。在种群及其以上尺度的研究较多,系统解析了不同类型草原在增温、刈割压力下的逆行演替过程与机制(刘钟龄,2002;von Wehrden et al,2012),但在个体尺度上,从草原植物生物学等微观视角的报道尚显不足。通过偏最小二乘回归法(partial least squares regression,PLSR)分析各性状因子对垂穗披碱草、矮嵩草、棘豆和麻花艽地上个体生物量影响的权重,发现其叶长、单叶面积、总叶面积、株高、茎长粗比、茎长的影响权重分别为 70.22%、67.61%、68.76%、68.64%,是导致其个体生物量变大的主要因子。因此,从个体角度来看,植物的不同性状对个体生物量乃至草原生产力形成的贡献率表现出差异化特征,增温和刈割作用下其地上生物量的变化主要由株高、叶长等因子调控,叶片数、叶宽、茎粗等性状的贡献率相对较小。

垂穗披碱草、矮嵩草、棘豆和麻花艽表型的高大化现象是个体生物量降低的重要环节。为判断各种表型性状因子对羊草个体地上生物量影响的大小,通过偏最小二乘回归法确定了各性状因子的投影重要性指标（variable importance in projection，VIP），并计算各因子的权重（Valladares，et al，2000）。地上个体生物量的影响因素中，与生物量相关性状的VIP值在1左右，茎质量、总叶质量对地上生物量的贡献率较大（表4.15、表4.16）。表型性状中，垂穗披碱草、矮嵩草、棘豆和麻花艽的叶长、单叶面积、总叶面积、株高、茎长粗比、茎长的VIP值大于1，这几个性状对其地上生物量变化的解释率分别为70.22%、67.61%、68.76%、68.64%，是导致矮嵩草草甸典型植物个体生物量升高的主要表型性状因子（表4.17、表4.18）。

表4.15 矮嵩草草甸个体地上生物量中生物量组分投影重要性指标

种名	比叶质量	单叶质量	总叶质量	茎质量/叶质量	茎质量
垂穗披碱草	0.31	0.43	1.09	0.55	1.16
矮嵩草	0.67	0.50	1.23	0.48	1.02
棘豆	0.45	0.36	1.31	0.47	1.21
麻花艽	0.39	0.38	1.25	0.39	1.39

表4.16 矮嵩草草甸个体地上生物量中生物量组分影响要素权重/%

种名	比叶质量	单叶质量	总叶质量	茎质量/叶质量	茎质量
垂穗披碱草	17.52	20.09	21.89	19.75	20.75
矮嵩草	19.89	19.52	22.05	17.18	21.36
棘豆	19.36	18.67	20.39	19.39	22.19
麻花艽	18.84	19.96	20.27	19.95	20.98

表4.17 矮嵩草草甸个体地上生物量中表型性状投影重要性指标

种名	叶片数	茎粗	叶宽	叶长宽比	叶长	单叶面积	总叶面积	株高	茎长粗比	茎长
垂穗披碱草	0.89	0.72	0.31	0.45	1.08	1.21	1.01	1.12	1.30	1.25
矮嵩草	0.95	0.56	0.67	0.73	1.13	1.05	1.10	1.07	1.25	1.36
棘豆	0.38	0.62	0.45	0.66	1.09	1.23	1.08	1.33	1.16	1.31
麻花艽	0.51	0.68	0.65	0.80	1.22	1.02	1.29	1.35	1.14	1.41

表4.18 矮嵩草草甸个体地上生物量中表型性状影响要素权重/%

种名	叶片数	茎粗	叶宽	叶长宽比	叶长	单叶面积	总叶面积	株高	茎长粗比	茎长
垂穗披碱草	5.47	8.32	6.94	9.05	11.53	11.09	11.36	12.67	12.35	11.22
矮嵩草	9.39	7.86	6.95	8.19	10.58	10.73	10.65	12.19	11.39	12.07
棘豆	7.73	6.39	9.77	7.35	12.32	12.10	11.89	11.31	10.69	10.45
麻花艽	4.59	8.36	8.83	9.58	11.15	11.02	11.34	11.73	11.32	12.08

4.5.6 综合评价模拟增温和放牧处理对矮嵩草草甸典型植物的影响

在基于样品排序的综合评价方法中，熵值法是一种利用信息量的大小来确定指标权重并进行综合评价的方法（胡良平，2012）。采用熵值法确定各指标（叶片数、叶长、叶宽、叶长宽比、总叶面积、单叶面积、总叶质量、单叶质量、比叶质量、茎长、茎粗、茎长粗比和茎质量、株高、地上总质量和茎质量比叶质量）的权重，然后进行综合评价分析。表4.19显示，综合评价的结果为：WMD>WMC>WNMD>WNMC>WMB>WMA>WMCK>WNMB>WNMA>WNMCK，随着增温幅度的增大，其综合评价值变大（WMD>WMC>WMB>WMA>WMCK 和 WNMD>WNMC>WNMB>WNMA>WNMCK），刈割下的综合评价值均大于其相对应的未刈割的综合评价值（WMCK>WNMCK 和 WMA>WNMA 和 WMB>WNMB 和 WMC>WNMC 和 WMD>WNMD）。

表4.19 熵值法综合评价结果

处理	综合评价值	排序结果
WMCK	0.124440	7
WMA	0.133000	6
WMB	0.135300	5
WMC	0.178580	2
WMD	0.178800	1
WNMCK	0.007467	10
WNMA	0.030820	9
WNMB	0.108935	8
WNMC	0.139750	4
WNMD	0.158930	3

模拟增温和刈割作用导致的4种矮嵩草草甸典型植物高大化是表型可塑性的范畴。表型可塑性是生物对环境信号应答而产生适应的结果（Nussey et al，2005），通过生理和发育调节，形成与环境相适应的表型特征，降低其在异质生境下的压力，提高其生存适合度（高乐旋等，2008）。一般而言，表型可塑性并未发生DNA序列的改变（Richards et al，2006），但近年研究发现，通过DNA甲基化和组蛋白修饰等表观遗传调控途径，表观基因组受到环境修饰，产生表型变化（Richards et al，2006；高乐旋等，2008）。增温和刈割导致羊草高大化型变，可能是在DNA遗传效应与环境效应之间建立了亚稳态遗传体系，基于其对环境修饰的可逆机制，为垂穗披碱草、矮嵩草、棘豆和麻花艽适应增温和刈割等异质生境提供了一个快速反应机制。

然而，探讨增温和刈割下矮嵩草草甸植物高大化型变的机制，可能将是一个长久的命题。在未来研究中，解析增温和刈割干扰下矮嵩草草甸植物高大化型变机理，不仅应考虑种群、群落、生态系统、景观等宏观尺度过程，且应更侧重于分子生态学机理。分子生物学理论与技术近年来得到迅猛发展，它以巨大的解释能力，为探究增温和刈割等干扰下草原植物高大化型变这一生态现象背后的机理提供了新的方法，展现了诱人前景。但目前草地植物分子生态学研究才刚刚起步（韩冰等，2011），未来需利用基因组学、转录组学、蛋白组学、代谢组学，以及表型组学的高通量分析技术，从增温和刈割等诱导信号到植物代谢调控的过程，解析环境应答基因，从而构建草地植物高大化型变的信号调控途径与代谢网络。

参考文献

［1］Aerts R, Comelissen J H C, DorrePaal E. Plant performance in a warmer world: General responses of plants from cold, northern biomes and the importance of winter and spring events ［J］. Plant Ecology, 2006, 182 (12): 65–77.

［2］Ackerly D D, Dudley S A, Sultan S E, et al. The evolution of plant ecophysiological traits: recent advances and future directions ［J］. Bio. Science, 2000, 50 (11): 979–995.

［3］Ackerly D, Knight C, Weiss S, et al. Leaf size, specific leaf area and microhabitat distribution of chaparral woody plants: contrasting patterns in species level and community level analyses ［J］. Oecologia, 2002, 130 (3): 449–457.

［4］Amano T, Smithers R J, Sparks T H, et al. A 250-year index of first flowering dates and its response to temperature changes ［J］. Proceedings of the Royal Society, 2010, 277 (1693): 2451–2457.

［5］Arft A M, Walker M D, Gurevetitch J. Responses of tundra plants to experimental warming: meta-analysis of the international experiment ［J］. Ecological Monographs, 1999, 69 (4): 491–511.

［6］Ansquer P, Khaled H A, Cruz P, et al. Characterizing and predicting plant phenology in species-rich grasslands ［J］. Grass and Forage Science, 2009, 64 (1): 57–70.

［7］Ayres M P, Maelean S F. Development of birch leaves and the growth energetic of *Epirrita autumnata* (Geometridae) ［J］. Ecology, 1987, 68 (3): 558–568.

［8］Akiyama T, Kawamura K. Grassland degradation in China: methods of monitoring, management and restoration ［J］. Grassland Science, 2007, 53 (1): 1–17.

［9］Borner A P, Kielland K, Walker M D. Effects of simulated climate change on plant phenology and nitrogen mineralization in Alaskan Arctic Tundra ［J］. Arctic, Antarctic, and Alpine Research, 2008, 40 (1): 27–38.

［10］Bradshaw A D. Evolutionary significance of phenotypic plasticity in plants ［J］.

Advanced Genetics, 1965, 13: 115-155.

[11] Badyaev A V, Foresman K R. Extreme environmental change and evolution: stress-induced morphological variation is strongly concordant with patterns of evolutionary divergence in shrew mandibles [J]. The Royal Society, 2000, 267 (1441): 371-377.

[12] Bergmeier E, Matthäs U. Quantitative studies of phenology and early effects of non-grazing in Cretan phrygana vegetation [J]. Journal of Vegetation Science, 1996, 7 (2): 229-236.

[13] Bollen A, Donati G. Phenology of the littoral forest of Sainte Luce, Southeastern Madagascar [J]. Biotropica, 2005, 37 (1): 32-43.

[14] Chapin F S, Jefferies R L, Reynolds J F, et al. Arctic plant physiologicaL ecology in an ecosystem context [M]. San Diego: Academic Presss, 1992. 441-452.

[15] Chmielewski F M, Retzer T. Response of tree phenology to climate change across Europe [J]. Agriculture and Forest Meteorology, 2001, 108 (2): 101-112.

[16] Cleland E E, Chiariello N R, Laorie S R, et al. Diverse response of phenology to global changes in a grassland ecosystem [J]. PNAS, 2006, 103 (37): 13740-13744.

[17] Chen X Q, Hu B, Yu R. Spatial and temporal variation of phonological growing season and climate change impacts in temperate eastern China [J]. Global Change Biology, 2005, 11 (7): 1118-1130.

[18] Corner E J H. The durian theory or the origin of the modern tree [J]. Annals of Botany, 1949, 13: 367-414.

[19] Dudley S A, Schmitt J. Testing the adaptive plasticity hypothesis: density dependent selection on manipulated stem length in impatiens capensis [J]. 1996, 147 (3): 445-465.

[20] Debat V, David P. Mapping phenotypes: canalization, plasticity and developmental stability [J]. Trends in Ecology & Evolution, 2001, 16 (10): 555-561.

[21] Day T F, Guo X Z, Garrett B, et al. Wnt/β-catenin signaling in mesenchymal progenitors controls osteoblast and chondrocyte differentiation during vertebrate skeletogenesis [J]. Developmental Cell, 2005, 8 (5): 739-750.

[22] Dunne J, Harte J, Taylor K. Subalpine meadow flowering phenology responses to climate change: integrating experimental and gradient methods [J]. Ecological Monographs, 2003, 73 (1): 69-86.

[23] Dewitt T J. Costs and limits of phenotypic plasticity: test with predator-induced morphology and life history in a freshwater snail [J]. Journal of Evolutionary Biology, 1998, 11 (4): 465-480.

[24] Farris M A, Lechowicz M J. Functional Interactions among Traits that Determine Reproductive Success in a Native Annual Plant [J]. Ecology, 1990, 71 (2): 548-557.

[25] Fitter A H, Fitter R S R, Harris I T B, et al. Relationships between first flowering date and temperature in the flora of a locality in central England [J]. Functional Ecology, 1995, 9 (1): 55-60.

[26] Farrar J F, Williams M L. The effects of increased atmospheric carbon dioxide and temperature on carbon partitioning, source-sink relations and respiration [J]. Plant, Cell & Environment, 1991, 14 (8): 819-830.

[27] Ge Q S, Wang H J, Rutishauser T, et al. Phenologicalresponsetocli-matechangeinChina: ameta analysis[J].GlobalChangeBiol-ogy, 2015, 21 (1): 265.

[28] Grabherr G, Gottfried M, Pauli H. Climate effects of mountain plants [J]. Nature, 1994, 369: 448-450.

[29] Griffith T M, Sultan S E. Plastic and constant development traits contribute to adaptive differences in co-occurring polygonum species [J]. Oikos, 2006, 114 (1): 5-14.

[30] Grechi I, Vivin P, Hilbert G, et al. Effect of light and nitrogen supply on internal C: N balance and control of root-to-shoot biomass allocation in grapevine [J]. Environmental and Experimental Botany, 2007, 59 (2): 139-149.

[31] Gordo O, Sanz J J. Impact of climate change on plant phenology in Mediterranean ecosystems [J]. Global Change Biology, 2010, 16 (3): 1082-1106.

[32] Gillson L, Hoffman M T. Rangeland ecology in a changing world [J]. Science, 2007, 315: 53-54.

[33] Gower S T, Reieh P B, Son Y. Canopy dynamics and aboveground production of five tree species with different leaf longevities [J]. Tree Physiology, 1993, 12 (4): 327-345.

[34] Hodge A. The plastic plant: root responses to heterogeneous supplies of nutrients [J]. New Phytologist, 2004, 162 (1): 9-24.

[35] Harper J L. Population biology of plants [M]. London: Academic Press, 1977: 31-35.

[36] Havstrfim M, Callaghan T V, Jonasson S. Diferential growth responses of Cassiope tetragona, an arctic dwarf-shrub, to environmental perturbations among three contrasting highland subarctic sites [J]. Oikos, 1993, 66 (3): 389-402.

[37] Hickman K R, Hartnett D C. Effects of grazing intensity on growth, reproduction, and abundance of three palatable forbs in Kansas tall grass prairie [J]. Plant Ecology, 2003, 159 (1): 23-33.

[38] Hänninen H. Does climate warming increase the risk of frost damage in northern tree? [J]. Plant, Cell and Environment, 1994, 14 (5): 449-454.

[39] Henry G H R, Molau U. Tundra plants and climate change: The International Tundra Experiment (ITEX) [J]. Global Change Biology, 1997, 3 (1): 1-9.

[40] He J S, Wang L, Flynn D F, et al. Leaf nitrogen: phosphorus stoichiometry across

Chinese grassland biomes [J]. Oecologia, 2008, 155 (2): 301-310.

[41] Joshi J, Schmid B, Caldeira M C, et al. Local adaptation enhances performance of common plant species [J]. Ecology Letters, 2001, 4 (6): 536-544.

[42] Kcrner. Response of alpine vegetation to global climate change In International Conference on Landscape Ecological Impact of Climate Chance [M]. Lunteren: The Netherlands, Catena verlag, 1992. 85-96.

[43] Keeling C D, Chin J F S, Whorl T P. Increased activity of northern vegetation inferred from atmospheric CO_2 meastnements [J]. Nature, 1996, 382: 146-149.

[44] Krivan V. Competitive co-existence caused by adaptive predators [J]. Evol. Ecol. Res., 2003, 5 (8): 1163-1182.

[45] Kudoh H, Ishiguri Y, Kawano S. Phenotypic plasticity in Cardamine flexuosa: variation among populations in plastic response to chilling treatments and photoperiods [J]. Oecologia, 1995, 103 (2): 148-156.

[46] Kingsolver J G, Schemske D W. Path analyses of selection [J]. Trends in Ecology & Evolution, 1991, 6 (9): 276-280.

[47] Keller F, Körner C. The role of photoperrioddism in alpine plant development [J]. Arctic, Antarctic, and Alpine Research, 2003, 35 (3): 361-368.

[48] King D A. Allometry of saplings and understory trees of a Panamanian forest [J]. Functional Ecology, 1990, 4 (1): 27-32.

[49] Kotowski W, van Andel J, van Diggelen R, et al. Responses of fen plant species to groundwater level and light intensity [J]. Plant Ecology, 2001, 155 (2): 147-156.

[50] Klein J A, Harte J, Zhao X Q. Dynamic and complex microclimate responses to warming and grazing manipulations [J]. Global Change Biology, 2005, 11 (9): 1440-1451.

[51] Kimball B K, Conley M M, Wang S P, et al. Infrared heater arrays for warming ecosystem field plots [J]. Global Change Biology, 2008, 14 (2): 309-320.

[52] Klimkowska A, Bekker R M, van Diggelen R, et al. Species trait shifts in vegetation and soil seed bank during fen degradation [J]. Plant Ecology, 2010, 206 (1): 59-82.

[53] Levins R. Some demographic and genetic consequences of environmental heterogeneity for biological control [J]. Bulletin of the Entomological Society of America, 1969, 15 (3): 237-240.

[54] Lambers H, Chapin F S, Pons T L. Plant physiological ecology [M]. Berlin: Springer, 1998. 21-33.

[55] Luo C Y, Xu G P, Wang Y F, et al. Effects of grazing and experimental warming on DOC concentrations in the soil solution on the Qinghai-Tibet plateau [J]. Soil Biology & Biochemistry, 2009, 41 (12): 2493-2500.

[56] Luo C Y, Xu G P, Chao Z G, et al. Effect of warming and grazing on litter mass loss and temperature sensitivity of litter and dung mass loss on the Tibetan plateau [J]. Global Change Biology, 2010, 16 (5): 1606-1617.

[57] Louault F, Pillar V D, Aufrère J, et al. Plant traits and functional types in response to reduced disturbance in a semi-natural grassland [J]. Journal of Vegetation Science, 2005, 16 (2): 151-160.

[58] Menzel A, Fabian P. Growing season extended in Europe [J]. Nature, 1999, 397 (6721): 659-659.

[59] Meazel A. Trends in phonological phases in Europe between 1959 and 1996 [J]. International Journal of Biometeorology, 2000, 44 (2): 76-81.

[60] Meazel A. Plant phonological anomalies in Germany and their relation to air temperature and NAO [J]. Climatic Chang, 2003, 57 (3): 243-263.

[61] Mooney K A, Halitschke R, Kessler A, et al. Evolutionary trade-offs in plants mediate the strength of trophic cascades [J]. Science, 2010, 327 (5973): 1642-1644.

[62] Milton S J, Dean W R J, du Plessis M A, et al. A conceptual model of arid rangeland degradation [J]. Bio. Science, 1994, 44 (2): 70-76.

[63] Nussey D H, Postma E, Gienapp P, et al. Selection on heritable phenotypic plasticity in a wild bird population [J]. Science, 2005, 310 (5746): 304-306.

[64] Post E S, Inouye D W. Phenology: response, driver, and integrator [J]. Ecology, 2008, 89 (2): 319-320.

[65] Pigliucci M, Schlichting C D. Ontogenic reaction norms in Lobelia-Siphilitica (Lobeliaceae) -Response to shading [J]. Ecology, 1995, 76 (7): 2134-2144.

[66] Pitt M D, Wikeem B M. Phenological patterns and adaptations in an *Artemisia agropyron* plant community [J]. Journal of Range Management, 1990, 43 (4): 350-358.

[67] Pigliucci M, Marlow E T. Differentiation for flowering time and phenotypic integration in *Arabidopsis thaliana* in response to season length and vernalization [J]. Oecologia, 2001, 127 (4): 501-508.

[68] Pederson D G. Environmental stress, heterozygote advantage and genotype-environment interaction in Arabidopsis [J]. Nature, 1968, 23 (1): 127-138.

[69] Persson L, de Roos A. Adaptive habitat use in size-structured populations: linking individual behavior to population processes [J]. Ecology, 2003, 84 (5): 1129-1139.

[70] Poorter H, Nagel O. The role of biomass allocation in the growth response of plants to different levels of light, CO_2, nutrients and water: a quantitative review [J]. Functional Plant Biology, 2000, 27 (12): 1191-1191.

[71] Poorter H, Niklas K J, Reich P B, et al. Biomass allocation to leaves, stems and roots meta-analyses of interspecific variation and environmental control [J]. New Phytologist,

2012, 193 (1): 30-50.

[72] Peng Y Y, Dang Q L. Effects of soil temperature on biomass production and allocation in seedlings of four boreal tree species [J]. Forest Ecology and Management, 2003, 180 (1): 1-9.

[73] Parmesan C, Yohe G. A globally coherent fingerprint of climate change impacts across natural systems [J]. Nature, 2003, 421 (6918): 37-42.

[74] Rathcke B, Lacey E P. Phenological patterns of terrestrial plants [J]. Annual Review of Ecology and Systematic, 1985, 16: 179-214.

[75] Robeson S M. Increasing growing-season length in Illinois during the 20th century [J]. Climatic change, 2002, 52 (1): 219-238.

[76] Reekie E G, Bazzaz F A. Cost of reproduction as reduced growth in genotypes of two congeneric species with contrasting life histories [J]. Oecologia, 1992, 90 (1): 21-26.

[77] Reekie J Y C, Hieklenton P R, Reekie E G. Effects of elevated CO_2: on time of flowering in four short-day and four long-day species [J]. Canadian Journal of Botany, 1994, 72 (4): 533-538.

[78] Reich P B. Reconciling apparent discrepancies among studies relating life span, structure and function of leaves in contrasting plant life forms and climates: The blind men and the elephant retold [J]. Functional Ecology, 1993, 7 (6): 721-725.

[79] Root T L, Price J T, Hall K R, et al. Fingerprints of global warming on wild animals and plants [J]. Nature, 2003, 421 (6918): 57-60.

[80] Richards C L, Bossdorf O, Muth N Z, et al. Jack of all trades, master of some? On the role of phenotypic plasticity in plant invasions [J]. Ecology Letters, 2006, 9 (8): 981-993.

[81] Steltzer H, Post E. Seasons and life cycles [J]. Science, 2009, 324 (5929): 886-887.

[82] Schwartz M D, Reiter B E. Changes in North American spring [J]. International Journal of Climatology, 2000, 20 (8): 929-932.

[83] Schwartz M D, Crawford T M. Detecting energy balance modifications at the onset of spring [J]. Physical Geography, 2001, 22 (5): 394-409.

[84] Schwartz M D. Phenology: an integrative environmental science [M]. Dordrecht: Kluwer Academic Publishers, 2003: 15-21.

[85] Schwartz M D, Rein A, Anto A. On set of spring starting earlier across the northern hemisphere [J]. Global Change Biology, 2006, 12 (2): 343-351.

[86] Sultan S E. Phenotypic plasticity and plant adaption [J]. Acta Botanica Neerlandica, 1995, 44 (4): 363-383.

[87] Sultan S E. Phenotypic plasticity for plant development, function and life history

[J]. Trends in Plant Science, 2000, 5 (12): 537-542.

[88] Sultan S E. An emerging on plant ecological development [J]. New Phytologist, 2005, 166 (1): 1-5.

[89] Snyder L, Spano D, Duce R. Temperature data for phenological models [J]. International Journal of Biometeorology, 2001, 45 (4): 178-183.

[90] Sparks T H, Jeffree E P, Jeffree C E. An examination of the relationship between flowering times and temperature at the national scale using long-term phonological records from the UK [J]. International Journal of Biometeorology, 2000, 44 (2): 82-87.

[91] Stiling P. Elevated CO_2 lowers relative and absolute herbivore density across all species of a scrub-oak forest [J]. Oecologia, 2003, 134 (1): 82-87.

[92] Schmitz O J. Top predator control of plant biodiversity and productivity in an old-field ecosystem [J]. 2003, 6 (2): 156-163.

[93] Schlichting C D. The evolution of phenotypic plasticity in plants [J]. Annual Review of Ecology and Systematics, 1986, 17: 667-693.

[94] Schlichting C D, Levin D A. Phenotypic plasticity in Phlox. III. Variation among natural populations of P. drummondii [J]. Journal of Evolutionary Biology, 1990, 3 (5): 411-428.

[95] Schlichting C D, Pigliucci M. Phenotypic evolution: a reaction norms perspective [M]. Sunderland: Sinauer Associates Incorporated, 1998: 33-52.

[96] Soule J D, Werner P A. Patterns of resource allocation in plants, with special reference to Potentilla recta L. [J]. Bulletin of the Torrey Botanical Club, 1981, 108 (3): 311-319.

[97] Sack L, Cowan P D, Jaikumar N, et al. The 'hydrology' of leaves: co-ordination of structure and function in temperate woody species [J]. Plant Cell & Environment, 2003, 26 (8): 1343-1356.

[98] Schemske D W, Willson M F, Melampy M N, et al. Flowering ecology of some spring woodland herbs [J]. Ecology, 1978, 59 (2): 351-366.

[99] Sherry R A, Zhou X H, Gu S L, et al. Divergence of reproductive phenology under climate warming [J]. PNAS, 2007, 104 (1): 198-202.

[100] Sullivan P F, Welker J M. Warming chambers stimulate early season growth of an arctic sedge: results of a minirhizotron field study [J]. Oecologia, 2005, 142 (4): 616-626.

[101] Stenstrom A, Jonsdonttir I S. Responses of the clonal sedge, Carex bigelowii, to two seasons of simulated climate change [J]. Global Change Biology, 1997, 3 (1): 89-96.

[102] Suzuki S, Kudo G. Responses of alpine shrubs to simulated environmental change during three years in the mid-latitude mountain, northern Japan [J]. Ecography, 2000, 23

(5): 553-564.

[103] Suzuki R O, Suzuki S N. Facilitative and competitive effects of a large species with defensive traits on a grazing-adapted, small species in a long-term deer grazing habitat [J]. Plant Ecology, 2011, 212 (3): 343-351.

[104] Thomas B. Light signal sand flowering [J]. Journal of Experimental Botany, 2006, 57 (13): 3387-3393.

[105] Totland Ø. Effects of flowering time and temperature on growth and reproduction in Leontodon autumnalis var taraxaci, a late-flowering alpine plant [J]. Arctic Alpine Research, 1997, 29 (3): 285-290.

[106] van Tienderen P H. Evolution of generalists and specialist in spatially heterogeneous environments [J]. Evolution, 1991, 45 (6): 1317-1331.

[107] Valladares F, Wright S J, Lasso E, et al. Plastic phenotypic response to light of 16 congeneric shrubs from a Panamanian rainforest. Ecology, 2000, 81 (7): 1925-1936.

[108] Valladares F, Chico J, Aranda I, et al. The greater seedling high-light tolerance of Quercus robur over Fagus sylvatica is linked to a greater physiological plasticity [J]. Tress, 2002, 16 (6): 395-403.

[109] Visser M E, Both C. Shift in phenology due to global climate change: the need for a yardstick [J]. Proceedings of the Royal Society, 2005, 272 (1581): 2561-2569.

[110] Van Vliet A J H, Schwartz M D. Phenology and climate: the timing of life cycle events as indictors of climatic variability and change [J]. International Journal of Climatology, 2002, 22 (14): 1713-1714.

[111] Von Wehrden H, Hanspach J, Kaczensky P, et al. Global assessment of the non-equilibrium concept in rangelands [J]. Ecological Applications, 2012, 22 (2): 393-399.

[112] William M J, Ramakrishna N, Steven W R. A generalized, bioclimatic index to predict foliar phenology in response to climate [J]. Global Change Biology, 2005, 11 (4): 619-632.

[113] Weinig C. Plasticity versus canalization: population differences in the timing of shade-avoidance responses [J]. Evolution, 2000, 54 (2): 441-451.

[114] Welander N T, Ottosson B. The influence of shading on growth and morphology in seedlings of *Quercus robur* L. and *Fagus sylvatica* L. [J]. Forest Ecology and Management, 1998, 107 (1): 117-126.

[115] Weiner J, Rosenmeir L, Massoni E S, et al. Is reproductive allocation in Senecio vulgaris plastic? [J]. Botany, 2009, 87 (5): 475-481.

[116] Wan S, Luo Y, Wallace L L. Changes in microclimate induced by experimental warming and clipping in tallgrass prairie [J]. Global Change Biology, 2002, 8 (8): 754-768.

[117] Welker M. Disclosure policy, information asymmetry, and liquidity in equity markets [J]. Contemporary Accounting Research, 1995, 11 (2): 801-827.

[118] Walther G R, Post E, Convey P, et al. Ecological responses to recent climate change [J]. Nature, 2002, 416 (6879): 389-395.

[119] Wesselingh R A, Renate A, Klinkhamer P G L, et al. Threshold size for flowering in different habitats: effects of size-dependent growth and survival [J]. Ecology, 1997, 78 (7): 2118-2132.

[120] Walker M D, Wahren C H, Hollister R D, et al. Plant community responses to experimental warming across the tundra biome [J]. Proceedings of the National Academy of Sciences of the United States of America, 2006, 103 (5): 1342-1346.

[121] Xu Z F, Ting X H, Wang K Y, et al. Short-term responses of phenology, shoot growth and leaf traits of four alpine shrubs in a timberline ecotone to simulated global warming, Eastern Tibetan Plateau, China [J]. Plant Species Biology, 2009, 24 (1): 27-34.

[122] Yin H J, Liu Q, Lai T. Warming effects on growth and physiology in the seedlings of the two conifers *Picea asperata* and *Abies faxoniana* under two contrasting light conditions [J]. Ecological Research, 2008, 23 (2): 459-469.

[123] Yamamura N, Fujita N, Hayashi M, et al. Optimal phenology of annual under grazing pressure [J]. Journal of Theoretical Biology, 2007, 246 (3): 530-537.

[124] Zhou X H, Wan S Q, Luo Y Q. Source components and inter annual variability of soil CO_2 efflux under experimental warming and clipping in a grassland ecosystem [J]. Global Change Biology, 2007, 13 (4): 1-15.

[125] 包国章, 康春莉, 李向林. 不同放牧强度对人工草地牧草生殖分配及种子重量的影响 [J]. 生态学报, 2002, 22 (8): 1356-1360.

[126] 巴雅尔塔. 青藏高原东缘高寒草甸群落花期物候研究 [D]. 兰州: 兰州大学, 2010: 1-134.

[127] 常兆丰, 韩福贵, 仲生年. 甘肃民勤荒漠18种乔木物候与气温变化的关系 [J]. 植物生态学报, 2009, 33 (2): 311-319.

[128] 陈亚军, 朱师丹, 曹坤芳. 两种光照下木质藤本和树木幼苗的生理生态学特征 [J]. 生态学报, 2008, 28 (12): 6034-6042.

[129] 陈建国, 杨扬, 孙航. 高山植物对全球气候变暖的响应研究进展 [J]. 应用与环境生物学报, 2011, 17 (3): 435-446.

[130] 丁一汇. 中国西部环境变化的预测 [M]. 北京: 科学出版社, 2002: 11-18.

[131] 董世魁, 丁路明, 徐敏云, 等. 放牧强度对高寒地区多年生混播禾草叶片特征及草地初级生产力的影响 [J]. 中国农业科学, 2004, 37 (1): 136-142.

[132] 郭春爱, 刘芳, 许晓明. 叶绿素b缺失与植物的光合作用 [J]. 植物生理学通讯, 2006, 42 (5): 967-973.

[133] 高乐旋,陈家宽,杨继.表型可塑性变异的生态发育机制及其进化意义[J].植物分类学报,2008,46(4):441-451.

[134] 高绍凤,陈万隆,朱超群,等.应用气候学[M].北京:气象出版社,2004:41-42.

[135] 贺金生,王政权,方精云.全球变化下的地下生态学:问题与展望[J].科学通报,2004,49(13):1226-1233.

[136] 胡良平.科研设计与统计分析[M].北京:军事医学科学出版社,2012:474-477.

[137] 韩冰,赵萌莉,珊丹.针茅属植物分子生态学[M].北京:科学出版社,2011:1-32.

[138] 何军,赵聪蛟,清华,等.土壤水分条件对克隆植物互花米草表型可塑性的影响[J].生态学报,2009,29(7):3514-3524.

[139] 康兴成.青藏高原地区近40年来气候变化的特征[J].冰川冻土,1996,18:281-288.

[140] 柳芳,王传海,申双和,等.土壤水分对小麦开花及结实的影响[J].南京气象学院学报,2002,25(5):671-676.

[141] 刘晓东,张敏锋,惠晓英,等.青藏高原当代气候变化特征及其对温室效应的响应[J].地球科学,1998,18(2):113-121.

[142] 李元恒.内蒙古典型草原植物生殖物候对气候变化和人为干扰的响应[D].兰州:甘肃农业大学,2008:1-63.

[143] 李荣平,周广胜,杨洪斌.科尔沁草甸植物繁殖物候研究[J].辽宁气象,2004,24(3):648-653.

[144] 李英年,赵亮,赵新全,等.5年模拟增温后矮嵩草草甸群落结构及生产量的变化[J].草地学报,2004,12(3):236-239.

[145] 李英年,赵新全,曹广民,等.海北高寒草甸生态系统定位站气候、植被生产力背景的分析[J].高原气象,2004,23(4):558-567.

[146] 刘钟龄,王炜,郝敦元,等.内蒙古草原退化与恢复演替机理的探讨[J].干旱区资源与环境,2002,16(1):84-91.

[147] 牛克昌,赵志刚,罗燕江,等.施肥对高寒草甸植物群落组分种繁殖分配的影响[J].植物生态学报,2006,30(5):817-826.

[148] 皮南林,周兴民,赵多琥,等.青海高寒草甸矮嵩草草场放牧强度初步研究[J].家畜生态,1985,1:26-31.

[149] 朴世龙,方精云,贺金生,等.中国草地植被生物量及其空间分布格局[J].植物生态学报,2004,28(4):491-498.

[150] 潘瑞炽.植物生理学[M].北京:高等教育出版社,2004:35-40.

[151] 秦大河,丁一汇,王绍武.中国西部生态环境变化与对策建议[J].地球科学

进展，2002，17（3）：314-319.

[152] 齐晔.北半球高纬度地区气候变化对植被的影响途径和机制[J].生态学报，1999，19（4）：474-477.

[153] 任海彦，郑淑霞，白永飞.放牧对内蒙古锡林河流域草地群落植物茎叶生物量资源分配的影响[J].植物生态学报，2009，33（6）：1065-1074.

[154] 任继周.放牧，草原生态系统存在的基本方式——兼论放牧的转型[J].自然资源学报，2012，27（8）：1259-1275.

[155] 盛海彦，李军乔，杨银柱，等.土壤水分对鹅绒委陵菜表型可塑性的影响[J].干旱地区农业研究，2004，22（3）：119-122.

[156] 史刚荣，赵金丽，马成仓.淮北相山不同群落3种禾草叶片的生态解剖[J].草业学报，2007，16（3）：62-68.

[157] 孙晓方，何家庆，黄训端，等.不同光强对加拿大一枝黄花生长和叶绿素荧光的影响[J].西北植物学报，2008，28（4）：752-758.

[158] 萨茹拉，李金祥，侯向阳.草地生态系统土壤有机碳储量及其分布特征[J].中国农业科学，2013，46（17）：3604-3614.

[159] 王启基，王文颖，邓自发.青海海北地区高山嵩草草甸植物群落生物量动态及能量分配[J].植物生态学报，1998，22（3）：222-230.

[160] 王文颖，王启基，景增春，等.江河源区高山嵩草草甸覆被变化对植物群落特征及多样性的影响[J].资源科学，2006，28（2）：118-124.

[161] 汪诗平.青海省"三江源"地区植被退化原因及其保护策略[J].草业学报，2003，12（6）：1-9.

[162] 王宏，李晓兵，李霞，等.基于NOAA，NDVI和MSAVI研究中国北方植被生长季变化[J].生态学报，2007，27（2）：504-515.

[163] 徐影，丁一汇，李栋梁.青藏地区未来百年气候变化[J].高原气象，2003，22（5）：451-457.

[164] 杨月娟，周华坤，叶鑫，等.青藏高原高寒草甸植物群落结构和功能对氮、磷、钾添加的短期响应[J].西北植物学报，2014，34（11）：2317-2323.

[165] 杨正礼，杨改河.中国高寒草地生产潜力与载畜量研究[J].资源科学，2000，22（4）：73-77.

[166] 姚檀栋，朱立平.青藏高原环境变化对全球变化的响应及其适应对策[J].地球科学进展，2006，21（5）：459-464.

[167] 杨元武，李希来.不同退化程度高寒草甸高山嵩草的构件变化[J].西北植物学报，2011，31（1）：167-171.

[168] 竺可桢，宛敏渭.物候学[M].北京：科学出版社，1980：1-20.

[169] 郑度，姚檀栋.青藏高原隆升与环境效应[M].北京：科学出版社，2004.18-33.

[170] 周兴民, 王质彬, 杜庆. 青海植被 [M]. 西宁: 青海人民出版社, 1987: 35-41.

[171] 周广胜, 王玉辉, 张新时. 中国植被及生态系统对全球变化反应的研究与展望 [J]. 中国科学院院刊, 1999, 14 (1): 28-32.

[172] 周广胜, 王玉辉, 白莉萍, 等. 陆地生态系统与全球变化相互作用的研究进展 [J]. 气象学报, 2004, 62 (5): 692-707.

[173] 张昊, 李鑫, 姜凤和, 等. 水分对克氏针茅和冷蒿生殖生长的影响 [J]. 草地学报, 2005, 13 (2): 106-110.

[174] 赵新全. 高寒草甸生态系统与全球变化 [M]. 北京: 科学出版社, 2009: 31-53.

[175] 赵新全. 三江源区退化草地生态系统恢复与可持续管理 [M]. 北京: 科学出版社, 2011: 45-48.

[176] 张福春, 朱志辉. 中国作物的收获指数 [J]. 中国农业科学, 1990, 23 (2): 83-87.

[177] 张福春. 气候变化对中国木本植物物候的可能影响 [J]. 地理学报, 1995, 50 (5): 403-408.

[178] 郑景云, 葛全胜, 郝志新. 气候增暖对我国近40年植物物候变化的影响 [J]. 科学通报, 2002, 47 (20): 1584-1587.

[179] 郑景云, 葛全胜, 赵会霞. 近40年中国植物物候对气候变化的响应研究 [J]. 中国农业气象, 2003, 24 (1): 28-32.

[180] 周华坤, 周兴民, 赵新全. 模拟增温效应对矮嵩草草甸影响的初步研究 [J]. 植物生态学报, 2000, 24 (5): 547-553.

[181] 朱志红, 王刚, 赵松岭. 不同放牧强度下高寒草甸矮嵩草 (*Kobresia humilis*) 无性系分株种群的地上生物量动态 [J]. 中国草地, 1994, 14 (1): 10-14.

[182] 朱志红, 王刚, 王孝安. 克隆植物矮嵩草在刈割条件下的等级反应研究 [J]. 西北植物学报, 2005, 25 (9): 1833-1834.

第5章 高寒草甸典型植物生长特征对OTC模拟增温梯度的响应

温度作为重要的生态因子之一，对植物的生长和发育起着至关重要的作用。温度变化主要通过影响植物的繁殖、叶片功能性状和高度等从而影响植物的生长和发育。对南极不同地区植物进行研究发现：在高海拔高纬度区域温度是植物生长的主要限制因子，而温度较高的地区营养成分则是植物生长的主要限制因子（Havström et al，1993）。矮嵩草分蘖数与地温密切相关，而且地温大约在9.8℃时有利于矮嵩草的克隆繁殖（分蘖数增加），如果温度继续降低或增加都不利于矮嵩草的克隆繁殖（分蘖数减少）（赵建中等，2006）。如果在增温的同时增加营养，*Eriophorum vaginatum* 的分蘖数增加显著；在单一因素控制时，分蘖数增加不显著（Chapin et al，1985）。

温度变化往往是通过影响植物根温来影响植物的生长和发育，有关研究发现，地温变化1℃就能引起植物生长和养分吸收的明显变化（Walker，1969），而叶片生长对根温的反应最为明显（冯玉龙等，1995）。叶片数的变化与温度变化关系极为密切，矮嵩草叶片数随温度的升高而减少（赵建中等，2006）。然而，也有研究发现，增温使叶片总量减少，但如果适量增加植物营养则叶片数增加（Chapin et al，1985），而且增温还可以使叶片干质量和长度增加（Mavstrom et al，1993）。

温度的变化将改变群落小环境，而特殊小生境将影响植物冠层高度、光合速率、养分的吸收和生长速率等（Billings et al，1968；Tieszen，1978；Chapin et al，1982；Johnson et al，1976；Black et al，1994）。随着温度的变化，矮嵩草草甸的成层结构未发生太大变化，仍为两层，上层以禾草为主，下层以莎草科和杂类草为主。禾草占据上层空间，形成郁闭环境，因此下层植物矮嵩草等为了争取更多的阳光和生存空间，种间竞争作用增强，植物高度整体增加（周华坤等，2000）。

此外，增温通过对区域降水量和土壤养分等小环境因素的影响而进一步影响植物的生长和发育。我国在全球变暖对植物影响方面，主要从降水量、土壤养分、物候、群落迁移、生物多样性和群落结构等方面进行了一些相关研究，已取得了一批重要成果。结果表明，中国西部的年平均气温将升高1.7~2.3℃，降水增加5%~23%，而我国的松嫩平原气温将升高2.7~7.8℃，降水增加10%左右，然而，降水量的增加并不意味着干旱化趋势的减缓，由于温度升高，增加了潜在蒸发量，使一些地区更加干燥（张新时等，1993）。降水、温度等关键生态因子的变化会影响植被类型、生态系统的群落结构和功能、主要优势种的生理生态等过程，使得植被在不同的尺度上产生适应性变化（赵文智等，2001）。温度上升，蒸发增加，土壤水分损失，植被生长的水分胁迫加剧，植被生物量和生产力下降；降水增加则改善土壤水分状况，从而使植被生产力和生物量上升（张生，2002）。温度还影响草原生态系统中凋落物的分解速率，温度升高对草原生态系统凋落物的分解过程产生深刻影响，在气温升高2.7 ℃、降水基本保持不变的气候背景下，草甸草原、羊草草原和大针茅草原3种凋落物的分解速度分别提高了15.38%、35.83%和6.68%，因此，温度的升高将增加草原生态系统凋落物的分解速度，从而增加土壤有机质含量，提高土壤养分水平（王其兵等，2000）。

5.1 研究方法

5.1.1 试验设计

2002年5月下旬，在青海省果洛藏族自治州玛沁县东南的牧场轻度退化的矮嵩草草甸样地建设增温试验样地（面积为40 m×33 m），用网围栏封闭。试验装置：开顶式增温小室，使用材料为聚氯乙烯塑料，圆台型框架用细钢筋制作（图3.1）。开顶式增温小室设5个大小梯度，增温小室顶部/底部直径依次为0.40 m/0.85 m、0.70 m/1.15 m、1.00 m/1.45 m、1.30 m/1.75 m、1.60 m/2.05 m，圆台高0.4 m，随机设置5种处理（分别为A、B、C、D、E温室），4次重复，温室外未做任何处理的样地为对照（CK）。

5.1.2 研究对象介绍

1.垂穗披碱草

垂穗披碱草为禾本科披碱草属牧草，又名钩头草、弯穗草。原为野生种，在我国西藏及西北、华北等地均有分布，在青藏高原海拔2 500～4 000 m的高寒湿润地区为建群种，为有价值的饲用植物（陈默君等，2002）。垂穗披碱草产自海东地区及海西、海北、海南、黄南、果洛、玉树各州县，生于海拔1 800～4 300 m的山坡草地、草原、河滩地、灌丛、林缘和路旁（马永贵等，2005）。

垂穗披碱草具有发达的须根系，多集中在15～20 cm的土层中，茎直立，疏丛型，基部稍呈膝曲状，株高80～150 cm，具3～6节；叶片线形扁平，上面有时生柔毛，下面粗糙或平滑，长6～8 cm，宽3～5 cm；穗状花序较紧密，通常曲折而先端下垂，长5～12 cm，小穗绿色，成熟后带紫色，每小穗有3～4朵小花；颖长，圆形，长4～5 mm，具短芒；颖果长椭圆形，深褐色，千粒质量2.78～4.00 g；花果期7—10月（马永贵等，2005）。

2. 草地早熟禾

草地早熟禾属禾本科早熟禾属的多年生草本植物，广布世界各地，青藏高原有野生种分布。它具直伸或匍匐的根茎，属根茎疏丛型草类，秆单生或成疏丛，直立、光滑，野生状态下株高30～50 cm。草地早熟禾具有分蘖能力强、耐寒、耐践踏的特点，适宜气候冷凉、湿度较大的地区生长，抗寒能力强，能在0 ℃以下正常生长，营养丰富，产量高，适应性强，是一种优良的牧草和生态草种（殷朝珍等，2006；杨时海等，2006）。

3. 矮嵩草

矮嵩草属寒冷中生型多年生莎草科草本植物，高3～15 cm，植株密丛生，是密丛型草类，具短的木质根状茎，以营养繁殖为主（李希来等，2002）。生于山坡、谷地、丘陵、河滩、灌丛、草原、林缘林下、高山草甸、山坡草甸、沼泽草甸，海拔2 500～4 700 m（刘尚武等，1999）。

4. 黑褐苔草

黑褐苔草属莎草科多年生草本，根状茎匍匐。秆高20～30 cm，三棱形，基部具淡褐色的老叶鞘。叶短于秆，宽2～3 mm，扁平。生于山坡草甸、河漫滩或灌丛草甸，海拔2 600～5 000 m（刘尚武等，1999）。

5. 短穗兔耳草

短穗兔耳草属玄参科兔耳草属植物，是青藏高原上一种常见的、以有性和无性两种方式进行繁殖的多年生草本植物，可以在基株上生出匍匐茎，在匍匐茎的末端产生无性系分株，有些植株的无性系分株也可继续产生次一级无性系分株，或匍匐茎断裂后直接成为新个体。主要分布于青藏高原海拔2 600～4 600 m的地区，主要生长在河边滩地、弃耕地和山坡撂荒地等生境中（刘尚武，1996）。在一些人为活动所形成的次生裸地上，该植物常会成为植被恢复演替过程中的先锋植物（淮虎银等，2005）。

6. 鸟足毛茛

鸟足毛茛属毛茛科多年生草本，高约8 cm。根须状，密集，茎丛生，单一或分枝，密被柔毛。基生叶具长柄，叶片肾圆形，长5～8 mm，三深裂，稀三全裂，中裂片长圆状倒卵形或披针形，全缘或三齿裂，侧裂片二至三裂或全缘，疏被柔毛或无毛；叶柄长2～4 cm，疏被长柔毛或无毛；茎下部的叶与基生叶相似，茎上部的叶无柄，三至五深裂，裂片2～3裂，末回裂片线形或线状披针形（刘尚武等，1997）。生于高山草甸、山坡草地、河滩、沼泽草甸、高山流石坡，海拔2 800～4 800 m（刘尚武等，1997）。

5.1.3　试验内容

分别在5种处理和对照中选定重要值相对较高的6种植物各20株：垂穗披碱草、草地早熟禾（禾本科），矮嵩草、黑褐苔草（莎草科），短穗兔耳草、鸟足毛茛（杂类草）为研究对象，进行形态特征定株观测。从植物返青期（5月）起，每月对标定植物进行生长特征观测与记录，至植物枯黄期（9月）为止。禾本科和莎草科植物的主要观测指标为：分蘖数、叶片数和叶片高度；短穗兔耳草的主要观测指标为：叶片数、叶片高度、匍匐茎数和匍匐茎长度；鸟足毛茛的主要观测指标为：叶片数、花蕾数和植株高度。其中，标定的禾本科和莎草科植物（以基株计数），观测基株分蘖总数（以分株计）、基株叶片总数（以完全展开的绿叶为准）；高度为叶片或植株的自然高度到地面的垂直距离；匍匐茎长度为从匍匐茎顶端到基株的自然状态距离；记录在原有株丛基础上新生成的分蘖枝即为增加的分蘖数；用HOBO-H84通道温湿度数据采集器（6套）记录地表（10 cm）和地下（10 cm）温度，从5月起每隔2 h时自动记录一次，到9月植物枯黄期为止，计算日平均地表温度和地温；用FDR湿度仪器每两天测定一次土壤湿度，计算平均值，每天测定3次（分别在10：00、14：00、18：00进行湿度测定），计算平均值；用湿度表测定空气湿度，每2 h测定一次，计算其平均值；2006年9月将标定植物观测记录完毕后齐地面剪下，在70℃的恒温箱中烘干至恒重，并称量，进行分析。

5.1.4 数据分析

分蘖数、叶片数、叶片高度、匍匐茎数、匍匐茎长度、温度和湿度等均用平均值。变异数是指生长期期间增加或减少的数目（分蘖数、叶片数、叶片高度等）。

5.2 微气候变化

微气候是指在一定区域内，因下垫面条件影响而形成的与大尺度气候不同的贴地层和土壤上层气候，这种气候的特点主要表现在个别气象要素、个别天气现象的差异上，如温湿度、风速、降雨等（翁笃鸣等，1982）。

5.2.1 温度变化

温室内的地表温度和地温明显升高，三年的平均温度A温室中最大（地表温度为11.9 ℃，地温为11.7 ℃），在对照中最小（地表温度为9.4 ℃，地温为9.9 ℃）；与对照相比，2004年、2005年、2006年A温室地表温度分别平均升高了2.56、2.15、2.07 ℃，地温分别平均升高了2.15、2.11、2.02 ℃。相对于地温而言，地表温度波动较大，这是由于相对地温而言，地表温度受干扰的气象因子比较多。由图5.1、图5.2可以看出，月间增温不一致，呈现一定的季节性变化规律，地表温度和地温在5、6月低，8月最大，9月又开始降低。

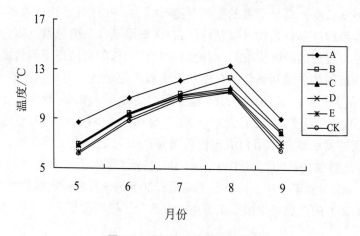

图5.1 月间平均地表温度变化

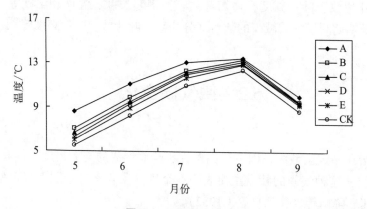

图5.2 月间平均地温变化

4—5月，土壤处于冻结状态，解冻需要吸收大量热量，而且这期间风速较大，因而温度较低。9月之后进入秋季，天气逐渐变冷，风速也随之增加，因而温度又开始降低。从图5.3、图5.4可以看出，从试验第一年至试验第三年地表温度和地温均逐渐升高。

不同处理间温度变化不一致，但总体来看是随温室从大到小而逐渐升高的，2004—2006年，试验期间温度有逐渐升高的趋势（图5.4、图5.5）。本模拟增温试验温室的增温量，在大气环流模型（GCMs）预测的21世纪全球温度将升高1.5~4.5 ℃的范围内（IPCC，1994），而且各温室间的温度变化与温室大小显著或极显著相关（表5.1）。说明各处理间的模拟增温是比较理想的。

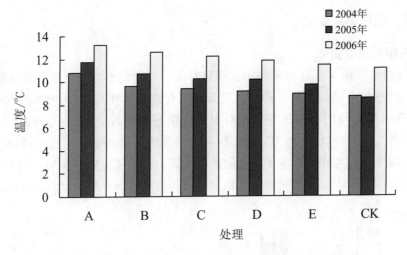

图5.3 处理间平均地表温度变化

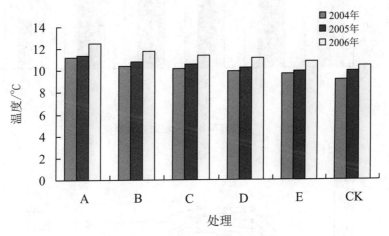

图5.4 处理间平均地温变化

表5.1 温度与温室底面积大小的相关性

	温度	2004年	2005年	2006年
相关系数(r)	地表温度	−0.91*	−0.95*	−0.99**
	地温	−0.94*	−0.99**	−0.98**

注：r 为温度与温室大小的相关系数；*$P<0.05$，**$P<0.01$。

5.2.2 相对湿度变化

1. 空气相对湿度变化

温室内的空气相对湿度与对照相比明显升高，三年的平均空气湿度在B温室中最大（55.9%），在对照中最低（51.6%）；并且年间变化规律不明显（图5.5）。2004年、2005年、2006年B温室与对照相比空气相对湿度分别平均升高了3.7%、5.0%、4.3%。由图5.6可以看出，月间空气相对湿度变化不一致，呈现一定的季节性变化规律，在5月最低，在A温室和B温室中6月空气湿度达到最大值，而在其他温室和对照中7月达到最大值，之后开始降低，到8月除对照空气相对湿度一直降低外，处理室温又开始逐渐升高。

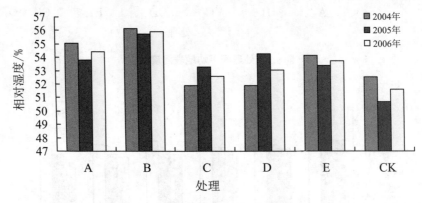

图5.5 处理间平均空气相对湿度变化

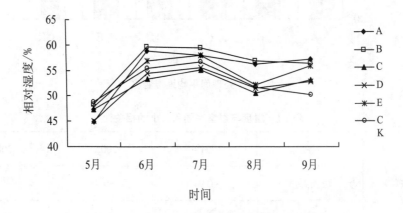

图5.6 月间平均空气相对湿度变化

2. 土壤湿度变化

土壤湿度三年的变化总体趋势基本一致，从A温室至对照随着温室的增大，土壤湿度逐渐升高，三年的平均土壤湿度在对照中最大（43.9%），在A温室中最低（39.1%）；年间变化规律不明显，平均土壤湿度2005年>2006年>2004年（图5.7）。2004年、2005年、2006年对照与A温室相比土壤湿度分别平均升高了3.6%、6.0%、4.8%。月间土壤湿度变化不一致，呈现一定的季节性变化规律，在5月最低，在A温室和对照中6月空气湿度达到最大值，而在其他温室中7月达到最大值，之后开始降低，到8月之后又开始逐渐升高（图5.8）。

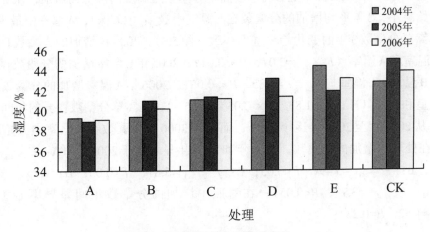

图5.7 处理间平均土壤湿度变化

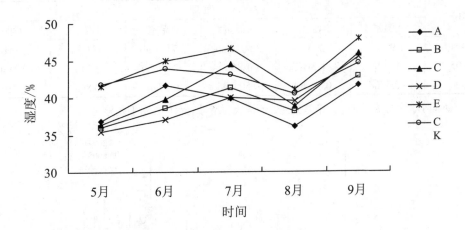

图5.8 月间平均土壤湿度变化

5.3 增温对矮嵩草的影响

5.3.1 对分蘖的影响

1.分蘖数变化

由表5.2可知,从A温室至E温室矮嵩草分蘖数随温度的降低而增加,从E温室至对照又开始减小,3年平均增加的分蘖数在E温室中最多(2.6株),A温室中最少(1株),而且矮嵩草分蘖数3年的变化趋势基本一致(图5.9)。2004年增加的分蘖数E温室显著高于B温室和A温室($F_{(5, 83)}$=2.07,$P<0.01$),2005年E温室增加的分蘖数显著高于A温室、B温室、C温室($F_{(5, 83)}$=1.85,$P<0.05$),2006年A温室增加的分蘖数显著低于其他温室和对照($F_{(5, 83)}$=1.83,$P<0.05$)(表5.3)。矮嵩草分蘖数变异的年间变化比较明显,从2004年至2006年逐年减少,而且在2006年分蘖数在A温室中开始减少(图5.9);在处理中增加的分蘖数,2004年和2005年显著高于2006年(A:$F_{(2, 41)}$=15.66,$P<0.01$;B:$F_{(2, 41)}$=3.49,$P<0.05$;C:$F_{(2, 41)}$=5.81,$P<0.05$;D:$F_{(2, 41)}$=4.16,$P<0.05$;E:$F_{(2, 41)}$=3.73,$P<0.05$);在对照中增加的分蘖数年间差异不显著(对照:$F_{(2, 41)}$=1.52,P=0.23)。

表5.2 2004、2005、2006年矮嵩草单株平均分蘖数变异多重比较

年份	处理					
	A温室	B温室	C温室	D温室	E温室	对照
2004	1.93Bb	2.29ABb	2.50ABab	2.71ABab	4.00Aa	2.79ABab
2005	1.79b	1.71b	1.86b	2.29ab	3.21a	2.21ab
2006	-0.57bd	0.57abc	0.50abcd	0.57ab	0.86a	0.79a

注:不同小写字母表示0.05水平差异性,不同大写字母表示0.01水平差异性。

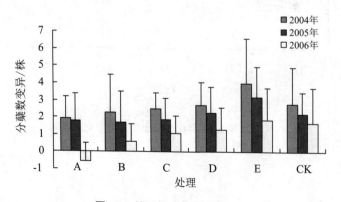

图5.9 处理间分蘖数变异

2. 分蘖数变异与温度的相关性

从 A 温室至 E 温室，矮嵩草的分蘖数变异与平均温度（地表温度和地温）呈负相关关系。2004年，处理间分蘖数变异与地表温度和地温的相关性均不显著；2005年，处理间分蘖数变异与地表温度的相关性不显著，但与地温的相关性达到显著水平；2006年，分蘖数与地表温度和地温的相关性均达到显著水平（表5.3）。

表5.3 分蘖数变异与平均温度的回归分析

年份	平均温度	回归方程	相关系数	自由度	显著水平
2004	地表温度	$Y=-1.9195X+13.956$	-0.83	1,4	0.08
	地温	$Y=-1.5857X+13.936$	-0.87	1,4	0.05
2005	地表温度	$Y=-2.1439X+15.063$	-0.87	1,4	0.06
	地温	$Y=-1.5639X+13.929$	-0.94	1,4	0.02
2006	地表温度	$Y=-1.1075X+12.649$	-0.86	1,4	0.03
	地温	$Y=-1.0431X+11.911$	-0.87	1,4	0.03

5.3.2 对叶片的影响

1. 叶片数变化

叶片数的变化和分蘖数的变化趋势基本一致，由表5.4可看出，3年平均增加叶片数在 E 温室中最多（22.6片），在 A 温室中最少（13.7片）（图5.10）。但 Duncan 多重比较分析发现，叶片数变异与分蘖数变异有所不同。2004年在 E 温室中增加的叶片数显著高于 A 温室（$F_{(5, 83)}=2.66$，$P<0.05$），2005年在 E 温室中增加的叶片数显著高于 A 温室和 D 温室（$F_{(5, 83)}=1.33$，$P<0.05$），2006年增加的叶片数在处理和对照间不显著（$F_{(5, 83)}=1.19$，$P=0.32$）（表5.4）。

表5.4 2004、2005、2006年矮嵩草单株平均叶片数多重比较

年份	处理					
	A温室	B温室	C温室	D温室	E温室	对照
2004	19.29b	20.64ab	23.57ab	22.29ab	28.21a	22.57ab
2005	11.93Bb	16.43ABab	16.07ABab	22.07ABa	24.00Aa	18.79ABab
2006	9.93	9.14	12.43	14.21	15.64	12.57

注：不同小写字母表示0.05水平差异性，不同大写字母表示0.01水平差异性。

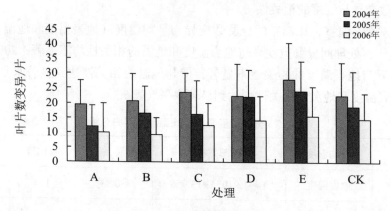

图 5.10 处理间叶片数变异

矮嵩草叶片数变异的年间变化与分蘖数变化基本一致，从 2004 年到 2006 年逐年减少（图 5.10）；在处理中增加的叶片数，2004 年和 2005 年显著高于 2006 年（A：$F_{(2, 41)}$=4.56，$P<0.01$；B：$F_{(2, 41)}$=7.05，$P<0.01$；C：$F_{(2, 41)}$=5.84，$P<0.01$；D：$F_{(2, 41)}$=3.23，$P<0.01$；E：$F_{(2, 41)}$=4.84，$P<0.01$）；增加的叶片数在对照中年间差异不显著（对照：$F_{(2, 41)}$=1.52，$P=0.23$）。

2. 叶片数变异与温度的相关性

从 A 温室至 E 温室，叶片数变异与平均温度（地表温度和地温）呈负相关关系。2004 年和 2006 年叶片数变异与温度的相关性不显著，2005 年叶片数变异与温度的相关性达到极显著水平（表 5.5）。

表 5.5 叶片数变异与平均温度的回归分析

年份	平均温度	回归方程	相关系数	自由度	显著水平
2004	地表温度	$Y=-0.3099X+16.08$	-0.78	1,4	0.12
	地温	$Y=-0.2593X+15.76$	-0.84	1,4	0.08
2005	地表温度	$Y=-0.2499X+14.89$	-0.99	1,4	0.00
	地温	$Y=-0.1685X+13.559$	-0.99	1,4	0.00
2006	地表温度	$Y=-2301X+15.045$	-0.77	1,4	0.08
	地温	$Y=-0.2057X+14.033$	-0.73	1,4	0.10

5.3.3 对叶片高度的影响

1. 叶片高度的变化

矮嵩草叶片平均高度随温度的升高而增高，3年平均增加高度均在A温室中最大（3.4 cm），对照中最小（1.6 cm）（图5.11）。Duncan多重比较结果显示：2004年，A温室显著高于E温室和对照（$F_{(5, 83)}$=3.04，P<0.01）；2005年，A温室显著高于C温室、D温室、E温室和对照（$F_{(5, 83)}$=2.23，P<0.05）；2006年，A温室显著高于其他温室和对照（$F_{(5, 83)}$=3.70，P<0.01）（表5.6）。矮嵩草增加的叶片高度，从2004年至2006年逐年增加，在处理中增加的高度，2004年和2005年显著高于2006年（A：$F_{(2, 41)}$=9.30，P<0.01；B：$F_{(2, 41)}$=1.217，P<0.01；C：$F_{(2, 41)}$=5.32，P<0.01；D：$F_{(2, 41)}$=3.55，P<0.01；E：$F_{(2, 41)}$=11.40，P<0.01）；增加的高度在对照中年间差异不显著（对照：$F_{(2, 41)}$=1.07，P=0.35）。

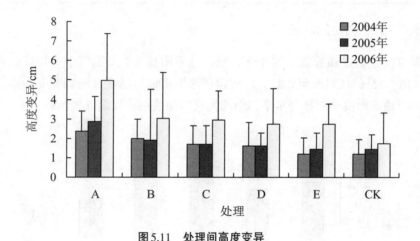

图5.11 处理间高度变异

表5.6 2004、2005、2006年处理间叶片高度多重比较

年份	处理					
	A温室	B温室	C温室	D温室	E温室	对照
2004	2.37Aa	1.99ABab	1.72ABab	1.60ABab	1.21Bb	1.22Bb
2005	2.88a	1.91ab	1.72b	1.60b	1.43b	1.46b
2006	4.97Aa	3.03Bb	2.94Bb	2.75Bb	2.74Bb	2.23Bb

注：不同小写字母表示0.05水平差异性，不同大写字母表示0.01水平差异性。

2. 叶片高度变异与温度的相关性

从A温室至对照，矮嵩草的平均高度与平均温度（地表温度和地温）均呈显著正相关（表5.7）。

表5.7　高度变异与平均温度的回归分析

年份	平均温度	回归方程	相关系数	自由度	显著水平
2004	地表温度	$Y=1.7271X+6.8919$	0.96	1,5	0.00
	地温	$Y=1.4622X+7.9772$	0.87	1,5	0.02
2005	地表温度	$Y=1.6085X+7.147$	0.81	1,5	0.05
	地温	$Y=0.8781X+8.8466$	0.88	1,5	0.02
2006	地表温度	$Y=0.7117X+9.8273$	0.88	1,5	0.02
	地温	$Y=0.683X+9.206$	0.90	1,5	0.01

5.3.4　对生物量的影响

矮嵩草的生物量随着温度的变化，规律性不明显，在C温室中生物量最高，其次是D温室（图5.12）；从对照至C温室，矮嵩草的生物量与温度（地表温度和地温）呈正相关关系，与地表温度达到显著水平，但与地温的相关性不显著（表5.8）。

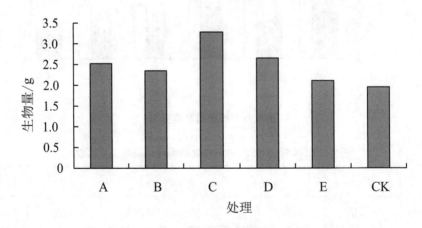

图5.12　处理间生物量变化

表5.8　生物量变化与平均温度的回归分析

年份	平均温度	回归方程	相关系数	自由度	显著水平
2006	地表温度	$Y=0.7508X+9.7429$	0.99	1,3	0.01
	地温	$Y=0.6418X+9.3281$	0.94	1,3	0.06

5.4 增温对黑褐苔草的影响

5.4.1 对分蘖的影响

1. 分蘖数变化

3年的研究结果表明，分蘖数随温度的升高先增加后减小，在D温室中增加的分蘖数最多（0.8株），A温室中增加的分蘖数最少（0.2株），而且黑褐苔草分蘖数3年的变化趋势规律基本一致（图5.13）。Duncan多重比较结果显示：2004年，D温室增加的分蘖数显著高于A温室（$F_{(5, 83)}$=2.06，$P<0.01$）；2005年，D温室增加的分蘖数显著高于其他温室和对照（$F_{(5, 83)}$=2.21，$P<0.05$）；2006年，D温室增加的分蘖数显著高于A温室、B温室、E温室和对照（$F_{(5, 83)}$=2.10，$P<0.05$）（表5.9）。从图5.13可以看出，在试验期间黑褐苔草增加的分蘖数逐年减少，但年间差异不显著（A：$F_{(2, 41)}$=0.66，P=0.52；B：$F_{(2, 41)}$=3.25，P=0.050；C：$F_{(2, 41)}$=0.78，P=0.47；D：$F_{(2, 41)}$=1.66，P=0.20；E：$F_{(2, 41)}$=2.60，P=0.09；对照：$F_{(2, 41)}$=1.46，P=0.24）。

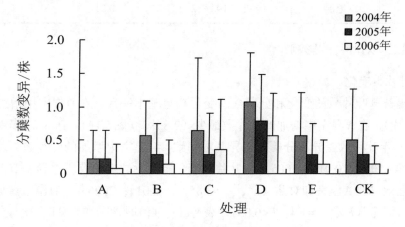

图5.13 处理间分蘖数变异

2. 分蘖数变异与温度的相关性

黑褐苔草的分蘖数变异与温度（平均地表温度和平均地温）从A温室至D温室间呈负相关关系，2004年各温室间分蘖数与温度相关性达到显著水平；2005年和2006年均不显著（表5.10）。

表5.9 2004、2005、2006年分蘖数变异多重比较

年份	处理					
	A温室	B温室	C温室	D温室	E温室	对照
2004	0.21Bb	0.57ABab	0.64ABab	1.07Aa	0.57ABab	0.50ABab
2005	0.21b	0.29b	0.29b	0.79a	0.29b	0.29b
2006	0.07b	0.14b	0.36ab	0.57a	0.14b	0.14b

注：不同小写字母表示0.05水平差异性，不同大写字母表示0.01水平差异性。

表5.10 分蘖数变异与平均温度的回归分析

年份	平均温度	回归方程	相关系数	自由度	显著水平
2004	地表温度	$Y=-3.1286X+11.801$	−0.98	1,3	0.02
	地温	$Y=-2.3773X+12.026$	−0.99	1,3	0.01
2005	地表温度	$Y=-4.0153X+11.909$	−0.82	1,3	0.18
	地温	$Y=-2.8204X+11.601$	−0.92	1,3	0.08
2006	地表温度	$Y=-2.5033X+13.146$	−0.94	1,3	0.06
	地温	$Y=-2.3119X+12.351$	−0.91	1,3	0.09

5.4.2 对叶片的影响

1. 叶片数变化

黑褐苔草叶片数的变化和分蘖数的变化趋势基本一致，在D温室中增加的叶片数最多（6.2片），在A温室中增加的叶片数最少（2.8片）（图5.14）。Duncan多重比较结果显示：2004年叶片数变异与分蘖数变异基本一致，D温室中增加的叶片数显著高于A温室（$F_{(5, 83)}=2.10$，$P<0.01$）；2005年，叶片数变化与分蘖数变化有所差异，D温室中增加的叶片数显著高于A温室和对照（$F_{(5, 83)}=3.85$，$P<0.01$）；2006年，D温室增加的叶片数显著高于A温室（$F_{(5, 83)}=1.4$，$P<0.05$）（表5.11）。叶片数变异的年间变化与分蘖数变化基本一致，处理中年间差异不显著（A：$F_{(2, 41)}=0.30$，$P=0.74$；B：$F_{(2, 41)}=0.72$，$P=0.49$；C：$F_{(2, 41)}=0.33$，$P=0.72$；D：$F_{(2, 41)}=0.347$，$P=0.71$；E：$F_{(2, 41)}=1.78$，$P=0.18$；对照：$F_{(2, 41)}=2.71$，$P=0.08$）。

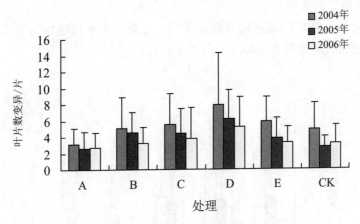

图5.14 处理间叶片数变异

表5.11 2004、2005、2006年叶片数多重比较

年份	处理					
	A温室	B温室	C温室	D温室	E温室	对照
2004	3.14Bb	5.07ABab	5.50ABab	6.21Aa	3.79ABb	4.86ABab
2005	2.57Bb	4.57ABab	4.43ABab	6.21Aa	3.79ABb	2.71Bb
2006	2.71b	3.21ab	3.79ab	5.14a	3.29ab	3.14ab

注：不同小写字母表示0.05水平差异性，不同大写字母表示0.01水平差异性。

2.叶片数变异与温度的相关性

从A温室至D温室，叶片数变异与平均温度（地表温度和地温）呈负相关关系，2004年，A温室至D温室间相关性显著；2005年，A温室至D温室与地表温度的相关性不显著，但与地温的相关性达到显著水平；2006年，叶片数变异与温度的相关性不显著（表5.12）。

表5.12 叶片数变异与平均温度的回归分析

年份	平均温度	回归方程	相关系数	自由度	显著水平
2004	地表温度	$Y=-1.7703X+19.731$	-0.98	1,3	0.02
	地温	$Y=-1.348X+18.067$	-0.99	1,3	0.01
2005	地表温度	$Y=-1.355X+16.362$	-0.90	1,3	0.10
	地温	$Y=-0.9078X+14.545$	-0.97	1,3	0.03
2006	地表温度	$Y=-0.5334X+14.412$	-0.93	1,3	0.07
	地温	$Y=-0.4847X+13.49$	-0.89	1,3	0.112

3.对叶片高度的影响

黑褐苔草平均高度随温度的升高而增高，A温室中平均增加的高度最大（4.7 cm），对照中平均增加的高度最小（1.8 cm）（图5.15）。

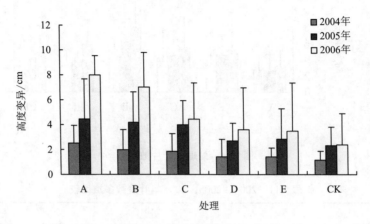

图5.15 处理间高度变异

Duncan多重比较结果显示：2004年，A温室中增加的高度显著高于对照（$F_{(5, 83)}$=2.86，$P<0.01$）；2005年，A温室中增加的高度显著高于D温室、E温室和对照（$F_{(5, 83)}$=2.22，$P<0.01$）；2006年，A温室中增加的高度显著高于D温室和对照（$F_{(5, 83)}$=5.52，$P<0.01$）（表5.13）。2004年至2006年黑褐苔草的叶片高度逐年增加（图5.15），在处理中增加的高度，2005年和2006年显著高于2004年（A：$F_{(2, 41)}$=12.09，$P<0.01$；B：$F_{(2, 41)}$=6.60，$P<0.01$；C：$F_{(2, 41)}$=7.62，$P<0.01$；D：$F_{(2, 41)}$=2.57，$P<0.01$；E：$F_{(2, 41)}$=6.17，$P<0.01$；对照：$F_{(2, 41)}$=5.45，$P<0.01$）。

表5.13 2004、2005、2006年处理间高度多重比较

年份	处理					
	A温室	B温室	C温室	D温室	E温室	对照
2004	2.54Aa	1.97ABab	1.86ABabc	1.44ABbc	1.40ABbc	0.87Bc
2005	4.46a	4.19ab	3.98ab	2.69ab	2.85ab	2.33b
2006	7.15Aa	5.81ABab	5.33ABabc	3.077BCcd	4.26ABCbcd	2.21Cd

注：不同小写字母表示0.05水平差异性，不同大写字母表示0.01水平差异性。

表5.14 高度变异与平均温度的回归分析

年份	平均温度	回归方程	相关系数	自由度	显著水平
2004	地表温度	$Y=2.1142X+5.3223$	0.97	1,5	0.00
	地温	$Y=1.9491X+6.3403$	0.96	1,5	0.00

续表5.14

年份	平均温度	回归方程	相关系数	自由度	显著水平
2005	地表温度	$Y=0.7915X+7.2544$	0.91	1,5	0.01
2005	地温	$Y=0.4085X+8.9921$	0.94	1,5	0.01
2006	地表温度	$Y=0.3878X+10.24$	0.92	1,5	0.01
2006	地温	$Y=0.3624X+9.6478$	0.92	1,5	0.01

4.叶片高度变异与温度的相关性

从A温室至对照，黑褐苔草的平均高度变异与温度（地表温度和地温）呈显著正相关（表5.14）。

5.4.3 对生物量的影响

从对照至A温室随着温度的升高，黑褐苔草的生物量逐渐增加，规律性明显（图5.16），A温室中生物量最大（平均0.04 g/株），对照中最小（平均0.02 g/株）。从对照至A温室，黑褐苔草生物量与温度（地表温度和地温）呈正相关关系，且达到显著水平（表5.15）。

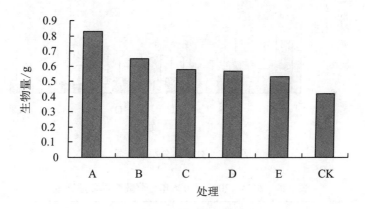

图5.16 处理间生物量变化

表5.15 生物量变化与平均温度的回归分析

年份	平均温度	回归方程	相关系数	自由度	显著水平
2006	地表温度	$Y=5.3983X+8.8187$	0.96	1,5	0.00
2006	地温	$Y=5.1628X+8.249$	0.98	1,5	0.00

5.5 增温对垂穗披碱草的影响

5.5.1 对分蘖的影响

1. 分蘖数变化

三年的研究结果表明，垂穗披碱草的分蘖数随温度的升高而增加，在 A 温室中增加的分蘖数最多（平均 0.9 株），对照中增加的分蘖数最少（平均 0.2 株），而且三年的变化趋势基本一致（图 5.17）。结果显示：2004 年，A 温室和 B 温室中增加的分蘖数显著高于其他处理和对照（$F_{(5, 83)}=3.22$，$P<0.01$）；2005 年、2006 年，分蘖数增加不显著（2005：$F_{(5, 83)}=0.89$，$P=0.49$；2006：$F_{(5, 83)}=0.81$，$P=0.54$）（表 5.16）。

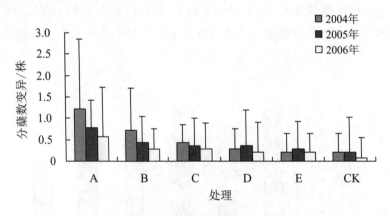

图 5.17　处理间分蘖数变异

表 5.16　2004、2005、2006 年分蘖数变异多重比较

年份	处理					
	A 温室	B 温室	C 温室	D 温室	E 温室	对照
2004	1.21Aa	0.71ABab	0.21Bb	0.29Bb	0.21Bb	0.21Bb
2005	0.79	0.43	0.36	0.43	0.29	0.36
2006	0.57	0.29	0.29	0.21	0.21	0.07

注：不同小写字母表示 0.05 水平差异性，不同大写字母表示 0.01 水平差异性。

2005年，垂穗披碱草在D温室与E温室中增加的分蘖数高于其他两年，在试验期间增加的分蘖数总趋势逐年减少（图5.17），但在同一处理中年间差异不显著（A：$F_{(2, 41)}$ =0.97，P =0.39；B：$F_{(2, 41)}$ =1.23，P=0.30；C：$F_{(2, 41)}$ =0.12，P=0.89；D：$F_{(2, 41)}$ =0.22，P=0.80；E：$F_{(2, 41)}$ =0.10，P=0.91；对照：$F_{(2, 41)}$ =0.486，P=0.619）。

2.分蘖数变异与温度的相关性

垂穗披碱草的分蘖数与温度（平均地表温度和平均地温）从A温室至对照随着温度的降低呈正相关关系，2004年相关性达到显著水平；2005年，分蘖数与地表温度的相关性不显著，与地温的相关性达到显著水平；2006年，分蘖数变异与地表温度和地温的相关性均达到极显著水平。

表5.17　分蘖数变异与平均温度的回归分析

年份	平均温度	回归方程	相关系数	自由度	显著水平
2004	地表温度	$Y=1.7379X+8.5871$	0.94	1,5	0.01
	地温	$Y=1.5075X+9.3951$	0.88	1,5	0.02
2005	地表温度	$Y=4.7208X+8.0872$	0.78	1,5	0.07
	地温	$Y=2.6292X+9.3369$	0.88	1,5	0.02
2006	地表温度	$Y=4.3127X+10.859$	0.93	1,5	0.01
	地温	$Y=4.1138X+10.203$	0.94	1,5	0.00

5.5.2　对叶片的影响

1.叶片数变化

垂穗披碱草叶片数的变化和分蘖数的变化趋势基本一致，从对照至A温室增加的叶片数随着温度的升高而增大，在A温室中增加的叶片数最多（平均5.0片），对照中增加的叶片数最少（平均2.1片）（图5.18）。Duncan多重比较结果显示：2004年，A温室中增加的叶片数显著高于D温室、E温室和对照（$F_{(5, 83)}$ =5.54，$P<0.01$）；2005年，A温室中增加的叶片数显著高于其他温室和对照（$F_{(5, 83)}$ =1.23，$P<0.05$）；2006年，增加的叶片数在处理和对照间均不显著（$F_{(5, 83)}$ =0.445，P=0.82）（表5.18）。从图5.18可知，从增温第二年开始垂穗披碱草增加的叶片数逐渐减少，在同一处理中增加的叶片数，2004年显著高于2005年和2006年（A：$F_{(2, 41)}$ =9.49，$P<0.01$；B：$F_{(2, 41)}$ =7.44，$P<0.01$；C：$F_{(2, 41)}$ =5.94，$P<0.01$；D：$F_{(2, 41)}$ =4.74，$P<0.01$；E：$F_{(2, 41)}$ =7.41，$P<0.01$）；增加的叶片数在对照中年间差异不显著（对照：$F_{(2, 41)}$ =2.43，P=0.10）。

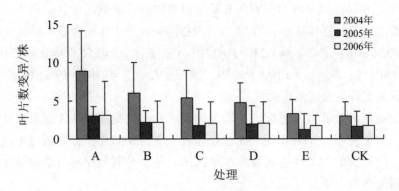

图5.18 处理间叶片数变异

表5.18 2004、2005、2006年叶片数多重比较

年份	处理					
	A温室	B温室	C温室	D温室	E温室	对照
2004	8.93Aa	6.00ABb	5.43ABbc	4.71Bbc	3.36Bbc	3.00Bc
2005	3.00a	2.14ab	1.93ab	1.79ab	1.29b	1.64ab
2006	3.07	2.21	2.07	2.07	1.71	1.71

注：不同小写字母表示0.05水平差异性，不同大写字母表示0.01水平差异性。

2. 叶片数变异与温度的相关性

从A温室至对照，叶片数变异与平均温度（地表温度和地温）呈正相关关系，2004年、2006年相关性均达到极显著水平；2005年，叶片数变异与平均地表温度相关性达到显著水平，与平均地温的相关性达到极显著水平（表5.19）。

表5.19 叶片数变异与平均温度的回归分析

年份	平均温度	回归方程	相关系数	自由度	显著水平
2004	地表温度	$Y=0.3489X+7.587$	0.99	1,5	0.00
	地温	$Y=0.3198X+8.4378$	0.97	1,5	0.00
2005	地表温度	$Y=1.5121X+7.1964$	0.83	1,5	0.04
	地温	$Y=0.8604X+8.8049$	0.94	1,5	0.00
2006	地表温度	$Y=1.4398X+8.9545$	0.94	1,5	0.01
	地温	$Y=1.3674X+8.3993$	0.95	1,5	0.00

5.5.3 对叶片高度的影响

1. 叶片高度变化

垂穗披碱草增加的平均高度从对照至 A 温室随着温度的升高而增高，A 温室中增加的平均高度最大（平均 7.9 cm），对照中增加的平均高度最小（平均 3.5 cm）（图 5.19）。Duncan 多重比较结果显示：2004 年，A 温室中增加的高度显著高于 D 温室、E 温室和对照（$F_{(5, 83)}$=7.65，$P<0.01$）；2005 年，高度增加不显著（$F_{(5, 83)}$=0.91，P=0.48）；2006 年，A 温室中增加的高度显著高于对照（$F_{(5, 83)}$=5.04，$P<0.01$）（表 5.20）。垂穗披碱草叶片高度的年间变化为：2004 年叶片高度增加最多，2005 年增加最小，年间差异不显著（A：$F_{(2, 41)}$=2.84，P=0.07；B：$F_{(2, 41)}$=2.46，P=0.10；C：$F_{(2, 41)}$=0.57，P=0.57；D：$F_{(2, 41)}$=0.12，P=0.89；E：$F_{(2, 41)}$=1.03，P=0.37；对照：$F_{(2, 41)}$=2.62，P=0.09）（图 5.19）。

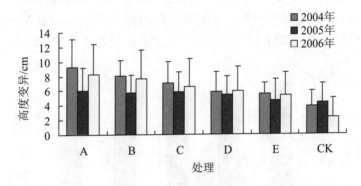

图 5.19 处理间高度变异

表 5.20 2004、2005、2006 年处理间高度多重比较

年份	处理					
	A 温室	B 温室	C 温室	D 温室	E 温室	对照
2004	9.27Aa	8.08ABab	7.08ABbc	5.79BCcd	5.52BCcd	3.87Cd
2005	6.01	5.77	5.80	5.47	4.63	4.32
2006	8.25Aa	7.62Aa	6.57Aa	5.99Aa	5.39ABa	2.27Bb

2. 叶片高度变异与温度的相关性

表 5.21 高度变异与平均温度的回归分析

年份	平均温度	回归方程	相关系数	自由度	显著水平
2004	地表温度	$Y=0.3603X+7.0359$	0.92	1,5	0.01
	地温	$Y=0.3547X+7.7707$	0.98	1,5	0.00

续表5.21

年份	平均温度	回归方程	相关系数	自由度	显著水平
2005	地表温度	$Y=1.3812X+2.8002$	0.90	1,5	0.01
	地温	$Y=0.6665X+6.9401$	0.97	1,5	0.02
2006	地表温度	$Y=0.3285X+10.064$	0.90	1,5	0.01
	地温	$Y=0.3123X+9.4512$	0.91	1,5	0.01

从 A 温室至对照，垂穗披碱草的平均高度与平均温度（地表温度和地温）呈显著正相关关系（表 5.21）。

5.5.4 对生物量的影响

从对照至 A 温室随着温度的升高，垂穗披碱草的生物量逐渐升高，A 温室中生物量最高（平均 0.06 g/株），对照中最小（平均 0.02 g/株）（图 5.20）。从对照至 A 温室，垂穗披碱草的生物量与温度（地表温度和地温）呈显著正相关关系（表 5.22）。

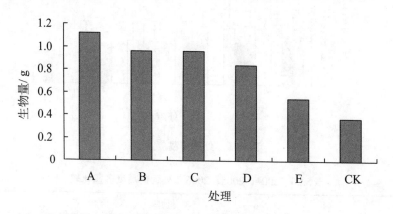

图 5.20　处理间生物量变化

表 5.22　生物量变异与平均温度的回归分析

年份	平均温度	回归方程	相关系数	自由度	显著水平
2006	地表温度	$Y=2.5343X+10.012$	0.94	1,5	0.01
	地温	$Y=2.3657X+9.4369$	0.93	1,5	0.01

5.6 增温对草地早熟禾的影响

5.6.1 对分蘖的影响

1. 分蘖数变化

三年的研究结果表明,草地早熟禾的分蘖数从对照至A温室随着温度的升高而增加,在A温室中增加的分蘖数最多(平均0.6株),对照中增加的分蘖数最少(平均0.07株),并且分蘖数在三年中的变化趋势基本一致(图5.21)。

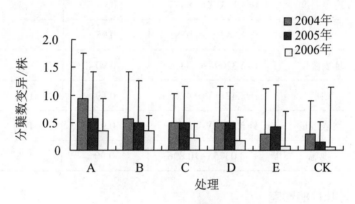

图5.21 处理间分蘖数变异

表5.23 2004、2005、2006年分蘖数变异多重比较

年份	处理					
	A温室	B温室	C温室	D温室	E温室	对照
2004	0.93a	0.57ab	0.50ab	0.50ab	0.29b	0.29b
2005	0.57	0.50	0.50	0.50	0.43	0.14
2006	0.36a	0.36a	0.21ab	0.07ab	0.07ab	−0.21b

注:不同小写字母表示0.05水平差异性,不同大写字母表示0.01水平差异性。

Duncan多重比较结果显示:2004年,A温室中增加的分蘖数显著高于E温室和对照($F_{(5, 83)}$=1.49,$P<0.01$);2005年分蘖数变异在处理和对照间不显著($F_{(5, 83)}$=0.69,P=0.64);2006年,A温室中增加的分蘖数显著高于对照($F_{(5, 83)}$=1.78,$P<0.05$)(表5.23)。从图5.21可以看出,在试验第二年(2005年),A温室、B温室和对照中增加的分蘖数比试验第一年(2004年)有所下降,C温室和D温室基本不变,E温室却有所增加,

在试验第三年，增加的分蘖数却开始减少；在同一处理中年间变化差异不显著（A：$F_{(2, 41)}$=1.36，P=0.27；B：$F_{(2, 41)}$=0.29，P=0.75；C：$F_{(2, 41)}$=1.31，P=0.28；D：$F_{(2, 41)}$=2.80，P=0.07；E：$F_{(2, 41)}$=1.03，P=0.37；对照：$F_{(2, 41)}$=0.57，P=0.57）。

2.分蘖数变异与温度的相关性

草地早熟禾的分蘖数变异与平均温度（地表温度和地温）从A温室至对照间呈正相关关系，2004年，相关性达到极显著水平；2005年，分蘖数变异与地表温度的相关性显著，但与地温的相关性不显著；2006年，分蘖数变异与地表温度和地温的相关性均达到显著水平（表5.24）。

表5.24　分蘖数变异与平均温度的回归分析

年份	平均温度	回归方程	相关系数	自由度	显著水平
2004	地表温度	$Y=3.1431X+7.8057$	0.98	1,5	0.00
	地温	$Y=2.8421X+8.6581$	0.95	1,5	0.03
2005	地表温度	$Y=6.3209X+7.3824$	0.90	1,5	0.01
	地温	$Y=2.4211X+9.4286$	0.69	1,5	0.13
2006	地表温度	$Y=3.2322X+11.578$	0.91	1,5	0.01
	地温	$Y=3.0375X+10.896$	0.90	1,5	0.01

5.6.2　对叶片的影响

1.叶片数变化

草地早熟禾的叶片数变异和分蘖数的变化趋势基本一致，从对照至A温室随着温度的升高叶片数逐渐增多，在A温室中增加的叶片数最多（平均2.3片），在对照中增加的叶片数最少（平均0.9片）（图5.22）。Duncan多重比较结果显示：2004年和2005年，在处理和对照中增加的叶片数差异不显著（2004：$F_{(5, 83)}$=0.57，P=0.72；2006：$F_{(5, 83)}$=1.01，P=0.42）；2006年，A温室中增加的叶片数显著高于对照（$F_{(5, 83)}$=2.42，P<0.01）（表5.25）。从图5.22可以看出，在A温室、B温室和C温室中，试验第二年（2005年）增加的叶片数有所降低，但从试验第三年（2006年）又开始升高；在D温室、E温室和对照中增加的叶片数逐年减少；在同一处理中年间差异不显著（A：$F_{(2, 41)}$=0.56，P=0.58；B：$F_{(2, 41)}$=0.52，P=0.60；C：$F_{(2, 41)}$=0.48，P=0.62；D：$F_{(2, 41)}$=0.46，P=0.64；E：$F_{(2, 41)}$=0.98，P=0.40；对照：$F_{(2, 41)}$=0.99，P=0.38）。

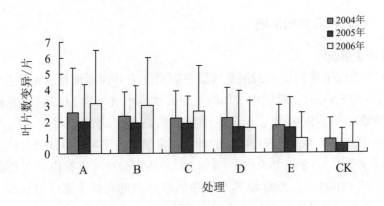

图 5.22　处理间叶片数变异

表 5.25　2004、2005 和 2006 年叶片数多重比较

年份	处理					
	A 温室	B 温室	A 温室	D 温室	A 温室	对照
2004	2.57	2.36	2.21	2.21	1.71	1.64
2005	2.00	1.93	1.86	1.64	1.57	0.57
2006	3.14a	3.00a	2.64ab	1.57ab	0.93ab	0.57b

注：不同小写字母表示 0.05 水平差异性，不同大写字母表示 0.01 水平差异性。

2.叶片数变异与温度的相关性

从 A 温室至对照，草地早熟禾的叶片数变异随着平均温度（地表温度和地温）降低而减小，呈正相关关系。2004 年，叶片数变异与地表温度和地温均为显著正相关关系；2005 年，叶片数变异与地表温度呈显著正相关关系，而与地温的相关性不显著；2006 年，叶片数变异与地表温度和地温的相关性均达到极显著水平（表 5.26）。

表 5.26　叶片数变异与平均温度的回归分析

年份	平均温度	回归方程	相关系数	自由度	显著水平
2004	地表温度	$Y=1.7988X+5.603$	0.87	1,5	0.03
	地温	$Y=1.7795X+6.3422$	0.92	1,5	0.01
2005	地表温度	$Y=1.8112X+7.2773$	0.90	1,5	0.02
	地温	$Y=0.7152X+9.354$	0.71	1,5	0.12
2006	地表温度	$Y=0.6627X+10.73$	0.95	1,5	0.00
	地温	$Y=0.6083X+10.127$	0.93	1,5	0.01

5.6.3 对叶片高度的影响

1. 叶片高度变化

草地早熟禾的平均高度从对照至 A 温室随温度的升高而增高，A 温室中增加的平均高度最大（平均 5.5 cm），对照中增加的平均高度最小（平均 2.0 cm）（图 5.23）。Duncan 多重比较结果显示：2004 年，A 温室中增加的高度显著高于对照（$F_{(5, 83)}$=2.14，$P<0.05$）；2005 年、2006 年，处理中增加的叶片高度显著高于对照（2005：$F_{(5, 83)}$=5.01，$P<0.05$；2006：$F_{(5, 83)}$=3.86，$P<0.05$）（表 5.27）。从图 5.23 可以看出，在 E 温室和对照中，在增温第二年（2005 年）草地早熟禾增加的叶片高度有所下降，从试验第三年（2006年）又开始升高；试验期间在其他温室中高度逐年增加；同一处理中，年间差异不显著（A：$F_{(2, 41)}$=1.96，$P=0.16$；B：$F_{(2, 41)}$=1.64，$P=0.21$；C：$F_{(2, 41)}$=1.35，$P=0.27$；D：$F_{(2, 41)}$=0.66，$P=0.52$；E：$F_{(2, 41)}$=0.25，$P=0.78$；对照：$F_{(2, 41)}$=0.94，$P=0.40$）。

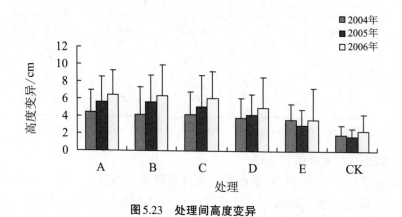

图 5.23 处理间高度变异

表 5.27 2004、2005 年处理间高度多重比较

年份	处理					
	A 温室	B 温室	C 温室	D 温室	E 温室	对照
2004	4.42a	4.21a	4.17a	3.81a	3.64ab	1.92b
2005	5.63Aa	5.99Aa	5.08Aab	4.17ABab	3.02ABbc	1.73Bc
2006	6.48Aa	6.41Aa	6.11Aab	4.99ABab	3.67ABbc	2.40Bc

注：不同小写字母表示 0.05 水平差异性，不同大写字母表示 0.01 水平差异性。

2. 叶片高度变异与温度的相关性

草地早熟禾的平均高度与平均温度（地表温度和地温）从 A 温室至对照，随温度的降低而减小且呈显著正相关。2004 年，增加的高度与地温呈显著正相关关系，但与地表温度的相关性不显著；2005 年，增加的高度与地表温度和地温的相关性均达到显著水平

（表5.28）。

表5.28 高度变异与平均温度的回归分析

年份	平均温度	回归方程	相关系数	自由度	显著水平
2004	地表温度	$Y=0.5783X+7.2786$	0.70	1,5	0.12
	地温	$Y=0.6562X+7.6893$	0.85	1,5	0.03
2005	地表温度	$Y=0.6272X+7.53$	0.92	1,5	0.01
	地温	$Y=0.2949X+9.2552$	0.87	1,5	0.00
2006	地表温度	$Y=0.4181X+9.9453$	0.91	1,5	0.01
	地温	$Y=0.3873X+9.3895$	0.90	1,5	0.02

5.6.4 对生物量的影响

从对照至A温室，随着温度的升高，草地早熟禾的生物量逐渐增加，A温室中生物量达到最大值（0.05 g/株），对照中生物量最小（0.01 g/株）（图5.24）。从对照至A温室，草地早熟禾的生物量与温度（地表温度和地温）呈显著正相关关系（表5.29）。

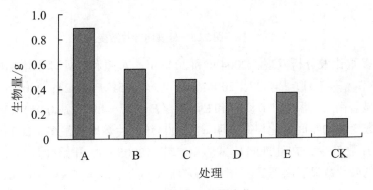

图5.24 处理间生物量变化

表5.29 生物量变异与平均温度的回归分析

年份	平均温度	回归方程	相关系数	自由度	显著水平
2006	地表温度	$Y=2.9282X+10.693$	0.96	1,5	0.00
	地温	$Y=2.7771X+10.052$	0.97	1,5	0.00

5.7 增温对短穗兔耳草的影响

5.7.1 对叶片的影响

1.叶片数变化

在三年实验期间,短穗兔耳草叶片数的变异趋势基本一致,从对照至A温室随着温室的增大即温度的逐渐升高,短穗兔耳草叶片数逐渐减少,在A温室中平均增加的叶片数最多(3.4片),在对照中平均增加的叶片数最少(2.0片)(图5.25)。

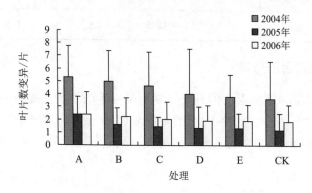

图5.25 处理间叶片数变异

Duncan多重比较分析发现:2004年和2006年,对照和各处理中增加的叶片数不显著(2004:$F_{(5, 119)}$=1.31,P=0.27;2006:$F_{(5, 119)}$=0.45,P=0.82);2005年,A温室中增加的叶片数显著高于C温室、D温室和E温室($F_{(5, 119)}$=4.95,P<0.05)(表5.30)。短穗兔耳草叶片数变异的年间变化规律不明显,2004年叶片数增加最多,2006年次之,2005年增加的叶片数最少,在处理间从试验第二年(2005年)开始叶片数变化趋于稳定;2004年增加的叶片数显著高于2005年和2006年(A:$F_{(2, 59)}$=15.38,P<0.01;B:$F_{(2, 59)}$=20.80,P<0.01;C:$F_{(2, 59)}$=18.48,P<0.01;D:$F_{(2, 59)}$=6.85,P<0.01;E:$F_{(2, 59)}$=17.10,P<0.01;对照:$F_{(2, 59) 照}$=8.82,P<0.01)。

表5.30 2004、2005、2006年短穗兔耳草平均叶片数多重比较

年份	处理					
	A温室	B温室	C温室	D温室	E温室	对照
2004	5.30	5.00	4.65	4.00	3.80	3.65
2005	2.40Aa	1.60Aab	1.45ABb	1.35ABb	1.35ABb	0.40Bc
2006	2.40	2.25	2.05	1.95	1.95	1.85

注:不同小写字母表示0.05水平差异性,不同大写字母表示0.01水平差异性。

2. 叶片数变异与温度的相关性

从A温室至对照随着温室的增大即温度的逐渐降低，增加的叶片与平均温度（地表温度和地温）呈显著正相关关系（表5.31）。

表5.31 叶片数变异与平均温度的回归分析

年份	平均温度	回归方程	相关系数	自由度	显著水平
2004	地表温度	$Y=1.004X+4.9965$	0.90	1,5	0.01
	地温	$Y=0.9619X+5.8805$	0.93	1,5	0.01
2005	地表温度	$Y=1.6365X+7.8346$	0.98	1,5	0.00
	地温	$Y=0.7204X+9.4685$	0.86	1,5	0.03
2006	地表温度	$Y=3.5738X+4.624$	0.98	1,5	0.00
	地温	$Y=3.366X+4.345$	0.97	1,5	0.00

5.7.2 对叶片高度的影响

1. 叶片高度变化

短穗兔耳草平均叶片高度随温度的升高而增高，两年平均增加高度在A温室中最大（5.0 cm），对照最小（2.8 cm），2006年与2005年相比高度变异有所增加（图5.26）。Duncan多重比较结果显示：2005年和2006年，A温室中增加的高度显著高于C温室、D温室、E温室和对照（2005：$F_{(5, 119)}=2.95$，$P<0.05$；2006：$F_{(5, 119)}=9.38$，$P<0.01$）（表5.32）。从图5.26可以看出，短穗兔耳草增加的高度逐年增加，但在C温室、D温室、E温室和对照中增加的高度趋于稳定；A温室和B温室中2006年增加的高度显著高于2005年（A：$F_{(2, 59)}=4.77$，$P<0.05$；B：$F_{(2, 59)}=9.82$，$P<0.01$），在其他处理和对照中年间差异不显著（C：$F_{(2, 59)}=2.01$，$P=0.16$；D：$F_{(2, 59)}=1.55$，$P=0.22$；E：$F_{(2, 59)}=0.31$，$P=0.58$；对照：$F_{(2, 59)}=0.38$，$P=0.54$）。

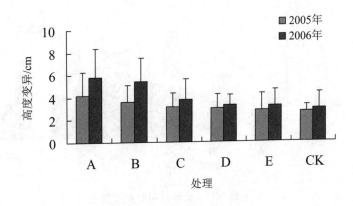

图5.26 处理间高度变异

表5.32　2005、2006年处理间叶片高度多重比较

年份	处理					
	A温室	B温室	C温室	D温室	E温室	对照
2005	4.16Aa	3.62ABab	3.11ABb	2.82Bb	2.99ABb	2.71Bb
2006	5.79Aa	5.42Aa	3.81Bb	3.26Bb	3.24Bb	2.92Bb

注：不同小写字母表示0.05水平差异性，不同大写字母表示0.01水平差异性。

2. 高度变异与温度的相关性

从A温室到对照，短穗兔耳草的平均高度与温度（地表温度和地温）呈显著正相关关系（表5.33）。

表5.33　高度变异与平均温度的回归分析

年份	平均温度	回归方程	相关系数	自由度	显著水平
2005	地表温度	$Y=1.7215X+4.6047$	0.94	1,5	0.02
	地温	$Y=0.9079X+7.5616$	0.86	1,5	0.01
2006	地表温度	$Y=0.5917X+9.6035$	0.94	1,5	0.01
	地温	$Y=0.5547X+9.071$	0.95	1,5	0.00

5.7.3　对匍匐茎的影响

1. 匍匐茎数量的变化

在2004、2005年中，短穗兔耳草匍匐茎数量的变化趋势基本一致，在C温室中匍匐茎数最多（平均9条），在A温室中匍匐茎数最少（平均4条）。从C温室至A温室随着温室的减小即温度的逐渐升高，匍匐茎数逐渐减少；从C温室至对照随着温室逐渐增大即温度逐渐降低，匍匐茎数目也逐渐减少（图5.27）。

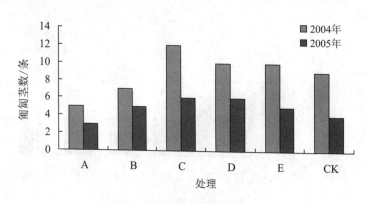

图5.27　处理间匍匐茎数变化

匍匐茎数目年间变化比较明显，从2004年到2006年逐年减少（图5.27），2006年除

了对照有匍匐茎（2条）外，处理均没有匍匐茎。2004、2005年处理和对照间匍匐茎差异不显著（2004：$F_{(5, 119)}$=0.96，P=0.44；2005：$F_{(5, 119)}$=0.246，P=0.94）。从A温室到对照，匍匐茎数与温度（平均地表温度和地温）呈负相关关系，但不显著（表5.34）。

表5.34 匍匐茎数与平均温度的回归分析

年份	平均温度	回归方程	相关系数	自由度	显著水平
2004	地表温度	$Y=-0.1488X+10.779$	-0.60	1,5	0.21
	地温	$Y=-0.1143X+11.161$	-0.50	1,5	0.32
2005	地表温度	$Y=-0.2075X+11.169$	-0.23	1,5	0.67
	地温	$Y=-0.1957X+11.441$	-0.43	1,5	0.40

2.匍匐茎长度变化

2004年和2005年，匍匐茎长度年间变化规律不明显，但在对照和处理间的变化趋势基本一致，从A温室至对照随着温室的逐渐增大即温度的逐渐降低，匍匐茎长度逐渐减小；年间变化规律不明显，在同一处理中年间差异不显著（图5.28）。从A温室至对照，匍匐茎长度与平均温度（地表温度和地温）呈显著正相关关系，回归方程和显著水平见表5.35。

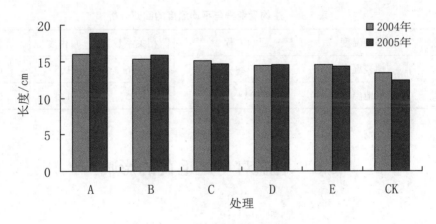

图5.28 处理间匍匐茎长度变化

表5.35 匍匐茎长度与平均温度的回归分析

年份	平均温度	回归方程	相关系数	自由度	显著水平
2004	地表温度	$Y=0.775X-2.0549$	0.91	1,5	0.01
	地温	$Y=0.7759X-1.3698$	0.97	1,5	0.00
2005	地表温度	$Y=0.4762X+2.9744$	0.97	1,5	0.00
	地温	$Y=0.2295X+7.0291$	0.93	1,5	0.01

5.7.4 对生物量的影响

从对照到 A 温室随着温度的不断升高，短穗兔耳草基株的生物量逐渐增加，在 A 温室中生物量达到最大值（0.12 g/株），在对照中最小（0.05 g/株）（图 5.29）。从对照至 A 温室，短穗兔耳草基株的生物量与温度（地表温度和地温）呈显著正相关关系（表 5.36）。

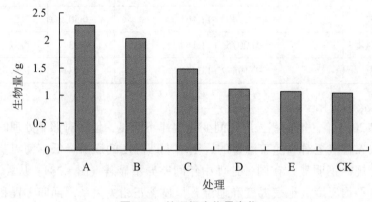

图 5.29　处理间生物量变化

表 5.36　生物量变异与平均温度的回归分析

年份	平均温度	回归方程	相关系数	自由度	显著水平
2006	地表温度	$Y=1.3787X+9.9648$	0.96	1,5	0.00
	地温	$Y=1.282X+9.4001$	0.95	1,5	0.00

5.8　增温对鸟足毛茛的影响

5.8.1　对叶片的影响

1. 叶片数变化

在两年增温试验中鸟足毛茛叶片数的变异趋势基本一致，从对照至 A 温室，随着温室的减小即温度的逐渐升高，鸟足毛茛增加的叶片数逐渐减少，在 A 温室中平均增加的叶片数最多（3.0 片），在对照中平均增加的叶片数最少（1.2 片）（图 5.30）。Duncan 多重比较分析发现，2004 年 A 温室中增加的叶片数显著高于 D 温室、E 温室和对照（$F_{(5, 119)}=4.32$，$P<0.01$）；2005 年对照和处理中增加的叶片数差异不显著（$F_{(5, 119)}=0.34$，$P=0.89$）（表 5.37）。

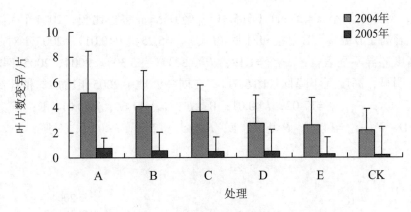

图5.30 处理间叶片数变异

表5.37 2004、2005年鸟足毛茛平均叶片数多重比较

年份	处理					
	A温室	B温室	C温室	D温室	E温室	对照
2004	5.20Aa	4.10ABab	3.70ABabc	2.75Bbc	2.60Bbc	2.15Bc
2005	0.75	0.55	0.50	0.45	0.25	0.20

注：不同小写字母表示0.05水平差异性，不同大写字母表示0.01水平差异性。

鸟足毛茛增加的叶片数年间变化规律明显，增加的叶片数逐年降低（图5.30）；2005年增加的叶片数显著小于2004年（A：$F_{(2, 59)}$=34.06，$P<0.01$；B：$F_{(2, 59)}$=24.34，$P<0.01$；C：$F_{(2, 59)}$=36.30，$P<0.01$；D：$F_{(2, 59)}$=13.34，$P<0.01$；E：$F_{(2, 59)}$=16.58，$P<0.01$；对照：$F_{(2, 59)}$=9.65，$P<0.01$）。

2.叶片数变异与温度的相关性

从A温室至对照随着温室的增大即温度的逐渐降低，增加的叶片与平均温度（地表温度和地温）呈显著正相关关系（表5.38）。

表5.38 叶片数变异与平均温度的回归分析

年份	平均温度	回归方程	相关系数	自由度	显著水平
2004	地表温度	$Y=0.6426X+7.2191$	0.96	1,5	0.00
	地温	$Y=0.6015X+8.0578$	0.97	1,5	0.00
2005	地表温度	$Y=5.0592X+7.89$	0.96	1,5	0.00
	地温	$Y=2.5639X+9.3412$	0.97	1,5	0.00

5.8.2 对株高的影响

1.株高变化

鸟足毛茛平均高度随温度的升高而增高，两年平均增加的高度在A温室中最大

（7.4 cm），对照中最小（4.3 cm）（图5.31）。经Duncan多重比较，2004年A温室中增加的高度显著高于D温室、E温室和对照（$F_{(5, 119)}$=5.25，$P<0.01$）；2005年对照和处理中增加的高度差异不显著（$F_{(5, 119)}$=1.19，$P=0.32$）（表5.39）。2004、2005年增加的高度年间变化明显，高度逐年降低（图5.31）；在同一处理中2005年增加的植株高度显著高于2004年（A：$F_{(2, 59)}$=17.02，$P<0.01$；B：$F_{(2, 59)}$=11.64，$P<0.01$；C：$F_{(2, 59)}$=7.94，$P<0.01$；D：$F_{(2, 59)}$=14.95，$P<0.01$；E：$F_{(2, 59)}$=12.61，$P<0.01$；对照：$F_{(2, 59)}$=10.22，$P<0.01$）。

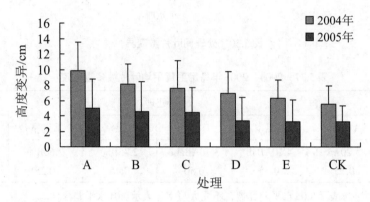

图5.31 处理间高度变异

表5.39 2004和2005年处理间叶片高度多重比较

年份	处理					
	A温室	B温室	C温室	D温室	E温室	对照
2004	9.81Aa	8.1ABab	7.55ABb	6.93Bbc	6.24Bbc	5.48Bc
2005	4.97	4.53	4.48	3.30	3.30	3.21

注：不同小写字母表示0.05水平差异性，不同大写字母表示0.01水平差异性。

2. 株高变异与温度的相关性

从A温室至对照，鸟足毛茛的平均高度与温度（地表温度和地温）呈显著正相关关系（表5.40）。

表5.40 平均高度与平均温度的回归分析

年份	平均温度	回归方程	相关系数	自由度	显著水平
2004	地表温度	$Y=0.4871X+5.8338$	0.98	1,5	0.00
	地温	$Y=0.4597X+6.7333$	0.99	1,5	0.00
2005	地表温度	$Y=1.131X+5.684$	0.83	1,5	0.04
	地温	$Y=0.6301X+7.9977$	0.93	1,5	0.01

5.8.3 对花蕾的影响

在2004、2005年中,鸟足毛茛花蕾数的变化趋势不一致。2004年在A温室中平均花蕾数最多(4.2个/株),在对照中最少(1.7个/株);2005年花蕾数变化趋势与2004年相反,即在对照中花蕾数最多(0.75个/株),在A温室中最少(0.3个/株)(图5.32)。

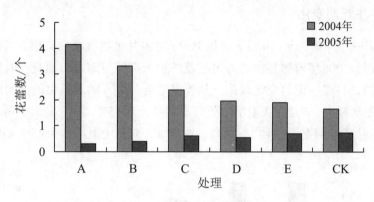

图5.32 处理间花蕾数变化

表5.41 2004、2005年处理间花蕾数多重比较

年份	处理					
	A温室	B温室	C温室	D温室	E温室	对照
2004	4.15Aa	3.30ABab	2.40ABbc	1.95Bbc	1.90Bbc	1.65Bc
2005	0.75	0.70	0.60	0.55	0.40	0.30

注:不同小写字母表示0.05水平差异性,不同大写字母表示0.01水平差异性。

Duncan多重比较结果显示:2004年,A温室中的花蕾数显著高于D温室、E温室和对照($F_{(5, 119)}$=3.71,$P<0.01$);2005年,对照和处理中花蕾数差异不显著($F_{(5, 119)}$=1.41,$P=0.23$)(表5.41)。两年中花蕾数的年间变化明显,花蕾数逐年减少(图5.32);在处理和对照中增加的花蕾数,2005年显著低于2004年(A:$F_{(2, 59)}$=25.52,$P<0.01$;B:$F_{(2, 59)}$=13.84,$P<0.05$;C:$F_{(2, 59)}$=22.97,$P<0.05$;D:$F_{(2, 59)}$=13.82,$P<0.05$;E:$F_{(2, 59)}$=18.24,$P<0.05$;对照:$F_{(2, 59)}$=7.28,$P<0.05$)。

从A温室至对照,花蕾数与温度(平均地表温度和地温)呈显著正相关关系(表5.42)。

表5.42 花蕾数与平均温度的回归分析

年份	平均温度	回归方程	相关系数	自由度	显著水平
2004	地表温度	$Y=0.7476X+7.5021$	0.96	1,5	0.00
	地温	$Y=0.6827X+8.3664$	0.94	1,5	0.01

续表 5.42

年份	平均温度	回归方程	相关系数	自由度	显著水平
2005	地表温度	$Y=-5.824X+13.37$	-0.95	1,5	0.00
	地温	$Y=-2.9441X+12.114$	-0.91	1,5	0.01

5.8.4 生长期变化

在试验第一年和第二年，4月下旬植物返青至9月植物逐渐枯黄期，鸟足毛茛的死亡率很小，然而，2006年监测显示，鸟足毛茛的生长期明显缩短，而且在对照和处理间随着温度的不同，呈现一定的变化规律。从A温室至对照，随着温室的增大即温度的逐渐降低死亡率逐渐减小，6月在A温室中死亡率最高，达45%，在E温室中鸟足毛茛没有死亡；7月在A温室和B温室中死亡率最高，达90%，对照中最小，为45%（图5.33）。

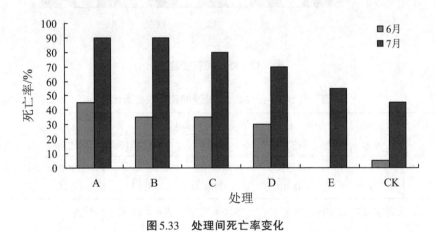

图 5.33 处理间死亡率变化

5.9 高寒草甸典型植物生长特征对OTC模拟增温梯度的响应机制

5.9.1 分蘖数变化

分蘖是植物枝条自地表或地下植物分蘖节、地下茎节、根颈上蘖芽形成枝条的现象。克隆繁殖是矮嵩草的主要繁殖方式，以分株和分株片段数量的增加以及直径的扩大为特征（朱志红等，2006）。温度作为重要的生态因子之一，对植物的生长和发育起着至关重要的作用。Havstrom等对南极不同地区植物进行研究发现：在温度较低的区域温度是植物生长的主要限制因子，在温度较高的地区营养成分则是植物生长的主要限制因子

(Havstrom et al，1993)。我们的研究结果表明：矮嵩草分蘖数的生长与地温密切相关，而且地温大约在10.2 ℃（E温室）时有利于矮嵩草克隆繁殖（分蘖数增加），温度继续降低或增加都不利于矮嵩草的克隆繁殖（分蘖数减少）。任何物种对每一种生态因子都有生态适应范围，矮嵩草和黑褐苔草也一样，分蘖数的变化对温度有生态学上的最低点、最高点和最适点。黑褐苔草的分蘖数变化的总体趋势与矮嵩草一致，但"最适"范围却在D温室，即在地表温度10.4 ℃，地温10.5 ℃左右时有利于黑褐苔草的克隆繁殖，而温度继续增高或者继续降低，则分蘖数减小，黑褐苔草的克隆繁殖受到抑制，不利于黑褐苔草的生长发育。如果在增温的同时增加营养，$E.vaginatum$的分蘖数增加显著；在单一因素控制时分蘖数增加不显著（Chapin et al，1985）。根据竞争释放理论（Belsky，1986；1987）可以提出假设：种群密度越大，邻体竞争现象越明显，竞争越激烈。在温室温度改变的同时温室内微气候也发生改变，因此，矮嵩草和黑褐苔草分蘖数在处理和对照中的变化，是由于温度改变而引起土壤湿度、空气湿度、土壤温度、地表温度等各种微气候因子发生变化的综合作用，以及由其而引起的群落结构和功能发生改变而产生种间、种内竞争作用共同导致的结果。说明，在E温室中由温度引起的微气候环境最适合矮嵩草的克隆生长，而且在群落中的竞争能力也较强，在D温室中的微环境和群落结构相对于其他处理和对照来说，更有利于黑褐苔草的克隆生长。

垂穗披碱草返青早，分蘖多，再生性好，生长茂盛，已成为水土保持、改善生态环境不可少的优良野生牧草（陆光平，2002）。我们研究发现，垂穗披碱草的分蘖数随温度的升高而增加，而且分蘖数与温度（地表温度和地温）呈正相关关系，且达到显著水平。朱志红等的研究（朱志红等，2005）则认为，提高光照强度可以增加垂穗披碱草新增分蘖百分数，但没有达到显著水平。因此，垂穗披碱草的分蘖数在温室中随温度的升高而增加的变化，是温度和光照共同作用的结果，而温度则是主导因子。

在试验第一年，垂穗披碱草的分蘖数差异显著，但第二年和第三年分蘖数的差异不显著，增加的分蘖数逐年减少，而且年间变化的差异也不显著。由于禾本科植物可以通过个体分蘖数的变化进行种群的自我调节，种群密度越大，禾草类植物的分蘖能力越小（王海洋等，2003）。而且在我们试验的第二年和第三年发现，温室种群密度发生显著变化，因此，根据竞争释放理论（Belsky，1986；1987）可以提出假设：种群密度越大，邻体竞争现象越明显，因而竞争对垂穗披碱草的分蘖产生了影响。这与王海洋等的研究结果一致，说明随着种群密度增大，植物竞争强度不断增强，密度效应十分明显。

分蘖是衡量牧草无性繁殖能力和侵占能力的重要指标，分蘖能力的大小直接影响着草地早熟禾的生长、生殖、营养物质的分配以及越冬情况（杨时海等，2006）。模拟增温试验结果表明，草地早熟禾的分蘖数随着温度的升高而增加，不同处理间分蘖数变异达到显著水平；分蘖数变异与温度（地表温度和地温）呈显著正相关关系。孙建华等对草地早熟禾的生长特性分析认为，2、3龄时分蘖速度最快，且分蘖高峰期在早春，其地上部及根部最适生长温度为15～20 ℃和10～18.3 ℃（孙建华等，2003）。而我们处理中的最高平均地温为12 ℃、最低平均地温为10 ℃，在其最适生长温度范围之内，因此，草地早熟禾的分蘖数随着温度的升高而增加。

对于丛生型而言，分蘖能力代表竞争力（刘发明等，1998），草地早熟禾根茎为疏丛型下繁草（王栋，1989），其匍匐茎在地下能迅速扩展，侵占力很强（韩烈保，1994）。草地早熟禾分蘖数的年间变化则显示，分蘖数逐年减少，但年间差异不显著。这可能是由于试验样地的封育和增温使种群密度逐年增加，增强了种间竞争所导致的。在群落局部小环境内植物生长得越密集，草地早熟禾生殖分蘖构件高度也越高，因为在这一小生境内土壤疏松湿润，土层积累有机质较多，促进群落中全部植物的生长发育。在近群落边缘，土壤较紧实，通气透水性较差，群落中植物个体较小而稀疏，草地早熟禾生殖分蘖构件也较低矮。因为在群落内部环境条件相对较好的密集群落，生殖分蘖构件不仅要减少一定的生殖生长比率，而且也要减少对花序的能量分配，将较多的能量分配到茎叶中，来提高现实竞争力（郑慧莹等，1999）；在群落内部环境条件较差时，草地早熟禾生殖分蘖构件以增大一定的生殖生长比率和增加对花序的能量分配来提高潜在的生育力，以保证种群的有性更新和种的延续（张春华等，2005）。

5.9.2 叶片数变化

叶片是植物合成有机物质的主要器官，牧草的叶片多，其光合作用制造的养分多，叶片所含养分也多，牧草消化率高，适口性也强，因此叶片和牧草的营养价值有着极为密切的关系（陆光平等，2002）。

地温变化往往是通过影响植物根温来影响植物的生长和发育，地温变化1℃就能引起植物生长和养分吸收的明显变化（Walker，1969），而叶片生长对根温的反应最为明显（冯玉龙等，1995）。我们的试验结果也表明，叶片数的变化与温度变化关系极为密切。处理间矮嵩草和黑褐苔草叶片数随温度的升高而减少，即随温度的升高叶片数的生长受到抑制。Brouwer（1964）以菜豆为材料，发现30℃根温时叶片生长最快，5℃根温时叶片几乎不生长。Watt根据自己的工作得出限制叶片扩展的三个因素：（1）当根温低于5℃时受水分胁迫；（2）根与叶片生长区间的温度梯度；（3）温度对根代谢的直接效应（冯玉龙等，1995）。而矮嵩草和黑褐苔草5月返青后进行营养生长期间，各温室温度都较低（平均6.83℃），而地面刚开始解冻，土壤湿度较大，温室内温度越高，土壤湿度相对越小，叶片的生长主要受水分胁迫。而且相关研究也表明，低生长区温度可能通过降低呼吸、减少生长所需的能量供给、减少生长区的激素产生和利用、减少糖向生长区的运输等方面来抑制叶片生长（冯玉龙等，1995）。7月之后，矮嵩草和黑褐苔草进入繁殖生长期，在这期间叶片数的变化主要随分蘖数的变化而变化。因此，矮嵩草和黑褐苔草的叶片数变化和分蘖数变化趋势基本一致，但有所差异。

通过对垂穗披碱草、草地早熟禾、短穗兔耳草和鸟足毛茛模拟增温试验的结果发现，叶片数的变化与温度变化关系极为密切，叶片数随温度的升高而增加。Chapin对 *Ploygonum* 的研究则认为，增温使叶片总量减少，但如果适量增加植物营养则叶片数增加（Chapin et al，1985），而且增温还可以使叶片干质量和长度增加（Mavstrom et al，1993）。

当温度过高时会引起草地早熟禾地面部分叶子发黄，没有生活力，但当水分适宜时，它又会从地下根茎的节上和根上长出新的枝条，从而增加叶片数（王艳荣等，2003）。说明温度对叶片的生长影响很大，同时由温度变化而引起的微环境和群落结构对叶片生长的影响也很重要，而且不同植物种的叶片生长对温度的反应不同；以克隆繁殖为主的植物种的叶片数主要依赖于分蘖数的多少，即分蘖数越多叶片数也就越多，反之亦然。

植物个体大小对其繁殖能力的影响一直是植物生态学家关注的问题之一（Begon et al，1990），对短穗兔耳草来说，叶片数的多少是衡量个体大小的重要指标之一。影响个体大小与其繁殖能力的因素是多方面的，植物种类、生境条件等不同往往表现出不同的结果（淮虎银等，2006）。匍匐茎草本植物光资源获取结构（叶片）是匍匐茎和叶柄等共同实现的（沈振西等，2003）。我们通过模拟增温试验发现，在增温的第一年和第二年，叶片数随着温度的升高而增加，在试验第三年叶片数变化趋于稳定，处理间差异不显著；叶片数变化与温度（地表温度和地温）呈正相关关系，且达到显著水平，同时，匍匐茎数目明显减少。说明，增温促进了短穗兔耳草的营养生长，同时抑制了短穗兔耳草的生殖生长，这可能是通过种间竞争作用所导致的。淮虎银等的研究也发现，基株越大，往往可以产生更为"粗壮"的匍匐茎和无性系分株，而在人为干扰比较频繁的生境中，无论基株大小，短穗兔耳草克隆繁殖和克隆生长的能力明显受到抑制，而且克隆生长和克隆繁殖特点表现得更复杂（淮虎银等，2006）。

短穗兔耳草叶片数变化的年间差异不显著，规律也不明显，增温后的第二年（2005年）叶片数明显减少，但在实验第三年（2006年）又开始增加，而且在处理和对照间叶片数变化趋于稳定（图5.25）。说明增温改变了短穗兔耳草生存的微环境之后，它要对其有一个趋同适应的过程，采用不同的生存策略重新适应新的生存环境。

5.9.3 高度变化

一种牧草的高度优势在植物种群或群落中起着重要的作用，如冠层的高低对植物截取阳光、吸收热量、增大叶面积指数、增强光合作用、提高竞争能力等都有很重要的意义。我们所标定的6种植物（矮嵩草、黑褐苔草、垂穗披碱草、草地早熟禾、短穗兔耳草和鸟足毛茛）的叶片高度和株高均随着温度的升高而增加，说明温度对植物高度的影响较大，增温能提高植物叶片高度和株高。温度的变化将改变群落小环境，而特殊小生境将影响植物冠层高度、光合速率、养分的吸收和生长率等（Billings et al，1968；Tieszen，1978；Chapin et al，1982；Johnson et al，1976；Black et al，1994）。随着温棚的减小，即随温度的升高，形成明显的群落层片结构，而在同一处理内群落成层结构与周华坤等（2000）的研究一致，即随着温度的变化，矮嵩草草甸的成层结构未发生太大变化，仍为两层，上层以禾草为主，下层以莎草科和杂类草为主，对植物高度的这种影响可能是由增温改变群落结构和微环境导致的，在群落局部小环境内植物生长得越密集，草地早熟禾生殖分蘖构件也越高，因为在这一小生境内土壤疏松湿润，土层积累有机质较多，促进群落中全部植物的生长发育。在近群落边缘，土壤较紧实，通气透水性较差，群落中植物个体较小而稀疏，草地早熟禾生殖分蘖构件高度也较低矮（张春华等，2005）。禾草占据上层空间形成郁闭环境，因此下层植物矮嵩草等为了争取更多的光照资源和生存空间，种间竞争作用增强，植物高度整体增加，同时又促进了禾本科植物（垂穗披碱草、草地早熟禾）高度增加。

5.9.4 生物量变化

地上贮草量逐渐减少至翌年生长季来临，但天然草地地上生物量的积累随季节的变化而变化（易现峰等，2000；许志信等，2001），高寒牧区牧草5月初开始萌动，生长初期生物量增长速率较高，以后随环境条件尤其是水热组合关系的影响，生物量的增长速度逐渐减慢，7月末8月初达到高峰，9月之后植株开始枯黄，生物量的积累呈现负值（李英年等，2001）。

矮嵩草、黑褐苔草、垂穗披碱草和草地早熟禾的生物量主要与分蘖数、叶片数的多少和植物个体的大小有关，因此，它的变化趋势与分蘖数和叶片数的变化趋势基本一致。黑褐苔草的分蘖数虽然在D温室中增加最多，但生物量却在A温室中最大，对照中最小，这是因为随着温度的升高植物个体增大，黑褐苔草个体的大小对其生物量的影响比分蘖数和叶片数的增加产生的影响相对更明显。矮嵩草的生物量变化与分蘖数和叶片数的变化有所差别，在C温室中个体生物量达到最大值，在对照中最小。这是由于A温室中虽然个体较大但增加的分蘖数相对较少，而在E温室中虽然增加的分蘖数较多但个体相对较小；而且从对照到A温室，随着温度的逐渐升高，种群密度和盖度等逐渐增大，这加强了群落中的种间竞争作用，Chapin和周华坤等的研究也有与此相似的结果。Chapin等通过模拟增温对南极苔原植物的研究表明，增温初期，群落中有些植物的生产力增加，而有些在减少，群落总体生产力未明显变化，这可能是对群落中种间竞争的特殊反应；而竞争可能是在那些物种生存的环境条件（如，温度、降雨等）受到限制而被另一种物种所替代的原因之一（Chapin et al，1985）。当禾草占据群落上层时，形成郁闭的环境，同时，矮嵩草是根茎地下芽植物，与其他植物竞争吸收氮的能力不高（周华坤等，2000）；而且增温在试验初期对植物的影响比较明显，如果时间较长可能会受到营养等资源的限制（Shaver et al，1992），种间竞争更加激烈。说明，在温室中增温使群落微气候发生改变，而这种改变加剧了种间竞争，在C温室中矮嵩草营养生长和繁殖生长方面的竞争力相对比其他处理和对照较强烈。

短穗兔耳草的基株干质量在不同海拔间存在极显著差异，基株干质量与海拔高度之间存在极显著的相关性；同一植物在不同海拔高度上体型大小表现出较大的差异，尤其在高海拔生境中，植物趋于矮小（淮虎银等，2005）。从对照至A温室随着温度的不断升高，短穗兔耳草基株的生物量逐渐增加，在A温室中生物量达到最大值（平均0.12 g/株），在对照中最小（平均0.05 g/株）。除了温度升高之外，其他微气候环境都发生明显变化，但与高海拔地区的微环境有明显的差别，因此，在土壤湿度、空气湿度等环境因子适宜的情况下，增温会使短穗兔耳草的基株干质量增加。

5.9.5 短穗兔耳草的匍匐茎变化

克隆繁殖和生长的能力与植物本身的遗传特性有关，也与环境条件有密切的关系。克隆生长一方面使基株死亡风险降低，另一方面使整个短穗兔耳草无性系占据大面积生境成为可能，有利于对资源的摄取和利用。短穗兔耳草无性系因克隆生长而具有的这种拓展性，使其在植物群落中的竞争力很强（周华坤等，2003）。

匍匐茎数量与海拔高度之间存在明显的负线性相关性，在短穗兔耳草分布的海拔范围内，其克隆繁殖和克隆生长有一个"最佳"海拔高度，远离这一高度，其克隆繁殖和克隆生长会受到一定限制（淮虎银等，2005）。通过模拟增温试验发现，短穗兔耳草的匍匐茎数目在C温室中最多，从C温室到A温室随着温度的升高，匍匐茎数目减少，从C温室到对照随着温度的降低，匍匐茎数目也逐渐减少。而且匍匐茎数目的年间变化规律明显，从试验第一年开始逐年减少，到试验第三年除了对照中有2条匍匐茎外，处理中匍匐茎均已消失。说明，温度过高或过低都不利于短穗兔耳草匍匐茎的生长，只有在其最适温度范围之内才有利于匍匐茎的生长，这与淮虎银等的研究结果相似。年间变化说明，增温抑制了匍匐茎的生长，同时试验样地的封育和增温使其群落密度和盖度等增加，从而对匍匐茎的生长发育产生很大的影响。

匍匐茎的长度完全是无性系植物对环境条件的一种高度适应，在同一个体上，无性系植物通过调节匍匐茎的长度而将分株"安排"在适宜的生境中。研究结果表明，匍匐茎长度随着温度的升高变化不明显，但总体趋势基本一致，即从对照至A温室随着温度的升高匍匐茎长度逐渐增加。这是由于从对照至A温室种群密度和盖度逐渐增大，短穗兔耳草为了能找到合适于扎根的空间，从而延长了匍匐茎的长度，这可能也是对种间生存竞争的一种适应机制。

5.9.6 鸟足毛茛的花蕾数变化

许多研究已表明繁殖分配（不论花期还是果期）的大小依赖性（Happer，1977；Samson et al，1986；Weiner，1988；Rees et al，1989；Thompson et al，1991；de Jong et al，1994；Schmid et al，1995；Sugiyama et al，1998；Zhang et al，2002）。通常资源有效性、竞争和遗传差异是造成种群个体大小差异的主要原因，并产生繁殖分配强烈的大小依赖性；而这种依赖性归因于内在影响，即资源获取和繁殖分配在一个植株内的生理权衡（Pickering，1994）。因为对一个有限的资源库来说，对繁殖活动投入的加大，意味着对叶和根的营养活动投入的减少，所以导致获取资源的能力下降，影响个体的存活和生长。Reekie（1998）认为，繁殖分配随个体大小增大而减少，或许是由于繁殖代价随个体大小增大的一个直接结果，代价的增大可以部分地解释为对繁殖支持结构的分配增加。在我们的试验中，2004年，在A温室中花蕾数最多，在对照中花蕾数最少；2005年花蕾数变化趋势与2004年相反，即在对照中花蕾数最多，在A温室中花蕾数最少；两年中花蕾数的年间变化明显，2005年比2004年明显减少。说明，增温使群落密度、盖度等增加，这加剧了群落的种间和种内竞争作用，从而使鸟足毛茛的资源分配发生改变，为了在竞争中能够生存，它把相对较多的资源分配给营养生长，因此，生殖生长在竞争中被抑制。

5.9.7 鸟足毛茛的生长期变化

在试验第一年和第二年，4月下旬植物返青到9月植物逐渐枯黄期，鸟足毛茛的死亡率很小，然而2006年数据显示，鸟足毛茛的生长期明显缩短，而且在对照和处理间随着温度的不同，呈现一定的变化规律。从A温室至对照，随着温度的逐渐降低死亡率逐渐减小，6月在A温室中死亡率最高，达45%，在E温室中鸟足毛茛没有死亡；7月在A温室和B温室中死亡率最高，达90%，对照中最小，为45%。根据对叶片数、叶片高度和花蕾数变化的分析，可知鸟足毛茛属于高寒草甸群落演替过程中的一个淘汰种，在群落中的竞争力明显下降，而鸟足毛茛生长期的这种变化进一步证实了这个结论。高寒草甸植物群落，从4月下旬植物返青开始，随着植物个体的逐渐增大，种群密度和盖度等逐渐增加，种间竞争也逐渐加强，8月盖度等达到最大值，而鸟足毛茛从6月就开始逐渐死亡，7月基本消失。说明，鸟足毛茛在群落中的竞争力较弱，当群落密度、盖度等增加，种群中的竞争加剧时，该种植物就会被淘汰。

综上所述，在未来如果温度继续增加的情况下，考虑到随着海拔的升高温度逐渐降低，以矮嵩草为建群种的矮嵩草草甸将会向高海拔地区扩展是不可避免的。而且对森林和南极苔原植被的研究已经证明了植物群落随着气候变暖沿海拔迁移的事实（Grabherr，1994）。李英年等通过5年模拟增温试验的研究发现，增温使原生适应寒冷、湿中生境的矮嵩草为主的草甸植被类型逐渐退化，有些物种甚至消失，被以旱生为主的植被类型所替代（李英年等，2004）。周勤等（2006）对内蒙古羊草草原建群种羊草（*Leymus chinensis*）和大针茅（*Stipa grandis*）的研究结果表明，最优建群种羊草的重要值和地上初级生产力随着最低温的升高有明显的下降趋势，次优建群种大针茅的重要值和地上初级生产力略有升高；这种趋势继续下去，大针茅有可能代替羊草，成为群落的最优建群种。Webb（1982）研究认为，南极过去两万多年前植物群落的物种组成发生改变，是对气候变化的一种反应。相关研究也表明，随着退化程度的加剧，草地的群落物种组成、结构和群落多样性发生了重大的改变（祁彪等，2005），因此，在未来全球增温的趋势下，海拔相对较低地区矮嵩草草甸的优势种将会发生改变，优势种矮嵩草有可能被禾本科植物所代替，使得群落的结构和功能发生改变。

5.10 植物功能群生长特征与温度的相关性分析

经过7年的监测研究发现，三大植物功能类群对不同增温幅度的响应模式可以分为活跃型、惰性型和稳定性三大类。

禾本科植物垂穗披碱草对增温的响应属于活跃型，从对照至A温室随着温度的升高，分蘖数、叶片数、叶片高度和生物量逐渐增加，其重要值逐渐增加。说明增温有利于禾本科植物的生长和发育。

莎草科植物矮嵩草对增温反应的总体变化趋势有所变化，从对照至A温室随着温度的升高，分蘖数、叶片数和生物量在一定的温度范围内达到最大值。矮嵩草的分蘖数和叶片数在E温室达到最大值，而生物量在C温室达到最大值，就重要值而言，其变化属于倒"V"字形。说明莎草科植物的生长和发育有一定的阈值温度，超出此温度范围越高或者越低，均不利于它们的生长和发育，对增温的响应属于惰性型。

短穗兔耳草和鹅绒委陵菜从对照至A温室随着温度的升高，叶片数、叶片高度和生物量逐渐增加，而匍匐茎逐渐减少。说明增温有利于短穗兔耳草的营养生长，却抑制了它的克隆繁殖能力，就重要值而言，在不同增温幅度内其变化不明显，无明确规律，属于稳定型。

随着温度的变化，其他微环境要素（诸如气温、湿度、土壤理化性质等）均发生明显的变化，为了维持种群数量和植物个体本身的正常生长，即使同一种植物也可能会在不同温度梯度上采取不同的适应策略，在持续增温的情况下，有些种逐渐被淘汰，有些种生活力却加强，这必将导致植物群落的结构和功能发生改变。由此预测，在未来全球增温的趋势下，海拔相对较低地区的矮嵩草草甸的优势种将会发生改变，优势种矮嵩草有可能被禾本科植物所代替。

5.10.1 莎草科功能群植物

除了黑褐苔草的植物高度与地表温度呈线性关系外，矮嵩草与黑褐苔草的分蘖数、叶片数、植物高度与地表温度均呈二次函数形式变化（图5.34、图5.35）。矮嵩草的分蘖数和叶片数变化与地表温度变化呈显著负相关关系（表5.43），即随地表温度的升高分蘖数和叶片数逐渐减少，但分蘖数和叶片数与地表温度均呈二次函数形式变化，说明分蘖数和叶片数随地表温度的升高先减少后增加。黑褐苔草的分蘖数和叶片数与地表温度呈负相关关系，但差异不显著（表5.43）。矮嵩草和黑褐苔草的分蘖数变化与叶片数变化呈极显著正相关关系（表5.43），表明分蘖数和叶片数在地表温度发生变化时关系密切且同向变化。矮嵩草的植物高度与地表温度呈极显著正相关关系（表5.43），说明矮嵩草的植物高度随温度的升高先增加后减小，而黑褐苔草的植物高度与地表温度呈线性关系，且差异达到极显著水平,说明黑褐苔草的植物高度随温度的升高而增加。因此,在一定的温度范围内,增温有利于矮嵩草与黑褐苔草的生长发育,如果增温幅度较大则不利于该功能群植物的生长发育,但持续增温却有利于黑褐苔草植物高度的增加。

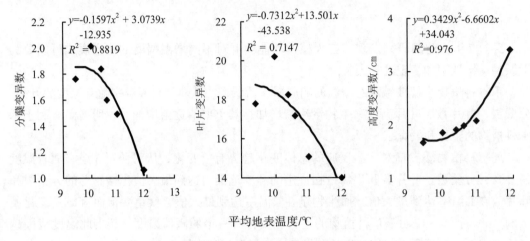

图5.34　矮嵩草与地表温度的相关性

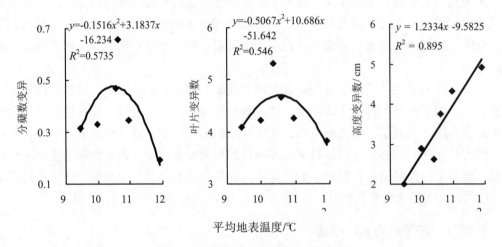

图5.35　黑褐苔草与地表温度的相关性

矮嵩草与黑褐苔草的分蘖数、叶片数与地表温度均呈二次函数形式变化(图5.34,图5.35),即分蘖数和叶片数随地表温度的升高先减少后增加。这是由于克隆植物的克隆习性使得个体在空间和资源利用、逃避环境风险等方面有着明显的优势,克隆后代由于母体的供养更容易安全渡过幼龄期,实现成功定居,而且不必付出与有性繁殖相伴的代价(Cook,1985)。此外有性过程产生的种子可通过休眠机制而使植物安全地渡过不利环境时期,从而克服克隆生长的诸多不利之处,最极端的情形是一些植物在某些生境由于克隆生长而放弃了有性繁殖过程(Philbrick,1996)。

表5.43 矮嵩草和黑褐苔草生长特征与地表温度间的相关性

	相关系数	X1	X2	X3	X4	X5	X6	X7
矮嵩草	分蘖数X1	1.00						
	叶片数X2	0.96**	1.00					
	植物高度X3	−0.89**	−0.75	1.00				
黑褐苔草	分蘖数X4	0.52	0.43	−0.53	1.00			
	叶片数X5	0.49	0.41	−0.47	1.00**	1.00		
	植物高度X6	−0.84*	−0.80*	0.81*	−0.43	−0.38	1.00	
	地表温度X7	−0.87*	−0.81*	0.90**	−0.31	−0.25	0.95**	1.00

注：*表示相关显著（$P<0.05$），**表示相关极显著（$P<0.01$）。

5.10.2 禾本科功能群植物

垂穗披碱草和草地早熟禾的分蘖数、叶片数、植物高度与地表温度间呈显著正线性关系（图5.36，图5.37），分蘖数、叶片数、植物高度及地表温度间均呈显著正相关关系（表5.44），即随着温度的升高，分蘖数、叶片数、植物高度均增加，说明增温有利于垂穗披碱草和草地早熟禾的生长发育。

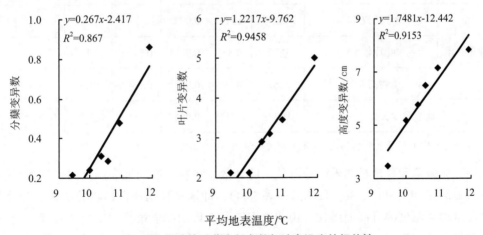

图5.36 垂穗披碱草生长参数与地表温度的相关性

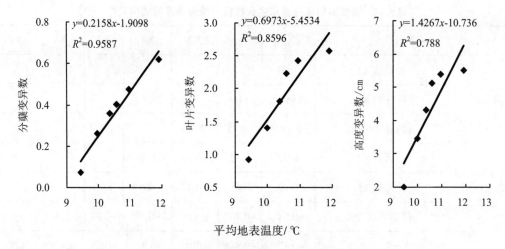

图5.37　草地早熟禾生长参数与地表温度的相关性

表5.44　垂穗披碱草和草地早熟禾生长特征与地表温度间的相关性

	相关系数	X1	X2	X3	X4	X5	X6	X7
垂穗披碱草	分蘖数 X1	1						
	叶片数 X2	0.97**	1					
	植物高度 X3	0.80*	0.87*	1				
草地早熟禾	分蘖数 X4	0.85*	0.91**	0.99**	1			
	叶片数 X5	0.75	0.86*	0.98**	0.97**	1		
	植物高度 X6	0.67	0.79*	0.98**	0.96**	0.99**	1	
	地表温度 X7	0.93**	0.97**	0.96**	0.98**	0.93**	0.89**	1

注：*表示相关显著（$P<0.05$），**表示相关极显著（$P<0.01$）。

垂穗披碱草和草地早熟禾的分蘖数、叶片数、植物高度与地表温度间呈显著正线性关系且显著正相关（图5.36，图5.37，表5.44），即禾本科功能群植物分蘖数、叶片数、植物高度均随温度的升高而增加，说明增温有利于该功能群植物的生长和发育；杂类草功能群植物随着温度的升高，繁殖能力明显降低，说明增温不利于杂类草功能群植物的生殖生长。这与石福孙等（2008）在四川、Zhang等（1993）在青海以及Harte等（1995）在美国落基山的研究结论相似。这是由于禾本科功能群植物具有从生理上调控资源分配模式的能力，加之较大的叶面积存在，并分布于不同的植物高度层，在增温条件下，有利于光合速率增加和分蘖能力、种子繁殖能力增强（Campbell et al，1995）。

5.10.3 杂类草功能群植物

除了短穗兔耳草的匍匐茎数与地表温度呈二次函数关系外，短穗兔耳草与鸟足毛茛的叶片数、花蕾数、植物高度均与地表温度呈线性关系（图 5.38、图 5.39），短穗兔耳草的匍匐茎数与地表温度呈负相关关系但未达到显著水平，鸟足毛茛的花蕾数与地表温度呈极显著负相关关系（表 5.45），随着地表温度的升高花蕾数均逐渐减少，匍匐茎数随温度的升高先增加后减小，即增加地表温度不利于该功能群植物的繁殖生长。短穗兔耳草和鸟足毛茛的叶片数、植物高度与地表温度均呈线性极显著正相关关系（表 5.45），说明随着地表温度的逐渐升高叶片数、植物高度均逐渐增加，即增加地表温度有利于该功能群植物的营养生长。

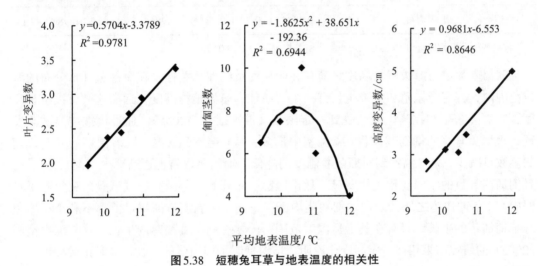

图 5.38 短穗兔耳草与地表温度的相关性

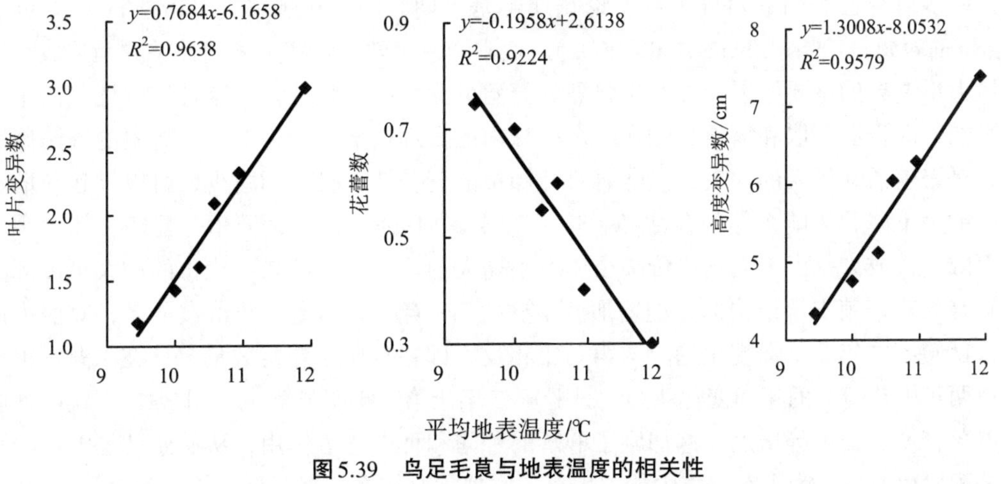

图 5.39 鸟足毛茛与地表温度的相关性

表5.45 短穗兔耳草和鸟足毛茛生长特征与地表温度间的相关性

	相关系数	X_1	X_2	X_3	X_4	X_5	X_6	X_7
短穗兔耳草	叶片数 X_1	1						
	匍匐茎数 X_2	-0.46	1					
	植物高度 X_3	0.95**	-0.65	1				
鸟足毛茛	叶片数 X_4	0.99**	-0.48	0.95**	1			
	花蕾数 X_5	-0.94**	0.58	-0.94**	-0.94**	1		
	植物高度 X_6	0.99**	-0.44	0.94**	1.00**	-0.93**	1	
	地表温度 X_7	0.99**	-0.50	0.93**	0.98**	-0.96**	0.98**	1

注：*表示相关显著（$P<0.05$），**表示相关极显著（$P<0.01$）。

匍匐茎数量与海拔植物高度之间存在明显的负线性相关性，在短穗兔耳草分布的海拔范围内，其克隆繁殖和克隆生长有一个"最佳"海拔植物高度，远离这一海拔植物高度，其克隆繁殖和克隆生长会受到一定限制（淮虎银等，2005）。通过模拟增温试验发现，短穗兔耳草的匍匐茎数目在C温室中最多，从C温室到A温室随着温度的升高，匍匐茎数目减少，从C温室到对照随着温度的降低，匍匐茎数目也逐渐减少（图5.39）。而且匍匐茎数目的年间变化规律明显，从试验第一年开始逐年减少，到试验第三年除了对照中有2条匍匐茎之外，处理中匍匐茎均已消失。说明温度过高或过低都不利于短穗兔耳草匍匐茎的生长，只有在其最适温度范围之内才有利于匍匐茎的生长，这与淮虎银等（2005）的研究结果相似。年间变化说明，增温抑制了匍匐茎的生长，同时试验样地的封育和增温使其群落密度和盖度等增加，从而对匍匐茎的生长发育产生很大的影响。

许多研究已表明繁殖分配（不论花期还是果期）的大小依赖性（Rees et al，1989；Sugiyama et al，1998；Zhang et al，2002）。通常资源有效性、竞争和遗传差异是造成种群个体大小差异的主要原因，并产生强烈的繁殖分配大小依赖性；而这种依赖性归因于内在影响，即资源获取和繁殖分配在一个植株内的生理权衡。因为对一个有限的资源库来说，对繁殖活动投入的加大，意味着对叶和根的营养活动投入的减少，所以导致获取资源的能力下降，影响个体的存活和生长。Reekie（1998）认为，繁殖分配随个体大小增大而减少，或许是由于繁殖代价随个体大小增大的一个直接结果，代价的增大可以部分地解释为对繁殖支持结构的分配增加。本试验第一年，A温室中花蕾数最多，对照中最少；试验第二年花蕾数变化趋势与第一年相反，即在对照中花蕾数最多，在A温室中最少；两年中花蕾数的年间变化明显，试验第二年比第一年明显减少（图5.32）。说明增温使群落密度、盖度等增加，这加剧了群落的种间和种内竞争作用，从而使鸟足毛茛的资源分配发生改变，为了在竞争中能够生存，它把相对较多的资源分配给营养生长，因此，生殖生长在竞争中被抑制。

短穗兔耳草的匍匐茎数与地表温度呈负相关二次函数关系，鸟足毛茛的花蕾数与地表温度呈极显著负相关线性关系（图5.38、图5.39），短穗兔耳草的匍匐茎数随温度的升高先增加后减小，鸟足毛茛的花蕾数随地表温度的升高而减少，即增加地表温度不利于该功能群植物的繁殖生长。Reekie（1998）研究认为，繁殖分配随个体大小增大而减少，或许是繁殖代价随个体大小增大的一个直接结果，代价的增大可以部分地解释为对繁殖支持结构的分配增加。石福孙等的研究（2008）发现，根系在不同土层中的分配比例明显改变，OTC内0～10 cm土层的生物量分配比例增加，而20～30 cm土层的生物量分配比例则明显减少，说明植物从根部获得的资源将逐渐减少。短穗兔耳草和鸟足毛茛的叶片数、植物高度与地表温度均呈线性极显著正相关关系（表5.45），说明随着地表温度的逐渐升高叶片数、植物高度均逐渐增加，即增加地表温度有利于该功能群植物的营养生长。杂类草功能群植物在群落中的最下层，属于竞争中的弱势群体，因此在资源有限的条件下，为了在竞争中能够生存，它们把相对较多的资源分配给繁殖支持结构，而对生殖生长的营养投入降低，从而生殖生长在竞争中被抑制。

参考文献

[1] Begon M, Harper J L, Townsend C R. Ecology: Individuals, Populations, and Communities [M]. London: Blackwell, 1990.

[2] Beier C, Emmett B, Gundersen P, et al. Novel approaches to study climate change effects on terrestrial ecosystems in the field: drought and passive nighttime warming [J]. Ecosystems, 2004, 7: 245-253.

[3] Billings W D, Mooney H A. The ecology of arctic and alpine plants [J]. Biological Reviews, 1968, 43: 481-529.

[4] Black R A, Richard J R, Manwaring J H. Nutrient uptake from enriched microsites by three great basin perennials [J]. Ecology, 1994, 75: 110-122.

[5] Bowler C, Montagu M V, Inze D. Superoxide dismutase and stress tolerance [J]. Annu. Rev. Plant Physiol. Plant Mol. Biol, 1992, 43: 83-116.

[6] Callaghan T V, Jonasson S. Arctic terrestrial ecosystems and environmental change [J]. Philosophical Transactions of the Royal Society of London, 1995, 352: 259-276.

[7] Callaghan T V, Jonasson S. Implications for changes in arctic plant biodiversity from environmental manipulation experiments [M]. New York: Springer-Verlag, 1995: 51-166.

[8] Chapin F S, Tryon P R. Phosphate absorption and root respiration of different plant growth forms from northern Alasla [J]. Holarctic Ecology, 1982, 5: 164-171.

[9] Chapin F S III, Zavaleta E S, Eviner V T, et al. Consequences of changing biodiversity [J]. Nature, 2000, 405: 234-242.

［10］ Chapin F S, Jefferies R L, Reynolds J F, et al. Arctic plant physiological ecology in an ecosystem context ［M］. San Diego: Academic Press, 1992: 441-452.

［11］ Cho U H, Park J O. Mercury induced oxidative stress in tomato seedlings ［J］. Plant Sci., 2000, 156: 1-9.

［12］ Costanza R, Arge R, Groot R, et al. The value of the world's ecosystem services and natural capital ［J］. Nature, 1997, 38 (7): 253-260.

［13］ Cox P M, Betts R A, Jones C D, et al. Acceleration of global warming due to carbon-cycle feedbacks in a coupled climate model ［J］. Nature, 2000, 408: 184-187.

［14］ Davis M B, Shaw R B. Range shifts and adaptive responses to Quaternary climate change ［J］. Science, 2001, 292: 673-679.

［15］ Davis M B, Shaw R B, Etterson J R. Evolutionary responses to changing climate ［J］. Ecology, 2005, 86: 1704-1714.

［16］ Jong T J D, Klinkhamer P G L. Plant size and reproductive success through female and male function ［J］. Journal of Ecology, 1994, 82: 399-402.

［17］ Grabherr G, Cottfried M, Pauli H. Climate effects on mountain plants ［J］. Nature 1994, 369: 448-450.

［18］ Hansen J, Sato M, Ruedy R, et al. Global temperature change ［J］. Proceedings of the National Academy of Science of the United States of America, 2006, 103: 14288-14293.

［19］ Happer J L. The population biology of plants ［M］. San Diego: Academic Press, 1977.

［20］ Havström M, Callaghan T V, Jonasson S. Differential growth responses of Cassiope tetragona, an arctic dwarf-shrub, to environmental perturbations among three contrasting high- and subarctic sites ［J］. Oikos, 1993, 66: 389-402.

［21］ IPCC. Climate Change 2001, Impact, Adaptation, and Vulnerability ［M］. Cambridge: Cambridge University Press, 2001.

［22］ IPCC. Climate change 1994: radiative forcing of climate change intergoverment panel on climate change ［M］. London: Cambridge University Press, 1994.

［23］ IPCC. Climate change 1995: the science of climate change summary for policy maker and technical summary of the working group I report ［M］. London: Cambridge University Press, 1995.

［24］ Jackdon R B, Sala O E. CO_2 alters water use, carbon gain, and yield for the dominant species in a natural grassland ［J］. Oecologica, 1994, 98: 257-262.

［25］ Johnson D A, Tieszen L L. Aboveground biomass allocation, leaf growth, and photosynthesis patterns in tundra plant forms in arctic Alaska ［J］. Oecologia, 1976, 24: 159-173.

[26] Jonasson S, Michelsen A, Schmidt E V, et al. Callaghan. Microbial biomass C, N and P in two arctic soils and responses to addition of NPK fertilizer and sugar: implications for plant nutrient uptake Response of alpine vegetation to global climate change. In: Internation community conference on landscape ecological impact of climate change [J]. Oecologia. 1996, 106: 507-515.

[27] Klein J A, Harte J, Zhao X Q. Dynamic and complex microclimate responses to warming and grazing manipulations [J]. Global Change Biology, 2005, 11: 1440-1451.

[28] Lmhoff M L, Bounoua L, Ricketts T, et al. Global patterns of human consumption of net primary production [J]. Nature, 2004, 429: 870-873.

[29] Mavstrom M, Cqooqtyqh T V, Jonasson S. Differential growth responses of *Cassiope tetragona*, an arctic dwarf-shrub, to environmental perturbations among three contrasting high and subarctic sites [J]. OIKOS, 1993, 66: 389-402.

[30] Melillo J M, Field C B, Moldan B. Interactions of the Major Biogeochemical Cycles: Global Change and Human Impacts [M]. Washington, D.C.: Island Press, 2003: 320.

[31] Nadelhoffer K J, Giblin A E, Shaver G R, et al. Microbial processes and plant nutrient availability in arctic soils [M]. San Diego: Academic Press, 1992: 281-300.

[32] Peterjohn W T, Melillo J M, Bowles F P, et al. Soil warming and trace gas fluxes: experimental design and preliminary flux results [J]. Oecologia, 1993, 93: 18-24.

[33] Piao S L, Fang J Y, Yi W, et al. Variation in a satellite-based vegetation index in relation to climate in China [J]. Journal of Vegetation Science, 2004, 15: 219-226.

[34] Pickering C M. Size-dependent reproduction in Australian alpine Ranunculus [J]. Australian Journal of Botany, 1994, 19: 336-344.

[35] Reekie E G. An explanation for size-dependent reproductive allocation in *Plantago major* [J]. Canadian Journal of Botany, 1998, 76: 43-50.

[36] Rees M, Crawley M J. Growth, reproduction and population dynamics [J]. Functional Ecology, 1989, 3: 645-653.

[37] Rykbost K A, Boersma L, Mack H J, et al. Yield response to soil warming: agronomic crops [J]. Agronomy Journal, 1975, 67, 733-738.

[38] Samson D A, Werk K S. Size-dependent effects in the analysis of reproductive effort in plants [J]. American Naturalist, 1986, 127: 667-680.

[39] Schimel D, Melillo J M, Tian H Q, et al. Contribution of increasing CO_2 and climate to carbon storage by ecosystems in the United States [J]. Science, 2000, 287: 2004-2006.

[40] Schmid B, Bazzaz F A, Weiner J. Size dependency of sexual reproduction and of clonal growth in two perennial plants [J]. Canadian Journal of Botany, 1995, 73: 1831-1837.

[41] Shaver G R, Canadell J, Chapin III F S, et al. Global warming and terrestrial ecosystems: a conceptual framework for analysis [J]. Bio.Scienc, 2000, 50: 871-882.

[42] Shaver T, Kummerow J. Phenology, resource allocation and growth of arctic vascular plants [M] // Arctic ecosystems in a changing climate.San Diego: Academic Press, 1992: 193-211.

[43] Stenstrom M, Gugerli F, Henry G H R. Response of *Saifraga oppositifolia* L. to simulated climate change at three contrasting latitudes [J]. Global Change Biology, 1997, 3: 44-54.

[44] Stuart C F. Individualistic growth response of tundra plant species to environmental manipulations in the field [J]. Ecology, 1985.66 (2): 564-576.

[45] Sugiyama S, Bazzaz F A. Size dependence of reproductive allocation: the influence of resource availability. competition and genetic identity [J]. Functional Ecology, 1998, 12: 280-288.

[46] Thompson B K, Weiner J, Warweck S I. Size-dependent reproductive output in agricultural weeds [J]. Canadian Journal of Botany, 1991, 69: 442-446.

[47] Vitousek P M. Beyond global warming: ecology and global change [J]. Ecology, 1994, 75: 1861-1876.

[48] Walker J M. One degree increment in soil temperature affects maize seeding behavior [J]. Pro. Soc. Soil Sci. Am., 1969, 33: 729-736.

[49] Walsh J E, Kattsov V M, Chapman W L, et al. Comparison of arctic climate simulations by uncoupled and coupled global models [J]. Journal of Climate, 2002, 15: 1429-1446.

[50] Webb T. The past 11,000 years of vegetational change in eastern North America [J]. Bio. Science, 1982, 31: 501-506.

[51] Weiner J. The in influence of competition on plant reproduction [M] // Plant reproductive ecology: patterns and strategies. New York: Oxford University Press, 1988: 228-245.

[52] Xiao C W. Effect of different water supply on morphology, growth and physiological characteristics of *Salix psammophila* seedlings in Mao wu su sand land, China [J]. Journal of Environmental Sciences, 2001, 13: 411-417.

[53] Zhang X H, Yang D A, Zhou G S, et al. Model expectation of impacts of global climate change on biomes of the Tibetan Plateau [M].Tokyo: Springer-Verlag, 1996.

[54] Zhang D Y, Jiang X H. Size-dependent resource allocation and sex allocation in herbaceous perennial plant [J]. Journal of Evolutionary Biology, 2002, 15: 74-83.

[55] 陈传军, 沈益新, 周建国, 等.高温季节草地早熟禾草坪质量与叶片抗氧化酶活性的变化[J].草业学报, 2006, 15 (4): 81-87.

[56] 陈默君, 贾慎修. 中国饲用植物 [M]. 北京: 中国农业出版社, 2002: 119-120.

[57] 单保庆, 杜国祯, 刘振恒. 不同养分条件下和不同生境类型中根茎草本黄帚橐吾的克隆生长 [J]. 植物生态学报, 2000, 24 (1): 46-51.

[58] 董鸣. 异质性生境中的植物克隆生长: 风险分摊 [J]. 植物生态学报, 1996, 20 (6): 543-548.

[59] 冯玉龙, 刘恩举, 孙国斌. 根系温度对植物的影响 [J]. 东北林业大学学报, 1995, 23 (3): 63-69.

[60] 韩烈保. 草坪管理学 [M]. 北京: 北京农业大学出版社, 1994: 93-96.

[61] 胡宝忠, 刘娣. 无性系植物种群的研究进展 [J]. 草业科学, 1999, 16 (3): 62-67.

[62] 淮虎银, 魏万红, 张镱锂, 等. 不同海拔高度短穗兔耳草克隆生长及克隆繁殖特征 [J]. 应用与环境生物学报, 2005, 11 (1): 18-22.

[63] 淮虎银, 魏万红, 张镱锂. 短穗兔耳草基株大小对其克隆生长特征的影响 [J]. 生态科学, 2006, 25 (4): 294-298.

[64] 黄志伟, 彭敏, 陈桂琛, 等. 青海湖几种主要湿地植物的种群分布格局及动态 [J]. 应用与环境生物学报, 2001, 7 (2): 113-116.

[65] 姜恕, 李博, 王启基. 草地生态学研究方法 [M]. 北京: 中国农业出版社, 1986.

[66] 蒋高明. 全球大气二氧化碳浓度升高对植物的影响 [J]. 植物学通报, 1995, 12 (4): 1-7.

[67] 李希来. 不同地区矮嵩草 (*Kobresia humilis*) 种子解剖特征和萌发特性的研究 [J]. 种子, 2002 (6): 12-13.

[68] 李英年, 王启基. 气候变暖对青海农业生产格局的影响 [J]. 西北农业学报, 1999, 8 (2): 102-107.

[69] 李英年, 赵亮, 赵新全, 等. 5年模拟增温后矮嵩草草甸群落结构及生产量的变化 [J]. 草地学报, 2004, 12 (3): 236-239.

[70] 李英年. 高寒草甸地区冷季水分资源及对牧草产量的可能影响 [J]. 草业学报, 2001, 10 (3): 15-20.

[71] 刘发明, 王辉珠, 孟文学. 草坪科学与研究 [M]. 兰州: 甘肃科学技术出版社, 1998: 51-56.

[72] 刘建国. CO_2浓度的升高和全球变暖对六种生物层次的影响 [M] // 刘建国, 王如松. 生态学进展. 北京: 科学出版社, 1992: 369-380.

[73] 刘尚武, 卢生莲. 青海植物志 [M]. 西宁: 青海人民出版社, 1999.

[74] 刘伟, 周华坤, 周立. 不同程度退化草地生物量的分布模式 [J]. 中国草地, 2005, 27 (2): 9-15.

[75] 马永贵, 刘玉萍, 苏旭. 垂穗披碱草栽培技术 [J]. 林业实用技术, 2005, 12 (1): 14-18.

[76] 牛书丽, 韩兴国, 马克平, 等. 全球变暖与陆地生态系统研究中的野外增温装置 [J]. 植物生态学报, 2007, 31 (2): 262-271.

[77] 祁彪, 张德罡, 丁玲玲, 等. 退化高寒干旱草地植物群落多样性特征 [J]. 甘肃农业大学学报, 2005, 40 (5): 626-631.

[78] 群芳. 21世纪末全球气温升高7至8度 [J]. 科学时报, 2006, 6: 2.

[79] 任海, 彭少麟. 恢复生态学 [M]. 北京: 科学出版社, 2001: 4.

[80] 沈永平, 王根绪, 吴青柏, 等. 长江—黄河源区未来气候情景下的生态环境变化 [J]. 冰川冻土, 2002, 24 (3): 308-312.

[81] 沈振西, 陈佐忠, 王彦荣, 等. 退化与未退化土壤鹅绒委陵菜的克隆生长特征 [J]. 应用生态学报, 2003, 14 (8): 1332-1336.

[82] 孙鸿烈, 郑度. 青藏高原形成演化与发展 [M]. 广州: 广东科技出版社, 1998.

[83] Silvertoun J W. 植物种群生态学导论 [M]. 祝宁译. 哈尔滨: 东北林业大学出版社, 1987: 170-187.

[84] 孙建华, 王彦荣, 李世雄. 草地早熟禾不同品种生长与分蘖特性的研究 [J]. 草业学报, 2003, 12 (4): 20-25.

[85] 田汉勤, 万师强, 马克平. 全球变化生态学: 全球变化与陆地生态系统 [J]. 植物生态学报, 2007, 31 (2): 173-174.

[86] 王栋. 牧草学各论 [M]. 南京: 江苏科学技术出版社, 1989: 59-63.

[87] 王根绪. 40年来江河源区的气候变化特征及其生态环境效应 [J]. 冰川冻土, 2001, 23 (4): 46-51.

[88] 王艳红, 王珂, 邢福. 匍匐茎草本植物形态可塑性、整合作用与觅食行为研究进展 [J]. 生态学杂志, 2005, 24 (1): 70-74.

[89] 王艳荣, 刘玉燕, 赵利清. 草地早熟禾光合与蒸腾特性的研究 [J]. 中国草地, 2003, 25 (4): 18-23.

[90] 王长庭, 龙瑞军, 丁路明. 高寒草甸不同海拔梯度上黄帚橐吾的克隆生长特征 [J]. 西北植物学报, 2004, 24 (10): 1805-1809.

[91] 许振柱, 周广胜. 陆生植物对全球变化的适应性研究进展 [J]. 自然科学进展, 2002, 13 (2): 113-119.

[92] 许振柱, 周广胜, 王玉辉. 草原生态系统对气候变化和CO_2浓度升高的响应 [J]. 应用气象学报, 2005, 16 (3): 14-17.

[93] 许志信, 曲永全, 白云飞. 草甸草原12种牧草生长发育规律和草群地上生物量变化动态研究 [J]. 内蒙古农业大学学报: 自然科学版, 2001, 22 (2): 28-32.

[94] 杨时海, 马玉寿, 施建军, 等. 黄河源区草地早熟禾生长节律的研究 [J]. 青

海畜牧兽医杂志，2006，36（4）：8-10.

[95] 杨元合，朴世龙.青藏高原草甸植被覆盖变化及其与气候因子的关系 [J].植物生态学报，2006，30（1）：1-8.

[96] 姚檀栋，刘晓东，王宁练.青藏高原地区的气候变化幅度问题 [J].科学通报，2000，13（8）：98-106.

[97] 易现峰，桂英，师生波.高寒草甸矮嵩草种群光合作用及群落生长季节变化 [J].中国草地，2000（1）：12-15.

[98] 殷朝珍，王兆龙，葛才林.草地早熟禾无融合生殖及其育种利用研究进展 [J].草原与草坪，2006（1）：18-20.

[99] 张春华，丁原春.松嫩平原东北部草地早熟禾种群生殖分蘖构件数量特征的研究 [J].2005（1）：62-64.

[100] 张春华，杨允菲.松嫩平原光稃茅香种群生殖分蘖构件数量特征分析 [J].草业学报，2001，10（3）：1-7.

[101] 张宏.极端干旱气候下盐化草甸植被净初级生产力对全球变化的响应 [J].自然资源学报，2001，16（3）：216-220.

[102] 张生.生态环境脆弱带对全球变化研究的特殊意义 [J].淮南师范学院学报，2002，4（2）：47-49.

[103] 张新时.研究全球变化的气候—植被分类系统 [J].第四纪研究，1993，2：157-169.

[104] 张占峰.近40年来三江源气候资源的变化 [J].青海环境，2001，11（2）：60-64.

[105] 赵建中，刘伟，周华坤，等.模拟增温效应对矮嵩草生长特征的影响 [J].西北植物学报，2006，26（12）：2533-2539.

[106] 郑慧莹，李建东.松嫩平原盐生植物与盐碱化草地的恢复 [M].北京：科学出版社，1999：84-131.

[107] 周广胜，张新时.自然植被净第一性生产力模型初探 [J].植物生态学报，1995，19（3）：193-200.

[108] 周华坤，赵亮，赵新全，等.短穗兔耳草的克隆生长特征 [J].草业科学，2006，23（12）：60-64.

[109] 周华坤，周立，赵新全，等.江河源区"黑土滩"型退化草场的形成过程与综合治理 [J].生态学杂志，2003，22（5）：51-55.

[110] 周华坤，周立，赵新全，等.水葫芦苗的生长特征研究 [J].西北植物学报，2004，24（10）：1798-1804.

[111] 周华坤，周兴民，赵新全.模拟增温对矮嵩草草甸影响的初步研究 [J].植物生态学报，2000：24（5）547-553.

[112] 周华坤，周兴民，周立，等.鹅绒委陵菜（*Potentilla anserina*）生长特征

[J].西北植物学报,2002,22(1):9-7.

[113] 周兴民,王质彬,杜庆.青海植被[M].西宁:青海人民出版社,1987.

[114] 周兴民.中国嵩草草甸[M].北京:科学出版社,2001:2.

[115] 朱志红,李希来,乔有明,等.克隆植物矮嵩草在放牧选择压力下的风险分散对策研究[J].草业科学,2004,21(12):62-68.

[116] 朱志红,王刚,王孝安.克隆植物矮嵩草对放牧的等级性反应[J].生态学报,2006,26(1):282-290.

第6章 高寒草甸典型植物对模拟增温和放牧的生理生态响应

全球 CO_2 浓度增加，造成温室效应，进而引起全球气候变化，而全球气候变化必然影响到陆地生态系统植物生理、形态、生长、分布格局、生产力、生物多样性等（Wan et al，2011；Falk et al，2015；Smith et al，2013）。而温度是影响植物生长和发育的关键因子之一。温度升高或者降低均会对植物产生明显的影响。因此，研究和深入理解植被对气候变化的响应机制，已成为当今国内外植物学家和生态学家研究的主要热点之一。

由温室气体排放增加所引起的气候变暖将通过不同途径和方式影响草地群落结构变化。例如外界环境（如温度、水分、CO_2 等）调控的影响作用于土壤，进而又影响植物的生长，如果植物在其生长季节中遭受水分严重亏损，其生长将会受到抑制，甚至出现落叶及枯死等现象而导致植物衰亡。但是对于一些耐旱能力强的物种来说，这种变化将会使它们在物种间的竞争中处于有利的地位，从而得以大量地繁殖和入侵，使植物类群发生变化（Skroppa et al，2013）。温度是影响植物生长的关键因素之一。对于许多高山和高海拔地区来说，植物所处的环境温度普遍低于植物生长的最优温度，因而增温从总体来说将影响植物的生长和发育，而植物也能够通过调整自身不同组分的生物量分配，以此来适应增温等环境条件的改变（Gunn et al，1999）。由于不同物种适宜生长的最佳温度各不相同，因此每个物种对不同程度的增温也具有不同的生长和生物量分配方式。在模拟增温试验中，增温小室改变了植物群落的小气候环境，一定程度上满足了植物对热量的需求，有利于植物的生长和发育，对群落结构产生一定的影响。周华坤等（2000）对青藏高原矮嵩草草甸的模拟增温研究结果表明，在增温条件下，矮嵩草草甸各种群的整体高度有所增加，大多数种群的密度也有所增加，而苔草（*Carex sp.*）、双叉细柄茅（*Ptitagrostis dichotoma*）、雪白委陵菜（*Potentitla nivea*）等的密度有所减小，这与3种植物的生态特征有关，苔草和雪白委陵菜属阳性植物，当其他植物高度与密度增加，它们处在群落下层，阴湿环境影响了他们的生长与发育，而双叉细柄茅属疏丛性植物，当其他植物密度增加时，其分蘖受到抑制，数量便相对减少。Alward 等（1999）的研究也表明，不同群落物种对增温的响应不同，有的对温度升高的响应更为敏感，从而破坏种间竞争关系，引起群落的优势种和组成改变。李娜等（2011）的研究表明，由于高寒草甸和沼泽草甸生态系统的自然条件和土壤水热状况不一样，增温后高寒草甸土壤水分的减少限制了高寒草甸植物的生长，水分成为限制植物生长的最关键因子，植物为了更好地适应环境，必须以减少生物量为代价，同时将生物量尽可能地向更深的土层转移。但对于沼泽草甸，原本就充足的水分条件在增温后变得更适合植物生长，使得生物量不断增加，使得禾草和莎草类等须根系植物大量繁殖，根系层的生物量分配比例相应地增加。

放牧是人类利用草地资源的主要方式，通过对草地植被的作用，进而影响土壤物理、化学、生物学等性状。植物对放牧的响应是植物在响应过程中为生存和繁殖所形成的适应策略。放牧作为草地的一种重要的人为干扰，不仅可以直接改变草地的形态特征，而且还可以改变草地群落的组成、结构和生产力（赵新全等，2009）。由于草地植物超补偿生长的存在，放牧通过改善未被采食部分的光照和养分，增加单位植物量的光合速率和植物繁殖的适应性，从而促进植物生长，适度放牧也可以增加草地的地上净初级生产力（汪诗平，2001）。植物对放牧的响应是植物在响应过程中为生存和繁殖所形成的适应策略。植被群落种类组成的改变与植物的适口性及竞争力等有关。由于家畜的采食习性，优良牧草被采食，这就导致植被结构、组成发生变化。植物在长期的放牧过程中形成一种补偿性生长机制，以抵御放牧动物采食和践踏的影响，或者通过一系列的形态特征变化以及体内化学成分的改变来减轻或避免被放牧动物采食（汪诗平，2004）。

6.1　植物生理生态对气候变暖和放牧的响应概述

6.1.1　植物光合生理对气候变暖和放牧的响应

植物功能性状及其与环境因子间的关系受到越来越多的关注（Reich，2004）。在各项植物功能性状中，叶作为植物与环境接触面积最大的器官，其功能性状的变化被认为是对特定环境的适应性表现，并且这些性状在植物对资源的获得、水分关系和能量平衡方面有重要作用（Roche，2004）。植物的光合作用是评价植物第一性生产力的标准之一，包含一系列复杂的代谢反应，是生物界赖以生存的基础，也是地球碳氧循环的重要媒介。光合作用是酶催化的化学反应，而温度直接影响酶的活性。植物光合作用气体交换能力、叶绿素荧光动力学参数和色素格局等是密切相关的生理过程，它们的变化直接影响着植物的光合作用速率（潘瑞炽，2004），因此植物光合生理活动对某一环境的适应性在很大程度上反映了植物在自然界的生存能力和竞争力。光合作用连接着植物生长、叶的化学特征、物候和生物产量分配等众多过程对温度升高的响应。温度升高还通过其他的生理过程来改变光合作用，主要表现在植物的叶绿素含量、Rubisco酶、气孔导度、净光合速率、光饱和点、光补偿点、表观量子效率等方面（李洪军等，2009）。众多研究表明，植物光合速率存在最适温度，在最适温度附近时光合速率最大，低于或高于最适温度，光合速率有所降低，并且随试验条件、物种和生态型表现出明显的特异性差异（Yamori et al，2014）。

此外，植物光合作用具有明显的日变化、季节变化和年际变化特征。植物内在节律以及外部环境因素（温度、光照、湿度等）的差异，将引起植物光合作用的相应变化，而温度对植物的光合速率和呼吸速率都有直接的影响。气候变暖带来的温度改变使得植物的光合作用与呼吸作用进行调整，以达到新的平衡来适应环境的改变（Atkin et al，2005）。由于不同物种对增温的响应差异可能与多种因素有关，如试验处理时间、植物的生长环境特征、植物本身的遗传差异等，增温对植物的光合速率的影响也有差异。例如，有的研究认为增温能够增加植物的光合作用，有的研究认为增温降低了植物的光合作用，而还有研究者认为增温对植物的光合作用不明显（任飞等，2013；尹华军等，2008；Lorens et al，2004）。此外，Zhou 等（2006）的研究结果表明，植物的光合速率在整个生长季对增温的响应具有三种模式，即生长初期光合速率提高，夏天或生长季末影响不显著，而在夏末初秋降低了植物的光合速率。

家畜放牧后，牧草再生长过程中，光合作用的变化可以分为短期生理伤害和长期生理调整2个阶段。采食导致叶面积指数大幅度降低，牧草冠层净光合作用速率亦随之减少。Nowak 等（1984）从光合作用变化的角度研究植物去叶后的耐牧性时，提出了补偿性光合作用的概念，并将其定义为相同生长阶段的植物在部分去叶后，植物整体的光合速率要比未去叶植物提高的现象。Richards（1993）研究发现，家畜采食7 d后，沙生冰草（*Agropyron desertorum*）、羊茅（*Festuca ovina*）、多花黑麦草（*Lolium multiflorum*）、黄背草（*Themeda triandra*）等叶片光合作用速率均高于未采食植株上的同龄叶片。有研究发现，重度放牧下，由于短时间内使植物的光合有效面积急剧降低，对植物的总体光合能力有降低的影响，在植被的恢复过程中，那些具有较强光合能力的植物占据优势，为更多的生物量生产做出贡献（Chen，2005）。蒸腾速率和水分利用效率是与光合作用密切相关的生理过程，放牧主要通过改变群落结构和牧草生理活动影响群落蒸腾，或通过践踏改变土壤紧实度引起土壤水分变化，进而影响草地植物群落蒸腾（Dormaar，1998）。

6.1.2 植物碳氮元素含量对气候变暖和放牧的响应

气候变暖必将对陆地生态系统植被碳库产生巨大的影响（Cox et al，2000）。一方面，气候变暖可以直接影响光合作用来改变植物的净初级生产力，从而增加陆地生态系统的总碳输入；同时气候变暖还会增加潜在蒸发（散）和植物的呼吸作用，蒸发（散）的增强可以导致植物的水分胁迫，从而造成陆地生态系统的总碳输入的降低。另一方面，气候变暖还可以通过改变土壤氮素矿化速率等，间接地影响陆地生态系统的碳输入（Melillo et al，2002）。例如，对许多北方和温带的草地生态系统来说，氮是植物光合作用和初级生产过程中最受限制的元素之一，在增温条件下，土壤中可利用氮量增加、不变和下降（Shaw et al，2001），都会改变植物对土壤中可利用氮的吸收利用，从而改变植物叶片养分以及陆地生态系统的总碳输入。当土壤具有较高的养分时，绿叶碳、氮等养分浓度也较高，而土壤具有较低的养分时，绿叶养分浓度也较低，植物借此延长养分的使用，提高养分利用效率，因此这是植物适应贫瘠生境的有效策略（Tripler et al，

2002）。叶片养分含量的动态变化与植物生长状态息息相关。碳、氮是决定植物生长的最基本的两个要素。它们在植物体内的分配和代谢决定着植物生长过程和生产力，也关系到植物对环境胁迫的适应能力。植物的碳氮水平及分配相互联系、不可分割，它们的生物过程及其与外界环境的关系共同决定着植物的碳氮产量和营养水平。在资源饱和的环境中，植物通过调整生物量和养分分配以使植物达到最大生长；而在自然环境中或资源有限条件下，外界的压力总是迫使植物为了获得地下的养分、水分等而将更多生物量分配到根系，最终使植物养分和生物量在叶、茎和根系之间达到一个平衡状态以最大化地利用有限资源（Chapin，1991）。

植物组织中的碳是在一段时间内积累起来的，其同位素（$\delta^{13}C$）综合了植物的生理及碳固定期间影响植物气体交换的外界环境信息，因而可以有效地反映植物长期的光合特性和新陈代谢，间接指示和估算植物相应时间段内平均的 Ci/Ca（细胞间隙 CO_2 浓度和环境 CO_2 浓度之比）、水分利用效率，可用于比较不同植物水分利用策略，揭示与植物生理生态过程相联系的一系列气候环境特征（Verlinden，2015；de Rouw，2015）。植物 $\delta^{15}N$ 作为 N 循环的综合者，可反映 N 的吸收、转运和损失过程中外源 N 及 ^{15}N、^{14}N 值的变化。在某种程度上，叶片 $\delta^{15}N$ 的变化反映了植物所利用的资源的分化。近年来，国内外进行了大量的增温、养分添加等对植物碳氮及其稳定性碳氮同位素变化的研究（邓建明等，2014），增温改变了植物群落的物种组成，增加了碳的输入，同时也增加了土壤碳氮的分解作用。竞争力较强的物种可以获得较多资源，从而抑制竞争力较弱物种的生长。

6.2 研究方法

6.2.1 试验区概况

研究地点位于中国科学院海北高寒草甸生态系统定位站，地处青藏高原东北隅的青海海北藏族自治州境内，祁连山北支冷龙岭东段南麓坡地的大通河谷西段，N 37°29′～37°45′，E101°12′～101°33′，海拔 3200～3250 m。居亚洲大陆腹地，具明显的高原大陆性气候，夏季风影响微弱。受高海拔条件的制约，仅有冷暖两季之别，干湿季分明；年平均气温-1.7 ℃，月平均气温-14.8 ℃，7 月平均气温 9.8 ℃。年平均降水量 600 mm，主要降水量集中在上半年，约占年降水量的 80%，蒸发量 1 160.3 mm。10 月到翌年 4 月长达 7 个月时间的降水仅占年降水量的 20%。日照充足，在植物生长期日平均达 6.5 h，基本满足植物生长发育所要求的光照时间。无绝对无霜期，相对无霜期 20 d 左右，冷季寒冷、干燥和漫长，暖季凉爽、湿润和短暂。

6.2.2 试验设计

从2011年开始在海北野外自然条件下进行区域生态系统控制试验,包括增温和放牧试验。选择地势平坦且植物群落组成较为均一的地段设置样地,用网围栏封闭,防止样地遭到人为破坏。增温通过开顶式增温小室(open top chamber,OTC)来实现,使用材料为美国进口玻璃纤维,圆台型框架用细铁丝固定。按直径从小到大依次设置D、C、B、A四个开顶式生长室,模拟不同增温梯度,其底部直径依次为1.15、1.45、1.75和2.05 m,顶部直径依次为0.70、1.00、1.30和1.60 m,圆台高0.40 m。每个处理3次重复,以OTC附近的未做任何处理的天然草地作为对照(CK)。本试验采用增温和放牧2个因素,即对所有样方增温是模拟全球气候变化因子,放牧作为人为干扰因子,放牧采用刈割的方法,即4月剔除枯草的80%。

6.2.3 测量方法

1. 环境测量

样地的温度(地上5 cm处)采用HOBO记录仪自动记录(每小时1次)。连续晴朗3 d后,在第4天9:00—11:00用土壤湿度计TDR测量土壤湿度。6—8月,每月测量2次。

2. 植物叶片色素含量测定

2015年7月选取一定数量的矮嵩草、垂穗披碱草、棘豆和麻花艽当年生完全展开且生长健康的叶片,在低温、避光的条件下带回实验室,用于光合色素含量的测量。

叶绿素:将剪碎叶片放在3 mL的二甲基甲酰胺溶液中24 h,黑暗条件。然后用分光光度计在645 nm和663 nm下测其吸光度,用公式:

$$叶绿素a含量 = 12.70 \times E_{663} - 2.69 \times E_{645}$$

$$叶绿素b含量 = 22.90 \times E_{645} - 4.68 \times E_{663}$$

$$总叶绿素含量 = 20.21 \times E_{645} + 8.02 \times E_{663}$$

计算得出叶绿素a、叶绿素b和总叶绿素的含量。其中E_{663}表示663 nm下的吸光度,E_{645}表示645 nm下的吸光度。

花青素:将剪碎叶片浸没在3 mL盐酸:水:甲醇为7:23:70溶液中24 h,4 ℃,然后用分光光度计在532 nm和653 nm下测其吸光度。

$$花青素含量 = A_{532} - 0.25 A_{653}$$

式中,A_{532}表示在532 nm下的吸光度,A_{653}表示在653 nm下的吸光度。

3. 植物瞬时光合速率的测定

由于研究区域的植物生长期短,在2015年7—8月的生长旺季期间晴朗天气的9:00—11:00以及15:00—17:00,设定光强1 500 μmol/(m²·s)下测定植物的瞬时光合速率，每个处理10次重复。

4.植物比叶面积测定

2015年8月，采集每个物种完全展开的健康叶片，用光电叶面积仪（WDY-500A）测定叶片的面积，然后带回实验室用烘箱烘干，称量烘干质量，比叶面积定义为叶面积与烘干质量的比值（冯燕等，2011）。

5.植物叶片C、N，$\delta^{15}N$和$\delta^{13}C$含量测定

2014年8月，在温室C（OTC1）、温室D（OTC2）以及对照样方采集植物叶片，在每个样方尽量选择生长一致和无人为干扰的植株进行样品采集，考虑到植株个体间的差异，每份样品均由来自同一样方的不同植物的叶片组成。将所采集的叶片装在信封袋内带回实验室进行处理。

实验室内，将样品在65 ℃下烘干48 h，使样品完全干燥，并用球磨仪进行粉碎。植物叶片$\delta^{13}C$、$\delta^{15}N$及C、N含量的测定用Flash EA1112 HT元素分析仪以及DELTA V Advantage同位素质谱联用仪进行，$\delta^{13}C$的测试误差小于0.1‰，$\delta^{15}N$的测定误差小于0.2‰。植物叶片$\delta^{13}C$、$\delta^{15}N$值由以下公式计算：

$$\delta^{13}C\ (‰,\ V\text{-}PDB) = \left(\frac{R_{样品}}{R_{标准}} - 1\right) \times 1000$$

$$\delta^{15}N\ (‰,\ at\text{-}air) = \left(\frac{R_{样品}}{R_{标准}} - 1\right) \times 1000$$

式中，R为$^{13}C/^{12}C$或$^{15}N/^{14}N$自然丰度比。

6.3　OTC模拟增温效果

6.3.1　OTC增温

增温小室增温是由于温室的阻挡作用，增温棚室内风速降低，空气湍流减弱，使热量不易散失，加之玻璃纤维被太阳辐射中红外线穿透的能力较好，所以室内温度升高。与对照相比，增温幅度均达到显著水平（$P<0.05$）；在4个增温梯度中，放牧处理的增温幅度依次增大，分别为1.07、1.54、2.08、2.44 ℃；不放牧处理的增温幅度也依次增大，分别为0.45、0.96、1.12和1.57 ℃（图6.1）。

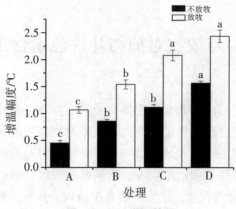

图6.1 OTC增温效果

注：不同小写字母表示不同面积的开顶式增温小室达显著水平（$P<0.05$）。

6.3.2 土壤湿度

如表6.1所示，在放牧和不放牧条件下，在同一土层深度（0~5、5~10和10~15 cm），不同增温梯度之间的土壤湿度差异不显著。而在同一增温梯度下，模拟放牧使土壤湿度都高于不放牧处理的土壤湿度，但差异不显著（$P>0.05$）。

表6.1 模拟增温与放牧对土壤湿度的影响

土层深度/cm	增温	不放牧/%	放牧/%
0~5	CK	27.44	30.06
	A	26.84	28.73
	B	27.45	29.88
	C	26.64	31.25
	D	27.57	29.24
5~10	CK	36.85	38.62
	A	35.23	37.44
	B	34.89	37.44
	C	34.67	39.07
	D	35.85	38.01
10~15	CK	42.85	44.55
	A	40.86	43.81
	B	41.53	43.38
	C	40.43	44.46
	D	43.13	43.87

6.4 增温与放牧对植物叶片色素含量的影响

叶片中光合色素含量与植物光合作用捕捉光的能力、过剩光能耗散、胁迫氧化产物失活等过程直接相关。光合色素含量的变化直接影响到植物的光合作用过程，因而光合色素含量变化分析常被用来评估和研究植物对外界环境胁迫的响应。植物根系在更适宜的温度条件下将合成和转移更多的细胞分裂素到叶片中以促进植物光合色素的合成。叶绿素a、叶绿素b和总叶绿素含量的增加，有利于植物合成更多的光合产物，反之，将不利于植物的生长。（Aiken et al, 1996）

6.4.1 增温与放牧对矮嵩草叶片叶绿素含量的影响

在不放牧处理下，与对照相比，各个温室的矮嵩草叶绿素含量都有所变化，矮嵩草除温室C中的叶绿素a、总叶绿素增加外，其他温室的叶绿素a和总叶绿素都有所降低，差异都不显著（$P>0.05$）。而各个温室的叶绿素b含量与对照相比都有所增加，其中温室C的变化达到了显著水平（$P<0.05$）（图6.2）。在放牧处理下，与对照相比，温室C中的矮嵩草叶绿素a、叶绿素b以及总叶绿素含量增加，其他温室中的矮嵩草叶绿素a、叶绿素b以及总叶绿素含量都降低，差异都不显著（$P>0.05$）（图6.3）。

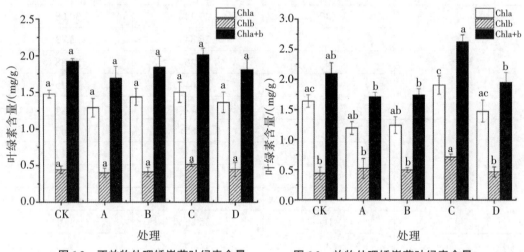

图6.2 不放牧处理矮嵩草叶绿素含量　　图6.3 放牧处理矮嵩草叶绿素含量

6.4.2 增温与放牧对垂穗披碱草叶片叶绿素含量的影响

在不放牧处理下，与对照相比，垂穗披碱草在温室 B 中的叶绿素 a 和总叶绿素含量增加，其他温室的叶绿素 a 和总叶绿素含量均降低，其中温室 D 中的叶绿素 a 含量和温室 A 和温室 D 中总叶绿素含量变化显著（$P<0.05$）。而各个温室中叶绿素 b 含量与对照相比均降低，其中温室 B 中的叶绿素 b 含量降低显著（$P<0.05$）（图 6.4）。

在放牧处理下，与对照相比，各个温室中的垂穗披碱草叶绿素 a 和总叶绿素含量均降低，其中温室 B 中的叶绿素 a 和总叶绿素含量降低显著（$P<0.05$）。温室 C 和温室 D 的叶绿素 b 含量与对照相比有所增加，差异不显著（$P>0.05$）（图 6.5）。

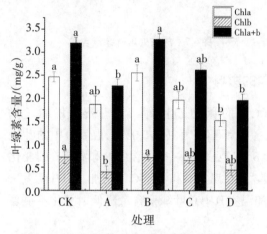 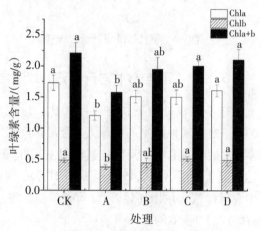

图 6.4　不放牧处理垂穗披碱草叶绿素含量　　图 6.5　放牧处理垂穗披碱草叶绿素含量

6.4.3 增温与放牧对棘豆叶片叶绿素含量的影响

在不放牧处理下，与对照相比，温室 D 的棘豆叶绿素 a 和总叶绿素含量增加，其他温室的叶绿素 a 和总叶绿素含量均降低，其中温室 B 中的叶绿素 a 和温室 C 中叶绿素 a、总叶绿素变化显著（$P<0.05$）。各个温室的叶绿素 b 含量都增加，差异都不显著（$P>0.05$）（图 6.6）。

在放牧处理下，与对照相比，温室 D 的棘豆叶绿素 a 和总叶绿素含量增加，其他温室的叶绿素 a 和总叶绿素含量均降低，差异都不显著（$P>0.05$）。而各个温室的叶绿素 b 含量均增加，其中温室 A、温室 C、温室 D 中的叶绿素 b 含量变化达到显著水平（$P<0.05$）（图 6.7）。

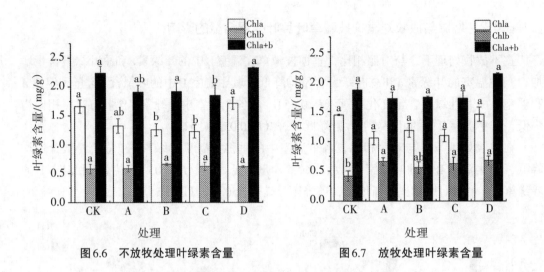

图6.6 不放牧处理叶绿素含量　　　　　图6.7 放牧处理叶绿素含量

6.4.4　增温与放牧对麻花艽叶绿素含量的影响

在不放牧处理下，与对照相比，除温室C中的麻花艽叶绿素a含量显著增加（$P<0.05$）外，其他温室的叶绿素a含量都降低，差异都不显著（$P>0.05$）。温室D中的叶绿素b含量与对照相比降低，其他温室的叶绿素b含量豆增加，其中温室B和温室C的变化达到显著水平（$P<0.05$）。而麻花艽总叶绿素含量在温室B和温室C中增加，其中温室C中总叶绿素含量增加显著（$P<0.05$），温室A和温室D中总叶绿素含量降低，变化不显著（$P>0.05$）（图6.8）。

在放牧处理下，与对照相比，各温室的叶绿素a、叶绿素b和总叶绿素含量均增加，其中温室C中的叶绿素a、叶绿素b和总叶绿素含量以及温室D中的叶绿素b增加显著（$P<0.05$）（图6.9）。

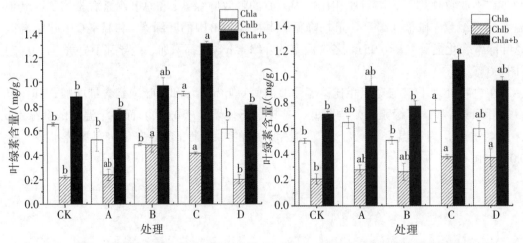

图6.8 不放牧处理麻花艽叶绿素含量　　　图6.9 放牧处理麻花艽叶绿素含量

6.5 高寒草甸典型植物生理生态特性对模拟增温和放牧的响应机制

6.5.1 叶绿素对增温与放牧的响应机制

经过增温和放牧的处理，4个植物种的光合色素含量都发生了或增高或降低的不同程度的变化，而且叶绿素a和叶绿素b对增温的响应也不同。叶绿素a的波动程度总体上大于叶绿素b的波动程度，这可能是因为增温胁迫引起植物体内活性氧的积累，进而引发叶绿素的破坏，Chla对活性氧的反应较Chlb敏感，而此间Chla可能不及Chlb稳定，因而更易分解破坏（伍泽堂，1991）。由于植物在受到增温胁迫时，其生理响应经历不受影响、积极调整和失去控制三个阶段，而不同植物物种在各个阶段的生理反应不同，有的能够迅速进入生理调整期，有的在较长时间没有明显反应，而且由温度改变而引起的土壤湿度、空气湿度、土壤温度、地表温度等各种微气候因子发生变化的综合作用将通过多种方式直接或间接地影响植物生理过程。因此本研究中4个物种的叶绿素a、叶绿素b和总叶绿素含量的变化趋势呈现出了不同的变化趋势。在不放牧处理下，随着增温梯度的增加，矮嵩草、垂穗披碱草、麻花艽表现出先降低再升高后又降低的趋势，棘豆表现出先降低再升高，这是因为在温室A增温下引起的环境改变并不利于它们的生长，随着温度的增加，逐渐进入了生理调整期，适应了增温引起的环境改变，因而叶绿素含量增加，但是叶绿素的生物合成需要通过一系列的酶促反应，温度过高和过低都会抑制酶反应，甚至会破坏原有的叶绿素，因此，随着温度的继续升高，叶绿素含量又出现降低的趋势。而又经模拟放牧处理后，各个物种的叶绿素含量总体上较不放牧处理下低，这可能是因为在模拟放牧后，所有植物在生长的开始阶段都具有相同的竞争优势，只在后续生长时才显示优势作用，加上经过放牧处理的植物群落土壤湿度比未放牧处理的土壤湿度高，非优势植物也具有良好的生长环境，那些对生物量贡献较大的物种相对优势度降低，生长受到一定的阻碍，合成的光合产物随之降低，合成的叶绿素含量也相应降低。而经放牧处理后，不同的物种响应程度不一致，这与植物种放牧后的补偿性机制有关。

6.5.2 叶片花青素含量对增温与放牧的响应机制

花青素是决定被子植物花、果实和种皮等颜色的重要色素之一。花青素的合成与积累过程往往与植物发育过程密切相关，由内外因子共同控制。基因编码的酶决定了花青素苷合成的种类，环境因子不仅能影响花青素苷生物合成的速率，而且可以对其积累量和稳定性产生作用，温度就是影响花青素苷合成及呈色的外界环境因子之一（David, 2000）。

在不放牧+增温处理下，与对照相比，各个温室的矮嵩草花青素含量均降低，其中温室A和温室D差异达到了显著水平；垂穗披碱草在各个温室中的花青素含量也都降低，其中温室A、温室B和温室D差异达到了显著水平（图6.10）。矮嵩草和垂穗披碱草在各个温室中的花青素含量均比对照低，这是因为低温会诱导花青素苷合成相关基因的表达，使花青素苷含量升高；而高温却能抑制基因的表达，使花青素苷含量降低（Islam et al，2005）。棘豆在温室B、温室C和温室D中花青素含量增加，在温室A中降低，差异都不显著；各个温室中麻花艽花青素含量与对照相比均增加，其中温室A和温室C中花青素含量差异达到了显著水平（图6.10）。这是因为，一方面温度主要是通过影响酶的稳定性来影响花青素的合成，而不同物种的最适生长温度以及对温度的响应都不同，除了温度，光、糖、激素、水分、氮或磷的含量也可以调控花青素苷的合成（Mori et al，2007）；另一方面温度还影响着花青素的稳定性，表现为当温度升高时，花青素合成的速率减慢，但花青素降解的速率却增加，其结果导致花青素的积累量降低（Stiles et al，2007）。

在放牧+增温处理下，与对照相比，矮嵩草花青素含量除在温室C中略有增加外，其他温室中花青素含量均降低，差异均不显著；垂穗披碱草除在温室A中的花青素含量显著增加外，其他温室中花青素含量均降低，其中温室C中的花青素含量降低显著（图6.11）。棘豆除在温室A中的花青素含量增加外，在温室B、温室C和温室D的花青素含量均显著降低；麻花艽在温室A和温室B中的花青素含量增加，其中温室B中的花青素含量变化显著，在温室C和温室D中花青素含量均显著降低，差异不显著（图6.11）。由此可见，放牧调控了植物花青素含量对增温处理的响应。究其原因，主要是因为花青素是存在于植物表皮细胞液泡中的水溶性色素，当植物遭遇低温、干旱等环境胁迫时，植物体内会迅速积累花青素，来帮助植物体抵御逆境，降低冰点和细胞渗透势，防止细胞受到冻害并抵御由于冰冻引发的脱水胁迫，从而提高植物的耐旱能力（孙明霞等，2003）。经放牧后，植物物种间的竞争优势以及各个物种补偿性机制的差异，使其生理生长发生调整和变化。

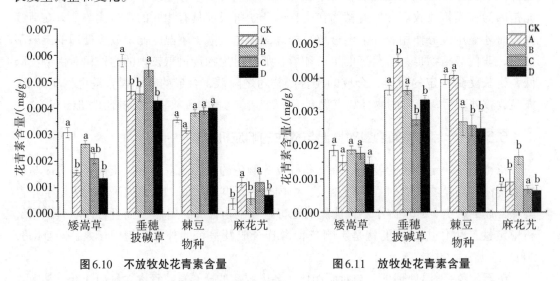

图6.10　不放牧处花青素含量　　　　　图6.11　放牧处花青素含量

6.5.3 植物瞬时光合速率对增温与放牧的响应机制

光合作用是植物最重要的生理生化活动，为植物提供有机营养物质和能量，是生物界赖以生存的基础。光合作用受光照强度、水分、温度、CO_2浓度、土壤等环境因子的影响，其中温度是影响植物光合作用的重要生态因子。增温使植物生长的环境发生了改变，物种间的竞争关系必然发生变化，而不同物种对新的环境条件又有不同的适应方式，这势必对植物的生长及生理生态特性产生巨大的影响。温度控制着生态系统中许多生物化学反应速率，且几乎影响所有的生物学过程，对植物光合作用酶活性影响较大（Allen et al，2000）。植物进行光合作用以产生有机物供自身生长和维持的需要，而光合作用的光反应和暗反应都需要在酶的催化下才能使细胞内的生物化学反应得以正常运转。

增温对植物光合生理的影响也因植物种类而异。比较4种高寒草甸植物光合速率对增温处理的响应，发现增温使矮嵩草和棘豆的瞬时光合速率增加，表明增温处理促进了2种植物的生理活动；垂穗披碱草和麻花芹的瞬时光合速率有先增加后降低的趋势（表6.2）。这是因为每个物种都有各自的最适生长温度，随着温度的升高，植物的光合作用增强，超过最适生长温度，光合作用逐渐减弱；也就是说，适度的增温才能使植物的净光合速率、气孔导度、最大光合速率和蒸腾速率等主要光合特性指标增加，进而促进植物的生理活动（石福孙等，2009）；高温会通过胁迫作用破坏植物的光合作用，进而降低植物的光合速率（李晓梅，2010）。

放牧可以直接干预植物的光合作用能力，这主要是因为放牧直接改变了草地植物冠层微气候，对植物造成直接的光合生理伤害。在同一增温梯度下，与不放牧相比，放牧处理下矮嵩草、垂穗披碱草在各温度幅度下的瞬时光合速率都有不同程度的增加，说明在增温的基础上放牧促进了矮嵩草和垂穗披碱草的生长；与之不同，放牧处理下棘豆除在对照和温室A中的瞬时光合速率增加外，其他温室中瞬时光合速率有所降低；麻花芹在对照和温室B中的瞬时光合速率降低，其他温室中瞬时光合速率增加（表6.2）。两方面原因可以解释放牧处理下植物光合作用对增温处理响应的差异：一方面，放牧改变了高寒草地的水分、热量、光照、营养状况，从而影响草地光合作用及呼吸作用；不同植物对放牧干扰有不同的光合补偿机制，因此放牧后不同的植物又有不同的反应。另一方面，放牧的方式和持续时间也被证实能改变植物的光合速率。有研究发现，家畜采食7 d后，沙生冰草、羊茅、多花黑麦草、黄背草等叶片光合速率高于未采食植株上的同龄叶片（Richards，1993）；在连续放牧方式下，羊草叶片的净光合速率、蒸腾速率、气孔导度对不同放牧强度的响应的日动态趋势既有"单峰"曲线变化，也有"双峰"曲线变化（邓钰等，2012）。

表6.2 模拟增温与放牧对植物瞬时光合速率的影响

处理	增温	物种			
		矮嵩草	垂穗披碱草	棘豆	麻花艽
不放牧	CK	3.93±0.80d	6.22±2.36b	6.79±3.26a	9.53±1.20c
	A	5.44±1.83ab	7.66±2.68ab	9.14±1.62ab	9.67±0.78c
	B	6.04±0.69a	9.32±0.30a	10.44±2.51ab	14.36±1.78a
	C	5.04±0.65bc	8.05±0.07ab	11.43±4.54ab	10.40±0.90c
	D	4.20±0.20cd	6.82±0.01ab	11.55±6.42a	12.87±2.10b
放牧	CK	6.78±0.47b	8.11±1.60b	8.40±1.81b	8.05±1.15b
	A	10.56±0.61ab	11.45±1.30a	14.52±1.63a	14.17±2.17a
	B	7.60±1.61b	12.86±1.71a	8.99±1.97a	13.96±0.26a
	C	9.33±1.48ab	11.79±0.10a	10.16±2.86ab	14.86±2.7a
	D	11.49±1.86a	7.38±1.28b	11.40±1.29ab	14.66±0.87a

6.5.4 植物比叶面积对增温与放牧的响应机制

叶片是植物碳吸收及碳—水平衡过程的重要场所，是植物生长及存活的基础，因而叶片形态及生理学特性无疑将成为植物个体生长的重要指标，对植被更新、群落以及生态系统演替具有重要的指示意义（Poorter et al, 2006）。从干物质增长和叶面积角度来研究生育过程的方法称为植物生长分析法。研究发现，矮嵩草除在温室A中比叶面积降低外，其他温室中比叶面积都有所增加，垂穗披碱草除在温室C中比叶面积降低外，其他温室中比叶面积都有所增加，比叶面积的增加，说明捕获光的能力增强，能很好地保持体内营养，从而更好地适应环境资源的改变。而有着较小的比叶面积的叶片，可能是将大部分干物质用于构建保卫细胞，增加叶厚或叶肉细胞密度，同时使叶片内部水分向叶片表面扩散的距离或阻力增大，降低植物内部水分散失，表现出对不良环境的适应。而棘豆在各个温室中的比叶面积值与对照相比均降低，麻花艽在各个温室中的比叶面积值与对照相比均增加，这可能是因为不同的植物功能群对增温的响应策略不同，棘豆将更多的干物质用来抵御增温带来的不良反应，所以比叶面积降低，麻花艽在增温后更具有优势，一定程度上比叶面积的增加降低了植物内部水分散失，提高了获取资源的能力（李永华等，2005）。比叶面积为单位干质量的鲜叶表面积，是表证植物生长过程中资源收获策略的关键叶性状指标，能够反映植物在不同生境下资源获取的能力。植物降低比叶面积，减少了单位叶面积的呼吸碳损失，而且通过延长叶寿命增加了碳收获，同时较低的生长速率得以维持正碳平衡（Sterck et al, 2006）。而比叶面积高的植物通常生长较快，叶片寿命较短，养分利用效率也较低（Knops et al, 2000）。

在不放牧+增温处理下，矮嵩草和垂穗披碱草在各个温室中的比叶面积值与对照相比变化不显著（$P>0.05$）。棘豆的比叶面积值与对照相比都有所降低，其中，温室B和温室C中的降低显著（$P<0.05$）。麻花艽在各个温室中的比叶面积值与对照相比都有所增加，变化都比较显著（$P<0.05$）；放牧处理下，与对照相比，矮嵩草在温室D中的比叶面积值显著增加（$P<0.05$），其他温室中比叶面积值变化不显著。垂穗披碱草和麻花艽在各个温室中的比叶面积值均无显著变化（$P>0.05$）。而棘豆在各个温室中的比叶面积值均有显著增加（$P<0.05$）（表6.3）。

总而言之，增温和放牧对植物的比叶面积产生了一定的影响，一定程度上改变了植物的资源获取能力。由于比叶面积与植物叶片其他功能性状紧密相关，且在很大程度上可以解释植物光合作用、呼吸作用、叶寿命和潜在生长速率的种间变异，但是这些叶片性状对增温和放牧的响应却并不一致，这可能与植物叶片的结构和功能有关，表明叶片生理和结构对外界环境条件的变化的适应与响应比较复杂（Wright et al，2004）。经放牧处理后，4种植物在各个温室中的比叶面积值都有不同程度的变化，这也与模拟放牧的程度有关，因为随着刈割强度的增加，比叶面积显著减少（张璐璐等，2011）。

表6.3 模拟增温与放牧对植物比叶面积的影响

处理	增温	物种			
		矮嵩草	垂穗披碱草	棘豆	麻花艽
不放牧	CK	130.53±18.18a	73.46±4.54ab	115.03±9.38a	89.75±8.48c
	A	128.78±13.83a	85.37±19.74a	102.07±11.23b	118.48±10.82a
	B	139.77±17.74a	84.28±12.23a	89.79±10.96b	101.43±8.08b
	C	139.15±16.80a	71.63±11.29b	104.58±11.94ab	105.69±10.26b
	D	133.63±12.24a	83.94±7.54ab	111.15±20.11ab	124.78±10.36a
放牧	CK	131.57±14.71b	75.36±16.16a	91.57±15.35b	97.96±12.55a
	A	134.66±13.44b	79.91±10.45a	120.79±16.36a	97.12±8.92a
	B	125.90±17.97b	80.38±16.49a	114.65±14.28a	101.01±19.75a
	C	125.10±13.14b	80.48±11.13a	118.24±10.22a	101.66±15.20a
	D	147.54±10.07a	90.23±13.06a	111.71±15.78a	96.76±12.20a

6.5.5 植物叶片碳/氮值、$\delta^{13}C$和$\delta^{15}N$含量对增温与放牧的响应机制

1. 增温与放牧对植物叶片碳/氮值的影响

碳和氮作为植物正常生长发育所必需的营养元素，它们在植物体内具有重要的生命活动功能，它们在植物体内的积累与分布是研究草地生态系统物流和能流的基础。例如，虽然碳同化在植物叶部进行，但碳固定速率与植物叶片中氮含量有密切关系，而后者又取决于根系所吸收的氮含量以及转移到植物叶中的多少。因此，更好地理解植物矿物质养分对气候变暖的敏感性和人为影响的放牧作用具有非常重要的科学意义，了解植物养

分对多种环境压力的综合反应有着非常重要的作用。当外界环境条件发生变化时，植物可通过改变养分的吸收及分配等来适应环境变化。土壤中可利用养分含量的多少、植物组织对养分的需求以及养分在植物体内的转移特性（如养分元素的吸收方式、移动性强弱及运输方式）使得不同养分在植物体内具有不同的分配模式（Romero et al，1996）。

碳和氮是植物生长所必需的，植物体内碳/氮分配的变化在生态系统对环境变化的适应过程中起到关键作用，它影响植物碳同化、呼吸和土壤有机质分解等一系列过程，是反映植物生理状况、生长活力及抗环境强弱的重要指标（Moorhead et al，1999）。氮代谢需要依赖碳代谢提供碳源和能量，而碳代谢需要氮代谢提供酶和光合色素，二者又需要共同的还原力、三磷酸腺苷（ATP）和碳骨架（石福孙等，2008），存在着内在竞争。植物对氮素的吸收利用也会影响其对碳素养分的利用。碳氮营养平衡对植物碳氮营养的分配起着至关重要的作用（崔秀敏等，2007）。碳/氮值大小表示植物吸收单位养分元素含量所同化碳的能力，对调节植物生长有着极其重要的作用，在一定程度上可以反映植物体养分元素的利用率。

不放牧+增温处理下，垂穗披碱草在OTC1和OTC2的碳/氮值分别比对照增加了4.2%和8.1%；棘豆在OTC1和OTC2的碳/氮值分别比对照增加了19.4%和11.1%；麻花艽在OTC1和OTC2的碳/氮值分别比对照增加了1.1%和13.5%，但差异均不显著（$P>0.05$）（图6.12）。这说明，除矮嵩草在OTC1中的碳/氮值比对照低外，其他植物在OTC1和OTC2增温处理下均比对照高，说明增温总体上促进了植物碳氮代谢的增强，通过提高养分利用效率以减缓氮素的限制。同时这也与增温对植物群落特征以及土壤特性的影响有关（刘晓宏等，2007）。由于各物种在利用有限资源的同时，不同植物呈现多元的营养利用策略。同一种植物在不同程度增温下响应不同，不同植物在同一增温幅度下响应也存在差异，所以在OTC1和OTC2两个增温处理下各个植物的反应有所不同，而其中矮嵩草的碳氮比平均值最高，说明矮嵩草在高寒环境下碳氮代谢相对较强，这可能也是其成为高寒草甸优势种之一的原因。

在放牧+增温处理下，矮嵩草在OTC1和OTC2中的碳/氮值比对照分别降低了7.1%、7.1%；垂穗披碱草在OTC1和OTC2的碳/氮值分别比对照增加了6.4%和20.3%；棘豆在OTC1和OTC2的碳/氮值分别比对照增加了39.0%和1.0%，其中OTC1的碳/氮值差异达到显著水平（$P<0.05$）；麻花艽在OTC1的碳/氮值比对照降低了7.8%，OTC2的碳/氮值比对照增加了1.9%，差异未达到显著水平（$P>0.05$）（图6.13）。这说明矮嵩草在两个温室中的碳/氮值与对照相比均降低，垂穗披碱草、棘豆在两个温室中的碳/氮值与对照相比均增加，表明在OTC1和OTC2两个增温与放牧处理下对垂穗披碱草和棘豆的碳氮代谢起到了促进作用，对矮嵩草的碳氮代谢起到了阻碍作用。而麻花艽在OTC1温室中的碳/氮值降低，在OTC2温室中的碳/氮值增加，说明在OTC2增温下的环境中比在OTC1增温下的环境中更有利于麻花艽养分的利用效率，碳/氮值高说明对氮元素利用能力较强，在氮元素上的依赖性低，耐受性也不同。而放牧主要通过3个途径影响牧草矿质营养吸收：1) 根呼吸变化影响根系吸收活动的能量供给；2) 光合作用变化影响根系的生长发育，制约根系吸收面积;3)植被变化也会改变土壤理化性质,尤其是土壤温度、湿度、通透性、酸碱度、离子数量等,间接影响根系生理活动。再加上增温处理,各个温室中的环境又有不同的变化,不同物种对增温和放牧的综合作用表现出了不同的反应。总体来看,增温和放牧不同程度地改变了4种植物不同组分间的碳/氮分配,如果这种变化持续下去,最终将改变土壤凋落物分解速率和养分循环速率,从而不可避免地对植物的生长和发育产生重要影响。

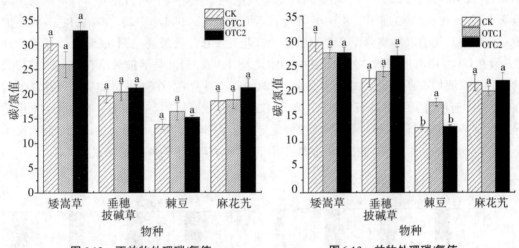

图6.12 不放牧处理碳/氮值　　　　图6.13 放牧处理碳/氮值

2. 增温与放牧对植物叶片 $\delta^{13}C$ 含量的影响

植物叶片的碳同位素 $\delta^{13}C$ 组成是植物叶片组织合成过程中光合活动的整合,可以反映一定时间内植物水分散失和碳收获之间的相对关系,常被用来间接指示植物的长期水分利用效率(陈平等,2014)。温度是影响植物 $\delta^{13}C$ 组成的重要气候因子之一,一方面温度可直接影响参与光合作用的酶活性,从而对植物的碳同位素分馏发生影响;另一方面,温度可影响叶片的气孔导度系数、CO_2 的吸收率及细胞间 CO_2 浓度与大气 CO_2 浓度的比值,从而影响植物的碳同位素分馏。研究发现,矮嵩草叶片 $\delta^{13}C$ 值随增温幅度增加依次增加,棘豆、麻花艽随增温幅度增加依次降低,而垂穗披碱草没有表现出梯度变化规律(图6.14)。表明高寒草甸不同植物种的 $\delta^{13}C$ 组成对温度变化响应有多元化模式,这与前人的研究结果相似。有研究发现,温度与植物 $\delta^{13}C$ 之间存在负相关关系(李嘉竹等,2009),也有研究显示二者之间存在正相关关系(刘贤赵等,2011),而有的研究没有观察到植物 $\delta^{13}C$ 与温度的关系(Konh,2010)。造成植物 $\delta^{13}C$ 与温度之间关系不确定性的一个重要原因是在分析植物 $\delta^{13}C$ 与温度因子的关系时,很难将其他气候环境因子(如降水因子)对植物 $\delta^{13}C$ 的影响分开,植物 $\delta^{13}C$ 值受多种气候因素的叠加作用,此外还与植物种的遗传因素有关。植物叶片 $\delta^{13}C$ 值与温度或正或负关系也与植物生长季温度高于或者低于植物生长的最适温度密切相关。植物的稳定碳同位素($\delta^{13}C$)能够准确记录植物生长环境的气候信息(如温度、湿度、降水等),还可作为较为可靠的长期水分利用效率高低的指标

（Cemusak et al，2010），因此研究植物叶片的$\delta^{13}C$值可以估测高寒草甸典型植物种对全球环境变化较敏感的环境适应性。

不放牧处理下，4种植物叶片$\delta^{13}C$值在$-24.12‰\sim-28.34‰$之间，平均值为$-26.78‰$，其中以矮嵩草$\delta^{13}C$含量最低，麻花芃$\delta^{13}C$含量最高。矮嵩草叶片$\delta^{13}C$值随增温幅度升高依次增加，棘豆、麻花芃随增温幅度升高依次降低，其中矮嵩草在OTC2的叶片$\delta^{13}C$值与对照间的差异达到显著水平（$P<0.05$）（图6.14）。而垂穗披碱草则表现为OTC1最低，差异不显著（$P>0.05$）。因此，试验增温对高寒草甸的典型植物物种叶片的$\delta^{13}C$含量也大多无显著影响。在放牧处理下，4种植物叶片$\delta^{13}C$值在$-24.99‰\sim-28.59‰$之间，平均值为$-26.71‰$，其中以矮嵩草$\delta^{13}C$含量最低，麻花芃$\delta^{13}C$含量最高（图6.15）；矮嵩草叶片$\delta^{13}C$值在OTC1中有所降低，在OTC2中增加显著（$P<0.05$）。垂穗披碱草在OTC1和OTC2的叶片$\delta^{13}C$值均有所降低，差异不显著（$P>0.05$）。棘豆在OTC1中增加显著（$P<0.05$），在OTC2中有所降低。麻花芃在OTC1和OTC2的叶片$\delta^{13}C$值均有所降低，其中OTC2中差异显著（$P<0.05$）（图6.15）。说明放牧处理导致4个植物种在两个温室中的$\delta^{13}C$值出现了不同程度的波动，这是增温和放牧叠加作用下植物对生长策略调整的结果。

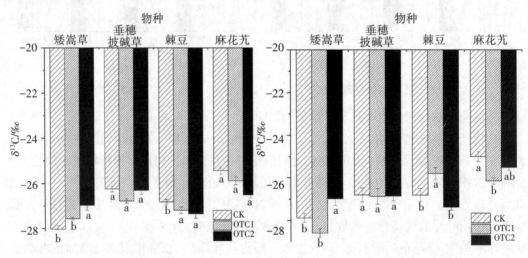

图6.14　不放牧处理$\delta^{13}C$含量　　　　图6.15　放牧处理$\delta^{13}C$含量

3. 增温与放牧对植物叶片$\delta^{15}N$含量的影响

氮是影响和限制植物生长最重要的营养元素之一。植物叶片稳定性氮同位素组成（$\delta^{15}N$）在很大程度上受到植物生长环境的影响，植物叶片$\delta^{15}N$值可以在一定的时间和空间上揭示与植物生理生态过程相联系的一系列气候环境信息。不放牧增温处理下，4种植物叶片$\delta^{15}N$值在$-4.67‰\sim0.32‰$之间，平均值为$-1.95‰$，其中以矮嵩草$\delta^{15}N$含量最低，麻花芃$\delta^{15}N$含量最高。4种植物叶片$\delta^{15}N$值对增温的响应有不同的规律。矮嵩草在OTC1和OTC2的叶片$\delta^{15}N$值分别比对照高40.2%和8.0%，其中OTC1中的叶片$\delta^{15}N$值与对照相比达到了显著水平（$P<0.05$）。垂穗披碱草在OTC1和OTC2中的叶片$\delta^{15}N$值比对照依次降低，分别下降18.7%和26.9%（$P>0.05$）。而麻花芃在OTC1和OTC2中的叶片$\delta^{15}N$值比对照依次升高，分别增加了31.1%和240.9%，其中OTC2变化显著（$P<0.05$）。而棘豆在OTC1的叶片$\delta^{15}N$值比对照低11.0%，在OTC2的叶片$\delta^{15}N$值比对照高2.8%（$P>0.05$）。可见，4种高寒草甸植物叶片稳定性氮同位素$\delta^{15}N$值对增温的响应表现出不同的规律，并以矮嵩草和麻花芃的反应较敏感。说明4种植物叶片$\delta^{15}N$值随增温幅度变化不一致，其中麻花芃叶片$\delta^{15}N$值最高。造成这种差异的一个原因是不同植物种之间在氮素吸收上存在多样化特点，群落中主要植物种在土壤氮素资源吸收过程中产生了生态位分化（王文颖等，2012），导致其$\delta^{15}N$含量不同。另外一个可能原因则是菌根类型导致植物$\delta^{15}N$存在差异。在某种程度上，叶片$\delta^{15}N$的变化反映了植物所利用的资源分化状况，这与生态位互补假说是一致的。植物的$\delta^{15}N$值除受其本身对氮的生理代谢过程控制外，很大程度上还受各种环境气候因素的影响。Amundson等（2003）整合了已经发表和新得到的来自全球的植物$\delta^{15}N$数据，发现植物$\delta^{15}N$值随年均温降低而下降。刘晓宏等研究（2009）得到东非大裂谷埃塞俄比亚段内C3植物的$\delta^{15}N$与年均温极显著正相关，年均温每增加1℃，植物叶片$\delta^{15}N$偏正0.5‰。植物$\delta^{15}N$与温度存在正相关关系，主要是因为温度影响土壤微生物的活性，温度升高，土壤硝化细菌和氨化细菌活动加强，土壤矿化/硝化速率增加，土壤无机氮有效性增强，并产生富集$\delta^{15}N$的土壤无机氮库，因此植物$\delta^{15}N$增大。而Liu等（2008）认为，植物$\delta^{15}N$与年均温存在负相关关系，是因为该研究区气候存在"雨热同期"效应，而增加降水导致植物氮同位素偏负效应大于温度增加导致的植物氮同位素偏正效应。

放牧+增温处理下，4种植物叶片$\delta^{15}N$值为−4.37‰～−0.01‰，平均值为−1.66‰，其中以矮嵩草$\delta^{15}N$含量最低，麻花芃$\delta^{15}N$含量最高。4种植物在OTC1和OTC2的叶片$\delta^{15}N$值与对照相比均增高，其中矮嵩草在OTC1和OTC2的叶片$\delta^{15}N$值分别比对照高41.1%和48.6%，棘豆在OTC1和OTC2的叶片$\delta^{15}N$值分别比对照高89.6%和35.3%，差异均达到了显著水平（$P<0.05$）。垂穗披碱草在OTC1和OTC2的叶片$\delta^{15}N$值分别比对照高27.8%和28.1%，麻花芃在OTC1和OTC2的叶片$\delta^{15}N$值分别比对照高90.9%和98.0%，差异均未达到显著水平（$P>0.05$）。说明4个物种在两个温室中的$\delta^{15}N$值均增加，说明增温和放牧叠加后的环境更有利于氮的循环，目前研究也普遍认为，植物$\delta^{15}N$可以指示土壤氮循环开放度，植物$\delta^{15}N$值越大，土壤氮循环越开放（Craine et al，2009）。

综合而言，增温对植物叶片碳氮及其同位素$\delta^{13}C$、$\delta^{15}N$含量的影响并不是单一的，因为植物在适应各种各样环境胁迫作用时，碳/氮值、$\delta^{13}C$以及$\delta^{15}N$等之间也会相互影响，以达到一个新的平衡点来适应新的环境。例如植物中的氮含量会影响其叶片的特性，如气孔密度与给叶绿体输送CO_2有关；又如叶片厚度将增加CO_2扩散通道的长度，同时每单位叶片面积上氮含量也会增加（Fiehn et al，2000）。这些都将对植物叶片的$\delta^{13}C$值产生影响。由此可见，温度对植物$\delta^{13}C$值的影响是通过影响植物的氮含量来体现的。而氮源、植物吸收土壤不同层位的氮、氮被植物吸收后同化过程中的分馏以及这些因素的相互作用均会导致植物体氮同位素值发生变化。因此，植物对增温的响应是各个指标重新平衡的结果。

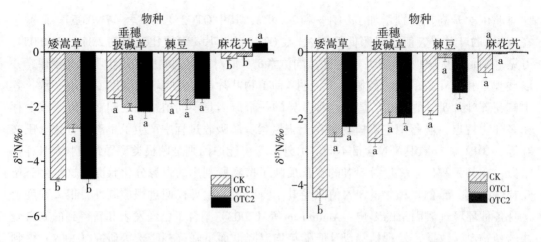

图6.16 不放牧处理δ^{15}N含量　　　　图6.17 放牧处理δ^{15}N含量

参考文献

[1] Aiken R M, Smucker A J M. Root system regulation of whole plant growth [J]. Annual Review of Phytopathology, 1996, 25: 325-346.

[2] Allen D J, Ratner K, Giller Y E, et al. An over-night chill induces a delayed inhibition of photosynthesis at midday in mango (*Mangifera indiaca* L.) [J]. J. Exp. Bot., 2000, 51 (352): 1893-1902.

[3] Alward R D, Detling J K, Milchunas D G. Grassland vegetation changes and nocturnal global warming [J]. Science, 1999, 283 (5399): 229-231.

[4] Amundson R, Austin A T, Schuur A G, et al. Global patterns of the isotopic composition of soil and plant nitrogen [J]. Global biogeochemical cycles, 2003, 17 (1): 1-11.

[5] Atkin O K, Bruhn D, Hurry V M, et al. Evans Review No. 2: The hot and the cold: unravelling the variable response of plant respiration to temperature [J]. Functional Plant Biology, 2005, 32 (2): 87-105.

[6] Bai Y, Wu J, Clark C M, et al. Tradeoffs and thresholds in the effects of nitrogen addition on biodiversity and ecosystem functioning: evidence from inner Mongolia Grasslands [J]. Global Change Biology, 2010, 16 (1): 358-372.

[7] Cantarel A M, Bloor J M G, Soussana J F. Four years of simulated climate change reduces aboveground [J]. Vegetation Science, 2013, 24 (1): 113-126.

[8] Chapin Ⅲ F S. Integrated response of plants to stress [J]. Bio. Science, 1991, 41

(1): 29-36.

[9] Chapin Ⅲ F S, Zavaleta E S, Eviner V T, et al. Consequences of changing biodiversity [J]. Nature, 2000, 405 (6783): 234-242.

[10] Cox P M, Betts R A, Jones C D, et al. Acceleration of global warming due to carbon-cycle feedback sina coupled climatemode1 [J]. Nature, 2000, 408: 184-187.

[11] Craine J M, Elmore A J, Aidar M P M, et al. Global patters of foliar nitrogen isotopes and their relationships with climate, mycorrhizal fungi, foliar nutrient concentrations, and nitrogen availability [J]. New Phytologist, 2009, 183 (4): 980-992.

[12] David W. Regulation of flower pigmentation and growth: multiple signaling pathways control anthocyaninsynthesis in expanding petals [J]. Physiol Plant, 2000, 110: 152-157.

[13] Edwards E J, Benham D G, Marland L A, et al. Root production is determined by radiation flux in a temperate grassland community [J]. Global Change Biology, 2004, 10: 209-227.

[14] Falk J M, Schmidt N M, Christensen T R, et al. Large herbivore grazing affects the vegetation structure and greenhouse gas balance in a high arctic mire [J]. Environmental Research Letters, 2015, 10 (4): 45001.

[15] Fiehn O, Kopka J. Metabolite profiling for plant functional genomics [J]. Nature Biotechnology, 2000, 18 (11): 1157-1161.

[16] Gunn S, Farrar J F. Effects of a 4 ℃ increase in temperature on partitioning of leaf area and dry mass, root respiration and carbon dydrates [J]. Functional Ecology, 1999, 13 (1): 12-20.

[17] Harte J, Shaw R. Shifting dominance within a montane vegetation community: Results of a climate-warming experiment [J]. Science, 1995, 267: 876-880.

[18] Huhta A P, Hellström K, Rautio P, et al. Grazingtolerance of *Gentianella amarella* and other monocarpicherbs: Why is tolerance highest at low damage levels [J]. Plant Ecology, 2003, 166: 49-61.

[19] Imhoff M L, Bounoua L, Ricketts T, et al. Global patterns in human consumption of net primary production [J]. Nature, 2004, 429 (6994): 870-873.

[20] Islam M S, Jalaluddin M, Garner J O, et al. Artificial shading and temperature influenceon anthocyanin compositions in sweet potato leaves [J]. Hort Science, 2005, 40: 176-180.

[21] Klein J A, Harte J, Zhao X Q. Dynamic and complex microclimate responses to warming and grazing manipulations [J]. Global Change Biology, 2005, 11 (9): 1440-1451.

[22] Knops J M H, Reinhart K. Specific leaf area along anitrogen fertilization gradient [J]. American Midland Naturalist, 2000, 144: 265-272.

[23] Kohn M J. Carbon isotope compositions of terrestrial C3 plants as indicators of

(paleo) ecology and (paleo) climate [J].Proceedings of the National Academy of Sciences of the United States of America, 2010, 107: 19691-19695.

[24] Liu W G, Wang Z H. Loess plateau modern plant and soil nitrogen isotope composition and respond to environmental changes [J].Science Bulletin., 2008, 53 (23): 2917-2924..

[25] Llorens L, Penuelas J, Beier C, et al. Effects of an experimental increase of temperature and drought on the photosynthetic performance of two ericaceous shrub species along a north-south European gradient [J]. Ecosystems, 2004, 7 (6): 613-624.

[26] Masters G J, Brown V K, Clarke I P, et al. Direct and indirect effects of climate change on insect herbivores: Auchenorrhyncha (Homoptera) [J]. Ecol Entomol, 1998, 23: 45-52.

[27] McIntyre S, Lavorel S, Landsberg J, et al. Disturbance response in vegetation-towards a global perspective on functional traits [J]. Journal of Vegetation Science, 1999, 10: 621-630.

[28] Melillo J M, Steudler P A, Aber J D, et al. Soil warming and carbon-cycle feedback stothe climatesystem [J].Science, 2002, 298: 2173-2176.

[29] Metz B. Climate Change 2007-Mitigation of climate change: Working Group III Contribution to the fourth assessment report of the IPCC [R]. Cambridge: Cambridge University Press, 2007.

[30] Moorhead D L, Currie W S, Rastetter E B. Climate and litter quality controls ondecomposition: an analysis of modeling approaches [J]. Global Biogeochemical Cycles, 1999, 13: 575-589.

[31] Mori K, Goto-Yamamoto N, Kitayama M, et al. Loss of anthocyanins in red-wine grape underhigh temperature [J]. J. Exp. Bot., 2007, 58: 1935-1945.

[32] Oechel W C, Vourlitis G L, Hastings S J, et al. Acclimation of ecosystem CO_2 exchange in the Alaskan Arctic in response to decadal climate warming [J]. Nature, 2000, 406 (6799): 978-981.

[33] Poorter L, Bongers F. Leaf Traits are good predictors of plant performance across 53 rain forest species [J].Ecology, 2006, 87: 1733-1743.

[34] QingJi R, GaoLin W, GouHua R. Effect of grazing intensity on characteristics of alpine meadow communities in the eastern Qinghai-Tibetan Plateau [J]. Acta Prataculturae Sinica, 2009, 18 (5): 256-261.

[35] Reich P B, Oleksyn J.Global patterns of plant leaf N and P in relation to temperature and latitude [J]. Proceedings of the National Academy of Sciences of the United States of America, 2004, 101 (30): 11001-11006.

[36] Richards J H .Physiology of plants from defoliation [M]//Baker M J.Grassland for

our Word. New Zealand: Sir Publishing, 1993: 47-55.

[37] Roche P, Daz-Burlinson N, Gachet S. Congruency analysis of species ranking based on leaf traits: which traits are the more reliable [J]. Plant Ecology, 2004, 174 (1): 37-48.

[38] Romero J M, Marañon T. Allocation of biomass and mineral elements in Melilotus segetalis (annual sweet clover): effects of NaCl salinity and plant age [J]. New Phytologist, 1996, 132: 565-573.

[39] Schimel D, Melillo J, Tian H, et al. Contribution of increasing CO_2 and climate to carbon storage by ecosystems in the United States [J]. Science, 2000, 287 (5460): 2004-2006.

[40] Shaver G R, Canadell J, Chapin F S, et al. Global warming and terrestrial ecosystems: A conceptual framework for analysis. [J]. Bio. Science, 2000, 50 (10): 871-882.

[41] Shaw M R, Harte J. Response of nitrogen cycling to simulated climate change: differential responses along a subalpine ecotone [J]. Globle Change Biology, 2001, 7: 193-210.

[42] Skroppa T, Johnsen Ø. The genetic response of plant populations to a changing environment [J]. Biodiversity, Temperate Ecosystems, and Global Change, 2013, 20: 183.

[43] Smith N G, Dukes J S. Plant respiration and photosynthesis in global-scale models: incorporating acclimation to temperature and CO_2 [J]. Global Change Biology, 2013, 19 (1): 45-63.

[44] Sterck F J, Poorter L, Schieving F. Leaf traits determine the growth-survival trade-off across rain forest tree species [J]. The American Naturalist, 2006, 167 (5): 758-765.

[45] Stiles E A, Cech N B, Dee S M, et al. Temperature-sensitive anthocyanin production in flowers of Plantagolanceolata [J]. Physiol Plant, 2007, 129: 756-765.

[46] Tripler C E, Canham C D, Inouye R S, et al. Soilnitrogen availability, plant luxury consumption andherbivory by white-tailed deer [J]. Oecologia, 2002, 133: 517-524.

[47] Wan H, Bai Y, Schönbach P, et al. Effects of grazing management system on plant community structure and functioning in a semiarid steppe: scaling from species to community [J]. Plant and Soil, 2011, 340 (1-2): 215-226.

[48] Wang S, Duan J, Xu G, et al. Effects of warming and grazing on soil N availability, species composition, and ANPP in an alpine meadow [J]. Ecology, 2012, 93 (11): 2365-2376.

[49] Wright I J, Reich P B, Westoby M, et al. The world wide leaf economics spectrum

[J]. Nature, 2004, 428: 821-827.

[50] Yamori W, Hikosaka K, Way D A. Temperature response of photosynthesis in C3, C4, and CAM plants: temperature acclimation and temperature adaptation [J]. Photosynthesis Research, 2014, 119 (1-2): 101-117.

[51] Yang H, Wu M, Liu W, et al. Community structure and composition in response to climate change in a temperate steppe [J]. Global Change Biology, 2011, 17 (1): 452-465.

[52] Zhang Z, Wang S P, Jiang G M, et al. Responses of *Artemisia frigida* Willd. (Compositae) and *Leymus chinensis* (Trin.) Tzvel. (Poaceae) to sheep saliva [J]. Journal of Arid Environments, 2007, 70 (1): 111-119.

[53] Zhao B B, Du G Z, Niu K C. The effect of grazing on above-ground biomass allocation of 27 plant species in an alpine meadow plant community in Qinghai-Tibetan Plateau [J]. Acta Ecologica Sinica, 2009, 29 (3): 1596-1606.

[54] Zheng Y, Yang W, Sun X, et al. Methanotrophic community structure and activity under warming and grazing of alpine meadow on the Tibetan Plateau [J]. Applied Microbiology and Biotechnology, 2012, 93 (5): 2193-2203.

[55] Zhou H K, Zhao X Q, Wang S P, et al. Vegetation responses to a long-term grazing intensity experiment in alpine shrub grassland on Qinghai-Tibet Plateau [J]. Acta Botanica Boreali-Occidentalia Sinica, 2008, 28 (10): 2080-2093.

[56] 张忠, 陈帅宏, 陈鹏, 等. 稳定碳同位素测定水分利用效率——以决明子为例 [J]. 生态学报, 2014, 19: 5453-5459.

[57] 崔秀敏, 王秀峰. 基质供水状况对番茄穴盘苗碳氮代谢及生长发育的影响 [J]. 园艺学报, 2004, 31 (4): 477-481.

[58] 邓建明, 姚步青, 周华坤, 等. 水氮添加条件下高寒草甸主要植物种氮素吸收分配的同位素示踪研究 [J]. 植物生态学报, 2014, 2: 116-124.

[59] 邓钰, 柳小妮, 辛小平, 等. 不同放牧强度下羊草的光合特性日动态变化——以呼伦贝尔草甸草原为例 [J]. 草业学报, 2012, 3: 308-313.

[60] 董文军. 昼夜不同增温对粳稻产量和品质的影响研究 [D]. 南京: 南京农业大学, 2011.

[61] 方修琦, 余卫红. 物候对全球变暖响应的研究综述 [J]. 地球科学进展, 2002, 17 (5): 714-719.

[62] 冯燕, 王彦荣, 胡小文. 水分胁迫对幼苗期霸王叶片生理特性的影响 [J]. 草业科学, 2011, 28 (4): 577-581.

[63] 顾梦鹤, 王涛, 杜国桢. 刈割留茬高度和不同播种组合对人工草地初级生产力和物种丰富度的影响 [J]. 西北植物学报, 2012, 31 (8): 1672-1676.

[64] 胡耀升, 么旭阳, 刘艳红. 长白山森林不同演替阶段比叶面积及其影响因子 [J]. 生态学报, 2015, 35 (5): 1480-1487.

[65] 李洪军, 吴玉环, 张志祥, 等. 温度变化对木本植物光合生理生态的影响 [J]. 贵州农业科学, 2009 (9): 39-42.

[66] 李嘉竹, 王国安, 刘贤赵, 等. 贡嘎山东坡C3植物碳同位素组成及C4植物分布沿海拔高度的变化 [J]. 中国科学: 地球科学, 2009, 39 (10): 1387-1396.

[67] 李晓梅. 高温对不结球白菜幼苗光合特性的影响 [J]. 安徽农业科学, 2010, 38 (9): 4505-4506.

[68] 李永华, 罗天祥, 卢琦, 等. 青海省沙珠玉治沙站17种主要植物叶性因子的比较 [J]. 生态学报, 2005, 25 (5): 994-999.

[69] 刘贤赵, 王国安, 李嘉竹, 等. 中国北方农牧交错带C3草本植物$\delta^{13}C$与温度的关系及其对水分利用效率的指示 [J]. 生态学报, 2011 (1): 123-136.

[70] 刘晓宏, 邵雪梅, 王丽丽, 等. 温暖湿润区铁杉和高山松树轮$\delta^{13}C$的气候意义 [J]. 中国科学: 地球科学, 2007, 37 (4): 544-552.

[71] 马红彬, 余治家. 放牧草地植物补偿效应的研究进展 [J]. 农业科学研究, 2006, 27 (1): 63-67.

[72] 倪健, 张新时. CO_2增浓和气候变化对陆地生态系统的影响 [J]. 大自然探索, 1998, 17 (1): 1-6.

[73] 潘瑞炽. 植物生理学 [M]. 5版. 北京: 高等教育出版社, 2004: 13-94.

[74] 秦大河, 丁一汇, 苏纪兰, 等. 中国气候与环境演变评估 (1) 中国气候与环境变化及未来趋势 [J]. 气候变化研究进展, 2005, 1 (1): 4-9.

[75] 任飞, 杨晓霞, 周华坤, 等. 青藏高原高寒草甸3种植物对模拟增温的生理生化响应 [J]. 西北植物学报, 2013, 33 (11): 2257-2264.

[76] 石福孙, 吴宁, 吴彦, 等. 模拟增温对川西北高寒草甸两种典型植物生长和光合特征的影响 [J]. 应用与环境生物学报, 2009, 15 (6): 750-755.

[77] 石福孙, 吴宁, 罗鹏. 川西北亚高山草甸植物群落结构及生物量对温度升高的响应 [J]. 生态学报, 2008, 11: 5286-5293.

[78] 汪诗平, 王艳芬. 不同放牧率下糙隐子草种群补偿性生长的研究 [J]. 植物学报: 英文版, 2001, 43 (4): 413-418.

[79] 汪诗平. 青海省"三江源"地区植被退化原因及其保护策略 [J]. 草业学报, 2004, 12 (6): 1-9.

[80] 王国宏, 王小平, 张维康, 等. 北京市自然保护区植物群落对干扰胁迫的抵抗力分析 [J]. 生物多样性, 2013, 21 (2): 153-162.

[81] 王文颖, 马永贵, 徐进, 等. 高寒矮嵩草 (*Kobresia humilis*) 草甸植物吸收土壤氮素的多元化途径研究 [J]. 中国科学: 地球科学, 2012, 42 (8): 1264-1272.

[82] 伍泽堂. 超氧自由基与叶片衰老时叶绿素破坏的关系 (简报) [J]. 植物生理学通讯, 1991 (4): 277-279.

[83] 邢旗, 双全, 金玉, 等. 草甸草原不同放牧制度群落物质动态及植物补偿性生

长研究[J].中国草地,2004,26(5):26-31.

[84] 徐满厚,薛娴.气候变暖对高寒地区植物生长与物候影响分析[J].干旱区资源与环境,2013,27(3):137-141.

[85] 许振柱,周广胜,王玉辉.草原生态系统对气候变化和CO_2浓度升高的响应[J].应用气象学报,2005(3):385-395.

[86] 姚檀栋,刘晓东.青藏高原地区的气候变化幅度问题[J].科学通报,2000,45(1):98-106.

[87] 尹华军,赖挺,程新颖,等.增温对川西亚高山针叶林内不同光环境下红桦和岷江冷杉幼苗生长和生理的影响[J].2008,32(5):1072-1083.

[88] 张璐璐,周晓松,李英年,等.刈割、施肥和浇水对矮嵩草补偿生长的影响[J].植物生态学报,2011(6):641-652.

[89] 赵新全.高寒草甸生态系统与全球变化[M].北京:科学出版社,2009.

[90] 周国英,陈桂琛,赵以莲,等.施肥和围栏封育对青海湖地区高寒草原影响的比较研究[J].草业学报,2004,13(1):26-31.

[91] 周华坤,周兴民.模拟增温效应对矮嵩草草甸影响的初步研究[J].植物生态学报,2000,24(5):547-553.

第7章 长期增温对矮嵩草草甸植物营养品质与土壤养分的影响

全球气候变化对全球生态系统造成了负面和潜在的影响，其主要特征是温室气体浓度持续上升和全球气候变暖（陈建国等，2011）。植物是陆地生态系统的重要组成部分，能够突出和显著地响应气候变化（李明财等，2008）。青藏高原作为独立的地理单元在全球气候变化中起着重要的作用，是气候变化的敏感区和生态脆弱带，是研究陆地生态系统对气候变化响应机制的理想场所（尹华军等，2008；李娜等，2010），草地退化尤为突出（董锁成等，2002；董全民等，2005）。当前，已经有许多对青藏高原高寒草甸生态系统响应模拟增温的研究，结果表明，温度升高能够显著影响植物物候、生长、凋落物分解、生殖、生理及物种组成（Havstor et al，1993；Grabher et al，1994；Henry et al，1997；Arft et al，1999；Liu et al，2000；R on，2002；郭春爱等，2006；Walker et al，2006），同时模拟温度也能够影响草甸化草原土壤养分的矿化释放（Malhi et al，1990；Jonasson et al，1993；Stark et al，1996；Hart et al，1999）。但目前国内外的研究多侧重于模拟增温对植物群落结构功能和群落物种多样性等的影响（Marchand et al，2005；Walker et al，2006；Cornelissen et al，2007；赵新全等，2009），而缺乏对两者关系的综合研究，特别是植物营养品质与土壤养分之间的响应关系。近年来，典型对应分析（canonical correspondence analysis，CCA）能同时结合多个环境因子，将属种、环境指标同时表示在一个低维的空间中对植被分异有明确的环境解释，具有分析过程简单，结果明确、直观等优点而受到重视（Hall et al，1995；Jongman et al，1995；贾晓妮等，2007；Teixeira et al，2008；隋珍等，2010）。本章将结合植被生态学、数量生态学和生物数学的理论，采用植被生态学中排序的方法，在青藏高原退化和未退化的矮嵩草草甸上通过长期模拟增温试验研究土壤理化性质（速效氮、速效钾、速效磷、土壤含水量、全氮、全磷、全钾和有机质）和植物化学成分（粗灰分、中性洗涤纤维、酸性洗涤纤维、木质素、粗脂肪、粗蛋白和无氮浸出物）含量的关系，分析矮嵩草草甸植物的化学成分含量与土壤理化性质的关系，探求植物响应长期模拟增温的机制，为退化植被的生态恢复和自然植被的有效保护提供科学依据。

7.1 研究方法

7.1.1 样地设置

试验样地设置在海北高寒草甸生态系统定位研究站（海北站），地处青藏高原东北隅的青海海北藏族自治州门源县境内，地理位置为 37°29′~37°45′N，101°12′~101°23′E（李英年等，2004），该区的自然条件和植被已有大量报道（皮南林等，1985；周华坤等，2000），不再赘述。1997年分别在地势平坦、植被分布均匀的未退化和退化矮嵩草草甸内设置两块增温试验样地，两个样地面积大小均为 30 m×30 m，以铁丝网围栏保护，各样地内随机设置 8 个样圆（Klein et al，2004）。试验处理为未退化草甸+增温、未退化草甸+不增温、退化草甸+增温和退化草甸+不增温 4 种，其中温室外未做任何处理的为对照，即未退化草甸+不增温和退化草甸+不增温。开顶式增温小室（open top chamber，OTC），使用材料为美国产玻璃纤维，圆台型框架用细钢筋制作，圆台基面积 1.66 m^2，顶面积 0.77 m^2，高 0.4 m，底角 60°，模拟增温效应为温室内（地上 5~20 cm）气温、地表温度、土壤表层（地下 5~20 cm）温度分别提高 1.47、1.54、1.00 ℃（周华坤等，2000；Klein et al，2005）。

7.1.2 功能群划分与调查

2013 年 9 月，根据 OTC 内经济类群和植物的分布情况，分别在 2 样地 OTC 内外选取 3 个经济类群植物的地上部分进行研究。（1）禾草类功能群：包括的植物为垂穗披碱草、高原早熟禾、中华羊茅和紫羊茅；（2）莎草类功能群：包括的植物为矮嵩草、二柱头蔗草、黑褐薹草和线叶嵩草；（3）杂类草功能群：包括的植物为鹅绒委陵菜、二裂委陵菜、兰石草、麻花艽、美丽风毛菊和圆萼刺参。

7.1.3 样品采集与处理

土壤样品采集与处理：用土钻采集 0~10、10~20 和 20~30 cm 的土壤样品，剔除植物残体、石块及其他杂物后，用塑封袋分装。

植物样品采集与处理：在未退化/退化草甸，均以每种植物鲜质量约 50 g 的标准取样，即每在一个 OTC 内采集一种植物（为避免和降低水分差异导致的影响，在 OTC 内中间区域取样），同时在此 OTC 外附近也采集同种植物，将同一处理下的同种植物混合，装入信封袋待测。各样品于 65 ℃干燥至恒重，对于采集到的样品量较少的植物种，用研钵进行研磨，对于采集到的样品量较多的植物种，直接用植物样品粉碎机粉碎，过 40 目分样筛待测。

7.1.4 测定项目及方法

土壤样品的测定：土壤样品在（105±2）℃的烘箱内将土样烘6~8 h至恒重时的失重，即为土壤含水量；全氮采用KDY—9820凯氏定氮法测定；速效氮采用碱解扩散法测定；全磷采用高氯酸—浓硫酸消解，钼锑抗比色法测定；速效磷采用氟化铵—盐酸溶液提取—钼锑抗比色法测定；全钾采用氢氧化钠熔融—原子吸收分光光度法测定；速效钾采用乙酸铵溶液提取—原子吸收分光光度法测定；土壤有机碳采用重铬酸钾氧化容量法测定，土壤有机质=土壤有机碳×1.724（鲍士旦，2001）。

植物样品的测定：按照GB/T 6438—2007规定的方法测定粗灰分含量；按照GB/T 20806—2006规定的方法测定中性洗涤纤维含量；按照NY/T 1459—2007规定的方法测定酸性洗涤纤维含量；按照GB/T 20805—2006规定的方法测定木质素含量；按照GB/T 6433—2006/ ISO 6492：1999规定的方法测定粗脂肪含量；按照GB/T 6432—94规定的方法测定粗蛋白含量；按照GB/T 6434—2006规定的方法测定粗纤维含量；按照GB/T 6435—2006/ISO6496：1999规定的方法测定植物中水分含量；其中，无氮浸出物（%）=100%-(粗灰分+粗蛋白+粗脂肪+粗纤维+水分)%。

7.1.5 数据处理

将土壤速效氮、速效钾等8个土壤理化性质指标作为Canoco环境数据源（*.env），以粗灰分、中性洗涤纤维等14种草甸植物的7个化学成分指标作为Canoco物种数据源（*.spe），为减少分析误差，将环境数据换算成百分含量（Lep et al，2003）。环境数据所对应的资料为2因素析因设计八元定量资料，采用2因素析因设计定量资料方差分析予以处理。物种数据所对应的资料为含区组因素析因设计七元定量资料，统计分析方法为含区组因素析因设计定量资料方差分析。以上多元方差分析均在SAS 9.2中实现。对物种和环境数据进行$\lg(X+1)$转换处理后，为了选择合适的模型进行数据分析，先对物种数据源进行除趋势对应分析（detrended correspondenceanalysis，DCA）（Hall et al，1995），以消除弓形效应，得到物种的单峰响应值，即梯度长度（SD）为4.1，表明物种数据源相对于前2个环境轴均具有明显的单峰响应关系，适合用单峰模型中的直接梯度分析（约束性排序）-典型对应分析（CCA）进行数据分析（Jongman et al，1995）。经CCA测试没有异常物种数据，环境指标对物种数据未造成过度影响（<5倍的杠杆值），环境指标的方差膨胀因子（VIF）均小于正常值20，即环境指标与轴的典型相关系数较稳定，适宜做进一步解释（Teixeira et al，2008），以上排序均在Canoco For Windows 4.5软件上实现。

7.2 长期模拟增温对矮嵩草草甸植物营养成分含量的影响

以每个经济类群内每种植物作为区组因素,分析长期模拟增温对海北站矮嵩草草甸植物营养成分含量的影响。从表7.1可以看出,区组因素在三个经济类群内植物营养成分均不具有统计学意义,其P值分别为0.69、0.22、0.31,这说明同一经济类群内的粗灰分、中性洗涤纤维等7个营养成分指标没有显著差异;而海北站矮嵩草草甸退化与未退化草地的3个经济类群内的植物营养成分有显著差异,其P值分别为<0.0001、<0.0001、<0.0001;长期模拟增温可以显著影响每个经济类群内植物的营养成分,其P值分别为<0.0001、<0.0001、<0.0001;且退化和长期模拟增温的交互效应对矮嵩草草甸植物营养成分含量的影响具有统计学意义,其P值分别为<0.0001、0.0029、<0.0001。结果表明,长期模拟增温引起牧草营养品质的变化,在退化和未退化矮嵩草草甸上,优良牧草(禾草和莎草)粗脂肪、粗蛋白和无氮浸出物含量降低,粗灰分、中性洗涤纤维、酸性洗涤纤维和木质素含量增加,牧草消化率降低,不利于反刍动物对牧草的消化利用。

表7.1 长期模拟增温对矮嵩草草甸植物营养成分含量的影响

处理	经济类群	粗灰分/%	中性洗涤纤维/%	酸性洗涤纤维/%	木质素/%	粗脂肪/%	粗蛋白/%	无氮浸出物/%
退化增温	禾草	9.55±0.91	63.75±3.84	39.83±2.62	12.50±1.69	2.23±0.69	5.03±1.05	35.61±4.03
	莎草	9.64±0.34	64.51±3.57	43.32±2.10	11.30±1.70	2.16±0.71	3.52±0.75	33.92±2.77
	杂草	9.25±0.91	63.85±3.38	40.01±4.08	13.62±2.81	2.41±0.36	4.67±0.83	30.45±4.17
退化未增温	禾草	8.45±0.75	62.29±1.70	37.39±3.88	9.86±0.46	3.06±0.52	7.79±0.91	36.84±2.55
	莎草	7.02±0.24	56.30±0.94	40.32±0.44	9.64±0.26	2.54±0.15	4.59±0.63	37.21±3.86
	杂草	6.32±1.26	53.03±3.74	36.96±3.89	9.13±0.69	2.76±0.46	5.16±0.51	36.29±3.24
未退化增温	禾草	5.24±2.11	57.07±3.88	33.98±0.68	8.36±1.82	3.21±0.84	8.08±0.42	37.36±0.62
	莎草	5.75±0.89	51.27±5.01	31.81±1.62	8.10±1.14	2.89±0.33	7.80±0.60	41.85±1.82
	杂草	5.25±0.42	47.42±7.42	30.23±4.45	8.17±0.58	2.91±0.71	7.82±0.52	39.22±1.89
未退化未增温	禾草	4.45±0.63	34.61±1.67	21.98±2.27	7.29±0.98	3.69±0.11	9.01±1.46	44.31±2.66
	莎草	4.68±0.35	35.03±3.07	23.91±3.28	7.22±0.49	3.54±0.56	9.41±1.95	44.29±1.35
	杂草	4.41±0.43	40.17±6.40	22.10±4.31	6.25±140	3.57±0.40	8.06±0.44	44.56±2.49

7.3 矮嵩草草甸土壤养分与植物营养成分含量的CCA排序

排序的原理是降维,把高维数据用综合的低维数据表示。降维后的坐标轴是信息的综合体现,轴1保留的信息量最多,轴2其次,而后为轴3和轴4(常欣,2002)。从表7.2可以看出,前两个排序轴的特征值分别为0.598和0.403,物种和环境因子排序轴的相关系数高达0.950和0.951,说明这两个排序轴的排序图能反映长期模拟增温后草甸植物营养与土壤养分环境因子的关系。第1排序轴所起的作用比较大,可单独解释植物种营养—土壤养分关系的46.20%,第2排序轴可单独解释植物种营养—土壤养分关系的22.80%。

表7.2 海北站矮嵩草草甸植物营养成分CCA分析的统计信息

项目	轴1	轴2	轴3	轴4
特征值	0.598	0.403	0.138	0.117
物种—环境相关系数	0.950	0.951	0.392	0.326
百分比	46.20	22.80	16.90	14.10
累计百分比	46.20	69.00	85.90	100.00
全部特征值总和	9.223	—	—	—
所有典范特征值总和	2.150	—	—	—

在CCA中,环境变量被限定为轴的线性组合,在某个轴上的重要性则由变量与轴的相关系数来衡量(羊向东等,2001)。表7.3列出了CCA排序轴1、轴2与土壤养分环境因子相关系数,从表中数据可以看出,第1排序轴与速效氮、有机质、含水量、速效钾和有机碳有着显著的正相关关系,其中与速效氮的相关系数为0.5568;第2排序轴与有机质有较强的正相关性,与速效氮有较强的负相关性。总体来说,土壤养分是影响草甸植物营养成分较主要的环境因子,其中土壤养分因子对植物营养成分的贡献大小依次是:速效氮>有机质>含水量>速效钾>有机碳。

表7.3 前两个排序轴和环境因子间的相关系数

环境因子	轴1	轴2
速效磷	0.0969	−0.1432
速效钾	0.1924	−0.1298

续表 7.3

环境因子	轴1	轴2
有机质	0.3513	0.1920
有机碳	0.1886	0.0415
全氮	0.0776	-0.0223
全磷	0.1511	-0.1110
速效氮	0.5568	-0.2041
含水量	0.2150	-0.0510
全钾	0.1680	0.0250

在排序图中，环境因子用带有箭头的线段表示，三大植物经济类群的分布格局在图中以点的形式表示出来，种类点与环境因子箭头共同反映植物种类的分布沿每一环境因子的梯度方向的变化特征（张元明等，2004）。性质相似的环境物种彼此相邻，差异大的则彼此远离（王霞等，2007）。

根据9个土壤环境因子的分布特征（图7.1），CCA排序分析可将植物分成4个组，各组的植物种对应的土壤养分和环境因子各不相同。组Ⅰ包括未退化+增温的禾草类（垂穗披碱草、高原早熟禾、青海中华羊茅和紫羊茅，即编号29～32）、莎草类（矮嵩草、二柱头薹草、黑褐薹草、线叶嵩草，即编号33～36）和退化+增温的杂类草（鹅绒委陵菜、二裂委陵菜、兰石草、麻花艽、美丽风毛菊和圆萼刺参，即编号9～14），对应于高的可利用土壤养分（速效氮、速效钾、速效磷）和较高的土壤含水量；组Ⅱ包括未退化+未增温的禾草类（垂穗披碱草、高原早熟禾、青海中华羊茅和紫羊茅，即编号43～46）、莎草类（矮嵩草、二柱头薹草、黑褐薹草、线叶嵩草，即编号47～50）和退化+未增温的杂类草（鹅绒委陵菜、二裂委陵菜、兰石草、麻花艽、美丽风毛菊和圆萼刺参，即编号23～28），其分布格局与较高的有机质含量相关，这表明在未增温的处理下，矮嵩草草甸保持了较厚的腐殖质层，有机碳含量较高；组Ⅲ包括未退化+增温的杂类草（鹅绒委陵菜、二裂委陵菜、兰石草、麻花艽、美丽风毛菊和圆萼刺参，即编号37～42）、退化+增温的禾草类（垂穗披碱草、高原早熟禾、青海中华羊茅和紫羊茅，即编号1～4）和莎草类（矮嵩草、二柱头薹草、黑褐薹草、线叶嵩草，即编号5～8），与速效氮、速效钾、速效磷和土壤含水量呈显著的负相关；组Ⅳ包括未退化+未增温的杂类草（鹅绒委陵菜、二裂委陵菜、兰石草、麻花艽、美丽风毛菊和圆萼刺参，即编号51～56）、退化+未增温的禾草类（垂穗披碱草、高原早熟禾、青海中华羊茅和紫羊茅，即编号15～18）和莎草类（矮嵩草、二柱头薹草、黑褐薹草、线叶嵩草，即编号19～22），其分布格局与较低的土壤养分和含水量相关。

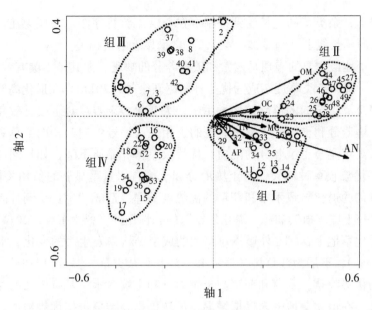

图7.1 矮嵩草草甸土壤养分和植物营养成分的CCA二维排序图

7.4 长期模拟增温后植物营养品质与土壤养分的响应关系

长期模拟增温显著促进了土壤养分循环的速率，但土壤中有机质、全氮、全磷、全钾等含量的减少，最终影响了其有效形态的转化，这说明随着模拟增温时间的延长，增温效应逐渐减弱。长期模拟增温引起牧草营养品质的变化，在退化和未退化矮嵩草草甸上，优良牧草（禾草和莎草）粗脂肪、粗蛋白和无氮浸出物含量降低，粗灰分、中性洗涤纤维、酸性洗涤纤维和木质素含量增加，不利于反刍动物对牧草的消化利用，模拟增温在较长时间尺度上，对植物的影响不仅局限在功能上，更表现在组成和格局上（齐晔等，1999）。

禾草是海北站矮嵩草草甸的建群种（周兴民等，1987），而高寒草甸是营养限制的生态系统（Jagerbrand et al，2009；李东等，2010），速效氮是高寒生态系统响应的主要控制因子（Hountin et al，1997；Read et al，2004）。模拟增温提高了土壤养分的矿化率，禾草类具有菌根共生体和根瘤菌，可以相对高效地获取营养资源，在CCA二维排序图上，几乎完全分布在代表环境因子的线段上（编号29~32）；而莎草类是海北站矮嵩草草甸的优势牧草，当禾草植物占据群落上层时，形成郁闭的环境，且莎草类植物一般为短根茎地下芽植物，与禾草竞争吸收土壤养分的能力不高（Black et al，1994），所以莎草类植物相比禾草而言，距土壤养分因子较远，但总体表现为对增温的正响应（编号33~36），这与之前的试验研究结果一致（Wu et al，2008）；在禾草和莎草过分竞争光照和养分的情况下，杂类草的生长受到抑制，在CCA二维排序图上表现为在土壤养分和土壤含水量的反向延长线上（编号37～42），与之呈显著的负相关。

退化高寒草地最主要的表现是氮素和碳素养分的缺乏，尤其是土壤有效养分的缺乏，优良牧草比例下降，杂类草逐渐成为优势种（赵新全等，2011）。在退化高寒草地上，长期模拟增温使矮嵩草草甸的群落结构发生了很大变化，杂类草对土壤有效养分的获取能力提高，与土壤养分和土壤含水量呈显著的正相关（编号9～14）；而禾草和莎草类植物逐渐失去与杂类草竞争土壤养分的能力，优势牧草营养品质下降，如长期增温下去，甚至会造成一些优势牧草种消失，与土壤养分和土壤含水量呈显著的负相关性（编号1～8），矮嵩草草甸的退化导致禾草和莎草的优势度下降，造成"生长受到抑制→土壤有机质等养分减少→土壤碳损失加速→退化加剧"的恶性循环（曹生奎等，2014）。

而在未退化草地上，OTC外矮嵩草草甸的成层结构未发生大的变化，上层以禾草为主（编号43～46），下层为莎草科（编号47～50）和杂类草（编号51～56），禾草类和莎草类植物仍为优势牧草，禾草和莎草与土壤养分和土壤含水量具有较强的相关性，而杂类草距其较远。在退化草地上未模拟增温，虽然仍是杂类草占据优势地位，但是没有在退化草地+模拟增温处理中3个经济类群的竞争激烈，在CCA二维排序图上表现为杂类草较靠近土壤养分和土壤含水量（编号23～28），禾草（编号15～18）和莎草（编号19～22）虽然较杂类草而言，距土壤养分和土壤含水量较远，但未像退化草地+模拟增温处理使禾草（编号1～4）和莎草（编号5～8）完全处在环境因子的反向延长线上。

综合而言，长期模拟增温和草地退化均能明显影响土壤养分和经济类群植物的营养成分含量；土壤养分对矮嵩草草甸植物营养成分有显著影响，对植物营养成分的贡献的大小依次是：速效氮>有机质>含水量>速效钾>有机碳；在未退化样地上长期模拟增温，进一步巩固了禾草类和莎草类为优势牧草的地位，杂类草逐渐衰退；在退化样地上长期模拟增温，禾草和莎草的优势度减少，草地退化加剧。增温和草地退化存在明显的交互效应，说明在未来气候变暖的情景下，如果不注重保护草地，没有合理的放牧管理制度，将会造成持续的草地退化和草地生态系统服务功能的衰退。

参考文献

[1] Black J A, Boal K B. Strategic resources: Traits, configurations and paths to sustainable competitive advantage [J]. Strategic Management Journal, 1994, 15: 131-148.

[2] Dong Q M, Zhao X Q, Ma Y S, et al.Effect of stocking rate and grazing time of yaks on soil nutrient contents in *Kobrecia parva* alpine meadow [J]. Chinese Journal of Ecology, 2005, 24 (7): 729-735.

[3] Dong S C, Zhou G J, Wang H Y. Ecological crisis and countermeasures of the three rivers' headstream regions [J]. Journal of Natural Resources, 2002, 17 (6): 713-720

[4] Hall I H, Smol A J. A weighted-averaging regression and calibration model for inferring total phosphorus concentration from diatoms in British Columbia (Canada) lakes [J]. Freshwater Biology [J]. 1995, 27: 417-434.

[5] Han F, Ben G Y, Shi S H B. Contents of protein, fat and starch of *Koberesia humilis* plants grown at different altitudes in Qinghai-Xizang plateau [J]. Acta Phytoecologica Sinica, 1997, 2: 97-104.

[6] Hountin J A, Couillard D, Karam A. Soil carbon, nitrogen and phosphorus contents in maize plots after 14 years of pig slurry applications [J]. Journal of Agricultural Science, 1997, 129: 187-191.

[7] Jagerbrand A K, Alatalo J M, Chrimes D, et al. Plant community responses to 5 years of simulated climate change in meadow and heath ecosystems at a subarctic-alpine site [J]. Oecologia, 2009, 161 (3): 601-610.

[8] Jongman R H G, ter Braak C J F, van Tongeren O F R. Data analysis in community and landscape ecology [M]. Cambridge: Cambridge University Press, 1995: 91-164.

[9] Klein J A, Harte J, Zhao X Q. Experimental warming causes large and rapid species loss, dampened by simulated grazing, on the Tibetan Plateau [J]. Ecology Letters, 2004, 7 (12): 1170-1179.

[10] Klein J A, Harte J, Zhao X Q. Dynamic and complex microclimate responses to warming and grazing manipulations [J]. Global Change Biology, 2005, 11: 1440-1451.

[11] Li M C, Luo T X, Zhu J J, et al. Advances in formation mechanism of alpine timberline and associated physioecological characteristics of plants [J]. Acta Ecol. Sin., 2008, 28 (11): 5583-5591.

[12] Read D J, Leake J R, Perez-Moreno J. Mycorrhizal fungi as drivers of ecosystem processes in heathland and boreal forest biomes [J]. Canadian Journal of Botany, 2004, 82 (8): 1243-1263.

[13] Richards I R, Clayton C J, Reve A J K. Effeacts of long term fertilizer phosphorus application on soil and crop phosphorus and cadmium contents [J]. Journal of Agricultural Science, 1998, 131: 187-195.

[14] Savoizzi A, Levi minzi R, Riffaldi R. The effect of forty years of continuous corn cropping on soil organic matter characteristics [J]. Plant and Soil, 1994, 160: 139-145.

[15] Teixeira A P, Assis M A, Siqueira F R, et al. Tree species composition and environmental relationships in a *Neotropiocal swamp* forest in Southeastern Brazil [J]. Wetlands Ecology and Management, 2008, 16: 451-461.

[16] ter Braak C J F. Canonical correspondence analysis: a new eigenvector technique for multivariate direct gradient analysis [J]. Ecology, 1986, 67 (5): 1167-1179.

[17] Wu F Z, Bao W K, Li L F, et al. Effects of water stress and nitrogen supply on leaf

gas exchange and fluorescence parameters of Sophor adavidii seedlings [J]. Photosynthetica, 2008, 46: 40-48.

[18] Xu S X, Zhao X Q, Sun P, et al.A simulative study on effects of climate warming on nutrient contents and in Vitro digestibility of herbage grown in Qinghai-Xizang plateau [J]. Acta Botanica Sinica, 2002, 44 (11): 1357-1364.

[19] 鲍士旦.土壤农化分析 [M].3版.北京: 中国农业出版社, 2001: 263-271.

[20] 曹生奎, 陈克龙, 曹广超, 等.青海湖流域矮嵩草草甸土壤有机碳密度分布特征 [J]. 生态学报, 2014, 34 (2): 482-490.

[21] 常欣.黄土高原丘陵沟壑区土地持续利用方法研究: 以陕西安塞县纸坊沟为例 [D]. 北京: 中国农行大学, 2002.

[22] 陈建国, 杨扬, 孙航.高山植物对全球气候变暖的响应研究进展 [J]. 应用与环境生物学报, 2011, 17 (3): 435-446.

[23] 贾晓妮, 程积民, 万惠娥.DCA、CCA和DCCA三种排序方法在中国草地植被群落中的应用现状 [J]. 中国农学通报, 2007 (12): 391-395.

[24] 李东, 黄耀, 吴琴, 等.青藏高原高寒草甸生态系统土壤有机碳动态模拟研究 [J]. 草业学报, 2010, 19 (2): 160-168.

[25] 李娜, 王根绪, 高永恒, 等.模拟增温对长江源区高寒草甸土壤养分状况和生物学特性的影响研究 [J]. 土壤学报, 2010, 47 (6): 1214-1224.

[26] 李英年, 赵新全, 曹广民, 等.海北高寒草甸生态系统定位站气候、植被生产力背景的分析 [J]. 高原气象, 2004, 23 (4): 558-567.

[27] 皮南林, 周兴民, 赵多珴, 等.青海高寒草甸矮嵩草草场放牧强度初步研究 [J]. 家畜生态, 1985, 1: 26-31.

[28] 齐晔.北半球高纬度地区气候变化对植被的影响途径与机制 [J]. 生态学报, 1999, 19 (4): 474-478.

[29] 隋珍, 常禹, 李月辉, 等.牛蒡群落分布、物种组成与生态环境因子的关系 [J]. 生态学杂志, 2010, 29 (2): 215-220.

[30] 王霞, 杨晓晖, 张建军, 等.西鄂尔多斯高原植被与环境间的关系研究 [J]. 中国水土保持科学, 2007, 5 (3): 84-89, 104.

[31] 吴金水.土壤有机质及其周转动力学 [M]//何电源.中国南方土壤肥力与作物栽培施肥.北京: 科学出版社, 1994: 28-62.

[32] 尹华军, 赖挺, 程新颖, 等.增温对川西亚高山针叶林内不同光环境下红桦和岷江冷杉幼苗生长和生理的影响 [J]. 植物生态学报, 2008, 32 (5): 1072-83.

[33] 张元明, 陈亚宁, 张小雷.塔里木河下游植物群落分布格局及其环境解释 [J]. 地理学报, 2004, 59 (6): 903-910.

[34] 赵新全, 马玉寿, 王启基, 等.三江源区退化草地生态系统恢复与可持续管理 [M]. 北京: 科学出版社, 2011: 93-119.

[35] 周华坤, 师燕, 周兴民, 等. 矮嵩草 (*Kobresia humilis*) 草甸内架设开顶式增温小室对微气候的影响 [J]. 青海草业, 2001, 10 (3): 1-5.

[36] 周华坤, 周兴民, 赵新全. 模拟增温效应对矮嵩草草甸影响的初步研究 [J]. 植物生态学报, 2000, 24 (5): 547-553.

[37] 周兴民, 王启基, 张堰青, 等. 不同放牧强度下高寒草甸植被演替规律的数量分析 [J]. 植物生态学与地植物学学报, 1987, 11 (4): 276-285.

第8章 长期增温对高寒草甸植物群落特征的影响

21世纪随着全球气候变暖的大趋势，落叶林群落将会向苔原地区扩展，并且这种扩展会很明显。Grabherr（2009）等对北极维管属植物的研究发现，物种丰富度在过去几年里明显增加，在低海拔地区更加明显。通过对不同海拔退化草地上物种丰富度的比较发现，高山植物沿雪线向上发展是一种总趋势。而且，通过计算9种典型植物的迁移速率发现，最大值可达到每十年4 m的速度。考虑到海拔每升高100 m，气温平均降低0.6 ℃，这种增温规律在理论上将会导致植被带的高度将以8~10 m/10年的速度移动（Grabherr et al，2009；Pauli et al，2007）。一些学者通过研究发现，增温通过增加枯草积累和加速土壤有机物及营养矿物质的分解速度而直接影响植物的生长和发育，这将导致目前营养受限制的群落生产力增加（Nadelhoffer et al，1992；Körner et al，1998）。物种控制增长试验说明，对未来气候变暖下植物的表现型是很重要的，未来气候变暖可能会导致就地保护的主要植物功能型快速从低灌丛向高灌丛或森林转变（Xiao et al，2001）。据大量孢粉资料分析，第四纪以来，我国植被由于构造运动和气候波动的影响，植物种群在纬向移动15°~20°，垂向移动达1 000~2 000 m（任海等，2002）。李克让（1996）等的研究表明，由于气候变化，一些物种可能因不适应变化的气候环境，将导致竞争力低下而绝灭。

气候变暖也将对物种多样性产生很大影响。随着气温沿着纬度梯度的快速增加，温度限制起着越来越重要的作用，随着气温升高，植物种数量日益增多，植物生长增强（Havström et al，1993；Wookey et al，1993；Callaghan et al，1995；Graglia et al，1997）。在不断变化的气候条件下，植物种类的地理分布区也会改变，由此，许多区域会面临迁移或外来种入侵的问题，尤其是干旱或火灾会引起入侵种的增加。全球变暖对物种丰富度的影响也不可忽视。Davis认为适应进化的作用很重要，包括选择特殊群落（生态型）或者在种群内选择基因型（Davis et al，2001；Davis et al，2005）。在增温背景下，所有维管属植物的种群密度都将增加或趋向于增加。同时增温将会导致植物的氮、磷积累和种群密度增加，并且在增温幅度较大的高寒高纬度地区更加明显（Jonasson et al，1999）。高琼（1996）等的分析表明，气温增加对羊草群落的恢复和角碱蓬群落的消失起抑制作用，不同群落对温度响应的机制不同。周华坤（2000）等采用国际冻原计划（ITEX）确定的研究方法，通过模拟增温对高寒草甸的研究结果表明，在温度增加1℃以上的情况下，矮嵩草草甸的地上生物量增加3.53%，其中禾草类增加12.30%，莎草类增加1.18%。增温对矮嵩草草甸的群落结构产生一定的影响，使大多数物种的密度增加，但却使薹草、雪白委陵菜、双叉细柄茅等的密度减少，升温使建群种及其主要伴生种如矮嵩草、紫羊茅、早熟禾、甘肃棘豆、异叶米口袋的盖度增加，而其他伴生种的盖度则减少。李英年（2004）等通过5年模拟增温试验发现，植物生长期为4—9月，温室内10、20 cm地下土壤平均增温1.86 ℃，10、20 cm地上空气平均增温1.15 ℃，地表0 cm平均增温1.87 ℃，且增温在植物生长初期大于生长末期及枯黄期。在模拟增温初期年生物量比对照高，增温5年后生物量反而有所下降，增温使禾草类植物种增加，杂类草减少。

然而，气候变暖也经常会伴随着其他微环境要素，如土壤湿度、土壤特性等的改变，为了维持种群数量和植物个体本身的正常生长，即使同一种植物也可能会在不同温度梯度上采取不同的适应策略，在持续增温的情况下，有些种逐渐被淘汰，有些种生活力却加强，这必将导致植物群落的结构和功能发生改变。因此，为了更好地预测未来全球气候变暖背景下高海拔地区植物群落的演替，探究植物群落物种组成和功能群对增温处理的响应显得异常必要。

8.1 长期增温对高寒草甸植物群落物种多样性的影响

植物多样性在维持生态系统功能和服务中起着关键的作用（Klein et al，2004；Connor et al，2005；Hooper et al，2012；Wu et al，2012）。人类引起的气候变化常常引起植物多样性的短期降低（Arft et al，1999；Klein et al，2004；Gedan et al，2009；Field et al，2014），进而威胁到生态系统的稳定性（Hillebrand et al，2010；Isbell et al，2015）。然而，迄今为止对物种多样性如何响应长期气候变化影响的理解不足。特别是对于增温引起的短期物种丢失对群落组成和物种多样性长期变化的影响，知之更少。在群落中，物种丢失之后，新产生的生态位空间可能会被现存的物种扩充占领并引起物种多样性的净下降，或者被新物种的拓殖（Colonization）或原丢失物种的重新建植（Re-establishment）占领，引起物种多样性的回弹，这一回弹可能会给群落稳定性和物种相互关系带来未知的影响（Chapin et al，2000；Tilman et al，2001；Grime，2002）。

在过去20年间，大量的研究利用增温试验去检验气候变化对植物群落的影响，这些植物群落包括极地冻原（Walker et al，2006；Post et al，2008）、高寒草甸（Klein et al，2004）、盐沼（Gedan et al，2009）、地中海灌丛（Prieto et al，2009）和北美大草原（Shi et al，2015）等。一般地，这些研究发现增温引起群落物种多度和多样性下降（Klein et al，2004；Walker et al，2006；Gedan et al，2009；Doak et al，2010）。然而，这些研究常常刻画短期（一般局限于3～5年的时间尺度）的物种丢失动态。这一时间尺度常常太短而不能探测到物种拓殖和重新建植在群落构建中的地位。例如，通过空间扩散的物种拓殖常常发生在几十年的尺度上，而不是发生在几年的尺度上（Pierik et al，2011）。

种扩散是群落构建和当地物种多样性维持的一个主要驱动因子（Hubbell，2001；Leibold et al，2004；Cottenie，2005；Myers et al，2009）。来自许多群落的经验证据表明扩散限制控制着当地物种多样性（Tilman，1997；Turnbull et al，2000；Brown et al，2003；Foster et al，2003；Wilsey et al，2003）。扩散可以促进物种拓殖，有利于经历了大的环境变化（例如气候变化）的群落恢复。除了空间扩散之外，土壤种子库也作为一种时间扩散机制，有利于干扰后群落的物种拓殖和物种重新建植（Facelli et al，2005）。考虑到扩散的随机性质，以及干扰的长度，群落中拓殖进来的物种并不总是以前占据群落的物种（Pierik et al，2011）。当物种到达一个既定群落之后，当地的物种相互作用（例如竞争、病原体感染、啃食、昆虫传粉等）常常是当地物种多样性的决定因子（Tilman，1982；Chase et al，2003；Gilbert，2005；Jabot et al，2012）。气候的长期变化被认为可以改变这些生物相互作用的性质，因为当地生境可能已经变得有利于不同物种的生存（Gedan et al，2009；Doak et al，2010；Ettinger et al，2013；Field et al，2014）。例如，群落中一个或多个优势种的丧失可以引起群落物种优势等级的变化（Klanderud et al，2005；Gilbert et al，2009），从而引发弱竞争者的竞争释放。Mitchell等（2003）发现CO_2升高（一种全球变化因子）通过增加C3禾草的病原体感染负荷，改变高草草原群落的物种竞争等级。相似地，Niu等（2008）发现试验增温通过降低优势C4禾草（*Pennisetum centrasiaticum*）的竞争优势和增强C3禾草植物（*Artemisia capillaris*）的竞争能力，改变了温带草原群落的植物物种竞争等级。

虽然短期增温试验经常发现物种多样性的下降，但对于这种下降是否持久并不清楚。如果增温没有改变某一给定群落的物种多样性平衡状态，根据岛屿生物地理学的基本原理（MacArthur et al，1967），假设群落的物种多样性会出现一个回弹。这个物种多样性回弹假设为：群落物种多样性响应大的环境变化（例如增温）而下降，但随后，物种多样性可以通过物种拓殖与重新建植（通过扩散和土壤种子库）和（或）竞争释放（通过优势种多度的变化）进行恢复（图8.1）。另外，物种多样性恢复的速度可能是缓慢的或快速的，这依赖于不同的群落构建机制。例如，物种通过空间扩散进入群落而介导的群落构建过程可能需要数十年才能达到物种多样性平衡状态（Pierik et al，2011），相比通过土壤种子库介导的群落构建过程可能只需要几年（Facelli et al，2005）。图8.1展示了两个假设途径：长期的缓慢的群落构建过程和短期的快速的群落构建过程。环境变化之后，物种丢失速度（红线）和物种恢复速度共同作用产生物种多样性开始阶段的快速下降，随后出现恢复。

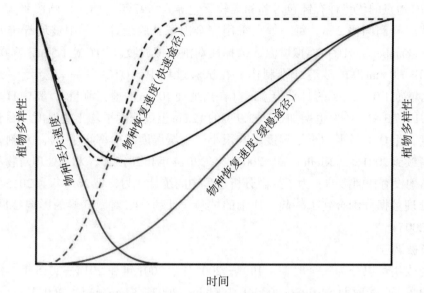

图8.1　环境变化（例如增温）过程中物种多样性回弹假设示意图

高寒草甸是对全球气候变化和土地利用方式最为敏感的生态系统之一（Klein et al，2004；赵新全，2009；周华坤等，2016）。近年来，全球变化和土地利用方式的改变加剧了青藏高原高寒草地的退化（赵新全，2009；周华坤等，2016）。我们利用一个持续18年的青藏高原高寒草甸群落增温试验去验证上述生物多样性回弹假设。对于同一试验，早期的研究发现，4年的增温样方相对于对照样方丢失了11～19个物种（39.0%～40.2%）（Klein，2003；Klein et al，2004）。另外，放牧是青藏高原最主要的土地利用方式（赵新全，2009）。放牧历史可能会影响高寒草甸群落对长期增温的响应。以下用放牧历史差别去验证土地利用强度对植物群落响应长期增温的影响。

8.1.1　研究方法

1.试验设计

研究设在海北高寒草地生态系统国家野外科学观测研究站（简称海北站；37°37′N，101°12′E）。两个30 m×30 m的坡度小于1°的研究样地（相距大约1.5 km；37°37′N，101°12′E，海拔3 200 m）被围封起来。两个地点的放牧历史不同，其中一个在试验开始之前经历了低的放牧强度（简称LG地点），另一个经历了高的放牧强度（简称HG地点）（Klein，2003）。Klein等经过访问当地牧民和科研工作者，调查了从20世纪80年代以来这两个地点的土地利用历史和科研历史，用以确定放牧历史（Klein，2003；Klein et al，2004）。HG地点经历过较多牛羊密度的啃食和较长的放牧时间（Klein，2003）。因此，两个地点经历的放牧密度和放牧持续时间都不同。但两个地点其他特征（例如坡度、方位、土壤类型等）都相似。两个地点都是高寒草甸群落，矮生嵩草为主要建群种。除了矮生嵩草，两个地点区别于初始的群落物种组成，LG地点的优势种有异针茅和麻花艽等，而 HG 地点的优势种有钝苞雪莲和柔软紫菀等。1997 年，16 个样圆按照 4 行×4 列的排列方式，样圆间隔 2 m。每一地点采用完全因子试验设计，其中玻璃纤维开顶温室（open top chamber，OTC）模拟增温，选择性刈割模拟放牧。OTC 宽 1.5 m，高 0.4 m，用 SunLite HP 1.0 mm 厚的玻璃纤维制作。在试验过程中，OTC 维持一整年。在生长季，OTC 可以增加 1.0~2.0 ℃ 的日平均温度（在离地面 10 cm 的地方测量），其中日平均最高温增加 2.1~7.3 ℃。OTC 也增加 0.3~1.9 ℃ 的 12 cm 土壤深度平均土壤温度。尽管增加了土壤温度，但 OTC 对平均土壤湿度影响很小，土壤湿度减少率小于 3%。刈割处理只从 1998 年持续到 2001 年（Klein et al，2004）。在 2014 年和 2015 年，刈割处理对物种多样性和群落结构没有任何影响。为了提高分析过程中的统计效力，把 2014 年和 2015 年刈割和非刈割处理数据分别合到了一起。详细的试验设计和 OTC 对微气候的影响参见 Klein 等（2004，2005）。

2. 植被调查

数据收集可以分为三个时期：1998—2000 年、2001 年和 2014—2015 年。涉及本试验最早的数据收集时期是 1998—2000 年（Klein，2003；Klein et al，2004）。在第一个时期，75 cm× 75 cm 小样方中的物种数目被记录为物种丰富度。另外，在第一个时期有一个 35 个增温和对照样方共有种的名录，这一名录收集于 1998 年，来自一个单独的物候学研究（Zhou et al，2000），通过比较这一名录上的物种在 2001、2014 和 2015 年出现在增温和对照样方里的数目，可以得到一些物种组成随时间变化的信息。只比较共有物种可以得出全部物种更为保守的结果，某一特异物种的得失可能会高估或低估群落的相似性，通过比较共有物种，可以确定处理间群落组成的根本变化。

在 2001 年，两种数据采集方法被应用。第一种方法，每一个 75 cm× 75 cm 小样方中的物种丰富度以统计物种个数的方式记录。第二种方法，每一个 75 cm× 75 cm 小样方划分为 10 × 10 的格子，产生 100 个触点（Klein，2003；Klein et al，2004）；记录所有的接触到竖直放置在格子到地面的细棒的植物，把每一物种在每一样方的所有触点记录为该物种的多度。第二种方法是为了收集群落数据。在 2001 年，LG 地点增温处理下一个样方的群落数据丢失。第三个数据收集时期包括 2014 和 2015 年的生长季。在 2014 年的 8 月底，我们记录每一个 50 cm× 50 cm 小样方的各物种的盖度为物种多度。在 2015 年，应用同样的方法记录物种多度，而不同的是分别在 50 cm× 50 cm 和 75 cm×75 cm 两个尺度上记录物种多度。

8.1.2 物种多样性

在短期（4 年）的增温处理之后，相对于对照样方，增温的样方平均丢失了 11~19 个物种（39.0%~40.2%）。这一物种丢失的结果在 LG 和 HG 两个地点是统一的（图 8.2）。

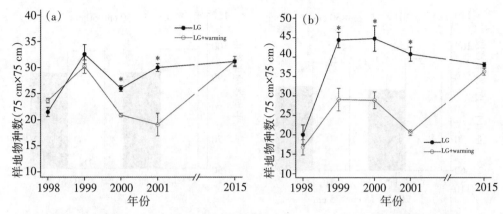

图 8.2 增温对 LG（a）和 HG（b）两地点 1998—2001、2015 年物种丰富度的影响

注：LG 表示低放牧强度的历史；HG 表示高放牧强度的历史；误差棒表示平均数±SE；星号表示处理间的显著差异（$P<0.05$）。

相比而言，增温 18 年之后，在 LG 和 HG 地点，增温样方的物种多样性已经和对照样方的物种多样性没有统计学差异。通过比较这一名录上的物种在 2001、2014 和 2015 年出现在增温和对照样方里的数目，也发现了最初多样性下降快速的物种，但随后在增温 18 年之后物种多样性已经恢复（图 8.3）。

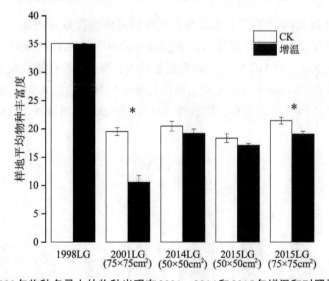

图 8.3 1998 年物种名录上的物种出现在 2001、2014 和 2015 年增温和对照样方里的数目

LG 和 HG 两个地点 2015 年的每一个样方（75 cm× 75 cm）的平均物种数是 35。HG 地点样方的物种数比 LG 地点多 5~10。尽管物种多样性没有区别，但增温在 2014 和 2015 年降低了 6%~10% 的盖度（图 8.4）。

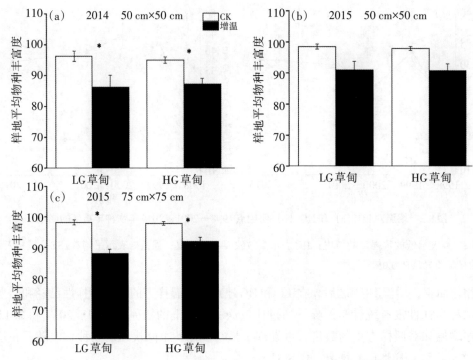

图 8.4 在 2014 和 2015 年两地点的增温和对照样方的植物盖度

2001 年增温处理也降低了两个地点的香农维纳多样性指数（图 8.5）。相比，在 LG 地点，发现连续 18 年增温之后增温样方的香农维纳多样性指数已经恢复到和对照样方没有统计学差异（图 8.5a）。在 HG 地点，增温样方的香农维纳多样性指数在 50 cm× 50 cm 尺度上已经恢复，但在 75 cm× 75 cm 尺度上依然低于对照样方（图 8.5b）。

一般来说，来自两个样方大小尺度（即 50 cm× 50 cm 和 75 cm× 75 cm）的结果基本没有区别（图 8.4）。

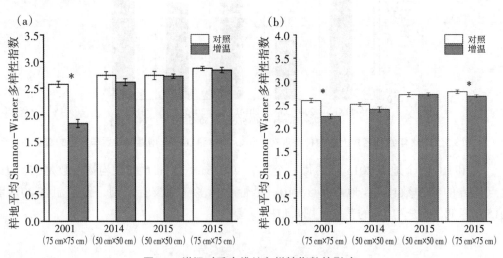

图 8.5 增温对香农维纳多样性指数的影响。

8.1.3 群落结构

尽管18年增温后矮嵩草草甸物种多样性出现了恢复，但群落组成发生了显著变化（表8.1）。相对于对照群落，优势种矮嵩草的多度在LG下降了88%，在HG下降了70%。另外一个优势种异针茅的多度在LG下降了28%，在HG下降了47%。

表8.1 双因素置换方差分析的结果（F 和 P 值；括号里面为 F 值）

年份	样方大小	样点	增温	样点×增温
2001	75 cm × 75 cm	0.004(4.09)	0.001(7.37)	0.418(0.94)
2014	50 cm × 50 cm	0.001(16.43)	0.001(7.44)	0.145(1.46)
2015	50 cm × 50 cm	0.001(17.55)	0.001(7.08)	0.304(1.13)
2015	75 cm × 75 cm	0.001(20.61)	0.001(8.18)	0.593(0.76)

另外，放牧历史对高寒草甸群落组成的影响大于增温处理（表8.1，图8.6）。群落组成在年际间（从2001到2015）发生了显著变化（图8.6）。在2001年，增温和放牧历史也同样影响了群落组成（表8.1，图8.6）。

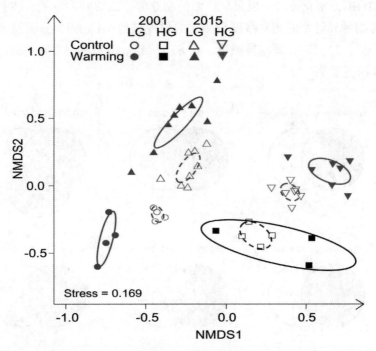

图8.6 地点间（LG和HG）、处理间（对照和增温）和年际间（2001和2015年）长期增温矮嵩草草甸群落的相似性

参照2001年LG的增温样方，专属于2015年增温样方的物种数是19.8（范围：15～26）。参照2001年和2015年LG的对照样方，这些物种中的6.8（范围：5～10）个物种

专属于2015年的增温样方，0.3（范围：0～1）个物种被2001年的对照样方所共有，7.0（范围：3～13）个物种被2015年的对照样方所共有，5.8（范围：5～6）个物种被2001年和2015年的对照样方所共有（图8.7b、图8.7c）。因而，以前存在的物种重新建植对物种多样性恢复的相对贡献率是30.4%［即（0.3+5.8）/19.8；范围：23.1%～40.0%］，而新物种拓植的相对贡献率是69.6%［即（6.8+7.0）/19.8；范围：60.0%～76.9%］。

参照2001年HG的增温样方，专属于2015年增温样方的物种数是19.7（范围：19～20）。参照2001年和2015年HG的对照样方，这些物种中的4.7（范围：4～6）个物种专属于2015年的增温样方，1个物种被2001年的对照样方共有；5.3（范围：5～6）个物种被2015年的对照样方共有，8.7（范围：8～10）个物种被2001和2015年的对照样方所共有。因而，以前存在的物种重新建植对物种多样性恢复的相对贡献率是49.2%［即（1.0+8.7）/19.7）；范围：47.4%～52.6%］，而新物种拓植的相对贡献率是50.8%［即（4.7+5.3）/19.7）；范围：47.4%～52.6%］。

在2014年和2015年的LG和HG两个研究地点，出现许多负的相关关系（优势种多度与其他物种多度相关）。与优势物种 *K. humilis* 的相对多度负相关的物种包括：1) LG，乳白香青、密花香薷、垂穗披碱草、肉果草、二裂叶委陵菜、蒲公英、鳞茎堇菜和西藏堇菜；2) HG，密花香薷、肉果草、西伯利亚蓼、二裂叶委陵菜、钝苞雪莲和鳞茎堇菜。与优势物种异针茅的相对多度负相关的物种包括：1) LG，垂穗披碱草、二裂叶委陵菜和蒲公英；2) HG，垂穗披碱草、北方拉拉藤、肉果草、宽叶羌活、芸香叶唐松草、附地菜和鳞茎堇菜。

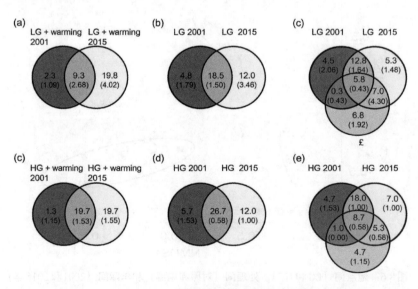

图8.7　2001年和2015年共有物种和特异物种的数目维恩图

8.1.4 长期增温对高寒草甸植物群落物种多样性的影响机制

全球变化对全球物种多样性有着很大威胁，然而我们对长期气候变化对物种多样性的影响了解很少（Chapin et al，2000；Tilman et al，2001；Engler et al，2011；Hooper et al，2012；Field et al，2014；Shi et al，2015；Urban，2015）。在本研究中，在海北站长期增温样地发现一个最初的和快速的物种多样性下降，但18年持续增温之后物种多样性出现了显著恢复。然而，物种多样性的恢复是在群落组成显著变化的基础上的，源于物种竞争优势等级的变化和通过扩散带来的新物种引入。

我们的观测和分析结果支持前面提出的增温群落生物多样性恢复假说。这一恢复反映了群落经受大的环境变化后宽泛的群落构建动态。以前的几个研究也发现了类似的群落经历大的环境变化后群落物种多样性回弹现象，尽管这些研究都不涉及气候变化。例如，一个长期的关于美国明尼苏达州橡树萨瓦纳群落的研究发现，物种多样性在一个干旱年之后显著下降，但5年之后恢复到干旱之前的水平（Cavender-Bare et al，2012）。相似地，荷兰的Ossekampen试验农场，一个长期的关于石灰添加对物种多样性影响的研究发现，植物物种多样性在添加石灰后出现下降，但在持续添加25年之后多样性开始回弹，在50年后恢复到对照水平（Pierik et al，2011）。这一模式也被在更大尺度和全球尺度上发现。例如，Dornelas et al（2014）的最新研究在横跨多个生物群落没有发现系统性的物种多样性丢失，尽管这些生物群落经历很多的环境破坏，例如生境破碎化、物种入侵和气候变化。不幸的是，因为监测数据的缺乏（2002—2013年），不能判断物种恢复的速度。尽管有这一限制，我们的结果依旧表明高寒草甸的物种多样性可以在数十年内恢复。

与全球变化相关的研究，其中数量有限的长期增温效应的研究给前述的假设提供了进一步的支持。Grime等（2008）没有测量短期效应，但发现13年之后英格兰北部草原群落的物种多样性对试验增温是有弹性的。在15年的增温过程中，Hudson等（2010）在北极常绿灌木群落观察到相似的弹性。相比海北站的长期增温研究，Hudson等（2010）没有观察到最初的物种多样性显著下降。海北站长期增温样地的研究结果也不同于另外一个发生在高草草原的长期增温试验，这一研究也发现物种多样性对试验增温是有弹性的（Shi et al，2015）。整体上来说，增温对草地物种多样性的影响上升到生物群系或群落类型水平需要时间尺度的验证。

大的环境变化之后，植物群落物种多样性一般会恢复，但群落组成常常会发生永久变化。例如，上面提到的Cavender-Bares等（2012）关于橡树萨瓦纳群落的研究，经历一场大的干旱之后物种多样性恢复，群落结构却显著不同于大旱之前。相似地，在更大和全球尺度上，Dornelas等（2014）在多个生物群系上没有观察到物种多样性的下降，这在很大程度上归结于入侵种代替了本地种引起了群落物种组成的重大变化（即新的物种配合）（Dornelas et al，2014；Pandolfi et al，2014）。在海北站增温高寒草甸观察到类似的过程，即增温的群落物种多样性恢复，但群落物种组成相对于对照群落发生了重大变化。因而，在高寒草甸，气候变化带来的增温不一定影响长期的物种多样性水平，但增温很可能会改变群落的物种组成，带来新的和不确定的结果。

一般来说，面对持续的小的扰动，群落一直浮动于物种多样性和物种组成相关的"平衡状态"附近（Lewontin，1969；May，1977；Scheffer et al，2001）。在一些情况下，环境扰动大到足够触发群落稳定状态发生根本转变，即使环境恢复到干扰前的条件，群落也不可能恢复到群落的起始状态或特征（Peterson et al，2001）。在本研究中，高放牧强度的历史显然已经把高寒草甸推向了一个退化暂稳定状态，它不可能再在物种多样性和物种组成方面恢复到原来状态。大的环境变化后群落从一种状态到另外一种状态的相似转变也发现于其他群落类型中，例如萨瓦纳（Peterson et al，2001）、高草草原（Shi et al，2015）、森林（McCune et al，1985）、沿海湿地群落（Handa et al，2002）和海洋生物群落（Petraitis et al，2004；Mumby et al，2007）等。在本研究中也发现增温没有使经历不同放牧历史（即LG和HG样地）的高寒草甸群落发生汇聚。然而，两种高寒草甸群落对增温产生了不同的响应。在两种放牧历史的高寒草甸，增温导致了显著的物种更替，但物种更替的本质是不同的，从而引导了两种新的群落配置。总之，放牧历史修饰了高寒草甸响应试验增温的群落配置过程。更进一步说明，作为草原的主要土地利用和干扰方式，放牧相对于增温对群落物种组成有着更大的影响。

物种扩散和竞争等级的改变在重组这些增温背景下的高寒草甸群落中起到了重要作用。首先，一些新物种（例如种子通过风传播的 *Xanthopappus subacaulis* 和 *Saussurea kansuensis*）可能通过空间扩散到达群落。在本研究中，围栏和OTC温室都可能会阻止动物（例如高原兔、藏系绵羊和牦牛）传播种子。这一物种扩散途径可能会以一种新的方式（Pakeman et al，1998）促进物种多样性恢复。通过种子库的时间扩散可能在之前未记录过的物种拓植过程中发挥着重要作用。例如 *Artemisia hedini*，*Chenopodium glaucum*，*Hypecoum leptocarpum*，*Plantago depressa*，*Viola bulbosa* 和 *Viola kunawarensis* 等物种被认为是增温样方里后期出现的新物种，这些物种的种子持久存活在青藏高原高寒草甸土壤种子库中（Ma et al，2010；Ma，2014；Ma et al，2014）。这些物种可能利用了增温引起的物种丢失空缺下来的生态位（Weller et al，2013；Wolkovich et al，2013）。另外，增温引起的返青期提前可能为萌发早的植物物种提供了"窗口"。

物种多样性恢复的第二个贡献因子是这些群落的物种优势等级的显著变化。特别是，两个优势种（*Kobresia humilis* 和 *Stipa aliena*）在试验过程中多度下降甚至消失。这两个物种的减少甚至缺失为其他物种扩展或重新占据群落提供了条件。*K. humilis* 和 *S. aliena* 的相对多度与其他物种的负相关证明了上述观点，这些物种包括 *Anaphalis lactea*，*Elsholtzia densa*，*Elymus nutans*，*Galium boreale*，*Lancea tibetica*，*Notopterygium forbesii*，*Polygonum sibiricum*，*Potentilla bifurca*，*Saussurea nigrescens*，*Taraxacum mongolicum*，*Thalictrum rutifolium*，*Trigonotis peduncularis*，*V. bulbosa* 和 *V. kunawarensis*。参照来自周华坤等（2000）、Klein（2003）和李英年等（2004）的物种名录，在这些物种当中，至少有几个物种（*T. peduncularis*，*V. bulbosa* 和 *V. kunawarensis*）是入侵种。因而，增温可能

将会持续有利于物种入侵这一系统。Shi 等（2015）在美国俄克拉何马州的增温高草草原群落也发现优势种和入侵物种的多度呈现负相关，这一结果表明同样的物种优势等级的改变可以增加物种入侵。另一个潜在干扰因子是常规放牧对高寒草甸群落物种多样性长期恢复的影响。虽然高寒草甸不同强度的放牧历史对物种组成和周转有显著影响，但本研究中我们不能直接检测持续放牧对物种恢复的影响。在同一试验样地的前期研究发现，在短期试验增温下，模拟增温通过减小优势种和凋落物的影响增加物种多样性（Klein et al，2004）。不幸的是，这一模拟放牧处理在2001年就结束了。尽管如此，这一研究表明动物放牧不是物种多样性恢复的限制因子，但是可以促进物种多样性的恢复。

8.2 梯度增温对植物群落物种多样性与功能群的影响

通过对三江源站和海北站的模拟增温试验进行监测，发现长期模拟增温试验对高寒草地群落的结构和功能，如物种多样性、功能群特征、土壤养分等产生了明显的影响（赵建中，2012；余欣超等，2015；杨月娟等，2015）。高寒草甸植被群落对长期模拟气候变化的响应对于理解群落响应温度升高的内部机制，及预测其在未来气候变化背景下的动态有着重要的意义。

8.2.1 研究方法

同第六章6.1研究方法。

8.2.2 物种多样性

三江源站连续8年增温后，2008—2010年对物种多样性参数的监测表明，从对照到A温室随着温度的逐渐升高，丰富度指数先增大后减小，在D温室中达到最大，与对照相比，D温室中的丰富度指数升高了23%，与A温室相比，A温室中丰富度指数下降了17%（表8.2）。Simpson指数在处理间变化规律不明显；Shannon-Wiener指数随温度的升高先增大后减小，均匀度指数随着温度的升高逐渐增大；Cody指数在处理间的变化规律不明显（表8.2）。

表8.2 2008年各处理中多样性指数变化

增温室	α多样性指数				β多样性指数
	丰富度指数	Simpson指数	Shannon-Wiener指数	均匀度指数	Cody指数
温室A	27	0.949	3.570	0.919	1.50
温室B	24	0.937	4.179	0.912	2.50
温室C	29	0.933	4.219	0.878	1.50
温室D	32	0.952	4.531	0.906	3.50
温室E	25	0.934	4.161	0.896	0.50
对照	26	0.934	4.180	0.889	—

2009年模拟增温样地中，从对照到A温室随着温度的逐渐升高，丰富度指数在处理间变化规律不明显，但A温室与对照相比，A温室中的丰富度指数下降了28%（表8.3）。Simpson指数、Shannon-Wiener指数在处理间变化规律不明显；均匀度指数随着温度的升高而逐渐增大，A温室与对照相比，A温室中均匀度指数增大了10%；Cody指数在处理间的变化规律不明显（表8.3）。

表8.3 2009年各处理中多样性指数变化

增温室	α多样性指数				β多样性指数
	丰富度指数	Simpson指数	Shannon-Wiener指数	均匀度指数	Cody指数
温室A	21	0.941	3.801	0.942	0.50
温室B	20	0.938	3.791	0.931	1.00
温室C	22	0.952	3.739	0.914	0.50
温室D	23	0.935	3.607	0.896	1.00
温室E	21	0.913	3.838	0.861	4.00
对照	29	0.928	4.169	0.858	—

2010年模拟增温样地中，从对照到A温室随着温度的逐渐升高，丰富度指数在处理间变化规律不明显，但A温室与对照相比，A温室中的丰富度指数下降了60%（表8.4）。Simpson指数、Shannon-Wiener指数随着温度的逐渐升高而减小，A温室与对照相比，A温室中Simpson指数、Shannon-Wiener指数、均匀度指数分别降低了7%、26%、2%；从D温室到A温室随着温度的逐渐升高，Cody指数逐渐增大，A温室与D温室相比，A温室中Cody指数升高了400%，但A温室与E温室相比，A温室中Cody指数下降了55%（表8.4）。

表8.4 2010年各处理中多样性指数变化

增温室	α多样性指数				β多样性指数
	丰富度指数	Simpson 指数	Shannon-Wiener 指数	均匀度指数	Cody 指数
温室 A	12	0.887	3.345	0.904	2.50
温室 B	17	0.919	3.454	0.919	1.50
温室 C	20	0.908	3.489	0.877	1.00
温室 D	18	0.907	3.664	0.879	0.50
温室 E	19	0.930	3.950	0.914	5.50
对照	30	0.953	4.545	0.926	—

8.2.3 物种多样性与温度、土壤养分和土壤湿度的相关性

温度与物种多样性的拟合结果显示，丰富度指数、Simpson 指数、Shannon-Wiener 指数、均匀度指数、Cody 指数与温度均呈二次函数形式变化（图 8.8）。相关性分析结果显示，Shannon-Wiener 指数、丰富度指数分别与温度呈显著负相关关系（$r=-0.77$，$P<0.05$；$r=-0.79$，$P<0.05$），均匀度指数、Whittaker 指数分别与温度呈显著、极显著正相关关系（$r=0.82$，$P<0.05$；$r=0.91$，$P<0.01$）（表 8.5）。说明 Shannon-Wiener 指数、丰富度指数均随温度的升高而逐渐减小，均匀度指数随温度的升高逐渐增大，即随着温度的逐渐升高，生物多样性逐渐下降，而植物种在处理间的更替速度逐渐增大。

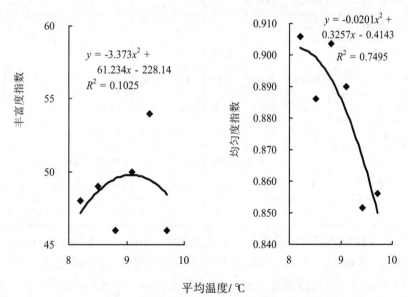

图 8.8 多样性指数与 OTC 内气温的拟合曲线

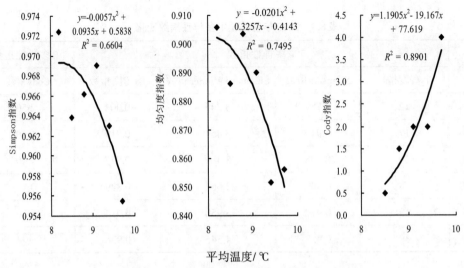

续图8.8 多样性指数与OTC内气温的拟合曲线

生物多样性与土壤养分的相关性分析结果显示,丰富度指数、Simpson指数、Shannon-Wiener指数、均匀度指数、Whittaker指数、Cody指数与土壤养分的相关性均不显著(表8.5),说明增温后土壤养分对生物多样性的影响不明显。

表8.5 多样性指数与温度、土壤湿度、土壤养分的相关性

	X_1	X_2	X_3	X_4	X_5	X_6	X_7	X_8	X_9	X_{10}
丰富度指数(X_1)	1.00									
Simpson指数(X_2)	0.86*	1.00								
Shannon-Wiener指数(X_3)	0.96**	0.93**	1.00							
均匀度指数(X_4)	−0.70	−0.35	−0.58	1.00						
Cody指数(X_5)	−0.19	−0.60	−0.57	−0.27	1.00					
温度/℃(X_6)	−0.79*	−0.62	−0.77*	0.82*	−0.50	1.00				
土壤湿度/%(X_7)	0.47	0.23	0.38	−0.69	0.74	−0.73	1.00			
全氮/%(X_8)	0.34	0.36	0.36	−0.65	0.07	−0.64	0.43	1.00		
全磷/%(X_9)	0.40	0.18	0.41	−0.48	−0.56	−0.09	−0.24	0.17	1.00	
全钾/%(X_{10})	0.23	0.15	0.13	−0.62	0.61	−0.76*	0.68	0.82*	−0.22	1.00

温度与生物多样性的拟合结果显示,丰富度指数、Simpson指数、Shannon-Wiener指数、均匀度指数、Whittaker指数、Cody指数与土壤湿度均呈二次函数形式变化(图8.9)。相关性分析结果显示,丰富度指数、Simpson指数、Shannon-Wiener指数、均匀度指数、Whittaker指数、Cody指数与土壤湿度相关性均不显著(表8.5)。说明增温后土壤湿度对

多样性指数的影响均不明显。

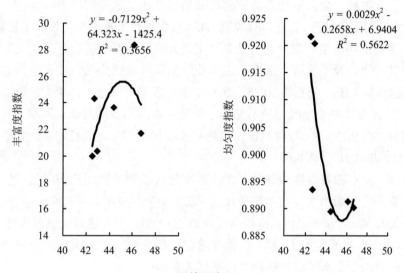

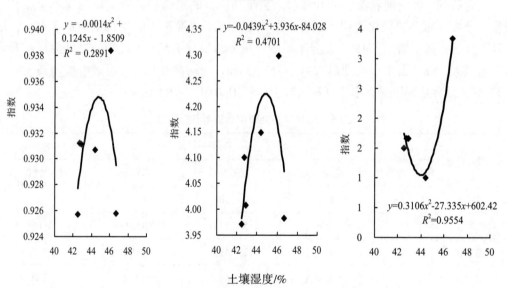

图 8.9　多样性指数与土壤湿度的拟合曲线

8.2.4　模拟增温对功能群的影响

1. 功能群结构及其数量特征变化

根据植物的寿命及经济类群，将该区草地植物划分成3种功能群类型。第一类为莎草科功能群：主要包括矮嵩草、黑褐苔草、高山嵩草、二柱头藨草等；第二类为多年生禾本科功能群：主要包括垂穗披碱草、草地早熟禾、异针茅等；第三类为杂类草功能群：主要包括短穗兔耳草、鸟足毛茛、矮火绒草、细叶亚菊、兰石草、美丽风毛菊等。

2008年，模拟增温样地中莎草科有3种植物，禾本科有6种植物，杂类草有33种植物，莎草科、禾本科、杂类草功能群植物种分别占样地总物种数的7%、14%、79%。从对照到A温室随着温度的升高，莎草科功能群除植物种数未发生变化外，生物量、盖度、植物高度、重要值均发生明显变化。从E温室到A温室随着温度的升高，生物量变化规律不明显，处理间差异不显著。盖度、重要值均呈单峰曲线变化，即先增加后减小，均在B温室中达到最大值，分别为50.25、26.05，B温室与对照相比，盖度、重要值分别升高了7%、17%，盖度在处理间差异不显著。植物高度随温度的升高逐渐增大，在A温室中达到最大值，为9.25 cm，与对照相比植物高度增加了94%，而且差异达到极显著水平（F=9.7，df=5，P<0.01）（表8.6）。

从对照到A温室随着温度的升高，禾本科功能群植物种数变化不明显，生物量、植物高度、重要值均逐渐增大。与对照相比，A温室中生物量增加了326%，差异达到极显著水平（F=3.0，df=5，P<0.01）；植物高度增加了173%，差异达到极显著水平（F=11.4，df=5，P<0.01）；重要值增加了188%；盖度随温度的变化规律不明显，处理间差异不显著，说明增温有利于禾本科植物种的生长发育（表8.6）。

从对照到A温室随着温度的升高，杂类草功能群的植物种数的变化规律不明显，生物量、盖度、重要值变化规律不明显，与对照相比，A温室中的生物量增加了49%，但差异不显著；盖度增加了1%，差异不显著；重要值增加了55%。植物高度随温度的升高而逐渐增大，在A温室中达到最大值，为3.35 cm，与对照相比，A温室中植物高度增加了123%，差异达到极显著水平（F=3.2，df=5，P<0.01）（表8.6）。

表8.6　2008年各处理中功能群数量特征

增温室	莎草科				
	种数	生物量/g	盖度/%	高度/cm	重要值Ⅳ
温室A	3	4.62Aa	26.75Bb	9.25Aa	19.71
温室B	3	5.56Aa	50.25Aa	7.45ABab	26.05
温室C	3	4.73Aa	42.17ABab	6.49ABCb	22.50
温室D	3	5.64Aa	37.42ABab	6.08BCDbc	20.43
温室E	3	3.63Aa	26.33Bb	5.20CDcd	15.19
对照	3	5.43Aa	47.00Aa	4.78Dd	22.35
总数	3	—	—	—	—
平均	—	4.98	38.32	6.54	21.04

续表8.6

禾本科					
增温室	种数	生物量/g	盖度/%	高度/cm	重要值Ⅳ
温室A	5	5.54Aa	31.13Aa	16.00Aa	44.23
温室B	5	2.50ABb	11.58Aa	16.63Aa	37.95
温室C	5	1.66Bb	12.45Aa	10.30ABb	25.31
温室D	6	1.68Bb	13.17Aa	9.83BCb	24.63
温室E	5	1.61Bb	20.98Aa	4.17Cc	15.90
对照	5	1.30Bb	9.58Aa	5.87Cc	15.36
总数	6	—	—	—	—
平均	—	2.38	16.48	10.47	27.23
杂类草					
增温室	种数	生物量/g	盖度/%	高度/cm	重要值Ⅳ
温室A	19	8.15Aa	68.63Aa	3.35Aa	62.44
温室B	16	7.43Aa	63.64Aa	2.47Aab	50.83
温室C	20	7.36Aa	68.18Aa	2.40ABb	51.61
温室D	23	7.53Aa	66.91Aa	3.30ABbc	61.06
温室E	17	7.31Aa	76.53Aa	1.95ABbc	49.39
对照	18	5.46Aa	67.70Aa	1.50Bc	40.93
总数	33	—	—	—	—
平均	—	7.21	68.60	2.49	52.71

注：不同小写字母表示0.05水平差异显著，不同大写字母表示0.01水平差异显著。

2009年，模拟增温样地中莎草科共有3种植物，禾本科6种，杂类草36种，莎草科、禾本科、杂类草功能群植物种分别占样地总物种数的7%、14%、79%（表8.7）。

从对照到A温室随着温度的升高，莎草科功能群除植物种数未发生变化外，生物量、盖度、植物高度、重要值均发生明显变化。从对照到A温室随着温度的升高，生物量、盖度、重要值均呈单峰曲线变化，即先增加后减小。生物量在D温室中达到最大值，为7.48 g，与对照相比升高了54%，但差异不显著；A温室与D温室相比，A温室中生物量降低了11%，差异未达到显著水平（表8.7）。盖度在C温室中达到最大值，为54.05%，与对照相比升高了26%，A温室与C温室相比，A温室中盖度降低了25%，处理间差异均未达到显著水平（表8.7）。重要值在C温室中达到最大值，为29.43，与对照相比升高了

34%，A温室与C温室相比，A温室中重要值降低了8%（表8.7）。从对照到A温室随着温度的升高，植物高度逐渐升高，在A温室中达到最大值，为10.86 cm，与对照相比植物高度增加了94%，差异达到极显著水平（$F=7.2$, $df=5$, $P<0.01$）（表8.7）。

从对照到A温室随着温度的升高，禾本科功能群植物种数变化规律不明显，生物量、盖度、植物高度、重要值均随温度的升高而逐渐增大（表8.7）。与对照相比，A温室中生物量增加了192%（$F=3.4$, $df=5$, $P<0.01$），盖度增加了423%（$F=3.6$, $df=5$, $P<0.01$），植物高度增加了144%（$F=6.5$, $df=5$, $P<0.01$）；重要值增加了397%（表8.7）。

从对照到A温室随着温度的升高，杂类草功能群的植物种数逐渐减少，在A温室中达到最小值，为14种，与对照相比下降了39%，减少了9种（表8.7）。生物量在处理间的变化规律不明显；植物高度、重要值均随温度的升高而逐渐增加，在A温室中达到最大值，分别为8.31 cm、85.01，与对照相比分别上升了232%、32%，植物高度的差异达到极显著水平（$F=20.9$, $df=5$, $P<0.01$）（表8.7）。

表8.7　2009年各处理中功能群数量特征

增温室	莎草科				
	种数	生物量/g	盖度/%	高度/cm	重要值Ⅳ
温室A	3	6.68Aa	40.83Aa	10.86Aa	26.99
温室B	3	6.42Aa	42.00Aa	10.08Aab	25.98
温室C	3	6.75Aa	54.05Aa	8.89Aab	29.43
温室D	3	7.48Aa	42.42Aa	9.53Aab	26.42
温室E	3	6.71Aa	36.50Aa	8.13ABb	22.70
对照	3	4.85Aa	42.90Aa	5.61Bc	22.00
总数	3	—	—	—	—
平均	—	6.48	43.12	8.85	25.59
增温室	禾本科				
	种数	生物量/g	盖度/%	高度/cm	重要值Ⅳ
温室A	4	7.64Aa	63.00Aa	21.55Aa	71.61
温室B	3	7.88Aa	37.83ABab	20.01Aa	31.83
温室C	4	4.16ABab	27.13ABbc	19.59Aa	39.63
温室D	3	4.26ABab	31.21ABbc	19.49Aa	32.64
温室E	3	2.01Bb	17.23Bbc	12.82ABb	12.14
对照	3	2.62Bb	12.05Bc	8.82Bb	14.40

续表 8.7

增温室	种数	杂类草			
		生物量/g	盖度/%	高度/cm	重要值Ⅳ
总数	4	—	—	—	—
平均	—	4.76	31.41	17.05	33.71
温室 A	14	6.48Aab	129.58Aa	8.31Aa	85.01
温室 B	14	5.46Aab	118.58Aa	7.98Aa	79.47
温室 C	15	7.78Aa	95.08Aa	5.8Bb	69.13
温室 D	17	6.68Aab	100.88Aa	4.23BCc	61.41
温室 E	15	4.03Ab	106.52Aa	3.82BCcd	47.83
对照	23	4.42Aab	127.64Aa	2.5Cd	64.39
总数	36	—	—	—	—
平均	—	5.81	113.05	5.44	67.87

注：不同小写字母表示 0.05 水平差异显著，不同大写字母表示 0.01 水平差异显著。

2010 年，模拟增温样地中莎草科共有 3 种植物，禾本科 5 种，杂类草 39 种，莎草科、禾本科、杂类草功能群植物种分别占样地总物种数的 6%、11%、83%（表 8.8）。

从对照到 A 温室随着温度的升高，莎草科功能群除植物种数未发生变化外，生物量、盖度、植物高度、重要值均发生明显变化。生物量随温度的升高先增加后减小，在 D 温室中达到最大值，为 8.73 g，与对照相比升高了 44%，A 温室与 D 温室相比，A 温室中生物量降低了 18%，但差异均未达到显著水平（表 8.8）。盖度随温度的升高而逐渐降低，A 温室中盖度最小，为 33.88%，与对照相比盖度下降了 21%，差异未达到显著水平（表 8.8）。重要值、植物高度均随温度升高而逐渐增大，在 A 温室中达到最大值，分别为 37.2、20.53 cm，与对照相比分别增加了 57%、179%，植物高度的差异达到极显著水平（$F=20.7$，$df=5$，$P<0.01$）（表 8.8）。

表 8.8　2010 年各处理中功能群数量特征

增温室	莎草科				
	种	生物量/g	盖度/%	高度/cm	重要值Ⅳ
温室 A	3	7.14Aa	33.88Aa	20.53Aa	37.20
温室 B	3	7.77Aa	34.50Aa	18.20Aa	25.74
温室 C	3	7.37Aa	35.00Aa	18.33Aa	31.98
温室 D	3	8.73Aa	32.00Aa	9.33Bb	22.46

续表 8.8

	种	生物量/g	盖度/%	高度/cm	重要值 IV
温室 E	3	7.56Aa	47.70Aa	9.76Bb	29.25
对照	3	6.06Aa	42.83Aa	7.37Bb	23.66
总数	3	—	—	—	—
平均	—	7.44	37.65	13.92	28.38

增温室	禾本科				
	种	生物量/g	盖度/%	高度/cm	重要值 IV
温室 A	3	15.69Aa	75.00Aa	27.87Aa	64.10
温室 B	3	9.55Bb	59.25ABab	22.96ABab	45.56
温室 C	3	8.18Bbc	48.17BCb	20.95ABCbc	44.48
温室 D	3	6.77Bbc	55.17ABCb	17.91BCbcd	38.76
温室 E	3	5.22Bbc	34.33Cc	15.07BCcd	41.82
对照	5	5.93Bc	24.88Cc	13.70Cd	23.55
总数	5	—	—	—	—
平均	—	8.55	49.47	19.74	43.04

增温室	杂类草				
	种	生物量/g	盖度/%	高度/cm	重要值 IV
温室 A	10	3.09Bb	27.75Aa	12.90Aa	42.78
温室 B	11	8.27Aa	53.25Aa	11.67ABa	56.90
温室 C	14	7.69ABa	38.27Aab	10.11ABab	73.13
温室 D	12	6.93ABa	51.83Aab	7.12BCbc	43.39
温室 E	13	8.95Aa	63.33Aab	7.07BCbc	71.75
对照	22	7.14ABa	60.88Ab	4.36Cc	72.36
总数	39	—	—	—	—
平均	—	7.01	77.82	8.87	60.05

注：不同小写字母表示 0.05 水平差异显著，不同大写字母表示 0.01 水平差异显著。

从对照到 A 温室随着温度的升高，禾本科功能群植物种数变化规律不明显，生物量、盖度、植物高度、重要值均随温度的升高而逐渐增大（表 8.8）。与对照相比，A 温室中生物量增加了 165%（$F=7.1$, $df=5$, $P<0.01$），盖度增加了 201%（$F=9.4$, $df=5$, $P<0.01$），植物高度增加了 103%（$F=7.3$, $df=5$, $P<0.01$），重要值增加了 172%（表 8.8）。

从对照到 A 温室随着温度的升高，杂类草功能群的植物种数逐渐减少，在 A 温室中达到最小值，为 10 种，与对照相比减少了（12 种）55%；生物量变化规律不明显，但 A 温室与对照相比，A 温室中生物量下降了 57%，差异达到极显著水平（$F=2.6$，$df=5$，$P<0.01$）（表 8.8）。盖度的变化规律不明显；植物高度随温度的升高而逐渐增加，在 A 温室中达到最大值，为 12.90 cm，与对照相比增加了 196%，差异达到极显著水平（$F=7.1$，$df=5$，$P<0.01$）；重要值随温度的升高逐渐减小，在 A 温室达到最小值，为 42.78，与对照相比，重要值下降了 41%（表 8.8）。

试验期间，莎草科功能群的生物量均呈单峰关系，即随温度的逐渐升高先增大后减小；盖度在试验第一、二年（2008—2009 年）均随温度的升高先增加后减小，呈单峰关系，在试验第三年（2010 年）盖度随温度的升高逐渐减小，呈负相关关系；植物高度随温度的升高逐渐增大，呈正相关关系；重要值在试验第一、二年与温度均呈单峰关系，即随温度的升高先增大后减小，在试验第三年随温度的升高而逐渐增大，呈正相关关系。禾本科功能群的生物量、盖度、植物高度、重要值与温度均呈正相关关系，即随温度升高而增大。

在试验第一年，杂类草功能群的植物种数随温度的升高有先增加后减小的趋势，但在试验第二年、第三年，从对照到温室 A 随着温度的逐渐升高逐渐减少，呈负相关关系；从年际变化来看，杂类草的总种数逐年增加，与温度呈正相关关系。生物量随温度的逐渐升高变化规律不明显，植物高度在试验期间均随温度的升高而增大。植物盖度在试验第一、二年随温度的升高变化规律不明显，在试验第三年盖度随温度的升高而逐渐减小，呈负相关关系；重要值在试验第一、二年与温度呈正相关关系，即随温度的升高逐渐增大，而在第三年与温度呈负相关关系，随温度的升高而减小。

从年间变化来看，莎草科功能群植物种的生物量逐年增加，试验第三年与第一年相比增加了 49%；盖度先增大后减小；植物高度、重要值逐年升高，试验第三年与第一年相比分别增加了 113%、35%（表 8.6、表 8.7、表 8.8）。禾本科功能群植物种的生物量、盖度、植物高度、重要值均逐年增加，试验第三年与试验第一年相比分别增加了 259%、200%、89%、58%（表 8.6、表 8.7、表 8.8）。杂类草功能群的植物种数逐年增加，与试验第一年相比总共增加了 6 种；生物量、盖度、重要值随增温年限的增加均先增加后减小；植物高度逐年增加，试验第三年与第一年相比增加了 256%。

2. 温度与功能群数量特征的相关性分析

（1）莎草科功能群

温度与植物高度、盖度、生物量及重要值的拟合结果显示，莎草科功能群植物除了植物高度与温度呈线性正相关关系外，盖度、生物量、重要值与温度均呈二次函数形式变化（图 8.10）。植物高度与温度呈极显著正相关关系（$r=0.97$，$P<0.01$），重要值与温度呈显著正相关关系（$r=0.83$，$P<0.05$），重要值与植物高度呈极显著正相关关系（$r=0.89$，$P<0.01$）（表 8.9）。说明植物高度随温度的升高而逐渐增大，同时重要值随植物高度的升高而增大；重要值随温度的升高逐渐增大，即温度对植物高度和重要值的影响较大。

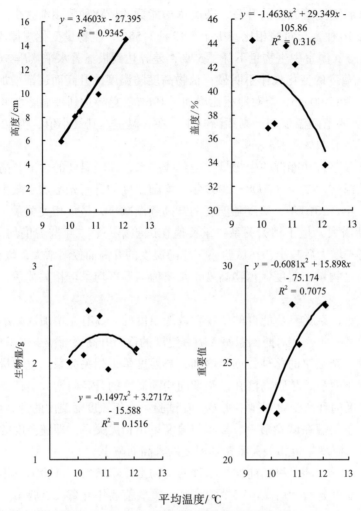

图 8.10 莎草科功能群数量特征与温度的拟合曲线

　　土壤湿度与植物高度、盖度、生物量及重要值的拟合结果显示，莎草科功能群植物除了植物高度与土壤湿度呈线性负相关关系外，盖度、生物量、重要值与土壤湿度均呈二次函数形式变化（图 8.11）。土壤湿度与数量特征的相关性分析结果显示，植物高度、盖度、生物量、重要值与土壤湿度的相关性均不显著，说明增温后土壤湿度对莎草科功能群植物高度、盖度、生物量、重要值的影响不明显（表 8.9）。

　　土壤全磷含量与生物量呈极显著正相关关系（$r=0.95$，$P<0.01$），全钾与温度呈显著负相关关系（$r=-0.76$，$P<0.05$），全钾与全氮呈显著正相关关系（$r=0.82$，$P<0.05$），说明增温后随着土壤全磷含量的增加，莎草科功能群植物的生物量逐渐增大；土壤中全钾与全氮的含量逐渐增加。即增温后增加土壤全磷含量，将会使莎草科功能群植物的生物量增加（表 8.9）。

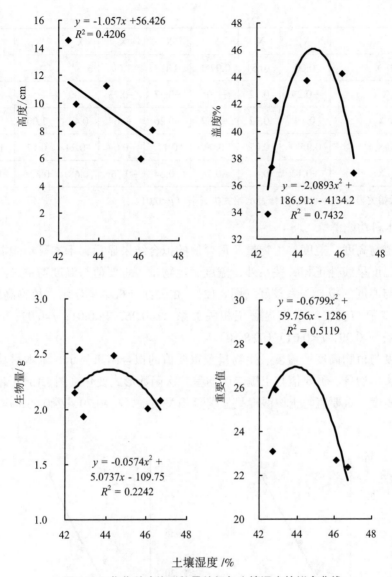

图8.11 莎草科功能群数量特征与土壤湿度的拟合曲线

表8.9 莎草科功能群数量特征与温度、湿度、土壤养分的相关性

	X_1	X_2	X_3	X_4	X_5	X_6	X_7	X_8	X_9
生物量/g(X_1)	1.00								
盖度/%(X_2)	−0.11	1.00							
高度/cm(X_3)	0.17	−0.49	1.00						
重要值Ⅳ(X_4)	0.16	−0.03	0.89**	1.00					

续表8.9

	X_1	X_2	X_3	X_4	X_5	X_6	X_7	X_8	X_9
温度/℃ (X_5)	0.00	−0.51	0.97**	0.83*	1.00				
土壤湿度/% (X_6)	−0.29	0.32	−0.65	−0.57	−0.73	1.00			
全氮/% (X_7)	0.19	0.72	−0.57	−0.26	−0.64	0.43	1.00		
全磷/% (X_8)	0.95**	0.07	0.09	0.17	−0.09	−0.24	0.17	1.00	
全钾/% (X_9)	−0.12	0.40	−0.74	−0.64	−0.76*	0.68	0.82*	−0.22	1.00

注：*表示相关显著（$P<0.05$），**表示相关极显著（$P<0.01$）。

(2) 禾本科功能群

温度与植物高度、盖度、生物量及重要值的拟合结果显示，禾本科功能群植物除了植物高度与温度呈线性正相关关系外，盖度、生物量、重要值与温度均呈二次函数形式变化，而且与温度的拟合关系较好（图8.12）。相关性分析结果显示，植物高度、盖度、生物量、重要值与温度均呈极显著正相关关系（$r=0.96$，$P<0.01$；$r=0.97$，$P<0.01$；$r=0.99$，$P<0.01$；$r=0.99$，$P<0.01$）（表8.10）。

土壤湿度与植物高度、盖度、生物量及重要值的拟合结果显示，禾本科功能群植物高度、盖度、生物量、重要值与土壤湿度均呈二次函数形式变化（图8.13）。相关性分析结果显示，盖度、重要值与土壤湿度呈显著负相关关系（$r=-0.79$，$P<0.05$；$r=-0.77$，$P<0.05$）（表8.9）。

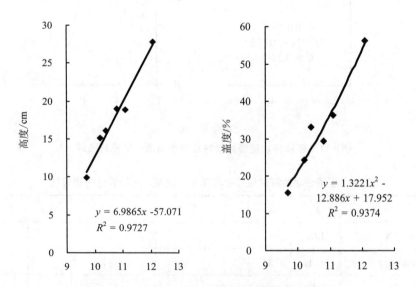

图8.12 禾本科功能群数量特征与温度的拟合曲线

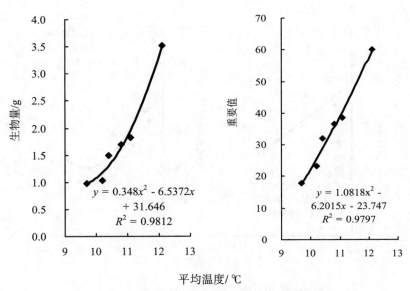

续图8.12 禾本科功能群数量特征与温度的拟合曲线

土壤养分与温湿度及数量特征的相关性分析结果显示，土壤全氮含量与生物量呈显著负相关关系（$r=-0.80$，$P<0.05$）；全钾含量与生物量呈极显著负相关关系（$r=-0.90$，$P<0.01$），全钾与盖度、重要值均呈显著负相关关系（$r=-0.83$，$P<0.05$；$r=-0.76$，$P<0.05$），说明增温后随着土壤全氮、全钾含量的增加，禾本科功能群植物的生物量、盖度、重要值逐渐降低（表8.10）。

表8.10 禾本科功能群数量特征与温度、湿度、土壤养分的相关性

	X_1	X_2	X_3	X_4	X_5	X_6	X_7	X_8	X_9
生物量/g(X_1)	1.00								
盖度/%(X_2)	0.96**	1.00							
高度/cm(X_3)	0.95**	0.97**	1.00						
重要值(X_4)	0.98**	0.98**	0.98**	1.00					
温度/℃(X_5)	0.96**	0.97**	0.99**	0.99**	1.00				
土壤湿度/%(X_6)	−0.71	−0.79*	−0.69	−0.77*	−0.73	1.00			
全氮/%(X_7)	−0.80*	−0.75	−0.64	−0.68	−0.64	0.43	1.00		
全磷/%(X_8)	0.00	−0.02	0.00	0.04	−0.09	−0.24	0.17	1.00	
全钾/%(X_9)	−0.90**	−0.80*	−0.74	−0.83*	−0.76*	0.68	0.82*	−0.22	1.00

注：*表示相关显著（$P<0.05$），**表示相关极显著（$P<0.01$）

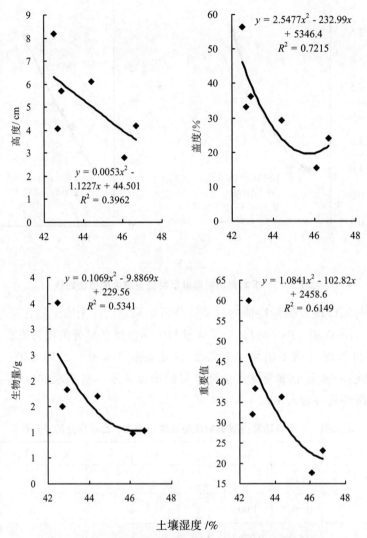

图8.13 禾本科功能群数量特征与土壤湿度的拟合曲线

(3) 杂类草功能群

温度与植物高度、盖度、生物量及重要值的拟合结果显示,杂类草功能群植物除了植物高度与温度呈线性正相关外,盖度、生物量、重要值与温度均呈二次函数形式变化(图8.14)。相关性分析结果显示,植物高度与温度呈极显著正相关关系($r=0.98$,$P<0.01$),盖度、生物量、重要值与温度的相关性均不显著(表8.11)。

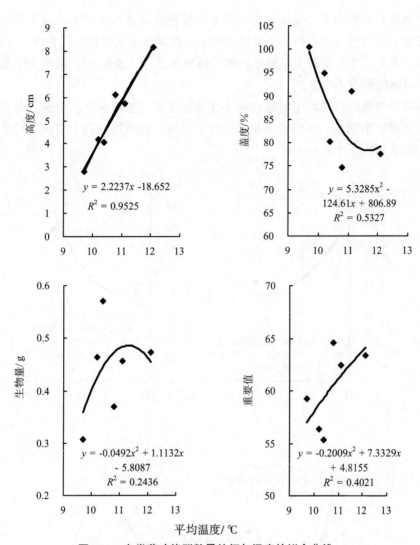

图8.14 杂类草功能群数量特征与温度的拟合曲线

表8.11 杂类草功能群数量特征与温度、湿度、土壤养分的相关性

	X_1	X_2	X_3	X_4	X_5	X_6	X_7	X_8	X_9
生物量/g (X_1)	1.00								
盖度/% (X_2)	−0.39	1.00							
高度/cm (X_3)	0.21	−0.70	1.00						
重要值 (X_4)	−0.44	−0.42	0.72	1.00					
温度/℃ (X_5)	0.33	−0.65	0.98**	0.63	1.00				
土壤湿度/% (X_6)	−0.59	0.67	−0.63	−0.33	−0.73	1.00			
全氮/% (X_7)	−0.25	0.20	−0.54	−0.13	−0.64	0.43	1.00		
全磷/% (X_8)	0.11	−0.67	−0.01	−0.01	−0.09	−0.24	0.17	1.00	
全钾/% (X_{10})	−0.11	0.56	−0.71	−0.50	−0.76*	0.68	0.82*	−0.22	1.00

注：*表示相关显著（$P<0.05$）；**表示相关极显著（$P<0.01$）。

土壤湿度与植物高度、盖度、生物量及重要值的拟合结果显示，杂类草功能群植物高度、盖度、生物量、重要值与土壤湿度均呈二次函数形式变化（图8.15）。相关性分析结果显示，盖度、重要值与土壤湿度的相关性均不显著（表8.11），说明土壤湿度对杂类草功能群植物的影响不明显。

土壤养分与温湿度及数量特征的相关性分析显示，土壤全氮、全磷、全钾含量与植物高度、盖度、生物量、重要值的相关性均不显著，说明增温后土壤养分对杂类草功能群植物的影响不明显（表8.11）。

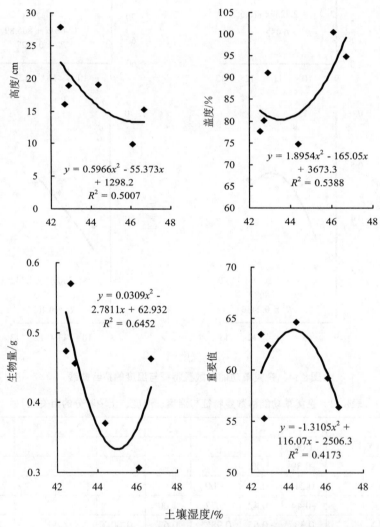

图8.15 杂类草功能群数量特征与土壤湿度的拟合曲线

8.3 长期增温对高寒草甸与高寒灌丛植物群落的影响

以高寒草甸和灌丛为研究对象,采用国际冻原计划模拟增温效应对植被影响的方法,研究了长期增温后高寒草甸和灌丛的群落结构、地上地下生物量、土壤养分含量的变化,以探讨高寒草甸和灌丛对长期模拟增温的响应,为预测全球气候变化对高寒草甸和灌丛的影响提供科学依据。

8.3.1 研究方法

1. 研究区概况

同 8.1 研究方法中的概述。

2. 样地设置和试验方法

1997 年,在海北站矮嵩草草甸和金露梅灌丛样地(大小均为 30 m×30 m)围栏封育,用开顶式生长室进行增温。分别建立圆台形开顶式玻璃纤维增温小室(OTC)8 个,每个 OTC 的基面积为 $1.66\ m^2$,顶面积为 $0.77\ m^2$,高 0.4 m。围栏内 OTC 外未增温的样方作为对照。

2012 年 7 月 20—23 日,用样方法在每个样地 OTC 内外,进行群落调查和地上生物量获取,并用根钻法获取地下生物量和土样,样方面积为 $25\ cm^2$。在植物生长盛期分别统计 OTC 内及对照样方各种群的盖度和高度,测定植物群落组成。在植物生长高峰期齐地面剪草,按不同植物种分开,80 ℃的恒温箱中烘干至恒重,并称重归类,获取地上部分生物量,地下生物量用根钻获取。

8.3.2 增温对植物群落结构的影响

经 OTC 连续 16 年的增温处理后,与对照相比,OTC 内草甸、灌丛群落平均高度显著高于对照(图 8.16)。增温下的灌丛群落平均盖度比对照增加 12.9%,差异达到显著水平,而增温下的草甸群落平均盖度比对照降低了 5%,未达到显著水平(图 8.17)。

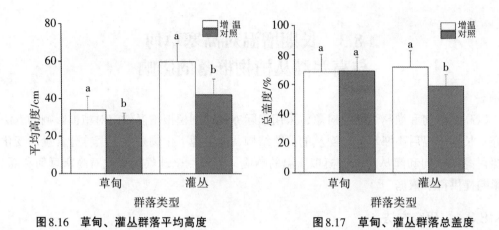

图8.16 草甸、灌丛群落平均高度　　　图8.17 草甸、灌丛群落总盖度

8.3.3 增温对植物群落生物量的影响

模拟增温对不同群落的作用效果不同，长期增温使矮嵩草草甸的平均地上生物量比对照降低了23.6%，未达到显著水平。而OTC温室内金露梅灌丛群落的平均地上生物量比对照增加了15.1%，未达到显著水平（图8.18）。

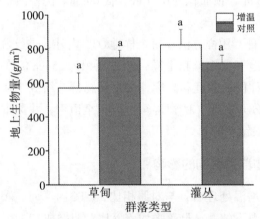

图8.18 草甸、灌丛群落地上生物量

增温条件下草甸群落的各层地下生物量较对照均有所降低，未达到显著水平（图8.19）。就分配比例而言，OTC内0~10 cm土层的地下生物量占总地下生物量的70.7%，其比例大于对照样地的65.2%，OTC内外的10~20 cm地下生物量分配比例较接近，分别为18.7%和20.2%，但在20~30 cm的分配比例中，OTC内（10.6%）的分配比例要小于对照（14.7%）。而增温条件下金露梅灌丛的各层地下生物量均有所增加（图8.20），未达到显著水平。就分配比例而言，增温与对照2个处理的各层生物量占总生物量的比例都比较接近，但就垂直分布而言，总体上都呈现从上到下地下生物量分布减少的规律。这种空间分布格局与土壤养分状况及高海拔地区土壤特性关系密切，大部分有机质和养分

都储存于土壤表层，植物的主要根系生长于该层以尽量获取更多的资源来满足植物生长发育的需求。

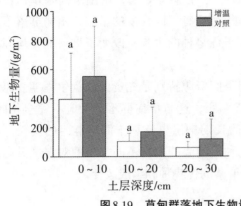

图8.19 草甸群落地下生物量　　图8.20 灌丛群落地下生物量

8.3.4 增温对植物群落物种数的影响

与对照相比，增温使草甸群落物种数降低，而其Shannon-Wiener指数却增加了1%，未达到显著水平。OTC温室内金露梅灌丛群落的平均物种数比对照样地降低30%，Shannon-Wiener指数降低13%，差异达到显著水平（$P<0.05$）（图8.21）。这种增温后不同群落表现出的不同结果与群落所处生长环境以及所含物种不同有关。

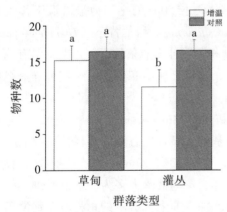 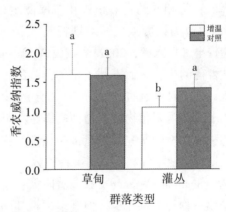

图8.21 草甸、灌丛群落多样性

8.3.5 长期增温对高寒草甸与高寒灌丛植物群落的影响机制

1. 长期增温对植物群落结构的影响机制

长期增温后高寒草甸和高寒灌丛植物群落结构发生了明显的变化。增温后的草甸群落平均高度较对照区显著提高，而盖度差异不明显，因为外界环境（如温度、水分、CO_2等）调控的影响作用于土壤，进而又影响了植物的生长，使植物类群发生变化，那些长势相对较高的物种的数量增多，所以出现盖度差异不显著，而高度增加、地上生物量降低的情况。同时，温度变化会影响植物对水分和养分的吸收，进而影响其生物量和生产力等的改变（Yang et al，2012；Cantarel，2013）。已有研究表明，增温对高寒草甸植物群落生物量、盖度、植物功能群、多样性指数等特征有不同程度的影响，植物群落不同物种对空间和资源的竞争增强，其结果是有利于优势种的生长，改变了群落的平均高度（Zheng et al，2000；Wang et al，2012）。

植物群落盖度和高度的变化反映了群落对空间资源特别是光资源的竞争程度。海北站增温后的灌丛群落的高度和盖度均显著高于对照，这与草甸群落的反应不完全相同，说明长期增温对不同群落的影响不同，16年的长期增温更有利于灌丛群落的生长。而Alward等的研究（1999）也表明，不同群落物种对增温的响应不同，有的对温度升高的响应更为敏感，从而破坏种间竞争关系，引起群落的优势种和组成改变。

2. 长期增温对植物群落生物量的影响机制

生物量是生态系统重要的特征，也是衡量物种竞争的重要指标。该研究结果表明，增温处理使植物群落地上、地下部分生物量均发生了变化，首先表现为不同群落生物量变化趋势不一样，草甸群落地上和地下生物量均降低，灌丛群落地上和地下生物量均增高。由于环境、营养以及物种的差异，生物量生产对增温的响应表现各异。例如，Morgan等（2001）指出，在未来温度升高2.6 ℃的条件下，美国矮草草原的生产力将增加。模拟全球变暖带来的温度升高和降水变化对植被生产力和土壤水分的影响表明，温度升高造成环境适应差的野古草（*Arundine hirta*）生产力显著下降，致使整个群落的生产力降低；将相同的自然植被用渗漏测定计移入海拔50 m的生产力显著低于移入海拔460 m的生产力试验点，而对铁杆蒿（*Artemisia sacrorum*）和黄背草（*Themdea japonica*）的影响较小（杨永辉，2002）。在没有额外水分和营养补充的条件下，长期增温有利于高寒灌丛群落的生长，而不利于草甸群落的生长，这将会使高寒生态系统植被群落组成发生变化，进而对本地的畜牧业产生一定的影响。

3. 长期增温对植物群落物种多样性及功能群多样性的影响机制

物种多样性的研究既是遗传多样性研究的基础，又是生态系统多样性研究的重要方面。长期增温使草甸和灌丛群落物种数均降低，草甸群落Shannon-Wiener指数略有增加，而灌丛的Shannon-Wiener指数显著降低。这是因为草甸群落大多为一些低矮细小的植物种，增温后物种数虽减少，但其多样性却略有增加。而灌丛群落的物种较草甸群落物种高大而且相对粗壮，增温后优势种在高度和盖度上都显著增加，对其他物种遮挡作用增加，抑制了其他物种的生长，物种数与多样性降低，这也说明增温对植物群落的作用因群落的不同而产生不同的影响。增温使植物群落组成发生了改变，而李英年等（2004）的研究也发现，增温对植物种演替有重要影响，原生适应寒冷、湿中生境的矮嵩草为主的草甸植被类型逐渐退化，有些物种甚至消失，被以旱生为主的植被类型所替代。这些都势必会影响植物群落盖度、高度等的变化。综上所述，由于草甸和灌丛群落的生长环境和功能特性有所差别，其植物群落结构、生物量以及物种多样性对长期增温有不同的反应。长期增温改变了高寒草甸的植物群落特征,但对二者的影响不完全相同。

8.4 高寒草甸地下生物量及其碳分配对长期增温的响应差异

植物地下生物量是总生产量的主要组成之一,在生产力和植被碳蓄积贡献方面具有重要地位(Wu et al,2011)。20世纪80年代以后,国内外学者开始重视对根系的研究(鄢燕等,2005),目前草地地下生物量的研究已成为草地生态学研究中的重要环节。已有研究发现,不同植被类型或不同生活型植物根系对增温的响应有差异(Gorissen et al,2004;Arndt et al,2002;Gavito et al,2001;Hawkes et al,2008;Kummerow et al,1984;Ericssont et al,1996)。增温试验研究中确定植物地下部分的响应对于评估生态系统水平上的增温响应有重要作用,然而由于试验条件限制,大多数增温试验仅以植物地上生物量的变化来估计植物生长对气候变化的响应,对地下生物量影响的研究较少(Wu et al,2011)。

高海拔地区对全球变暖更敏感(Liu et al,2000),青藏高原是全球增暖最明显的地区之一(任国玉等,2006)。矮嵩草草甸和金露梅灌丛草甸是青藏高原高寒草甸最典型的两种植被类型(Zhao,1999)。中国科学院海北高寒草甸生态系统研究站有国内最早建立的OTC增温样地(周华坤等,2000)。样地建立早期的研究发现,OTC模拟增温对植物地上生物量的生长、植物种的组成、草地质量等都产生了显著的影响(李英年等,2004;Klein et al,2007;Klein,2008)。在高寒草甸地区,牧草地下生物量要占总生物量的80%以上(李英年,1998),因此植物地下部分的响应是该地区生态系统气候变暖评估中必不可少的组成部分。然而很少有研究直接测定该地区两种草地地下生物量对增温的响应,尤其是有关长期增温响应方面的研究。该地区的矮嵩草草甸和金露梅灌丛草甸在生境特点和植物种组成上有很大差异(Zhao,1999;Klein et al,2005),长期模拟增温后不同草甸植物地下生物量分配特点是否一致?植物地下部分碳分配特点和地下生物量分配特点是否一致?各资源分配方式对土壤碳含量有什么影响?这些问题的解决有助于全面了解模拟气候变暖对两种草甸的影响,也有助于解释模拟增温下其地上部分和土壤特性发生的相应变化。本研究在中国科学院海北站16年模拟增温OTC样地内,比较矮嵩草草甸和金露梅灌丛草甸地下生物量、碳分配以及土壤有机碳含量对长期模拟增温的响应特点。

8.4.1 研究方法

同8.3.1中描述。

8.4.2 增温对地下生物量的影响

在矮嵩草草甸中，OTC内总生物量显著小于OTC外（$P=0.028$）。在不同土壤层次内，0～10 cm中OTC内地下生物量显著小于OTC外地下生物量（$P=0.017$），10～20 cm和20～30 cm中OTC内地下生物量与OTC外差异不显著（$P>0.05$）（图8.22）。

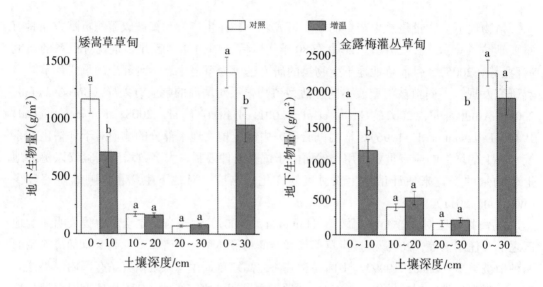

图8.22 长期增温对地下生物量的影响

注：平均值±标准误差，16个重复。同一土层不同字母表示差异显著（$P<0.05$）。

金露梅灌丛草甸中，OTC内总生物量稍低于OTC外，但不显著（$P=0.245$）。和OTC外相比，0～10 cm土层OTC内总生物量显著减小（$P=0.026$），10～20 cm和20～30 cm中OTC内地下生物量略有增大，但差异均不显著（$P>0.05$）（图8.22）。

8.4.3 增温对地下生物量垂直分配的影响

如图8.23所示，矮嵩草草甸和金露梅灌丛草甸OTC内地下生物量分配具有相同的分配模式。和对照相比，两种草甸OTC内0～10 cm土层中地下生物量分配比例均显著减小，而10～20 cm和20～30 cm土层中地下生物量分配比例均显著增大。

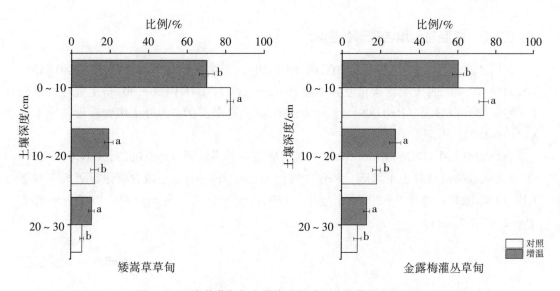

图8.23 矮嵩草草甸与金露梅灌丛地下生物量的分层比例

注：同一土层不同字母表示差异显著（$P<0.05$）。

8.4.4 增温对根系碳含量的影响

如图8.24所示，矮嵩草草甸里，0~30 cm土层中，OTC内根系碳含量高于对照，但差异不显著（$P=0.054$）。0~10 cm土层中OTC内外根系碳含量差异不显著（$P=0.395$）；10~20 cm中，OTC内根系碳含量高于对照根系，差异极显著（$P=0.004$）；20~30 cm土层中，OTC内根系碳含量显著高于对照（$P=0.040$）。金露梅灌丛里，0~30 cm土层中，OTC内根系碳含量稍低于对照，但不显著（$P=0.280$）。0~10 cm土层中OTC内外根系含碳量差异不显著（$P=0.773$）；10~20 cm土层中，OTC内外根系碳含量差异也不显著（$P=0.579$）；而20~30 cm土层中，对照根系碳含量显著高于OTC内的根系（$P=0.018$）。

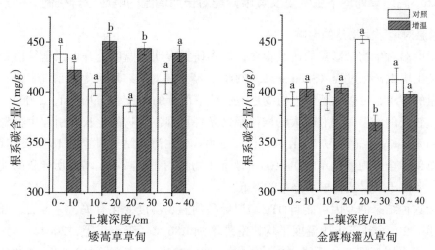

图8.24 长期增温对根系碳含量的影响

8.4.5 增温对土壤含碳量的影响

如图 8.25 所示，矮嵩草草甸 OTC 内外 0～10 cm 土壤含碳量差异不显著（$P=0.055$）；OTC 内外 10～20 cm 土壤含碳量差异不显著（$P=0.069$）；OTC 内 20～30 cm 土壤含碳量高于对照，差异极显著（$P=0.009$）。整个 0～30 cm 土层中，OTC 内外土壤含碳量差异不显著（$P=0.187$）。

金露梅草甸中 OTC 内外 0～10 cm 土壤含碳量差异不显著（$P=0.062$）；OTC 内外 10～20 cm 土壤含碳量差异也不显著（$P=0.105$）；OTC 内 20～30 cm 土壤含碳量显著低于对照土壤（$P=0.024$）；整个 0～30 cm 土层中，OTC 内土壤含碳量低于对照，但差异不显著（$P=0.246$）（图 8.25）。

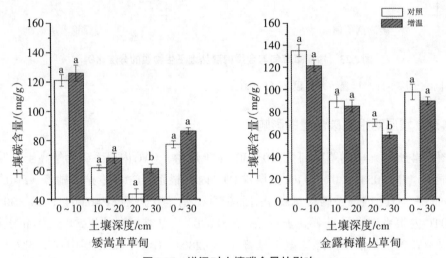

图 8.25 增温对土壤碳含量的影响

8.4.6 高寒草甸地下生物量及其碳分配对长期增温的响应分异机制

1. 增温对地下生物量的影响

关于增温对生物量影响的研究很多，许多研究表明，温度上升可以延长植物的生长季，促进土壤氮矿化过程（Shen et al, 2009），特别是对高寒地区生态系统来说，满足植物对热量的需求，可以显著促进植物地上、地下部分的生长（Loik et al, 2000）。也有研究发现，较长的增温时间和较大的增温幅度条件可抑制植物的生长，引起生物量分配的改变（Kummerow et al, 1984; Klein et al, 2008）。在海北站经过连续 16 年长期增温后，矮嵩草草甸和金露梅灌丛草甸 0～10 cm 地下生物量均显著减小，增温所导致的地下生物量减小主要源于浅层植物根系分布的降低。

造成这种结果的原因可能与 OTC 增温导致的温、湿度变化有关：一方面，开顶式生长室内 10、20 cm 地下土壤温度平均比室外增加 1.86 ℃（李英年等，2004）；另一方面，OTC 内土壤表层湿度有所下降（De valpine et al, 2001）。李娜等（2010）在青藏高原风火山试验站的高寒草甸上做的短期模拟增温试验表明，OTC内土壤水分减少了1.83%～7.71%。石福孙等（2008）在川西北亚高山草甸的短期模拟增温试验结果表明，OTC内土壤相对含水量明显减少，低于对照样地5.49%。适时适度的增温使温度升高有利于地下生物量的积累。而长期增温使温度升高的同时也伴随土壤湿度的下降，使植物面临干旱胁迫，可能会限制一些植物的光合能力（Shen et al，2009；Loik et al，2000）。此外，OTC增温处理减缓了生长室内外温度交换，减小了温度的日变化（李英年等，2004），增强了呼吸作用（Melillo et al，1993），从而降低了植物的净初级生产力，导致地下生物量的减少。

2. 增温对不同深度土层根系分布比例的影响

矮嵩草草甸与金露梅灌丛草甸地下生物量的垂直分布结构呈典型的倒金字塔模式，根系逐层递减（杨福囤等，1987；周华坤等，2002）。这与鄢燕等（2005）研究的高寒草地地下生物量空间梯度上的分布格局相同。但在增温条件下，不同土壤深度根系分布比例发生了变化：从不同层次分析可知，两种草甸的地下生物量主要分布在土壤表层（0～10 cm），这与周华坤等（2002）和刘伟等（2005）的研究结果一致。这种垂直分布特征的变化与高寒草甸土壤、气候有关（王启基等，1998）。长期的模拟增温使根系在土壤不同层次的分布格局发生明显改变，使两种草甸浅层（0～10 cm）地下生物量减少，深层（10～20 cm和20～30 cm）地下生物量增加，导致两种草甸OTC内地下生物量逐层递减的强度小于OTC外的对照样地。此前有研究也发现，短期模拟增温使得高寒草甸的地下生物量分配格局向深层转移，但不明显（李娜等，2011）。海北站长期增温试验的结果证明了长期增温将使高寒草甸的地下生物量分配格局明显向深层转移。这与高寒草地中禾草、莎草等湿中生植物的优势度明显减弱，而轴根系、直根系植物，如麻花艽、圆萼刺参、金露梅等植物在增温处理中优势度增加等因素有关（周华坤等，2000）。可能是由于OTC增温降低了土壤表层的含水量，为了获得充足的水分，植物根系的向水性使根系向土壤深处生长分布（金明现等，1996）。

3. 增温对根系碳含量的影响

从整体来看，模拟增温对植物根系碳含量的影响不大，而不同土层两种草甸根系含碳量对增温的响应不一致。在10～30 cm土层中，矮嵩草草甸OTC内根系含碳量显著高于对照根系。在20～30 cm土层中，金露梅灌丛草甸OTC内根系含碳量显著低于OTC外对照根系（图8.24）。

在环境压力或资源有限的条件下，植物可以通过自身调控分配地上部和根部资源，以提高植物对光资源或水分和矿质营养的吸收（Edwards，2004）。另外，植物根在养分吸收过程中的能量消耗是不同的，矿质元素吸收所需的能量远大于水分吸收（Chapin et al，2011）。本研究中，两种草甸深层根系碳含量分配差异可能源于资源需求差异：矮嵩草草甸增温后植物种密度、地上生物量和盖度下降，而金露梅灌丛草甸植物种密度、地上生物量和盖度增大。因此，矮嵩草草甸植物对地上部光资源竞争不激烈，更多的竞争来自地下。由于增温引起的干旱使得浅层土壤养分吸收减小，这种状况下深层根系除了吸收水分外，还要满足其他矿质元素的营养需求，较多的碳分配有利于矿质营养的吸收；相反，金露梅灌丛草甸更多的碳可能用于地上部对光资源的竞争，深层根系可能主要用于满足植物对水分吸收的需求，因此碳分配较小。

4. 增温对土壤碳含量的影响

温度升高会加快土壤有机碳的分解速率，使土壤的碳含量降低（Davidson et al, 2000），但温度升高也增加了植物生产力（王连喜等，2010），补充了土壤中的有机碳，使得土壤的碳含量无明显变化（Kirschbaummu，2000）。Niu（2010）的研究表明，模拟增温对土壤碳含量无显著影响，连续16年的长期增温下，两种草甸土壤总碳含量变化也不明显，深层土壤碳含量的响应有差异（图8.25）。矮嵩草草甸OTC内20~30 cm土壤含碳量显著高于OTC外，而金露梅灌丛草甸该层土壤含碳量显著低于OTC外（图8.25）。两个原因造成不同土层土壤碳含量的差异，一方面，有研究表明在土壤10~60 cm深度，金露梅灌丛的土壤有机质分解速率明显大于矮嵩草草甸土壤（陶贞等，2007）；另一方面，土壤是植物生长的基质，控制着植物根系的生长，同时植物根系又反作用于土壤，改变了土壤的理化性质（Gregory et al, 2008）。地表凋落物、根系以及根系分泌物是土壤有机质的主要来源（张文菊等，2005），长期增温使两种草甸的凋落物数量和根系化学成分不同，导致土壤碳含量有差异。当然，土壤碳含量还与土壤微生物、植物根系周转率、地上植物功能类群和枯枝落叶等因素有关，在增温背景下各因素的贡献率及作用机制还需要进一步研究。

总而言之，长期增温改变了地下根系的垂直分布格局，两种草甸的根系在土壤浅处分布减少，而在土壤深处增加（余欣超等，2015）。长期增温下两种草甸浅层根碳含量无显著变化，但较深层根系碳含量响应有差异：矮嵩草草甸深层（10~30 cm）根系含碳量增加，金露梅灌丛草甸深层（20~30 cm）根系含碳量减少。两种草甸相应土层碳含量变化和植物根系碳含量变化相一致。该研究可以丰富气候变化背景下高寒草甸地下生物量和碳含量研究的资料，为高寒草甸生态系统应对气候变化，进行适应性管理等提供科学依据。

参考文献

[1] Alsos I G. Frequent long-distance plant colonization in the changing Arctic [J]. Science, 2007, 316: 1606-1609.

[2] Arft A. Responses of tundra plants to experimental warming: meta-analysis of the international tundra experiment [J]. Ecological Monographs, 1999, 69: 491-511.

[3] Arndt S, Wanek W. Use of decreasing foliar carbon isotope discrimination during water limitation as a carbon tracer to study whole plant carbon allocation [J]. Plant, Cell & Environment, 2002, 25: 609-616.

[4] Atkin O K, Edwards E J, Loveys B R. Response of root respiration to changes in temperature and its relevance to global warming [J]. New Phytologist, 2000, 147: 141-154.

[5] Brown R L, Fridley J D. Control of plant species diversity and community invasibility byspecies immigration: seed richness versus seed density [J]. Oikos, 2003, 102: 15-24.

[6] Cavender-Bares J, Reich P B. Shocks to the system: community assembly of the oak savanna in a40-year fire frequency experiment [J]. Ecology, 2012, 93: 52-69.

[7] Chapin F S.Consequences of changing biodiversity [J]. Nature, 2000, 405: 234-242.

[8] Chase J M, Leibold M A. Ecological niches: linking classical and contemporary approaches [M].Chicago: University of Chicago Press, 2003.

[9] Cottenie K. Integrating environmental and spatial processes in ecological communitydynamics [J].Ecology Letters, 2005, 8: 1175-1182.

[10] Davidson E A, Trumbore S E, Amundson R. Biogeochemistry: soil warming and organic carbon content [J]. Nature, 2000, 408: 789-790.

[11] Davis M B, Shaw R G. Range shifts and adaptive responses to Quaternary climate change [J]. Science, 2001, 292 (5517): 673-679.

[12] Davis M B, Shaw R G, Etterson J R. Evolutionary responses to changing climate [J]. Ecology, 2005, 86 (7): 1704-1714.

[13] De Boeck H D, Lemmens C, Zavalloni C, et al. Biomass production in experimental grasslands of different species richness during three years of climate warming [J]. Biogeosciences, 2008, 5: 585-594.

[14] De Valpine P, Harte J. Plant responses to experimental warming in a montane meadow [J]. Ecology, 2001, 82: 637-648.

[15] Doak D F, Morris W F. Demographic compensation and tipping points in climate-induced range shifts [J]. Nature, 2010, 467: 959-962.

[16] Dormann C, Woodin S. Climate change in the Arctic: using plant functional types in a meta-analysis of field experiments [J]. Functional Ecology, 2002, 16: 4-17.

[17] Dornelas M, Gotelli N J, Mcgill B, et al. Assemblage time series reveal biodiversity change but not systematic loss [J]. Science, 2014, 344: 296-299.

[18] Edwards E J, Benham D G, Marland L A, et al. Root production is determined by radiation flux in a temperate grassland community [J]. Global Change Biology, 2004, 10: 209-227.

[19] Elmendorf S C.Plot-scale evidence of tundra vegetation change and links to recent summer warming [J]. Nature Climate Change, 2012, 2: 453-457.

[20] Engler R. 21st century climate change threatens mountain flora unequally across Europe [J].Global Change Biology, 2011, 17: 2330-2341.

[21] Ericsson T, Rytter L, Vapaavuori E. Physiology of carbon allocation in trees [J]. Biomass and Bioenergy, 1996, 11: 115-127.

[22] Ettinger A K, Hillerislambers J. Climate isn't everything: Competitive interactions and variation by life stage will also affect range shifts in a warming world [J]. American Journal of Botany, 2013, 100: 1344-1355.

[23] Facelli J M, Chesson P, Barnes N. Differences in seed biology of annual plants in arid lands: a key ingredient of the storage effect [J]. Ecology, 2005, 86: 2998-3006.

[24] Foster B L, Tilman D. Seed limitation and the regulation of community structure in oak savanna grassland [J]. Journal of Ecology, 2003, 91: 999-1007.

[25] Gallagher R V, Hughes L, Leishman M R. Species loss and gain in communities under future climate change: consequences for functional diversity [J]. Ecography, 2013, 36: 531-540.

[26] Gavito M E, Curtis P S, Mikkelsen T N, et al. Interactive effects of soil temperature, atmospheric carbon dioxide and soil N on root development, biomass and nutrient uptake of winter wheat during vegetative growth [J]. Journal of Experimental Botany, 2001, 52: 1913-1923.

[27] Gedan K B, Bertness M D. Experimental warming causes rapid loss of plant diversity in New England salt marshes [J]. Ecology Letters, 2009, 12: 842-848.

[28] Gilbert B, Turkington R, Srivastava D S. Dominant species and diversity: linking relative abundance to controls of species establishment [J]. The American Naturalist, 2009, 174: 850-862.

[29] Grabherr G, Gottfried M, Pauli H. Climate effects on mountain plants [J]. Nature, 2009, 369 (6480): 448

[30] Graglia R D, Wilton D R. Higher order interpolatory vector bases for computational electromagnetics [J]. IEEE Transactions on Antennas and Propagation, 1997, 45 (3): 329-342.

[31] Grime J P. Declining plant diversity: empty niches or functional shifts [J]. Journal of Vegetation Science, 2002, 13: 457-460.

[32] Grime J P, Fridley J D, Askew A P, et al. Long-term resistance to simulated climate change in an infertile grassland [J]. Proceedings of the National Academy of Sciences, USA, 2008, 105: 10028-10032.

[33] Handa I, Harmsen R, Jefferies R. Patterns of vegetation change and the recovery potential of degraded areas in a coastal marsh system of the Hudson Bay lowlands [J]. Journal of Ecology, 2002, 90: 86-99.

[34] Hansen J, Ruedy R, Sato M, et al. Global Surface Temperature Change [J]. Reviews of Geophysics, 2010, 48: 4004.

[35] Hansen J, Sato M, Ruedy R, et al.Global temperature change [J]. Proceedings of the National Academy of Sciences, 2006, 103: 14288-14293.

[36] Hartley A E, Neill C, Melillo J M, et al. Plant performance and soil nitrogen mineralization in response to simulated climate change in subarctic dwarf shrub heath [J]. Oikos, 1999, 86: 331-343.

[37] Havström M, Callaghan T V, Jonasson S. Differential growth responses of Cassiope tetragona, an arctic dwarf-shrub, to environmental perturbations among three contrasting high- and subarctic sites [J]. Oikos, 1993: 389-402.

[38] Hawkes C V, Hartley I P, Ineson P, et al.Soil temperature affects carbon allocation within arbuscular mycorrhizal networks and carbon transport from plant to fungus [J]. Global Change Biology, 2008, 14: 1181-1190.

[39] Hawkes C V, Hartley I P, Ineson P, et al.Soil temperature affects carbon allocation within arbuscular mycorrhizal networks and carbon transport from plant to fungus [J]. Global Change Biology, 2008, 14: 1181-1190.

[40] Hillebrand H, Soininen J, Snoeijs P. Warming leads to higher species turnover in a coastal ecosystem [J]. Global Change Biology, 2010, 16: 1181-1193.

[41] Hooper D U.A global synthesis reveals biodiversity loss as a major driver of ecosystem change [J]. Nature, 2012, 486: 105-108.

[42] Hudson J M G, Henry G H R. High arctic plant community resists 15 years of experimental warming [J]. Journal of Ecology, 2010, 98: 1035-1041.

[43] Isbell F. Biodiversity increases the resistance of ecosystem productivity to climate extremes [J]. Nature, 2015, 526: 574-577.

[44] Jonasson S.Responses in microbes and plants to changed temperature, nutrient, and light regimes in the arctic [J]. Ecology, 1999, 80 (6): 1828-1843.

[45] Kirschbaum M U. Will changes in soil organic carbon act as a positive or negative feedback on global warming [J]. Biogeochemistry, 2000, 48: 21-51.

[46] Klanderud K T. Simulated climate change altered dominance hierarchies and diversity of an alpine biodiversity hotspot [J]. Ecology, 2005, 86: 2047-2054.

[47] Klein J A, Harte J, Zhao X Q. Dynamic and complex microclimate responses to warming and grazing manipulations [J]. Global Change Biology, 2005, 11: 1440-1451.

[48] Klein J A, Harte J, Zhao X Q. Decline in medicinal and forage species with warming is mediated by plant traits on the Tibetan Plateau [J]. Ecosystems, 2008, 11: 775-789.

[49] Klein J A, Harte J, Zhao X Q. Experimental warming, not grazing, decreases rangeland quality on the Tibetan Plateau [J]. Ecological Applications, 2007, 17: 541-557.

[50] Klein J A, Harte J, Zhao X Q. Experimental warming causes large and rapid species

loss, dampened by simulated grazing, on the Tibetan Plateau [J]. Ecology Letters, 2004, 7: 1170-1179.

[51] Körner C. A re-assessment of high elevation treeline positions and their explanation [J]. Oecologia, 1998, 115 (4): 445-459.

[52] Kummerow J, Ellis B A. Temperature effect on biomass production and root/shoot biomass ratios in two arctic sedges under controlled environmental conditions [J]. Canadian Journal of Botany, 1984, 62: 2150-2153.

[53] Leibold M A. The metacommunity concept: a framework for multi-scale community ecology [J]. Ecology Letters, 2004, 7: 601-613.

[54] Lewontin R C. The meaning of stability [J]. Brookhaven Symposia in Biology, 1969, 22: 13-24.

[55] Li Y, Zhao L, Zhao X, et al. Effects of a 5-years mimic temperature increase to the structure and productivity of *Kobresia humilis* meadow [J]. Acta Agrestia Sinica, 2004, 12: 236-239.

[56] Liu W, Zhang Z, Wan S. Predominant role of water in regulating soil and microbial respiration and their responses to climate change in a semiarid grassland [J]. Global Change Biology, 2009, 15: 184-195.

[57] Liu X, Chen B. Climatic warming in the Tibetan Plateau during recent decades [J]. International Journal of Climatology, 2000, 20: 1729-1742.

[58] Liu X, Lyu S, Zhou S, et al. Warming and fertilization alter the dilution effect of host diversity on disease severity [J]. Ecology, 2016, 97: 1680-1689.

[59] Liu Y, Mu J, Niklas K J, et al. Global warming reduces plant reproductive output for temperate multi-inflorescence species on the Tibetan plateau [J]. New Phytologist, 2012, 195: 427-436.

[60] Loik M, Redar S, Harte J. Photosynthetic responses to a climate - warming manipulation for contrasting meadow species in the Rocky Mountains, Colorado, USA [J]. Functional Ecology, 2000, 14: 166-175.

[61] Luo Y, Sherry R, Zhou X, et al. Terrestrial carbon - cycle feedback to climate warming: experimental evidence on plant regulation and impacts of biofuel feedstock harvest [J]. GCB Bioenergy, 2009, 1: 62-74.

[62] Ma M, Zhou X, Wang G, et al. Seasonal dynamics in alpine meadow seed banksalong an altitudinal gradient on the Tibetan Plateau [J]. Plant and Soil, 2010, 336: 291-302.

[63] Ma Z, Ma M, Baskin C C, et al. Responses of alpine meadow seed bank and vegetation to nine consecutive years of soil fertilization [J]. Ecological Engineering, 2014, 70: 92-101.

[64] Macarthur R H, Wilson E O. The theory of island biogeography [M]. Princeton: Princeton University Press, 1967.

[65] Marion G M. Open-top designs for manipulating field temperature in high-latitude ecosystems [J]. Global Change Biology, 1997, 3: 20-32.

[66] May R M. Thresholds and breakpoints in ecosystems with a multiplicity of stable states [J]. Nature, 1977, 269: 471-477.

[67] McCune B, Allen T. Will similar forests develop on similar sites [J]. Canadian Journal of Botany, 1985, 63: 367-376.

[68] Melillo J M, Mcguire A D, Kicklighter D W, et al. Global climate change and terrestrial net primary production [J]. Nature, 1993, 363: 234-240.

[69] Mitchell C E, Reich P B, Tilman D, et al. Effects of elevated CO_2, nitrogen deposition, and decreased species diversity on foliar fungal plant disease [J]. Global Change Biology, 2003, 9: 438-451.

[70] Mumby P J, Hastings A, Edwards H J. Thresholds and the resilience of Caribbean coral reefs [J]. Nature, 2007, 450: 98-101.

[71] Myers J A, Harms K E. Seed arrival, ecological filters, and plant species richness: a meta-analysis [J]. Ecology Letters, 2009, 12: 1250-1260.

[72] Niu S, Sherry R A, Zhou X, et al. Nitrogen regulation of the climate-carbon feedback: evidence from a long-term global change experiment [J]. Ecology, 2010, 91: 3261-3273.

[73] Niu S, Wan S. Warming changes plant competitive hierarchy in a temperate steppe in northern China [J]. Journal of Plant Ecology, 2008, 1: 103-110.

[74] Oreskes N. The scientific consensus on climate change [J]. Science, 2004, 306: 1686-1686.

[75] Pakeman R J, Attwood J P, Engelen J. Sources of plants colonizing experimentally disturbed patches in an acidic grassland [J]. Journal of Ecology, 1998, 86: 1032-1041.

[76] Pandolfi J M, Lovelock C E. Novelty Trumps Loss in Global Biodiversity [J]. Science, 2014, 344: 266-267.

[77] Pauli H. Signals of range expansions and contractions of vascular plants in the high Alps: observations (1994-2004) at the GLORIA* master site Schrankogel, Tyrol, Austria [J]. Global Change Biology, 2007, 13 (1): 147-156.

[78] Pe Uelas J, Prieto P, Beier C, et al. Response of plant species richness and primary productivity in shrublands along a north-south gradient in Europe to seven years of experimental warming and drought: reductions in primary productivity in the heat and drought year of 2003 [J]. Global Change Biology, 2007, 13 (2): 563-581.

[79] Peterson D W, Reich P B. Prescribed fire in oak savanna: fire frequency effects on

stand structure and dynamics [J]. Ecological Applications, 2001, 11: 914-927.

[80] Petraitis P S, Dudgeon S R. Detection of alternative stable states in marine communities [J]. Journal of Experimental Marine Biology and Ecology, 2004, 300: 343-371.

[81] Pierik M, Van Ruijven J, Bezemer T M, et al. Recovery of plant species richness during long-term fertilization of a species-rich grassland [J]. Ecology, 2011, 92: 1393-1398.

[82] Prieto P, Penuelas J, Lloret F, et al. Experimental drought and warming decrease diversity and slow down post-fire succession in a Mediterranean shrubland [J]. Ecography, 2009, 32: 623-636.

[83] Root T L, Price J T, Hall K R, et al. Fingerprints of global warming on wild animals and plants [J]. Nature, 2003, 421: 57-60.

[84] Rousk K, Michelsen A, Rousk J. Microbial control of soil organic matter mineralisation responses to labile carbon in subarctic climate change treatments [J]. Global Change Biology, 2016, 22: 4150-4161.

[85] Rustad L, Campbell J, Marion G, et al. A meta-analysis of the response of soil respiration, net nitrogen mineralization, and aboveground plant growth to experimental ecosystem warming [J]. Oecologia, 2001, 126: 543-562.

[86] Scheffer M, Carpenter S, Foley J A, et al. Catastrophic shifts in ecosystems [J]. Nature, 2001, 413: 591-596.

[87] Shen H, Klein J A, Zhao X, et al. Leaf photosynthesis and simulated carbon budget of *Gentiana straminea* from a decade-long warming experiment [J]. Journal of Plant Ecology, 2009, 2: 207-216.

[88] Shi Z, Sherry R, Xu X, et al. Evidence for long-term shift in plant community composition under decadal experimental warming [J]. Journal of Ecology, 2015, 103: 1131-1140.

[89] Tilman D, Lehman C. Human-caused environmental change: impacts on plant diversity and evolution [J]. Proceedings of the National Academy of Sciences, 2001, 98: 5433-5440.

[90] Turnbull L A, Crawley M J, Rees M. Are plant populations seed-limited: A review of seed sowing experiments [J]. Oikos, 2000, 88: 225-238.

[91] Urban M C. Accelerating extinction risk from climate change [J]. Science, 2015, 348: 571-573.

[92] Walker M D. Plant community responses to experimental warming across the tundra biome [J]. Proceedings of the National Academy of Sciences, 2006, 103: 1342-1346.

[93] Wang S, Duan J, Xu G, et al. Effects of warming and grazing on soil N availability,

species composition, and ANPP in an alpine meadow [J]. Ecology, 2012, 93: 2365-2376.

[94] Weller S G, Suding K, Sakai A K. Botany and a changing world: Introduction to the special issue on global biological change [J]. American Journal of Botany, 2013, 100: 1229-1233.

[95] Wilsey B J, Polley H W. Effects of seed additions and grazing history on diversity and productivity of subhumid grasslands [J]. Ecology, 2003, 84: 920-931.

[96] Wolkovich E M. Temperature-dependent shifts in phenology contribute to the success of exotic species with climate change [J]. American Journal of Botany, 2013, 100: 1407-1421.

[97] Wookey P. Comparative responses of phenology and reproductive development to simulated environmental change in sub-arctic and high arctic plants [J]. Oikos, 1993, 81: 490-502.

[98] Wu Z, Dijkstra P, Koch G W, et al. Responses of terrestrial ecosystems to temperature and precipitation change: a meta-analysis of experimental manipulation [J]. Global Change Biology, 2011, 17: 927-942.

[99] Wu Z, Dijkstra P, Koch G W, et al. Biogeochemical and ecological feedbacks in grassland responses to warming [J]. Nature Climate Change, 2012, 2: 458-461.

[100] Xiao C W. Effect of different water supply on morphology, growth and photosynthetic characteristcs of *Salix psammophila* seedlings in Maowusu sandland, China [J]. Journal of Environmental Sciences, 2001, 13 (4): 411-417.

[101] Yang H. Diversity-dependent stability under mowing and nutrient addition: evidence from a 7-year grassland experiment [J]. Ecology Letters, 2012, 15: 619-626.

[102] Ylänne H, Stark S, Tolvanen A. Vegetation shift from deciduous to evergreen dwarf shrubs in response to selective herbivory offsets carbon losses: evidence from 19 years of warming and simulated herbivory in the subarctic tundra [J]. Global Change Biology, 2015, 21: 3696-3711.

[103] Zhao X. Ecological basis of alpine meadow ecosystem management in Tibet: Haibei Alpine Meadow Ecosystem Research Station [J]. Ambio, 1999, 28: 642-647.

[104] Zhou H K, Zhou X M, Zhao X Q. A preliminary study of the influence of simulated greenhouse effect on a *Kobresia humilis* meadow [J]. Acta Phytoecologica Sinica, 2000, 24: 547-553.

[105] Zogg G P, Zak D R, Ringelberg D B, et al. Compositional and functional shifts in microbial communities due to soil warming [J]. Soil Science Society of America Journal, 1997, 61: 475-481.

[106] 高琼, 董学军. 基于土壤水分平衡的沙地草地最优植被覆盖率的研究 [J]. 生态学报, 1996, 16 (1): 33-39.

[107] 金明铎, 王天铎. 玉米根系生长及向水性的模拟 [J]. 植物学报, 1996, 38: 384-390.

[108] 李克让, 尹思明. 中国现代干旱灾害的时空特征 [J]. 地理研究, 1996, 15 (3): 6-15.

[109] 李娜, 王根绪, 杨燕, 等. 短期增温对青藏高原高寒草甸植物群落结构和生物量的影响 [J]. 生态学报, 2011, 31: 895-905.

[110] 李英年, 赵亮, 王勤学, 等. 高寒金露梅灌丛生物量及年周转量 [J]. 草地学报, 2006, 14: 72-76.

[111] 李英年, 赵亮, 赵新全, 等. 5年模拟增温后矮嵩草草甸群落结构及生产量的变化 [J]. 草地学报, 2004, 12: 236-239.

[112] 李英年. 高寒草甸植物地下生物量与气象条件的关系及周转值分析 [J]. 中国农业气象, 1998, 19: 36-38.

[113] 刘伟, 周华坤, 周立. 不同程度退化草地生物量的分布模式 [J]. 中国草地, 2005, 27: 9-15.

[114] 任国玉, 初子莹, 周雅清, 等. 中国气温变化研究最新进展 [J]. 气候与环境研究, 2006, 10: 701-716.

[115] 任海, 彭少麟. 恢复生态学 [M]. 北京: 科学出版社, 2002.

[116] 石福孙, 吴宁, 罗鹏. 川西北亚高山草甸植物群落结构及生物量对温度升高的响应 [J]. 生态学报, 2008, 28: 5286-5293.

[117] 陶贞, 沈承德, 高全洲, 等. 高寒草甸土壤有机碳储量和CO_2通量 [J]. 中国科学: D辑, 2007, 37: 553-563.

[118] 王连喜, 陈怀亮, 李琪, 等. 植物物候与气候研究进展 [J]. 生态学报, 2010, 30: 447-454.

[119] 王启基, 王文颖, 邓自发. 青海海北地区高山嵩草草甸植物群落生物量动态及能量分配 [J]. 植物生态学报, 1998, 22: 222-230.

[120] 鄢燕, 张建国, 张锦华, 等. 西藏那曲地区高寒草地地下生物量 [J]. 生态学报, 2005, 25: 2818-2823.

[121] 余欣超, 姚步青, 周华坤, 等. 青藏高原两种高寒草甸地下生物量及其碳分配对长期增温的响应差异 [J]. 科学通报, 2015, 60 (4): 379-388.

[122] 杨福囤, 王启基, 史顺海. 青海海北地区矮嵩草草甸生物量和能量的分配 [J]. 植物生态学与地植物学学报, 1987, 11: 106-112.

[123] 张文菊, 彭佩钦, 童成立, 等. 洞庭湖湿地有机碳垂直分布与组成特征 [J]. 环境科学, 2005, 26: 56-60.

[124] 赵新全. 高寒草甸生态系统与全球变化 [M]. 北京: 科学出版社, 2009.

[125] 周华坤, 赵新全, 赵亮, 等. 青藏高原高寒草甸生态系统的恢复能力 [J]. 生态学杂志, 2008, 27: 697-704.

[126] 周华坤，周立，赵新全，等.金露梅灌丛地下生物量形成规律的研究［J］.草业学报，2002，11：59-65.

[127] 周华坤，周兴民，赵新全，等.模拟增温效应对矮嵩草草甸影响的初步研究［J］.植物生态学报，2000，24（5）：547-553.

[128] 周华坤，姚步青，于龙，等.三江源区高寒草甸退化演替与生态恢复［M］.北京：科学出版社，2016.

第三编
高寒草甸土壤系统对模拟气候变暖的响应

第9章　模拟增温对土壤呼吸速率的影响

土壤呼吸是指未经扰动的土壤产生CO_2的所有代谢作用，包括根系的自养呼吸、土壤微生物的异氧呼吸、土壤动物呼吸和含碳矿物质的化学氧化作用（Schimel et al，2001）。土壤呼吸占生态系统呼吸总量的60%～90%，是土壤碳输出的主要途径。虽然早在19世纪土壤动物在活动中消耗的O_2和代谢产生的CO_2就已被人们所关注（de Saussure，1804），但是土壤呼吸真正获得人们的广泛关注始于19世纪后半叶及20世纪初。如今在全球变化大背景下，特别是气候变暖的情况下，土壤呼吸作为全球气候变化的关键生态过程，已成为全球碳循环研究的核心问题（Rustad et al，2000；田林卫等，2014）。

土壤呼吸作为全球碳循环重要环节之一，对温度的变化非常敏感。因其终产物主要为温室气体CO_2，因此全球温暖化与土壤呼吸间的关系不仅会影响陆地生态系统的汇源功能，还会导致全球温暖化进程和时空格局的改变。如Jones等（1998）发现在升温2 ℃情况下，阿拉斯加湿草丛苔原和干石南苔原夏季的土壤呼吸速率分别增加了38%和26%；Rustad等（2001）发现陆地生态系统升温试验研究网络的32个试验站在平均升温0.3～0.6 ℃情况下（升温持续时间为2～9年），土壤呼吸速率平均增加20%（约增加26 mg/(m^2·h)）。Foster等（1997）对温带森林土壤的增温试验也发现，增温处理第1、2、3年的土壤呼吸速率分别增加了40%、14%和20%。此外，有研究还表明，当土壤呼吸速率增加20%时，对应14～20 Pg/a的土壤碳排放，这是化石燃料燃烧和土地利用变化排放量（7 Pg/a）的2～3倍（Kimble et al，1995）；同时，温度升高下土壤呼吸作用的增加构成了对全球气候变暖的正反馈，将进一步导致气候变暖（Fang et al，2001；贾丙瑞等，2004）。

目前，为了便于土壤呼吸速率的研究，大多数研究采用经验参数Q_{10}，即温度每升高10 ℃土壤呼吸速率的变化比率，来表征土壤呼吸的温度敏感性（Luo et al，2010）。然而，由于Q_{10}是一个除温度外受其他多种因素（如地理位置、生态系统类型、季节）影响的参数（Lloyd et al，1994；Smith et al，2001；Qi et al，2002；田玉强等，2009），因此在气候变暖背景下探究青藏高原高寒草甸生态系统土壤呼吸的温度敏感性，对于深刻理解高寒草甸土壤生态响应过程和机制，如何发挥其碳汇潜能具有重要的科学意义。

9.1 研究方法

9.1.1 试验设计及样地设置

本试验在海北站典型高寒草甸样地内进行。为了更好地研究模拟气候变暖对高寒草甸生态系统的效应，2011年7月采用梯度增温与模拟冬牧全因子随机区组交互设计，即增温（5个水平：对照、处理A、处理B、处理C、处理D）×放牧（2个水平：对照与模拟放牧），共10个处理，每处理5个重复，共50个样圆。其中，模拟冬牧即在生长季前期剔除枯草的60%；增温处理通过开顶式增温小室（open top chamber，OTC）来实现，使用材料为美国进口玻璃纤维，圆台型框架用细铁丝固定。开顶式增温小室设置4个大小梯度来实现增温梯度变化，增温小室底部直径/顶部直径依次为1.15 m/0.70 m（处理A）、1.45 m/1.00 m（处理B）、1.75 m/1.30 m（处理C）和2.05 m/1.60 m（处理D），圆台高0.4 m。

9.1.2 土壤温湿度和土壤呼吸的测定

地上20 cm和10 cm、地下5 cm处土壤温度和湿度分别使用ECT探头和时域反射系统测定，每隔1 h测定一次。土壤呼吸速率主要通过LI-8100A土壤呼吸测量仪测定，其所需的PVC土壤环（面积277.34 cm^2，高10 cm）要提前一年永久地插入土壤表面5～7 cm深处。测量时，尽量选择晴天上午9：00—11：00，且在每次测量的前一天去除土壤环内植物的地上部分。土壤呼吸频率每隔10 d测定一次。

9.2 增温和放牧下土壤呼吸速率的季节变化

2013年5—10月，无论放牧与否，不同增温梯度处理与对照的土壤呼吸月平均速率升降趋势基本一致，均表现为5—7月在不放牧下对照处理土壤呼吸速率为4.51 $\mu mol/(m^2·s)$，增温处理（处理A～D）土壤呼吸速率依次为5.00、4.82、5.25、4.84 $\mu mol/(m^2·s)$（图9.1），而在放牧下对照处理土壤呼吸速率为4.56 $\mu mol/(m^2·s)$，增温处理（处理A～D）土壤呼吸速率依次为4.87、5.24、5.69、4.44 $\mu mol/(m^2·s)$（图9.2）。7—10月在不放牧下对照处理土壤呼吸速率为1.82 $\mu mol/(m^2·s)$，增温处理（处理A～D）土壤呼吸速率依次为1.97、2.09、2.00、2.29 $\mu mol/(m^2·s)$（图9.1），而放牧下对照土壤呼吸速率为2.13 $\mu mol/(m^2·s)$，增温处理（处理A～D）土壤呼吸速率依次为1.81、2.19、2.72、2.95 $\mu mol/(m^2·s)$

(图9.2)。就整个生长季而言,在不放牧处理下,不同增温处理与对照样地土壤呼吸速率的平均值分别为4.123、3.966、4.282、4.015和3.886 $\mu mol/(m^2 \cdot s)$;在放牧处理下,不同增温处理与对照样地土壤呼吸速率的平均值分别是4.205、4.274、4.553、3.733和3.998 $\mu mol/(m^2 \cdot s)$。上述结果说明,增温处理能提高土壤的呼吸速率,且放牧处理下土壤呼吸速率的变化大于非放牧处理。

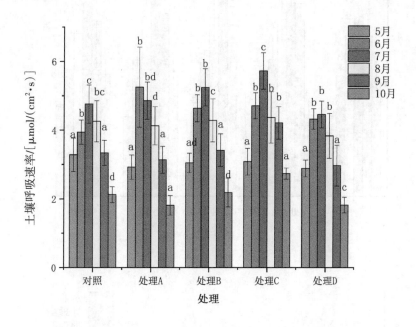

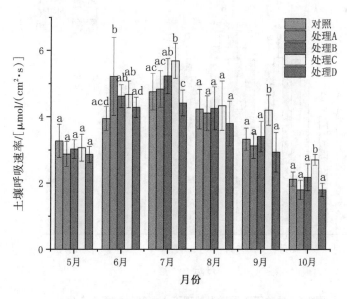

图9.1 不放牧下不同增温处理下土壤呼吸的季节变化

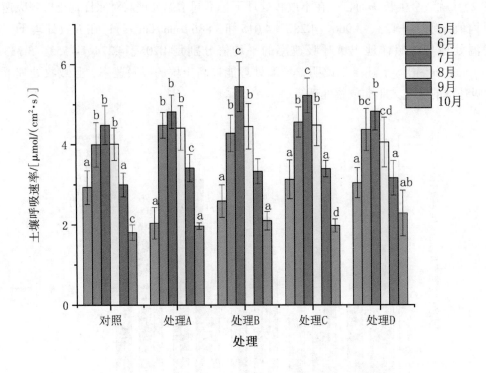

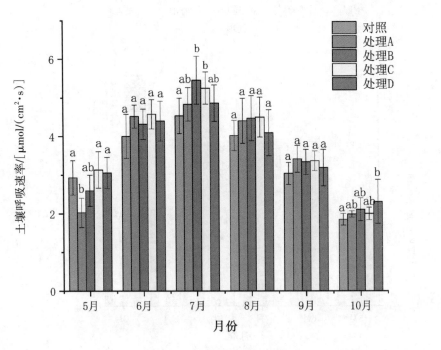

图 9.2 放牧下不同增温处理下土壤呼吸的季节变化

9.3 土壤呼吸与温度间的相关关系

温度影响呼吸过程的各个方面，温度过高或过低均会影响植物的生长和土壤微生物以及土壤动物的活动（Li et al，2011），尤其在高寒地区这种限制作用表现得更为明显（王俊峰等，2007；徐世晓等，2007）。当温度较低、呼吸速率主要受生物化学反应限制时，通常用一个经验指数模型来描述土壤呼吸对温度变化的响应（Knapp et al，1998）。研究表明，土壤呼吸作用与大气温度（Dong et al，2000；陈全胜等，2003）、地表温度（吴仲民，1997；Nakadai et al，2002）、地下5 cm温度（Buchmann，2000；Eriksen et al，2001）和5~20 cm温度（崔晓勇等，1999）密切相关。

选用20 cm、10 cm空气温度及5 cm土壤温度三个不同温度作为因子，分别对土壤呼吸测定日的气温及土壤温度求日平均值，作为土壤呼吸测定时的温度值，把各个处理作为一个整体与土壤呼吸做回归分析得出，土壤呼吸与20 cm、10 cm处空气温度及5 cm处土壤温度均呈指数相关，A~D温室处理和对照处理的温度与土壤呼吸速率均呈显著正相关关系，且除增温下10 cm处气温与土壤呼吸的相关性达到显著水平（$P<0.05$）外，其余均达到极显著水平（$P<0.01$）。

在模拟放牧处理下，土壤呼吸与20 cm、10 cm处空气温度及5 cm处土壤温度的相关系数R^2分别为0.33、0.24和0.35；在无放牧处理下，土壤呼吸与20 cm、10 cm处空气温度及5 cm处土壤温度的相关系数R^2分别为0.17、0.13和0.25（表9.1）。相关性表现为土壤温度稍高于空气温度。由此可以看出，各个温度指标中，无放牧处理下的相关系数更高，且土壤呼吸与5 cm土壤温度的相关性最好，与10 cm处气温的相关性最差。这说明土壤温度是影响土壤呼吸的主导因子。但土壤温度在很大程度上受空气温度影响，从而导致土壤呼吸与空气温度之间存在一定的延时效应。

由于草地生态系统中土壤呼吸速率与土壤5 cm处温度具有较强的指数相关性，故选择土壤5 cm处温度来分析土壤温度对土壤呼吸的影响。土壤呼吸温度敏感性通常用Q_{10}来描述，Q_{10}是温度增加10 ℃所造成的呼吸速率增加的倍数。由于试验中对放牧和不放牧两因素下各直径大小的增温处理的相应不同，所以Q_{10}的计算分两个阶段进行，即放牧和不放牧两因素下Q_{10}的变化，以及两因素下A、B、C、D和对照处理的Q_{10}变化。根据指数方程求出（表9.1），放牧处理下20 cm、10 cm气温及5 cm土壤温度的Q_{10}分别为1.68、1.36和1.73；不放牧处理下20 cm、10 cm气温及5 cm土壤温度的Q_{10}分别是1.49、1.32和1.55。

此外，放牧处理下A、B、C、D和对照处理的Q_{10}变化则表现为：20 cm、10 cm气温及5 cm土壤温度在四个梯度增温处理和对照处理中的Q_{10}大致变化规律为处理A对温度升高的敏感性最高，除地表温度（10 cm处气温）外，Q_{10}大于3，对照处理的温度敏感性最低，Q_{10}小于1.5；不放牧处理下20cm、10 cm气温及5 cm土壤温度在四个梯度增温处理和对照处理中的Q_{10}大致变化规律为：Q_{10}在1.10～2.01之间，各个处理对温度升高的敏感性变化不大。两因素及两因素各处理下的Q_{10}的变化规律都表现为：放牧及放牧各处理下的Q_{10}均大于不放牧增温下及不放牧增温各处理下的Q_{10}。

表9.1 土壤呼吸与20 cm、10 cm及5 cm土壤温度的相关性拟合

放牧处理	拟合方程	R^2	P	Q_{10}	不放牧处理	拟合方程	R^2	P	Q_{10}
地上 20 cm空气温度									
对照	$y=2.798e^{0.027x}$	0.19	$P>0.05$	1.30	对照	$y=2.673e^{0.031x}$	0.12	$P>0.05$	1.36
A	$y=0.942e^{0.112x}$	0.71	$P<0.05$	3.06	A	$y=2.002e^{0.056x}$	0.34	$P<0.05$	1.75
B	$y=2.798e^{0.027x}$	0.19	$P<0.05$	1.30	B	$y=1.700e^{0.070x}$	0.42	$P<0.05$	2.01
C	$y=1.692e^{0.073x}$	0.43	$P<0.05$	2.07	C	$y=3.522e^{0.017x}$	0.04	$P>0.05$	1.18
D	$y=2.55e^{0.033x}$	0.24	$P<0.05$	1.39	D	$y=1.668e^{0.057x}$	0.41	$P<0.05$	1.76
整体	$y=2.066e^{0.052x}$	0.33	$P<0.01$	1.68	整体	$y=2.416e^{0.04x}$	0.17	$P<0.01$	1.49
地上 10 cm空气温度									
A	$y=3.431e^{0.021x}$	0.21	$P<0.05$	1.23	A	$y=2.497e^{0.044x}$	0.29	$P<0.05$	1.55
B	$y=2.615e^{0.038x}$	0.30	$P<0.05$	1.46	B	$y=3.111e^{0.029x}$	0.17	$P<0.05$	1.33
C	$y=2.761e^{0.037x}$	0.25	$P<0.05$	1.44	C	$y=4.127e^{0.011x}$	0.02	$P>0.05$	1.11
D	$y=2.651e^{0.035x}$	0.29	$P<0.05$	1.41	D	$y=2.563e^{0.032x}$	0.23	$P<0.05$	1.37
整体	$y=2.886e^{0.031x}$	0.24	$P<0.01$	1.36	整体	$y=3.031e^{0.028x}$	0.13	$P<0.05$	1.32
地下 5 cm土壤温度									
对照	$y=2.838e^{0.025x}$	0.17	$P>0.05$	1.28	对照	$y=2.531e^{0.037x}$	0.16	$P>0.05$	1.44
A	$y=0.845e^{0.124x}$	0.70	$P<0.05$	3.45	A	$y=1.995e^{0.056x}$	0.38	$P<0.05$	1.75
B	$y=2.078e^{0.046x}$	0.26	$P>0.05$	1.58	B	$y=2.651e^{0.036x}$	0.20	$P>0.05$	1.43
C	$y=1.683e^{0.065x}$	0.44	$P<0.05$	1.91	C	$y=2.197e^{0.057x}$	0.30	$P<0.05$	1.76
D	$y=1.604e^{0.066x}$	0.50	$P<0.05$	1.93	D	$y=2.216e^{0.040x}$	0.34	$P<0.05$	1.49
整体	$y=1.933e^{0.055x}$	0.35	$P<0.01$	1.73	整体	$y=2.336e^{0.044x}$	0.25	$P<0.01$	1.55

9.4 土壤呼吸与空气湿度的相关关系

放牧处理下地上 10 cm 处空气湿度与土壤呼吸之间呈显著相关关系（$P<0.05$），在不放牧处理下二者间无显著相关关系（$P>0.05$）（图 9.3）。将不同增温处理的空气湿度与土壤呼吸分别单独做回归分析，发现放牧下增温处理 A、B、C 和 D 的空气湿度与土壤呼吸速率的回归系数 R^2 分别为 0.320、0.221、0.288 和 0.355；未放牧下增温处理 A、B、C 和 D 的空气湿度与土壤呼吸速率的回归系数 R^2 分别为 0.295、0.163、0.123 和 0.075（表 9.2）。

表 9.2 土壤呼吸速率与空气湿度的相关性拟合

放牧处理	拟合方程	R^2	P	放牧处理	拟合方程	R^2	P
A	$y=-0.007x^2+0.855x-19.18$	0.32	$P>0.05$	A	$y=-0.003x^2+0.483x-11.52$	0.295	$P>0.05$
B	$y=-0.004x^2+0.689x-23.73$	0.221	$P>0.05$	B	$y=0.002x^2-0.311x+15.74$	0.163	$P>0.05$
C	$y=-0.000x^2+0.131x-1.515$	0.288	$P>0.05$	C	$y=-0.010x^2+1.145x-26.34$	0.123	$P>0.05$
D	$y=0.000x^2+0.018x+1.223$	0.355	$P>0.05$	D	$y=-0.005x^2+0.602x-13.97$	0.304	$P>0.05$
整体	$y=-0.001x^2+0.224x-3.167$	0.165	$P<0.05$	整体	$y=-0.002x^2+0.283x-4.557$	0.075	$P>0.05$

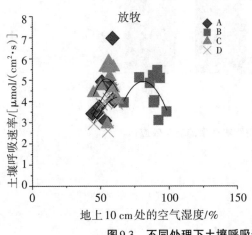
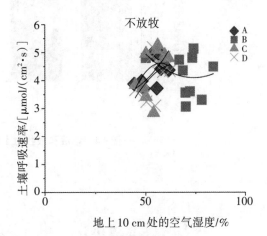

图 9.3 不同处理下土壤呼吸速率与地上 10 cm 处空气湿度回归分析

9.5 增温和放牧对土壤呼吸速率的交互效应

不同幅度的增温均改变了土壤呼吸速率，表现为从处理A到D土壤呼吸速率逐渐增大，但是在处理D中表现为土壤呼吸值减小，甚至低于对照处理（图9.4）。放牧处理的土壤呼吸速率高于对照，这是因为草甸植物群落比对照低，表层地温受光照影响强烈，因此表层地温高于对照，较高的土壤温度激发了土壤呼吸的强度（图9.4）。从生长季土壤呼吸速率变化的平均值上可以看出，除D处理以外，其余3个增温处理的增温与放牧样地的土壤呼吸速率低于其余3种样地（增温、放牧和对照）；在A、B、C处理样地中土壤呼吸速率依次为：增温放牧样地>放牧样地>对照样地。但在D处理中情况则不同，土壤呼吸速率依次为：增温放牧样地>放牧样地>对照样地>增温样地（图9.4）。上述结果说明，增温放牧的互作效应没有使土壤呼吸速率明显增加，且增温和放牧对土壤呼吸的影响程度存在一定差异，也表明增温和放牧可能对高寒草甸区的土壤呼吸作用产生了正反两个方面的影响，即放牧会抑制土壤呼吸速率，而增温对土壤呼吸有促进作用。尤其是在增温幅度最大的D处理中，这两种完全相反的效应可能表现得更为剧烈。

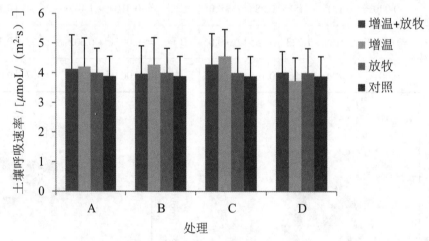

图9.4 增温和放牧对土壤呼吸速率的交互效应

参考文献

[1] Dong Y, Zhang S, Qi Y, et al.Fluxes of CO_2, N_2O and CH_4 from a typical temperate grassland in Inner Mongolia and its daily variation [J]. Chinese Science Bulletin, 2000, 45: 1590-1594.

[2] Eriksen J, Jensen L. Soil respiration, nitrogen mineralization and uptake in barley following cultivation of grazed grasslands [J]. Biology and fertility of soils, 2001, 33: 139-145.

[3] Fang C, Moncrieff J. The dependence of soil CO_2 efflux on temperature [J]. Soil Biology and Biochemistry, 2001, 33: 155-165.

[4] Jones M H, Fahnestock J T, Walker D A, et al.Carbon Dioxide Fluxes in Moist and Dry Arctic Tundra during the Snow-Free Season: Responses to Increases in Summer Temperature and Winter Snow Accumulation [J]. Arctic and Alpine Research, 1998, 30 (4): 373-380.

[5] Knapp A K, Conard S L, Blair J M. Determinants of soil CO_2 flux from a sub-humid grassland: effect of fire and fire history [J]. Ecological Applications, 1998, 8: 760-770.

[6] Li H, Fu S, Zhao H, et al.Forest soil CO_2 fluxes as a function of understory removal and N-fixing species addition [J]. Journal of Environmental Sciences, 2011, 23: 949-957.

[7] Taylor J L A. On the Temperature Dependence of Soil Respiration [J]. Functional Ecology, 1994, 8 (3): 315-323.

[8] Nakadai T, Yokozawa M, Ikeda H, et al.Diurnal changes of carbon dioxide flux from bare soil in agricultural field in Japan [J]. Applied Soil Ecology, 2002, 19 (2): 170-171.

[9] Qi Y, Xu M, Wu J. Temperature sensitivity of soil respiration and its effects on ecosystem carbon budget: nonlinearity begets surprises [J]. Ecological Modelling, 2002, 153 (1-2): 131-142.

[10] Rustad L, Campbell J, Marion G, et al. A meta-analysis of the response of soil respiration, net nitrogen mineralization, and aboveground plant growth to experimental ecosystem warming [J]. Oecologia, 2001, 126 (4): 543-562.

[11] Rustad L E, Huntington T G, Boone R D. Controls on soil respiration: implications for climate change [J]. Biogeochemistry, 2000, 48 (1): 1-6.

[12] Schimel D S, House J, Hibbard K, et al. Recent patterns and mechanisms of carbon exchange by terrestrial ecosystems [J]. Nature, 2001, 414 (6860): 169-172.

[13] Xu M, Qi Y. Budgets of soil erosion and deposition for sediments and sedimentary organic carbon across the conterminous United States [J]. Global Biogeochemical Cycles, 2001, 15 (3): 697-707.

［14］Woodwell G M, Whittaker R H, Reiners W A, et al. The Biota and the World Carbon Budget［J］. Science, 1978, 199 (4325): 141-146.

［15］陈全胜, 李凌浩, 韩兴国, 等. 水分对土壤呼吸的影响及机理［J］. 生态学报, 2003, 23 (5): 972-978.

［16］崔晓勇, 王艳芬, 杜占池. 内蒙古典型草原主要植物群落土壤呼吸的初步研究［J］. 草地学报, 1999, 7 (3): 246-251.

［17］贾丙瑞, 周广胜, 王风玉, 等. 放牧与围栏羊草草原生态系统土壤呼吸作用比较［J］. 应用生态学报, 2004, 15 (9): 1611-1615.

［18］刘绍辉, 方精云. 土壤呼吸的影响因素及全球尺度下温度的影响［J］. 生态学报, 1997, 17: 469-476.

［19］田玉强, 高琼, 张智才, 等. 青藏高原高寒草地植物光合与土壤呼吸研究进展［J］. 生态环境学报, 2009, 18 (2): 317-327.

［20］田林卫, 周华坤, 刘泽华, 等. 高寒草甸区不同生境土壤呼吸变化规律及其与水热因子的关系［J］. 草业科学, 2014, 31 (7): 1233-1240.

［21］王俊峰, 王根绪, 王一博, 等. 青藏高原沼泽与高寒草甸草地退化对生长期 CO_2 排放的影响［J］. 科学通报, 2007, 52: 1554-1560.

［22］吴仲民. 尖峰岭热带森林土壤 C 储量和 CO_2 排放量的初步研究［J］. 植物生态学报, 1997, 21 (5): 416-423.

［23］徐世晓, 赵亮, 李英年, 等. 温度对青藏高原高寒灌丛 CO_2 通量日变化的影响［J］. 冰川冻土, 2007, 29 (5): 717-721.

第10章 模拟增温对高寒草甸丛枝菌根真菌群落的效应

10.1 丛枝菌根真菌概述

10.1.1 简介

对丛枝菌根（arbuscular mycorrhizal，AM）真菌的认识最早是从菌根（mycorrhiza）开始的，菌根是植物根系与土壤中菌根真菌所形成的共生体，在1885年由德国植物生理学家Frank首次发现（Frank，2005）。按照不同宿主类型及共生特点，菌根可分为丛枝菌根、外生菌根（ecto mycorrhiza，ECM）、内外生菌根（ecto endo mycorrhiza，EEM）、欧石楠类菌根（ericoid mycorrhiza，ERM）、兰科菌根（orchid mycorrhiza，OM）、浆果鹃类菌根（arbutoid mycorrhiza，ARM）、水晶兰类菌根（monotropoid mycorrhiza，MM）七大类型（刘润进等，2007）。菌根在自然界中分布广泛，陆地上绝大多数维管植物均可以形成这种菌根共生体（Smith et al，2008）；其中，AM真菌的宿主类型最为广泛（Wang et al，2006；Brundrett，2017）。

在AM菌根共生体中，宿主植物为AM真菌提供其自身生长所需的碳源（Jiang et al，2017），而AM真菌则通过其发达的根外菌丝反馈给宿主植物以水分、矿质营养元素（主要为磷元素）。研究表明，AM真菌从植物获取的光合产物最多可占植物总光合产物的20%（Jakobsen et al，1990），而菌根真菌提供给植物的磷最多可占植物磷总吸收量的80%（Marschner et al，1994）。大量研究还表明，AM真菌不仅能促进植物对矿质营养的吸收，还有诸多有益的生理生态功能，如可以提高植物对逆境的抗性（Augé，2001），调节植物种间关系，影响植物群落结构（van der Heijden et al，1998；van der Heijden et al，2008；Wagg et al，2011），改善土壤结构与稳定性（Rillig，2004），调节地球碳氮等化学循环（Cheng et al，2012）等。

AM真菌起源于约4.6亿年前的奥陶纪（Remy et al，1994），对早期植物的登陆过程有着非常重要的作用（Wang et al，2010）。虽然目前普遍认为AM真菌是无性繁殖，但在不同AM真菌菌丝融合过程中可以发生遗传物质的交换与重组，这就使得AM真菌具有较高的个体遗传多样性（Croll et al, 2009）。此外，AM真菌在长期的进化过程中演化出多核基因组，暗示了AM真菌具有较快的功能分化速度，能对环境变化做出快速适应（Angelard et al, 2011）。鉴于AM真菌独特的遗传特性和重要的生理生态功能，其物种及功能多样性对全球变化的响应问题已成为近些年的研究热点。

10.1.2 AM真菌多样性

自1968年对AM真菌首次进行分类以来，AM真菌的分类地位及分类系统经历了复杂多变的过程（Sturmer, 2012）。Redecker等在2013年对AM真菌的分类系统做了统一的划分，下设1个纲4个目11个科25个属（Redecker et al, 2013）。该分类系统在AM真菌研究领域中应用广泛，随后又得到不断的更新和补充，目前AM真菌被归入球囊菌门（Glomeromycota, Schüβler et al, 2001）或球囊菌亚门（Glomeromycotina; Spatafora et al, 2016），包括1个纲4个目11个科29个属（表10.1）。2017年，王幼珊和刘润进结合AM真菌分类系统的最新进展，规范描述了全球已知的AM真菌菌种拉丁名和中文名，为国内AM真菌的分类和多样性研究提供了有力支撑（王幼珊等，2017）。

对AM真菌的相关研究离不开对AM真菌多样性的探索。AM真菌广泛分布于温带草原、热带雨林、荒漠等各种陆地生态系统，除少数如十字花科、蓼科、莎草科、苋科、石竹科、藜科等植物不能或很少形成丛枝菌根外，大多数植物都能形成丛枝菌根。丰富的宿主和生境多样化预示了AM真菌丰富的物种多样性。

表10.1　AM真菌分类系统

纲	目	科	属
Glomeromycetes	Glomerales	Glomeraceae	*Glomus*
			Funneliformis
			Rhizophagus
			Septoglomus
			Kamienskia
			Dominikia
			Sclerocystis
		Claroideoglomeraceae	*Claroideoglomus*
	Diversisporales	Gigasporaceae	*Gigaspora*
			Bulbospora
			Dentiscutata
			Scutellospora

续表 10.1

纲	目	科	属
Glomeromycetes		Gigasporaceae	*Cetraspora*
			Paradentiscutata
			Intraomatospora
			Racocetra
		Acaulosporaceae	*Acaulospora*
		Pacisporaceae	*Pacispora*
		Diversisporaceae	*Diversispora*
			Corymbiglomus
			Otospora
			Redeckera
			Tricispora
		Sacculosporaceae	*Sacculospora*
	Paraglomerales	Paraglomeraceae	*Paraglomus*
	Archaeosporales	Geosiphonaceae	*Geosiphon*
		Ambisporaceae	*Ambispora*
		Archaeosporaceae	*Archaeospora*
	Unkonwn taxonomic affiliation		*Entrophospora*

近年来，以PCR为基础的分子生物学技术的发展极大地促进了AM真菌多样性研究的发展。目前用于PCR扩增的AM真菌核糖体基因片段主要包括核糖体小亚基（SSU）、转录间隔区（ITS）及核糖体大亚基（LSU）三部分。爱沙尼亚塔尔图大学的Öpik教授等以AM真菌SSU区段的序列为研究对象，收集整理了已公开的AM真菌序列，在97%序列相似性水平上共得到352个AM真菌分子种，并建立了以AM真菌18S rRNA基因为主的核酸数据库MaarjAM（http：//maarjam.botany.ut.ee，Öpik et al, 2010）。在此数据库中，AM真菌的分子种被定义为虚拟单元（virtual taxa, VT）。此外，Kivlin等收集了AM真菌28S rRNA的基因序列（2010年3月15日），同样在97%的序列相似性水平上划分出669个AM真菌分子种（Kivlin et al, 2011）。Börstler等根据两处高山草甸生态系统中AM真菌的多样性调查结果推测，全球范围内AM真菌的种类至少应有1 250种（Börstler et al, 2006）。

基于PCR的分子生物学技术依赖于合适的引物选择，自1992年Simon等（1992）首次设计AM真菌特异性引物以来，AM真菌的特异性引物不断得到完善和更新（Helgason et al, 1998；Sato et al, 2005；Lee et al, 2008；Krüger et al, 2009）。但不同的AM真菌引物都具有一定的偏好性（Kohout et al, 2014），通过对常用引物的扩增比较，本研究选取的引物NS31-AML2可以更好地反映青藏高原地区AM真菌的多样性（蒋胜竞等，2015）。目前，高通量测序技术（如Illumina MiSeq）已被引入到AM真菌多样性的研究中，该技术一次可对几十万甚至是几百万环境DNA序列进行读取和测定，极大促进了AM真菌多样性的研究，使得AM真菌的多样性有望在未来得到进一步的发掘（Morgan et al, 2017）。

10.1.3　AM真菌生态功能

AM真菌独特的菌根结构和发育特征在一定程度上决定了其重要的生态功能，大量研究表明，AM真菌在促进宿主植物生长、影响植物群落结构和生态系统生产力、维持生态系统稳定性等方面具有重要作用。

作为AM真菌的主要功能，AM共生体的建立可显著促进宿主植物对磷元素的吸收（Smith et al, 2003；Sawers et al, 2017）。植物主要以磷酸盐的形式吸收磷元素，但因其可以与铁、钙等金属离子耦合而在土壤中的可流动性非常低。AM真菌促进植物对磷的吸收主要通过以下3种方式：首先，AM真菌的根外菌丝可扩大植物根系的吸收面积，促进植物对磷元素的直接吸收（Jakobsen et al, 1992），多种磷转运因子的成功克隆也证明了AM真菌对磷吸收和转运的直接作用（Harrison et al, 1995）；其次，AM真菌也可通过与促进磷溶解的土壤微生物（如解磷细菌）相互作用，加速土壤中无机磷的溶解（Finlay，2008）；再者，AM真菌还可通过菌丝分泌的磷酸酶促进有机磷的矿化，提高土壤速效磷含量（Feng et al, 2003）。

以往，对AM真菌促进植物营养吸收的研究仅局限于磷元素吸收方面，但越来越多的研究表明，AM真菌同样可以促进植物对氮元素的吸收（Johansen et al, 1996；Hodge et al, 2010）。AM真菌可以直接吸收土壤中的NH_4^+和NO_3^-并迅速传递给植物。利用同位素标记进行的室内接种试验证明，AM真菌通过根外菌丝提供给植物的无机氮高达30%（Govindarajulu et al, 2005）。除促进宿主植物对无机氮的吸收外，AM真菌还可以利用土壤中的有机氮（Hodge et al, 2001），提高宿主植物对氮素的获取，通过此途径供给植物的氮素可占植物获取总氮含量的20%左右（Leigh et al, 2009）。除此之外，AM真菌还能有效促进宿主植物对其他金属元素的吸收，如铜（Li et al, 1991）、钙和钾（Liu et al, 2000）等。

除提高宿主植物对矿质元素的吸收，AM真菌还可以提高宿主植物对干旱（Augé，2001）、盐胁迫（Liu et al, 2015）、重金属污染（Hildebrandt et al, 2007；陈保冬等，2015）等非生物逆境的抗性。干旱和盐分胁迫条件下，AM真菌的根外菌丝可直接吸收和运输水分给宿主植物（Egerton-Warburton et al, 2007），目前这方面的功能已在分子水平上得到验证（Li et al, 2013）。此外，AM真菌还可以通过改变宿主植物的根系形态（Liu et al, 2016）、增强渗透调节和抗氧化酶等酶的活性（Zou et al, 2015）甚至调控相关基因的表达（He et al, 2016）等一系列措施提高宿主植物对干旱和盐胁迫的抗性。在提高宿主植物抵抗重金属污染方面，AM真菌主要是通过其根外菌丝对重金属的吸附作用来减少宿主植物的危害（Joner et al, 2000）。陈保冬等（2005）发现，AM真菌通过根外菌丝所吸附的重金属元素锰、锌、镉分别相当于自身干物质质量的1.6%、2.8%、13.3%。此外，AM真菌所分泌的球囊霉素也能够将部分重金属固持在土壤中，降低植物根系对重金属的吸收（Gonzalez-Chavez et al, 2004）。

AM真菌作为植物根际普遍存在的有益真菌，可增强植物对生物病害的抵抗力。研究发现，接种摩西斗管囊霉（*Funneliformis mosseae*）后的玉米植株（Gaoyou-115）可显著降低玉米纹枯病的发病率和危害性（Song et al, 2011）。王强等（2016）收集整理了30多种AM真菌可有效控制的真菌病害，认为AM真菌在未来有机农业发展中具有非常重要的作用。究其机理，AM真菌主要是通过提高宿主植物的营养状况、改变次级代谢、增加与病原菌的竞争作用、改变根系形态结构与渗出液、改变根际微生物群落结构等方式激活宿主的防御系统，提高宿主植物对病原菌的抗性（Harrier et al, 2004）。此外，AM真菌还可以调控宿主植物与昆虫的相互作用（Vannette et al, 2012），有效提高宿主植物对昆虫啃食的耐性（Tao et al, 2016）。首先，AM真菌会通过改变植物体内一些化学物质的组成影响植食性昆虫的取食行为（Bennett et al, 2009）；其次，AM真菌对植食性昆虫的生理生长具有明显的抑制作用，有研究表明，取食AM植物后的昆虫其繁殖率和生长速率都明显下降（Jallow et al, 2004；Wearn et al, 2007）；最后，AM真菌还可以通过地下菌丝网传递信号物质给邻近植物，使植物提前做好对昆虫啃食的防御机制（Song et al, 2014）。

AM真菌的多样性可显著影响地上植物的多样性和生产力。Grime等在1987年首次指出AM真菌的共生可显著增加植物物种多样性（Grime et al, 1987）；随后van der Heijden在1998年进一步证实随AM真菌多样性的增加，植物的群落结构会发生显著改变，且植物多样性和生产力随之相应增加（van der Heijden et al, 1998）。当然，这种影响也取决于植物群落中优势植物的菌根依赖性（Urcelay et al, 2003）。如果植物群落中的优势种菌根依赖性较高，AM真菌的共生就会进一步促进优势种的生长，反而降低植物群落的多样性（杨海水等，2016）。此外，对于自然生态系统中同样存在的非菌根或低菌根植物，AM真菌可以通过分泌化感物质、介导植物的自我防御机制及降低其对土壤矿质营养的竞争力等途径抑制非菌根或低菌根植物的生长（Veiga et al, 2013；初亚男等，2018）。总之，AM真菌可以通过地下菌丝网对相邻植物的水分和养分进行调节，改变植物物种间竞争能力，进而引起植物群落结构的变化（Hart et al, 2003；van der Heijden et al, 2003；Wagg et al, 2011；Teste et al, 2017）。

AM共生体的建立在改善地上宿主植物生长发育的同时，对地下生态系统也有着重要影响。AM真菌可以促进土壤团聚体的形成与稳定，其促进机制主要分为物理作用和生化作用两个方面。在物理作用方面，AM真菌的根外菌丝在土壤中广泛分布，它们可穿透、束缚和缠绕土壤微粒，使土壤颗粒的排列更匀质化，为土壤团聚的形成奠定物理基础（Rillig et al, 2010）。在生化作用方面，AM真菌产生的球囊霉素具有强大的黏附能力，可将土壤微粒进一步黏结，并有效地阻止土壤水分和土壤有机离子的解离（Bedini et al,

2009），进而促进土壤团聚体的形成与稳定（Wright et al，1996；Rillig et al，2006）。目前在我国西部煤矿区沉陷地的生态修复中，利用AM真菌的接种处理已取得了显著的修复效果（毕银丽，2017）。这充分证明了AM真菌在土壤修复与稳定中的重要作用，在今后更多退化生态系统的土壤修复中同样应充分考虑AM真菌的重要性。

作为地上和地下生态系统的节点，AM真菌在地下生态系统的碳氮元素循环中扮演着重要角色。AM真菌将从宿主植物获取的大量碳源分别以菌丝、孢子和球囊霉素的形式储存，可显著提高土壤中有机碳的储量。有研究表明，由AM真菌贡献的土壤有机碳的含量高达15%（Miller et al，2000）。AM真菌会加速土壤有机质的降解，从而减少土壤碳库含量（Cheng et al，2012；Kowalchuk，2012）。短期内AM真菌活性或生物量的增加可能会引起土壤碳库的减少，但目前对AM真菌影响土壤有机碳的研究缺少长期的试验观察（Verbruggen et al，2013），如球囊霉素等对土壤有机碳的"滞存"效应也有待研究。在多数陆地生态系统中，氮素是植物生长的主要限制因子，AM真菌可以通过多种途径参与土壤的氮循环（陈永亮等，2014）。AM真菌不仅可以加速土壤有机氮的矿化，促进植物对无机氮和有机氮的直接吸收（Hodge et al，2001；Leigh et al，2009；Hodge et al，2010），还可以通过地下菌丝网将豆科植物固定的氮素运输到相邻植物，所传递的氮素含量可高达植物总氮含量的2.5%（Jalonen et al，2009）。AM真菌还可以通过与根际参与氮循环过程的细菌相互作用而影响土壤氮素循环（Veresoglou et al，2012）。如AM真菌可以限制氨氧化细菌的生长，抑制氨氧化过程，从而降低土壤N_2O的排放（Bender et al，2014）。此外，AM真菌还可以通过影响根瘤菌的固氮能力（Ibijbijen et al，1996）、调节硝化速率（Veresoglou et al，2011）、改变土壤中氮的淋失（Bender et al，2015）等途径参与土壤的氮循环。

综上所述，AM真菌在植物个体水平上可显著提高宿主植物对土壤矿质营养的吸收及对各种逆境的抗性，在植物群落水平上可影响植物群落多样性及物种组成，可调节地下根际微生物的群落组成，促进土壤结构的稳定，参与并调控碳氮元素的循环。

10.1.4　AM真菌生态功能的影响因素

AM真菌对宿主植物的影响并非一直都是促进作用，菌根效应在共生与寄生之间可以相互转换（Johnson et al，1997；Jones et al，2004），但目前对影响AM真菌功能变化的因素还所知甚少（Johnson et al，2006）。由Chaudhary等（2016）建立的MycoDB数据库收集和整理了438篇关于AM真菌对植物响应的研究报道，有助于科研工作者进一步理解AM真菌的功能变化。Rúa等（2016）通过对MycoDB数据库的Meta分析发现，菌根功能主要受AM真菌、宿主植物和土壤环境三部分影响。

不同AM真菌的进化时间及形态学特征不同（Hart et al，2002），导致其生态功能也存在差别（Jansa et al，2005）。例如，具有大量根外菌丝的巨孢囊霉科（Gigasporaceae）真菌主要的生态功能是促进植物对矿质元素的获取，而具有大量根内菌丝的球囊霉科（Glomeraceae）真菌则主要加强植物对生物病原体的抗性（Maherali et al，2007）。此外，还有研究表明即便是同一种 AM 真菌，其来源不同或是基因型不同，所表现出的生态功能也不尽相同（Munkvold et al，2004；Koch et al，2006）。

AM 真菌具有多种生理生态功能，丰富的物种多样性可通过功能互补促进宿主植物更多地获取环境资源（Koide，2000）。van der Heijden 等（1998 年）就曾报道，植物的多样性、生物量和组织磷含量会随 AM 真菌的多样性增加而增加。Smith 等（2000）发现蒺藜苜蓿在接种 *Scutellospora calospora* 后仅能吸收根围附近的土壤磷元素，而在与 *Glomus caledonium* 接种后对离根系远近的土壤磷元素都可以吸收。以上试验均表明多种 AM 真菌的混合接种可以表现出较高的菌根效应，且在不同的土壤环境中可以得到较好地维持（Wagg et al，2011b）。然而 Gosling 等（2016）的试验证明 AM 真菌多样性的增加并不能促进宿主植物的生长。Yang 等（2017）通过对 902 篇文献的 Meta 分析发现，AM 真菌在科水平上的丰富度与植物的生长显著相关，但在物种水平上不相关，表明系统发育较远的不同 AM 真菌可能才具有更好的功能补偿效果。

不同类型的植物其菌根效应不同，但目前对宿主植物如何影响 AM 真菌功能的研究报道相对较少。通过对 95 种草原植株接种相同 AM 真菌（*Glomus etunicatum* 和 *Funneliformis mosseae*），Wilson 等（1998）发现 C4 植物比 C3 植物更能从 AM 共生中获益，这可能是由于 C4 植物对土壤磷元素的吸收能力较弱，因此对 AM 真菌具有较高的依赖性。Reinhart 等（2012）将此数据进一步分析发现，植物的系统发育对 AM 真菌功能有着重要影响。类似地，其他研究报道也发现不同植物对相同 AM 真菌接种的响应不同，植物的菌根效应在正效应与负效应间波动（Klironomos，2003）。例如，Sudová 利用同一样地的 5 种不同植物接种相同的 AM 真菌发现，AM 真菌的接种显著促进了白车轴草（*Trifolium repens*）的地上生物量，抑制了欧亚活血丹（*Glechoma hederacea*）的地上生物量，但对其他三种植物的影响不显著（Sudová，2009）。目前用于 AM 真菌功能研究的宿主植物多种多样（主要包括蒺藜苜蓿、玉米、番茄、水稻、土豆等），接种条件和培养时间也存在较大差异；宿主植物及温室培养条件的统一将有助于我们更好地探究全球变化下 AM 真菌的功能变化。

土壤环境的差异会造成 AM 真菌的功能分化。早在 1973 年，Mosse 就发现植物的菌根效应会在高磷土壤环境中变为负效应（Mosse，1973）。Hoeksema 等整理分析了 1968—2004 年间关于 AM 菌根功能的相关文献，通过 Meta 分析发现，磷限制的土壤比氮限制的土壤更容易表现出菌根的正效应（Hoeksema et al，2010）。长时间的进化使得 AM 真菌对当地环境形成了较好的适应，来源于胁迫环境中的 AM 真菌通常对宿主植物有着较强的促生作用（杨如意等，2014）。Querejeta 等分别以半干旱环境中和外来的同一 AM 真菌（*Claroideoglomus claroideum*）为接种材料，研究表明，前者的接种更能显著提高宿主植物 *Olea europaea* 和 *Rhamnus lycioides* 的组织氮磷营养和含水量（Querejeta et al，2006）。同样，与来源于普通土壤中的 AM 真菌相比，来自重金属污染环境的 AM 真菌可有效减少蒺藜苜蓿组织内镉的含量，提高宿主植物对重金属胁迫的耐受性（Redon et al，2009）。环境差异对 AM 真菌功能的影响通常是通过长时间的基因变异与表型改变影响的，但在全球变化的背景下，AM 真菌的生理生态功能同样也会随之发生变化。因此，关注全球环境变化下 AM 菌根的演化方向与作用变异具有重要的时代意义。

10.2　模拟放牧处理下菌根真菌对梯度增温的响应

大量研究已报道了 AM 真菌对气候变暖的响应模式。在 AM 真菌丰度方面，增温能够提高根外菌丝密度（Bunn et al，2009）与孢子密度（Rillig et al，2002；Liu et al，2012），降低根内 AM 泡囊的侵染率（Hawkes et al，2008），但对 AM 侵染率的影响却呈现出正效应（Bunn et al，2009；Liu et al，2012，Zavalloni et al，2012）、负效应（Monz et al，1994）或无效应（Rillig et al，2002；Heinemeyer et al，2004；Hawkes et al，2008）三种模式。除了 AM 真菌丰度，AM 真菌丰度对升高温度的响应也呈现了不同模式（Gao et al，2016；Heinemeyer et al，2004；Kim et al，2014；Yang et al，2013）。

放牧作为草地利用的一种非常重要的形式，也能够改变植物 AM 真菌丰度与群落组成。放牧降低了（Eom et al，2001；Kula et al，2005；Bai et al，2013）或提高了 AM 侵染率（Gange et al，2002；Barto et al，2010）。与此同时，放牧增加了美国温带草原中 AM 真菌物种丰富度（Frank et al，2003），但降低了阿根廷（Lugo et al，2002）与中国内蒙古草原中 AM 真菌物种丰富度（Su et al，2007a）。AM 真菌对放牧响应的不一致，主要是由研究所采用的放牧类型与放牧强度的差异而造成（Barto et al，2010）。一般而言，高强度放牧会降低 AM 真菌的侵染率、产孢率与物种多样性（Eom et al，2001；Wamberg et al，2003）；在适度放牧强度下，放牧会增加 AM 真菌侵染率（Eom et al，2001；Wamberg et al，2003）。然而，当前 AM 真菌对增温与放牧的响应已经得到了广泛的关注，但仍存在诸多限制：（1）大多数研究仅局限于一些低海拔地区，在高海拔地区研究 AM 真菌对增温响应仍需进一步加强，主要是因为高海拔地区严酷的环境条件（较低的气温与低土壤营养状况）可能会导致 AM 真菌对增温的响应不同于低海拔地区；（2）大多数报道旨在探讨增温与放牧对 AM 真菌的单独效应，而放牧与增温对 AM 真菌的交互效应的研究相对较少；（3）大多数研究仅仅考虑了一个温度条件，很少有研究设置多个温度条件去探究 AM 真菌动态变化与温度变化间的关系；（4）对于夏季放牧对 AM 真菌的影响已经有了一个初步的认识，但冬季放牧对 AM 真菌影响仍缺少证据。

长期的自然选择 AM 真菌与植物根系形成一个互惠共生体。在该共生体中，由植物为 AM 真菌提供其代谢所需碳水化合物作为回报，AM 真菌可以帮助植物对氮、磷等矿质营养的吸收（Smith et al，2011）。AM 真菌专性异养的特性使其同时占有两个生态位：根内生态位与土壤生态位。一方面，AM 真菌的种类、丰度和功能要受到植物特性与群落组成的影响（Johnson et al，2004；Fitter，2005；Liu et al，2012）。有研究已经表明，植物物种多样性与 AM 真菌物种间表现出正相关关系。同时，当植物受到啃食或生长限制时，植物向地下的碳分配会相应减少，加速了AM真菌物种间碳源的限制，最终降低了AM真菌的生物量和物种多样性（Su et al，2007；Wearn et al，2007）；另一方面，土壤作为AM真菌生活的主要介质，其资源有效性已经被证明能够控制菌根真菌的物种组成与功能（Liu et al，2012；Shi et al，2014）。一般而言，当土壤资源有效性较低时，AM真菌与植物间的共生关系会更加紧密，对维持AM真菌的物种多样性具有积极的作用（Johnson，2010）；相反，当土壤资源有效性较高时，与AM真菌的共生会增加植物的共生成本。此时，植物会减小向AM真菌的碳分配，表现为AM真菌物种多样性的下降（Egerton-Warburton et al，2007）、群落结构的变化（Cox et al，2010），甚至AM真菌与植物的共生关系也由互惠共生向寄生转变（Hoeksema et al，2010；Johnson，2010）。但也有例外存在，如在磷限制土壤中，氮素添加对AM真菌丰度与多样性也具有积极的促进作用（Treseder et al，2002；Alguacil et al，2010）。大量的田间增温试验已经表明，增温能够导致植物物种丧失（Klein et al，2004；Wang et al，2012；Wang et al，2014），增加土壤中速效氮的含量，但对速效磷影响不明显（Wang et al，2014）。与增温的效应不同，适度放牧在降低土壤氮有效性的同时，还能够抵消由增温所导致的植物物种的丧失（Klein et al，2004），所选择研究区域主要以磷限制（自然草地中土壤速效氮含量为89.01 mg/kg，而速效磷含量仅为5.92 mg/kg）（Wang et al，2014）为主，据此可推断放牧能增加高寒草甸中AM真菌的多样性，而增温能降低高寒草甸AM真菌的多样性（H1）；与植物群落类似，放牧也能缓解由增温所致的高寒草甸AM真菌多样性的丧失（H2）；放牧能改变AM真菌对梯度增温的响应模式（H3）。基于上述分析，本研究以中国科学院海北高寒草甸生态系统定位研究站的长期梯度增温与模拟冬季放牧交互处理试验样地为研究样地，通过分析梯度增温与模拟冬牧对AM真菌、土壤理化性质与植物群落的影响规律，以期解决以下问题：（1）在高寒草甸生态系统中，AM真菌的多样性是如何响应梯度增温和放牧的？（2）AM真菌丰度与群落随着温度的升高是如何变化的，AM真菌与温度变化之间的关系如何？（3）在增温与放牧双重处理下，植物—AM真菌—土壤环境间的关系如何？

10.2.1 研究方法

1.研究区概况

试验样地设置于中国科学院西北高原生物研究所海北站综合观测场内（青海省海北州门源县），地理坐标为37°29′N，101°12′E，海拔3 220 m。属典型的高原大陆性气候，一年无明显的四季之分，只有冷暖季之别。该区年平均温度为-1.7 ℃（1月平均气温为-15.2 ℃，绝对最低气温低达-35.2 ℃，7月平均气温为9.9 ℃，绝对最高气温为24.2 ℃），年平均降水量为561 mm，降水多集中在5—9月，约占全年降水量的80%。该区植被类型主要以耐寒中生植物为主，其优势种为矮生嵩草、异针茅、垂穗披碱草、早熟禾、黄花棘豆、花苜蓿、麻花艽等。生长季为5—9月。

2.试验设计与样品采集

2012年7月，为了探究全球气候变暖背景下冬季放牧对青藏高原高寒草甸生态系统植物群落、土壤微生物与土壤理化特征的影响机制，采用梯度增温与模拟冬牧全因子随机区组交互设计，即增温（5个水平：对照，W1，W2，W3，W4）×放牧（2个水平：对照与模拟冬牧），共10个处理，每个处理5个重复，共设50个样圆（图10.1）。其中，模拟冬牧即在生长季前期剔除枯草的60%；增温通过国际冻原计划（international tundra experiment，ITEX）推荐的开顶式增温小室（open top chamber，OTC）来实现，使用的材料为进口玻璃纤维。虽然ITEX计划中OTC模拟增温试验方法存在一定缺点（如增温面积小等），但因制作方便、增温明显、易于管理维护等优点而最为流行，其试验点目前最多（仅ITEX计划中已超过30个）且持续期最长，基本用于高纬度和高海拔地区的植物群落结构与功能的研究，如环北极苔原和青藏高原高寒区域（Maxwell，1992；Arft et al，1999；周华坤等，2000；Chapin et al，2005；Klein et al，2007；石福孙等，2008；王根绪等，2010；Hudson et al，2011）。在本研究中我们制作了4种规格的由1 mm厚的玻璃纤维构成的OTC，其高度均为40 cm，底部与顶部的直径依次为1.15 m和0.70 m（W1）、1.45 m和1.00 m（W2）、1.75 m和1.30 m（W3）、2.05 m和1.6 m（W4）。经过长期监测，发现所设置的4种规格的OTC处理（W1、W2、W3、W4）较好地产生了一个温度梯度。在无刈割处理的小区内，地上10 cm处空气温度增加的平均值依次为0.48、0.6、0.87和1.2 ℃；地下10 cm处土壤温度的增加值依次为0.6、0.98、1.25和1.88 ℃。该增温幅度正好处于大气环流模型（GCMs）预测的范围内（1.5～4.0 ℃），因此，其试验结果具有很好的现实性意义。

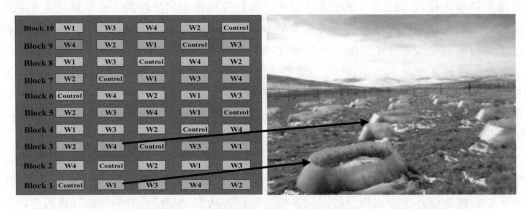

图10.1　中科院西北高原生物研究所海北站增温与模拟冬季放牧的长期试验样地

2014年8月完成样品采集。在8月进行采样，是由于8月为植物生长季末期，植物群落与土壤微生物群落均相对稳定。在每个样圆中随机选择1个50 cm×50 cm的小样方，详细记录样方内植物的种类，并将各植株从基部剪掉，烘干后测定各功能群（莎草、禾草、豆科和杂草）的地上生物量与总生物量。在植物群落调查的同时，利用土壤钻在各固定样圆中随机采集3钻土（直径5 cm，深25 cm），收集所有细根，洗净称鲜质量后用于DNA提取，其余根样洗净后用于地下生物量测定（总地下生物量需加上细根的生物量）。植物群落根冠比的计算基于单位面积干物质量进行计算。根围土混合均匀，风干后用于土壤理化性质测定。

3. 土壤理化特性的分析

土壤湿度使用时域反射系统测定，每个月3次。土壤与空气温度采用ECT探头长期监测。土壤温度探头放置于地下10 cm处，空气温度探头分别置于地上10 cm与20 cm处。将土壤与1 mol/L KCl溶液按质量比1∶5混合，震荡1 h，静置0.5 h后，用pH计测定土壤pH值。土壤有机碳与总氮使用CHNS元素分析系统测定。土壤速效氮（如硝态氮与铵态氮）、速效磷、总磷均使用FIAstar Analyzer 5000测定。土壤速效氮采用2 mol/L KCl提取，土壤速效磷与总磷用浓硫酸硝化后提取。

4. DNA提取与454高通量测序

每个样品随机选择50 mg细根，使用植物基因组提取试剂盒提取，具体操作参照产品说明书进行。得到的植物基因组总DNA经双蒸水按1∶10的比例稀释后，用作后续巢式PCR第一轮扩增的模板。巢式PCR第一轮扩增的引物为GeoA2-Geo11，其目的片段为真菌18S rRNA部分片段（SSU）；第二轮扩增的引物为NS31-AML2，目的片段为AM真菌目的片段，约560 bp。在进行第二轮PCR扩增时，二扩引物连接有454测序接头、DNA条码序列，形成两个引物复合体：5′-454测序接头（30 bp）-（NNNNNNN）-NS31（5′-TTGGAGGGCAAGTCTGGTGCC-3′）序列与5′-454接头（30 bp）-AML2（5′-GAACCCAAACACTTTGGTTTCC-3′）序列，其中括号中的"N"代表长度为7 bp的DNA条码系列，其主要为了区别不同DNA序列的样品来源。第一轮扩增时选择25 μL反应体系，其中含有2 μL DNA模板，0.5 μmol/L GeoA2-Geo11引物以及来自Taq PCR试剂盒的PCR反应缓冲液，其热循环的条件为：94 ℃ 2 min；30个循环×（94 ℃ 30 s，59 ℃ 1 min，72 ℃ 2.5 min）；72 ℃ 10 min。随后，将第一轮PCR产物再次使用双蒸水稀释到2 ng/L，用于第二轮PCR扩增的模板。第二轮PCR反应热循环条件与第一轮扩增基本相同，仅仅将循环数由30个改为35个，延伸时间由2 min变为45 s。在通过1.5%（m/V）琼脂糖凝胶电泳确认了扩产物的片段大小后，使用AMPure XP磁珠纯化二扩PCR产物，获取目的DNA片段。紧接着，使用PicoGreen dsDNA分析试剂盒在酶标仪上测定目的片段的DNA浓度。将所有的二扩产物按等摩尔比例充分混匀后，在罗氏454 FLX高通量测序平台上进行测序。

5. 生物信息学分析

在分析前，首先使用Qiime 1.7.0（http：//qiime.org/）对测序获得的所有DNA序列进行降噪处理，旨在去除测序噪音。在降噪处理中，无有效Barcode序列，NS31引物序列，含有模糊碱基、平均质量得分小于25、长度小于200 bp或大于1000 bp的DNA序列，均被从数据集中剔除。然后，使用Mothur软件（Schloss et al，2009）中的chimera.uchime命令对降噪后剩余的序列进行嵌合体检测，并去除所有疑似嵌合体序列。非嵌合体序列再使用Qiime 1.7.0系统中的uclust算法在97%的相似水平上划分分子种（phylotype，相当于OTUs）。同时，为了减小由测序误差所导致的膨胀物种丰富度对数据的干扰，将整体上reads数小于10的分子种进一步剔除（Lindahl et al，2013）。选择每个分子种中读长最长的序列作为其代表性序列，并使用Qiime1.7.0系统中的blast算法与真菌Silva核酸数据库进行比对，注释每个分子种的分类信息，并剔除数据集中所有非球囊菌门的序列。最后，统一构建一个由本研究所检测到的全部AM真菌序列，以确认数据中剩余的每个AM真菌分子种的分类信息。该系统发育树使用MEGA 5.0（Tamura et al，2011）软件构建，采用的模型为Kimura 2-parameter模型。每个AM真菌分子种的代表性序列均已全被提交到GenBank数据库，序列获取号为KY327205—KY327267。

6.统计分析

所有统计分析均在R语言3.2.2（http：//www.r-project.org/）上进行。分析中使用到的R语言程序包主要为vegan（Oksanen et al，2015）、multcompe（Hothorn et al，2008）、nlme（Pinheiro et al，2015）与picante（Kembel et al，2010）。在分析之前，所有的测定变量均进行了正态分布检验及方差齐性检验（Leven's test），且对于不符合正态分布的数据进行$\log(x+1)$转化，使其满足正态分布。使用lme与anova.lme函数进行线性混合模型分析，探究增温与刈割对土壤变量、植物变量、AM真菌变量的单独与交互效应。在线性混合模型分析中，增温与刈割被作为固定效应，区组被作为随机效应。在95%的置信水平下（$P \leqslant 0.05$），使用HSD Tukey检验处理间每个变量均值间的显著差异。

对植物与AM真菌群落的物种组成均进行了同步分析。考虑到不同样品间AM真菌reads总数的差异对试验结果的影响，基于稀疏曲线的最优测序reads数，将每个样品的reads数均标准化为1 000（Schloss et al，2009）。植物群落、AM真菌群落的物种丰度均被进行Hellinger转化，以下调群落中优势种的贡献，上调稀有种的贡献。基于AM真菌分子种的群落矩阵，确定了每个样品的物种丰富度，并使用rarecurve函数绘制了AM真菌群落物种丰富度的稀疏曲线。使用adonis函数进行置换多元方差分析确定了增温与刈割对植物群落、AM真菌群落的单独效应与交互效应。为了比较不同处理间植物群落、AM真菌群落组成上的差异，基于Bray-Curtis相异性指数，使用metaMDS函数对二者进行了非度量多维尺度分析。

对植物与AM真菌群落的谱系组成也进行了同步分析。在分析前，分别构建了植物系统进化树与AM真菌系统进化树。对于植物系统发育树，基于APG Ⅲ系统中的R20120829植物系统发育亚树，使用在线的Phylomatic V3程序（http：//phylodiversity.net/phylomatic/）首先构建了其拓扑结构，然后再使用Phylocom 4.2中的Bladj命令拟合了植物系统发育树的分枝长度（Webb et al，2008）。AM真菌物种的系统发育树使用MEGA 5.0（Tamura et al，2011）进行构建，具体过程如前所述。使用pd函数确定了植物与AM真菌群落的Faith's系统发育多样性（phylogenetic diveristy），其主要度量群落中所有物种总系统发育分枝长度的总长。使用最近亲缘关系物种距离（MNTD）来表征群落中共存物种间的亲缘关系，其中用分枝长度度量系统发育树各物种间的派对距离。使用comdistnt函数计算beta-MNTD（一种系统发育beta多样性的度量方法）。然后，NMDS被用于描述植物群落或AM真菌群落的谱系组成在各处理间的相异性（Liu et al，2015b；Wang et al，2013）。同时，还将所有测定的土壤变量、植物变量全部拟合到NMDS的排序图上,用以阐述两个群落与已测定变量间的相关性。一元与多元线性回归分析分别被用于估计物种丰富度、系统发育多样性与土壤温度、空气温度、土壤与植物变量间的关系。Mantel检验被用于检验AM真菌群落与土壤、空气温度以及植物群落间的相关性。此外,为了估计所测定两群落的谱系结构,使用ses.mntd函数计算了最近物种指数(nearest taxon index,NTI)。在NTI的计算过程中,选择了phylogeny.Pool零模型,并进行了1 000次的运算。每个样品的MNTD均使用所调查群落种所有物种的丰度进行加权。NTI代表测定群落MNTD的标准效应值,经常被用于推断驱动AM真菌群落组装的主要生态学过程(如竞争排斥、生境过滤与随机过程)(Kembel,2009)。一般而言,若NTI显著大于零,则该群落结构的谱系模式是聚集的,与零期望值相比,群落中各物种间具有更近的亲缘关系;若NTI小于零,则该群落的谱系结构是发散的,与零期望值相比,群落中各物种间具有更远的亲缘关系;若NTI与零无显著差异,则该群落的谱系结构是随机的(Kembel,2009)。在95%显著水平,使用单一样本的t检验检测估计的NTI与零模型的零期望值间的显著性差异。

为了确定增温与刈割对AM真菌群落丰富度与物种组成的直接与间接效应,使用AMOS 17.0(SPSS Inc.)构建了一个结构方程模型(structural equation model,SEM)。在该模型中,植物群落组成、植物盖度、植物群落高度、莎草科植物生物量、根冠比与土壤速效氮磷比被作为解释变量,而AM真菌群落的丰富度与物种组成被作为应变量。由于NMDS排序仅能很好地在两维空间上反映群落间的差异,其排序轴的得分值无实际统计学意义。因此,在该模型中分别用植物群落、AM真菌群落主成分分析第一轴的得分值代表两个群落的组成。PCA的第一轴分别代表植物群落、AM真菌群落组成总变异的39.8%与26.8%。最大似然χ^2拟合优度检验、Bollen-Stine靴代值检验及Jöreskog's拟合优度指数(GFI)被用于检验模型拟合优度。在这些检验中,较高的P值(≥ 0.05)被认为是理想的拟合。

10.2.2 土壤理化特性对增温与刈割的响应

土壤速效氮与速效磷浓度受增温与刈割(模拟放牧)双重处理的影响,而土壤总氮含量与速效氮磷比(在90%的置信水平)却仅受增温处理的影响。此外,增温与刈割的交互作用也显著改变了土壤总氮与总磷含量。不管刈割处理是否存在,增温均能降低土壤速效氮、速效磷的浓度,而在刈割处理下仅降低了土壤总磷含量。在无刈割处理下,土壤速效氮、速效磷的浓度均高于刈割处理下的速效氮、速效磷含量。

10.2.3 植物群落对增温与刈割的响应

增温与刈割均未能显著改变植物群落丰富度与系统发育多样性。植物物种丰富度与空气、土壤温度的变化呈显著负相关,但单独分析无刈割处理、刈割处理两种情形时,其与温度的变化却呈不显著相关。

此外,尽管增温与刈割均能显著地改变植物群落的物种组成与谱系组成,但二者的交互却只影响了植物物种组成（图10.2）。将所有测定的土壤变量拟合到排序图上，发现植物群落组成仅与土壤pH相关（R^2=0.13，P=0.04），而植物谱系组成与土壤速效氮（R^2=0.24，P=0.003）、有机碳（R^2=0.22，P=0.003）显著相关。

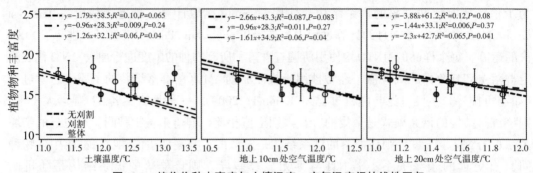

图10.2　植物物种丰富度与土壤温度、空气温度间的线性回归

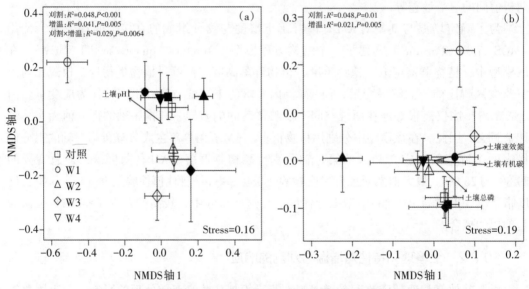

图10.3　植物群落的物种组成和谱系组成的群落的非度量多维尺度分析

10.2.4　高通量测序分析与AM真菌分子鉴定

虽然各处理间AM真菌的总reads数存在差异，但AM真菌物种丰富度稀疏曲线明确显示本研究能充分地捕获各处理内的主要AM真菌分子种。共检测到63个AM真菌分子种，其中45个种属于Glomeraceae（*Glomus*：29种，*Rhizophagus*：14种，*Funneliformis*：1种，*Septoglomus*：1种），7个种隶属于Scutellosporaceae，6个种隶属于Ambisporaceae，1个种隶属于Archaeosporaceae，1个种隶属于Diversisporaceae（图10.4）。此外，在总的63个分子种中，有40个分子种与MaarjAM数据库中的已命名虚拟种（VTs）相关，而其余分子种在之前研究中并未发现，它们与已发表序列的相似度均小于97%，属于新发现

种。整体而言，phylo8742（*Glomus*，VT135）与phylo3708（*Rhizophagus*，VT325）分别是对照处理（phylo8742占37.5%的总reads数）与增温处理（phylo3708占31.2%的总reads数）中的优势种。*Glomus*是丰度最高的属，占总reads数的32.4%，*Rhizophagus*与*Claroideoglomus*次之，分别占总reads数的21.1%与8.9%。

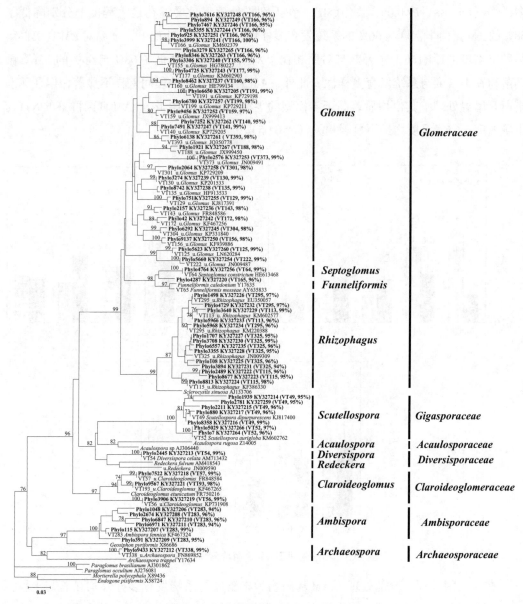

图10.4　AM真菌临近归并系统发育树

检测到的AM真菌分子种与来自MaarjAM数据库（http：//maarjam.botany.ut.ee/）的参考序列构建的临近归并系统发育树，仅有高于70%的靴代值被显示，AM真菌分子种在97%的相似度水平被划分。

10.2.5 AM真菌群落对增温与刈割的响应

增温处理显著改变了AM真菌群落物种丰富度（F=2.19，$P<0.05$；图10.5a），与刈割的交互作用也改变了AM真菌群落物种丰富度（F=2.19，$P<0.05$；图10.5a）和系统发育多样性（F=2.88，$P<0.05$；图10.5b）。在无刈割处理下，增温在最大程度上分别降低了68%的AM真菌丰富度与66%的系统发育多样性；而在刈割处理下，增温对AM真菌群落物种丰富度的影响却不显著。与对照相比，刈割处理分别降低了68%与66%的AM真菌群落物种丰富度与系统发育多样性。此外，AM真菌NTI在处理间差异不显著，但在无刈割所有增温处理下其值均显著高于零模型的零期望值（图10.4c）。AM真菌群落的NTI与土壤温度、空气温度均呈不显著相关（$P>0.05$）。

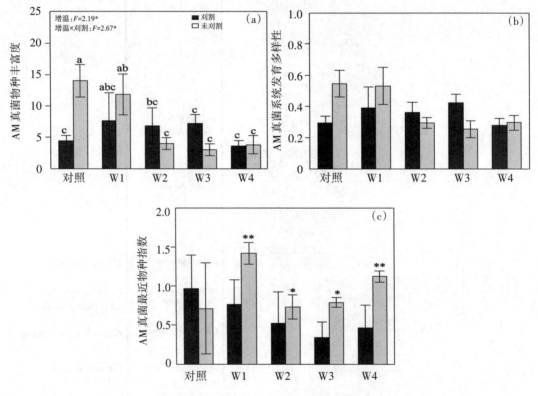

图10.5 不同处理下AM真菌群落物种丰富度

在无刈割处理、全部处理下AM真菌物种丰富度与系统发育多样性均显著与土壤温度、空气温度、土壤总磷成显著负相关，而在无刈割处理下仅有AM真菌系统发育多样性与植物物种丰富度成显著正相关（图10.6）。

AM真菌群落的物种组成受刈割处理（F=1.77；R^2=0.053，P=0.046）及其与增温处理的交互作用的双重影响（F=1.83；R^2=0.048，P=0.06；图10.7a）。无刈割处理下，W1的

AM真菌物种组成显著不同于其余4个增温处理，但在刈割处理下，所有增温处理间的AM真菌群落物种组成均无显著差异（图10.7a）。与之不同，AM真菌群落的谱系组成既未被增温、刈割的单独效应所影响，也未被二者的交互作用所影响（图10.7b）。AM真菌群落的相似性在无刈割处理下（$r=0.16$，$P=0.029$）和全部处理下（$r=0.07$，$P=0.05$）均与土壤温度显著正相关，而仅在无刈割处理下与地上10 cm处空气温度（$r=0.15$，$P=0.018$）和20 cm处空气温度（$r=0.18$，$P=0.008$）显著相关。AM真菌群落物种组成与植物物种丰富度（$R^2=0.13$，$P=0.03$）、植物群落高度（$r^2=0.21$，$P=0.004$）差异显著，但与植物群落组成无显著相关（$r=0.04$，$P=0.26$）。

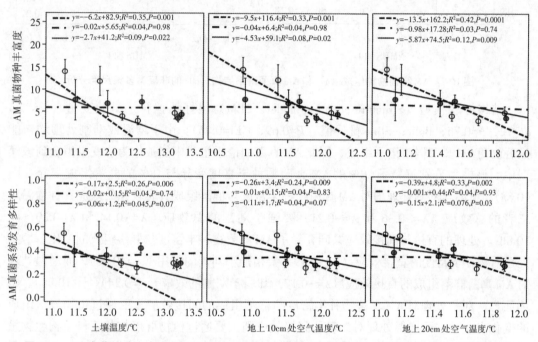

图10.6　AM真菌物种丰富度和AM真菌系统发育多样性与土壤温度、空气温度间的一元线性回归

所有的植物与土壤变量均拟合到NMDS排序图上，并在图上仅显示了显著相关的变量（$P<0.05$）。基于置换多元方差分析（PERMANOVA）的结果，增温、刈割及其二者对植物群落、AM真菌群落的交互效用也显示在NMDS排序图上。实心图标代表刈割处理。

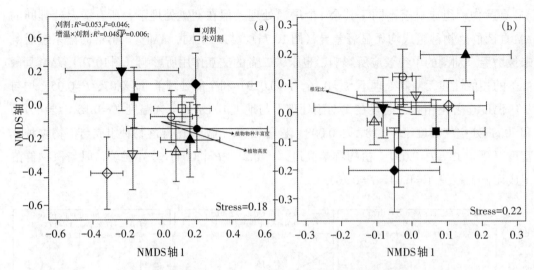

图10.7 AM真菌物种组成（a）和AM真菌谱系结构（b）的非度量多维尺度分析

结构方程模型（Structure equation model，SEM）很好地拟合了试验变量（$\chi^2=8.5$，$df=12$，$P=0.75$；Bollen-Stine 靴代值，$P=0.69$；GFI=0.96）。由于增温或刈割处理均未能显著改变AM真菌群落谱系组成，因此AM真菌的谱系组成未能被作为应变量拟合到该模型中。该模型分别解释了20%的AM真菌物种丰富度变异与18%的群落组成变异（图10.8a）。增温与刈割处理均对AM真菌物种丰富度与群落组成具有较强的效应，且增温对二者的总效应（$\lambda=-0.36$ 和 $\lambda=-0.21$）要强于刈割的总效应（$\lambda=-0.14$ 和 $\lambda=0.20$；图10.8b）。处理的直接与间接效应共同介导了AM真菌物种丰富度与群落组成的变化。增温处理对物种丰富度的直接效应（$\lambda=-0.19$）要稍强于刈割的效用（$\lambda=-0.16$），而增温处理对AM真菌群落组成的直接效应（$\lambda=-0.17$）却弱于刈割的效应（$\lambda=0.24$）（图10.8b）。整体而言，刈割处理对AM真菌物种丰富度与群落组成的间接效应主要通过植物群落组成的变化来介导，而增温处理对二者的间接效应则主要通过植物群落与莎草科植物生物量变化的双重介导。

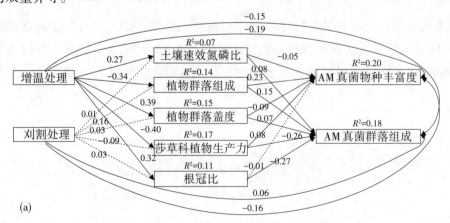

(b)

	直接效应	间接效应	总效应
增温处理			
AM真菌物种丰富度	-0.19	-0.16	-0.35
AM真菌群落组成	-0.15	0.01	-0.14
刈割处理			
AM真菌物种丰富度	-0.16	0.30	-0.14
AM真菌群落组成	0.06	0.06	0.12

图10.8　增温与刈割对AM真菌物种丰富度和群落组成影响的结构方程模型

注：(a) 增温与刈割处理对土壤速效氮磷比、植物群落、植物群落盖度、莎草科植物净生产力、根冠比，AM真菌物种丰富度和群落组成的因果关系。箭头的粗细表示因果效应的强弱。$\lambda>0.05$代表显著性路径。箭头上的数字代表该路径的系数，虚线代表该路径不显著。

(b) 增温与刈割对AM真菌物种丰富度与群落组成的直接、间接与总效应。

10.2.6　无刈割处理下增温对AM真菌群落的影响机制

1. 无刈割处理下增温对植物、AM真菌群落的影响

在本研究中，增温处理虽未能显著改变植物物种丰富度，但随着土壤与空气温度的增加而降低，说明在使用OTC进行增温时，植物物种丰富度的改变是由土壤、空气温度等多个因子共同作用的结果。该结果支持了Wang等（2012）的研究结果，但与同一样点的另一项研究结果不一致（Klein et al, 2014）。Klein等（2014）也采用了与本研究相同的OTC处理，并发现增温导致约30%的植物物种丧失。研究已经表明，土壤资源可利用性能够调控群落中植物物种间的竞争关系（Borer et al, 2014；Hautier et al, 2009），因此土壤资源的可利用性能够解释我们的研究与Klein等（2004）研究结果之间的不一致。Klein等（2004）研究中增温能够增加土壤速效氮的浓度；与之相反，在本研究中增温却降低了土壤速效氮的浓度。有意思的是，我们的处理虽然没有改变植物物种丰富度，但显著改变了植物群落的组成。植物物种丰富度与植物群落组成变化间的不统一主要源于部分植物物种的偶然出现或消失，因为在本研究中检测到的42个植物物种中，有16个物种的频率是低于20%的。

与植物物种丰富度对处理的效应不同，增温处理降低了21%~71%的AM真菌物种丰富度。该结果部分支持了我们的研究假设H1，但却未能支持之前的一些报道。他们发现试验增温对AM真菌物种丰富度的影响呈无效应（Gao et al, 2016；Heinemeyer et al, 2004；Yang et al, 2013）或正效应（Kim et al, 2014；Kim et al, 2015）。此外，本研究还发现W1与W2处理中的AM真菌物种丰富度与对照处理并无显著差异，说明在之前研究中发现的增温对 AM 真菌物种丰富度的中性效应可能仅是本研究结果中的一个特例。多项因子均可以解释以上这种不一致的研究结果,诸如增温类型、增温幅度、增温持续时间以及植被类型等。因此,进一步研究需要度量增温类型、植被类型、增温持续时间是如何影响 AM 真菌对试验增温处理响应的。

此外,我们还发现 AM 真菌物种丰富度显著与土壤或大气温度呈显著负相关。先前的研究已经报道,升高的土壤温度能够加速植物光合产物向 AM 真菌的转运,但更多的是分配给根外菌丝而不是根内菌丝(Hawkes et al,2008)。在本研究中仅仅调查了植物根内的 AM 真菌群落,因此,温度增加所导致的 AM 真菌根内菌丝碳分配的减小很好地解释了增温处理下 AM 真菌物种多样性的降低。此外,Dumbrell 等(2010)发现在最适宜的气候条件下植物对 AM 真菌碳供应的增加会导致群落中单一物种的超优势,进而导致 AM 真菌物种丰富度的降低。与之类似,单一物种超优势的现象在本研究中也存在,意味着群落中 AM 真菌物种的超优势是增温诱导的 AM 真菌物种丧失的又一因素。该研究还发现增温降低了土壤速效氮与速效磷的浓度。这种由增温诱导的限制性的土壤资源可通过抑制植物的生长,减小植物碳向菌根的分配,增加群落中菌根真菌间对碳的竞争,导致 AM 真菌物种多样性的丧失(Johnson et al,2010;Liu et al,2012;Treseder et al,2002),说明了当氮、磷等矿质营养同时限制时,减小的土壤资源的正效应反而会破坏植物与 AM 真菌之间的互惠共生关系。最后,植物物种的丧失经常伴随着 AM 真菌物种的降低,因为 AM 真菌物种丰富度与植物物种丰富度存在正的相互关系(Landis et al,2004;Liu et al,2012;Wu et al,2007)。然而,并没有发现增温能够显著地改变植物物种丰富度,因此在本研究中增温处理下植物物种的丧失并不能很好地解释 AM 真菌物种的丧失。

2. 刈割处理下增温对 AM 真菌群落的效应

刈割处理导致 AM 真菌物种数急剧地下降。该结果未能支持研究假设 H1,但却支持了其他一些研究结果。他们发现放牧能够降低 AM 真菌的物种数(Lugo et al,2002;Su et al,2007)。然而,放牧对 AM 真菌物种丰富度的中性或正效应也被报道(Barto et al,2010;Murray et al,2010;Yang et al,2013),说明 AM 真菌对放牧的响应并不总是一致的。在该研究中,刈割通过去除现存地上生物量降低了土壤速效氮、速效磷。但这种土壤速效氮、速效磷的降低并未能如我们的预期那样提高 AM 真菌的物种丰富度。该结果进一步验证了如果在氮、磷矿质营养都限制的情况下,继续加剧地下资源的限制反而不利于植物与 AM 真菌间的互惠共生(Johnson et al,2010;Liu et al,2012;Treseder et al,2002)。

尽管增温与刈割均能降低 AM 真菌物种数,但二者却无叠加的负效应。该结果也未能支持研究假设 H2,暗示了增温与刈割处理对 AM 真菌影响的复杂性。在刈割与增温的双重处理下,各处理间的 AM 真菌物种数差异不显著,说明刈割能够干扰增温对 AM 真菌的效应,也进一步印证了研究假设 H3。刈割对增温的干扰效应主要源于两大原因:第一,刈割加速了由增温诱导的土壤资源利用性的降低;第二,刈割所去除的干枯现存生物量能够改变接近地表的临界层的水热条件,导致有刈割处理的 OTC 较无刈割处理的

OTC具较高的土壤与大气温度（Klein et al，2005）。同时，在有无刈割处理两种情形下，AM真菌物种丰富度与土壤、大气温度间回归线间交点的存在，说明存在一个温度阈值决定着刈割与增温间到底是叠加效应还是冲减效应。当土壤或大气温度低于这一阈值时，刈割能够强化增温对AM真菌的负效应；与此相反，当土壤或大气温度高于该阈值时，刈割冲减增温对AM真菌的负效应。以上结果说明在特定温度条件下，刈割能够减小由增温所引起的AM真菌物种的丧失，进一步支持了研究假设H2。

3.处理对AM真菌群落谱系组成的效应

增温与刈割均未能改变AM真菌群落的谱系组成，说明AM真菌群落谱系组成对气候变暖与人为干扰具有较高的抵抗力，也显示了AM真菌物种间的亲缘关系在维持地下生态系统稳定性中的重要作用。在无刈割增温处理下AM真菌群落谱系结构是聚集的（NTI>0），而在其他处理下均是随机的。这说明在无刈割增温处理下AM真菌群落中共存的菌根真菌有着较近的亲缘关系（Webb et al，2002）。鉴于有报道已经证明AM真菌功能特征是保守进化的（Hart et al，2002；Powell et al，2009），因此我们推断在无刈割处理下随着温度的升高，驱动AM真菌群落组装的主要生态学过程由随机过程（自然温度下）转变为生境过滤；而与之相反，在刈割处理下其主要生态学过程却未发生任何转变。该发现也印证了之前的一些研究，在环境胁迫下驱动AM真菌群落组装的主要生态学过程的转变（Liu et al，2015；Shi et al，2014）。在无刈割处理条件下，AM真菌群落谱系结构的改变与降低的系统发育多样性之间的相关性也进一步支持了这种谱系结构的改变。当然也有例外存在，有时即便在功能特征是保守进化的前提下，竞争排斥也会产生聚集的谱系模式（Mayfield et al，2010）。但在本研究中增温处理下这种聚集的谱系模型无疑还是要归因于土壤或大气温度增加所产生的生境过滤。同时，AM真菌群落相似度与土壤、空气温度间的正相关也进一步支持了由温度升高与谱系聚集间的直接相关性。

10.3 长期增温对青藏高原AM真菌群落的效应依赖于植被类型

AM真菌对升高温度的响应已经受到广泛关注（Gao et al，2016；Heinemeyer et al，2010；Kim et al，2015；Yang et al，2013），但升高温度对AM真菌的影响机制仍不清晰。理论上讲，升高温度对AM真菌群落的影响主要有三种机制。第一，鉴于AM真菌在适合度上的差异，升高温度作为一种环境胁迫直接对AM真菌进行选择，导致AM真菌物种丧失（Antunes et al，2012；Klironomos et al，2001；Treseder et al，2010）。第二，升高温度通过降低植物多样性，改变植物群落组成，从而改变AM真菌群落。已有研究证实植物会选择特定AM真菌与之共生，从而实现自身利益的最大化（Vandenkoornhuyse et al，2010；Veresoglou et al，2014）。第三，升高温度会通过改变土壤矿质营养的速效性改变AM真菌群落；一般而言，增加土壤肥力会减小植物向菌根的碳分配，加速AM真菌的种间竞争，使得在低碳条件下仍保持高竞争力的 AM 真菌的占据优势（Nancy，2010；Olsson et al，2010）。这些潜在的途径表明，升高温度对 AM 真菌群落组成的影响可以分为直接影响（影响真菌本身）或间接影响（改变其寄主植物或土壤养分），说明仍然迫切需要进行更系统的研究，以确定温度升高对 AM 真菌群落的潜在影响及其潜在机制。

先前的研究已经证实，试验性变暖会导致植物物种的丧失（Klein et al，2004；Wang et al，2012），并增加土壤中的有效氮（Wang et al，2014）。然而，植物物种的减少和土壤矿质养分可用性的增加都与 AMF 物种丰富度的下降以及 AM 真菌群落的显著变化有关（Landis et al，2004；Liu et al，2012 年；Wu et al，2007）。此外，青藏高原的进一步研究也证实，气温升高对土壤真菌群落的影响取决于生态系统类型（Morgado et al，2015；Semenova et al，2015；Treseder et al，2016）。因此，本研究假设长期变暖会降低物种丰富度，并改变 AM 真菌群落的组合，这种影响取决于栖息地类型。为了验证这一假设，本研究调查了矮嵩草草甸和金露梅灌丛中的 AM 真菌群落对使用 OTC 的 17 年试验变暖的响应，旨在解决以下问题：（1）AM 真菌群落如何应对这些不同高山栖息地的长期变暖？（2）推动 AM 真菌群落对长期变暖做出反应的主要生态过程是什么？

10.3.1 研究方法

1997 年，为了探究气候变暖对青藏高原高寒草甸生态系统植物群落的影响，在高寒草甸与高寒灌丛内分别设置了 1 个 30 m×30 m 的放牧强度相似的样点，用护栏围封。在每个样点内，将 16 个样圆采用全因子设计按照 4×4 的方式随机布设，形成灌丛+对照（SC）、灌丛+增温（SW）、草甸+对照（MC）与草甸+增温（MW）4 种处理，每种处理 8 个重复。增温通过国际冻原计划（International Tundra Experiment，ITEX）推荐 OTC 来实现，使用的材料为 SunLite HP 1.0 mm 厚的玻璃纤维。其规格为高 40 cm，底部与顶部的直径分别为 1.15 m 和 0.70 m。在整个试验过程中，OTC 常年布设在样地内。经监测，在生长季内 OTC 可以增加 1.0~2.0 ℃ 的日平均空气温度（在离地面 10 cm 的地方测量）与 0.3~1.9 ℃ 的日平均土壤温度（测量于 12 cm 土壤深度）。然而，虽然 OTC 增加了土壤温度，但其对平均土壤湿度的影响很小，仅为 3% 左右。详细的试验设计和 OTC 对微气候的影响可参见 Klein et al（2004，2005）。样品采集同 9.2.1 描述。测定指标及数据处理方法同 9.2.1 中描述。

10.3.2 土壤理化特性与植物群落

长期增温降低了高寒草甸土壤含水量，但对高寒灌丛所有测定的土壤理化变量均无显著影响（表 10.2）。增温降低了高寒灌丛中植物物种丰富度与高寒草甸中的根生物量，而地上生物量在处理间无显著差异（表 10.2）。增温分别降低了高寒草甸与高寒灌丛中 73% 与 98% 的矮嵩草生物量，但增加了 69% 的金露梅生物量。

表10.2 不同处理下土壤理化特性和植物特征

特征项	灌丛		草甸	
	对照	增温	对照	增温
pH	7.19±0.03a	7.21±0.03 a	7.32±0.07A	7.35±0.05A
土壤湿度/%	52.82±2.47a	39.23±0.92b	46.6±0.97A	40.7±0.27A
速效氮/(mg/kg)	38.61±4.42a	39.51±3.77a	50.41±1.62A	54.33±3.46A
速效磷/(mg/kg)	20.22±1.77a	17.83±0.91a	18.74±0.67A	17.63±0.97A
速效氮磷比	1.90±0.11a	2.25±0.23a	2.71±0.13A	3.13±0.22A
土壤有机碳/(g/kg)	95.95±4.08a	86.81±4.19a	73.90±7.52A	67.08±3.10A
植物物种丰富度	16.50±0.56a	12.16±0.94b	16.83±0.87A	15.66±0.61A
根生物量/(g/0.25m^2)	49.91±4.01a	52.44±1.15a	48.63±1.94A	34.56±4.08B
地上部分生物量/(g/0.25m^2)	34.14±2.79a	40.16±5.76a	18.25±1.30A	18.54±1.83A
根冠比	1.52±0.17a	1.23±0.18a	2.71±0.17A	2.08±0.47A

此外，增温与植被类型均显著地影响了植物群落的物种组成（图10.9a）与谱系组成（图10.9b）。PCoA分析显示，增温能够显著地改变高寒灌丛的植物群落与谱系组成，但对高寒草甸植物群落的影响不显著（图10.9a）。

基于置换多元方差分析（PERMANOVA）的结果，增温、植被类型及其二者的交互作用对植物、AM真菌群落的影响也显示在PCoA排序图上。空心圆代表高寒灌丛，实心图标代表高寒草甸。

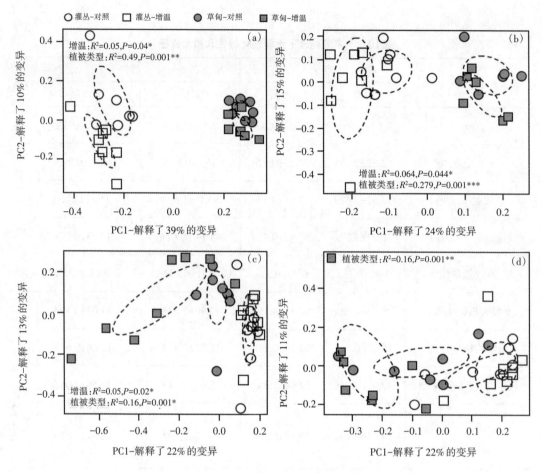

图10.9 植物群落组成（a）、植物群落谱系组成（b）、
AM真菌群落组成（c）和谱系组成（d）的PCoA排序

10.3.3 高通量测序结果分析

在本研究中，共检测到110个AM真菌分子种，其中91种属于Glomeraceae（*Glomus* 59种，*Rhizophagus* 30种，*Funneliformis* 1种，*Septoglomus* 1种），7个种隶属于 *Ambisporaceae*，5个种隶属于 *Scutellosporaceae*，3个种隶属于 *Claroideoglomeraceae*，2个种隶属于 *Acaulosporaceae*，1个种隶属于 *Archaeosporaceae*，1个种隶属于 *Diversisporaceae*。在所有检测到的AM分子种中，有38个分子种与MaarjAM数据库中的已命名虚拟种相关，而其余72个分子种与已发表序列的相似度均小于97%，属于新记录虚拟种。本研究发现的优势属为 *Glomus*（占总reads数的84.9%），其次是 *Rhizophagus*（占总reads输的13.2%）；相应地，优势分子种为Glo3078（与VT160相似度为98%，占总reads的41.3%），依次是Glo399（与 *Glomus* 属的VT166相似度为95%；占总reads数的19.4%）。

10.3.4 AM真菌多样性与群落组成

增温显著降低了高寒草甸AM真菌群落的物种丰富度、球囊霉科物种丰富度与系统发育多样性,但对高寒灌丛AM真菌上述所有指标影响均未达到显著水平(图10.10a-d)。此外,对AM真菌群落的谱系结构进行分析,发现表征AM真菌谱系结构的NRI与NTI对增温的响应不一致。在所有的试验处理中NTI值均显著大于零(图10.10e);但在灌丛草甸中AM真菌NRI在SC处理下与零无显著差异,但在SW处理下却显著大于零;矮嵩草草甸中NRI值变化与灌丛草甸正好相反(图10.10f)。

将植物/土壤变量与AM多样性指数进行相关性分析,发现地上生物量、根生物量、植物群落组成、速效氮和速效氮磷比均与AM真菌物种丰富度与系统发育多样性显著相关(表10.3)。

表10.3 AM真菌物种丰富度、谱系多样性、物种组成与环境变量间的相关性

解释变量	物种丰富度		谱系多样性		物种组成		谱系组成	
	r	p	r	p	r	p	r	p
地上生物量/(g/0.25m²)	0.42*	0.01*	0.41*	0.01*	0.07	0.19	0.15	0.06
根生物量/(g/0.25m²)	0.43*	0.01*	0.393*	0.02*	0.01	0.40	−0.03	0.54
根冠比	−0.13	0.49	−0.12	0.52	0.02	0.35	0.003	0.36
植物物种组成	−0.59*	<0.001*	−0.59*	<0.001*	0.39*	0.002*	0.23*	0.03*
植物物种丰富度	0.01	0.96	0.012	0.96	−0.18	0.98	−0.06	0.72
土壤pH	−0.31	0.08	−0.23	0.19	0.008	0.41	0.01	0.36
土壤湿度/%	−0.03	0.85	−0.02	0.89	−0.09	0.74	−0.11	0.90
硝态氮/(mg/kg)	−0.29	0.09	−0.34	0.05	0.04	0.30	0.02	0.35
铵态氮/(mg/kg)	−0.16	0.35	−0.17	0.34	0.03	0.33	0.03	0.32
速效氮/(mg/kg)	−0.38*	0.031*	−0.43*	0.01*	0.13	0.08	0.13	0.07
速效磷/(mg/kg)	0.07	0.7	0.07	0.67	−0.02	0.50	−0.07	0.73
速效氮磷比	−0.40*	0.02*	−0.46*	0.01*	0.23*	0.02*	0.15	0.07

注:环境因子与AM真菌物种丰富度与系统发育多样性间的相关性使用皮尔森相关,AM真菌群落与谱系组成间的相关性使用Mantel检验。*代表显著相关。

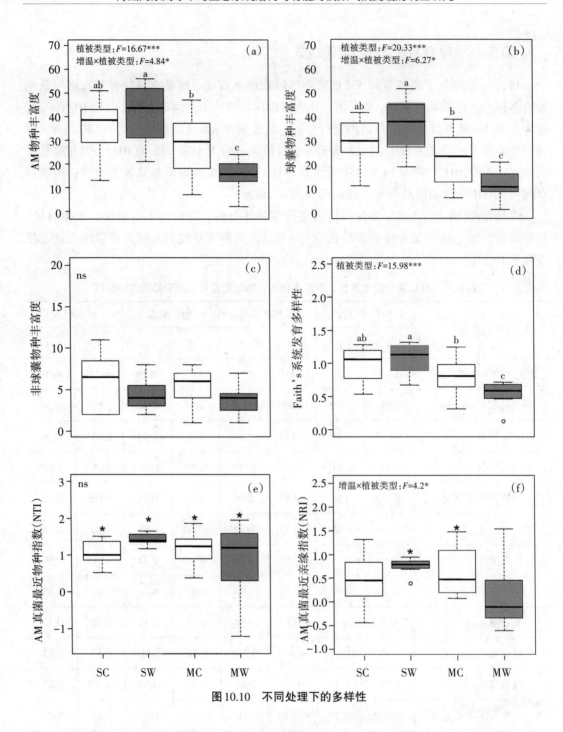

图10.10 不同处理下的多样性

植被类型显著地影响了AM真菌群落物种组成（图10.8c）与谱系组成（图10.8d），但增温仅仅影响了AM真菌群落物种组成（图10.8c）。增温改变了高寒灌丛AM真菌群落组成与谱系组成，但对高寒草甸AM真菌群落与谱系组成无显著影响（图10.8）。Mantel test显示土壤速效氮磷比与AM真菌物种组成相关外，植物群落组成和AM真菌群落物种与谱系组成均相关（表10.3）。方差分解分析，显示植物群落组成、植物生物量与速效氮磷比对AM真菌物种丰富度（32.7%）与群落组成（32.3%）的变异解释力相似，但对AM真菌谱系多样性（32.3%）的解释力强于谱系组成（16%）。无论哪个目标解释对象，植物生物量的解释效力均最大，植物群落组成次之，速效氮磷比最小。

结构方程模型很好地拟合了解释增温AM真菌物种丰富度（图10.11a）与群落组成（图10.11b）的直接与间接效应。考虑到AM真菌谱系组成与群落组成对长期增温具有相似的响应规律，因此AM真菌的谱系组成未单独构建模型。拟合的模型解释了高寒灌丛中15%的AM真菌物种丰富度与5%群落组成的变异，解释了高寒草甸中43%与68% AM真菌物种丰富度与群落组成的变异。高寒灌丛中增温虽然改变了植物群落的组成，但对AM真菌物种丰富度与群落组成无显著效应（图10.11a）；在高寒草甸中，增温主要通过改变植物地下生物量间接地改变了AM真菌物种丰富度与群落组成（图10.11b）。在两类植被类型中，土壤速效氮磷比对AM真菌物种丰富度与群落组成的效应均未达到显著水平（图10.11）。

(a)

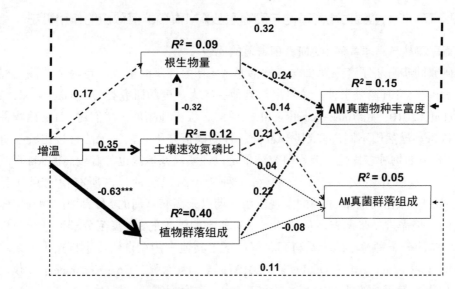

图10.11　（a）增温对土壤速效氮磷比、根生物量、植物群落、AM真菌物种丰富度和群落组成的直接与间接效应

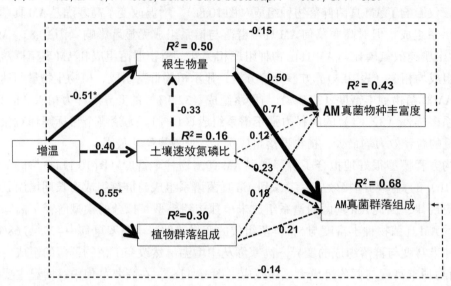

(b) x^2 = 1.5, df = 3, P = 0.66; Bollen-Stine bootstrap: P = 0.67; GFI = 0.97

续图10.11　（a）增温对土壤速效氮磷比、根生物量、植物群落、AM真菌物种丰富度和群落组成的直接与间接效应

注：箭头的粗细表示因果效应的强弱。箭头上的数字代表该路径的系数（*P<0.05；**P<0.01；***P<0.001）。R^2值代表每个变量所能解释的变异数。虚线代表该路径不显著。

10.3.5　长期增温对高寒草地与高寒灌丛AM真菌群落效应的作用机制

1.高寒灌丛与高寒草甸中AM真菌群落的比较

本研究同步分析了高寒草甸与高寒灌丛AM真菌群落的组成，在两个植被类型中共发现了110个AM真菌分子种。该结果与其他一些大尺度的研究类似（Xiang et al，2015；Lumini et al，2010；Martínez-García et al，2015），极大地拓展了我们对AM真菌物种分布格局的认识。虽然因不同研究划分AM分子种的阈值并不一致，无法直接比较各研究系统中AM真菌的物种多样性，但本研究结果足以证实高寒地区也具有较高的AM真菌多样性。此外，本研究还发现有72个AM分子种属于新记录种，占所有检测到分子种的65.5%。如此高比例的新记录种的发现说明长期以来高寒草甸的AM真菌的物种多样性是被低估的，仍需进一步调查。从科的水平对所有检测到的AM真菌分子种进行分析，发现有82.7%的分子种源于球囊霉科，正好印证了其他一些在自然或半自然生态系统中的发现（Brearley et al，2016；Oehl et al，2010）；多孢囊霉科（Diversisporaceae）仅出现在高寒草甸中，而无梗囊霉科（Acaulosporaceae）和原囊霉科（Archaeosporaceae）仅出现于高寒灌丛中。该结果进一步支持了AM真菌的物种分布存在生境选择性（Kivlin et al，2015；Mari et al，2015；Rodríguez-Echeverría et al，2016）。

此外，我们还发现高寒灌丛的AM真菌多样性要显著高于高寒草甸，且两生境间AM

真菌群落组成差异显著。该结果很好地支持了假设H1，同时也支持了另一项研究的结果——不同植被类型中AM真菌的分布存在强的生态结构（Rodríguez-Echeverría et al，2016）。有两方面的原因能够解释两种植被类型间AM真菌多样性与群落组成的差异：（1）灌丛的存在有助于土壤营养岛屿（Martínez-García et al，2011），导致土壤环境异质性的增加，而异质性已被证实可通过增加生态位减小物种间的竞争而促进物种的共存（Glynou，2016）；金露梅灌丛生物量与AM真菌物种丰富度的显著正相关（$r=0.47$，$P<0.001$）也很好地印证了这一解释；（2）高寒灌丛土壤中速效氮浓度显著低于高寒草甸土壤中速效氮浓度，而如前所述，低的速效氮水平有助于AM真菌与植物共生，进而提高AM真菌的物种多样性。

2. 长期增温对高寒灌丛与高寒草甸中AM真菌群落的影响

增温对高寒灌丛AM真菌群落的影响不显著，但降低了高寒草甸AM真菌的多样性。该结果很好地支持了假设H2，说明增温对AM真菌群落的效应存在植被类型依赖性，暗示着较高寒草甸而言，高寒灌丛AM真菌群落对长期增温表现得更加耐受。这种增温效应的植被依赖性很大程度上是由于两种植被类型具有不同的AM真菌群落的物种组成，而每种AM真菌对环境胁迫响应又存在差异（Millar et al，2016）；另外，AM真菌物种对长期增温的响应系统发育的不保守性可能也是原因之一。如我们发现有7个AM真菌分子种虽在两种植被类型中均有分布，但其对长期增温却表现出相反的响应；由此可见，两种植被类型的AM真菌群落对长期增温的响应的不一致主要是由AM真菌物种分布的生境选择性与AM真菌对增温响应的系统发育不保守性共同决定的。再者，OTC处理对两种植被类型增温幅度上的差异也有可能是导致AM真菌对增温响应不一致的原因。同样地的研究发现，增温对高寒草甸的增温幅度高于灌丛草甸（Klein et al，2005），且增温对AM真菌群落的影响存在温度阈值（Shi et al，2017）。因此，高寒灌丛对增温响应的不敏感也可能是高寒灌丛增温的幅度未达到AM真菌对升高温度做出响应的温度阈值。

长期增温不显著地增加了AM真菌的物种多样性，说明升高温度有利于高寒灌丛AM真菌多样性的维持。对于高寒灌丛而言，一方面，增温可通过增加灌丛生物量提高AM真菌多样性；另一方面，增温又作为环境胁迫降低了AM真菌的多样性。因此，增温对AM真菌多样性不显著的正效应可能是环境过滤的负效应与增加灌丛生物量的正效应相互抵消的结果。与高寒灌丛不同，增温显著地降低了AM真菌物种多样性。相关性分析发现植物变量（根生物量、地上生物量和植物群落生物量）和土壤速效氮磷比均与AM真菌的物种多样性显著相关，说明嵩草草甸中AM真菌多样性的降低是由植物与土壤双重作用的结果。在高寒草甸中，增温显著降低了植物根的生物量。植物的根量对AM真菌多样性的影响主要表现为根系与AM真菌接触的概率与植物分配给AM真菌的碳的量。在本研究中，增温并未降低植物根内外AM真菌的丰度，因此可推断本研究中根生物量降低对AM真菌多样性的影响主要是因为根系与AM真菌接触频率的降低，而不是减小植物向AM真菌的碳分配。此外，由于本研究中并未发现植物物种丰富度与AM真菌物种丰富度间的显著相关性，因此植物群落的改变对AM真菌物种多样性降低的贡献主要是由植物群落中各物种对 AM 真菌的宿主选择性所导致的，而不是由植物物种丧失所引起的。除了植物变量外，增温导致的高寒草甸速效氮磷比的改变也能够很好地解释高寒草甸中 AM 真菌多样性的丧失（Nancy，2010；Olsson et al，2010）。同时，使用方差分解与拟合的结构方程模型分解根生物量、植物群落与速效氮磷比对 AM 真菌群落改变的贡献，发现三者中根生物量的效应值最大，表明植物根的数量在调控 AM 真菌群落组成中起重要作用。

3. 长期增温对 AM 真菌谱系结构的效应及其生态学过程

虽然表征 AM 真菌谱系结构的 NRI 与 NTI 对增温表现出不一致的响应，但这并不矛盾，因为 NRI 是从群落整体上反映群落的谱系结构，而 NTI 反映的是群落中个体间的亲缘关系。在所有的试验处理中 NTI 值均显著大于零，表明在所有处理下的 AM 真菌群落的谱系结构都是聚集的（AM 真菌群落中各物种有着较近的亲缘关系）。也就是说，环境过滤是驱动 AM 真菌群落组成的主要过程。该研究结果与其他一些研究结果一致——AM 真菌群落在大多数自然系统中谱系也是聚集的（Chen et al，2017；Egan et al，2017；Horn et al，2014；Ülle，2014）。由于本研究中 AM 真菌群落主要由球囊霉科的物种所主导，因此这也很好地解释了这种聚集的 AM 谱系结构（Powell et al，2009）。

不同于 NTI 指数，在高寒灌丛中 AM 真菌的 NRI 在对照处理下与零无显著差异，但在增温处理下却显著大于零；矮嵩草草甸中 NRI 值变化与灌丛草甸正好相反，说明增温前后高寒草甸的 AM 真菌群落谱系结构从随机向聚集转换，而高寒灌丛的 AM 真菌群落却从谱系聚集向随机转化。鉴于 AM 真菌功能特征是保守进化的（Hart et al，2010；Powell et al，2009），因此我们推断在高寒草甸中增温驱动 AM 真菌群落组装的主要生态学过程由随机过程（自然温度下）转变为生境过滤；在矮嵩草草甸下增温却驱动 AM 真菌群落组装的主要生态学过程由生境过滤转变为随机过程。该发现也印证了之前的一些研究——环境胁迫能驱动 AM 真菌群落组装的生态学过程的转变（Liu et al，2015；Shi et al，2014；Shi et al，2017）。考虑到 AM 真菌已被证实存在很强的扩散能力（Davison et al，2015；Davison et al，2018；León et al，2016），因此本研究中谱系的随机模式可能并不是由扩散限制所决定的，而是由生境过滤和竞争排斥共同决定并且中和的结果（Mayfield et al，2010）。

综上所述，本研究同步测定了青藏高原两类高寒草甸植被类型（矮嵩草草甸与金露梅灌丛草甸）中 AM 真菌群落对 17 年 OTC。增温处理的响应，并据此推断驱动 AM 群落组装的主要生态学过程，发现高寒灌丛的 AM 真菌多样性高于高寒草甸，且两种生境间 AM 真菌群落组成差异显著；长期增温降低了高寒草甸生境中 AM 真菌物种丰富度与系统发育多样性，且改变 AM 真菌群落与谱系组成，但对高寒灌丛生境中 AM 真菌群落却无显著效应；增温前后高寒灌丛 AM 真菌谱系结构从随机向聚集转换，而高寒草甸 AM 真菌群落从聚集向随机转化。结果说明 AM 真菌群落与谱系结构对长期增温的响应存在强烈的植被类型依赖性，暗示了不同植被类型对气候变暖存在不一致的响应模式。

10.4　长期、短期增温对高寒草甸AM真菌群落的效应

当前，已有大量的研究探究试验增温对AM真菌群落结构的效应（Yang et al，2013；Kim et al，2014；Shi et al，2017；Sun et al，2013；Yang et al，2013；Kim et al，2015；Gao et al，2016；Heinemeyer et al，2004），但大多数均为短期试验（最长增温处理时间为6年），且尚未形成一致性结论。如一些研究发现增温对AM真菌物种丰富度是正效应（Yang et al，2013；Kim et al，2014），一些研究发现是负效应（Shi et al，2017），还有一些研究发现是无效应（Sun et al，2013；Yang et al，2013；Kim et al，2015；Gao et al，2016；Heinemeyer et al，2004）。为了获得AM真菌群落对增温的一般性结论，就必须开展长期试验增温研究。然而，由于长期增温研究所需大量时间与经济成本，因而使用短期试验效应去推断长期效应不失为一种替代方案。但是，由于增温效应的滞后效应，短期试验增温处理往往会低估长期处理的生态效应（牛书丽等，2007；秦瑞敏等，2020），因此，要阐明增温对AM真菌群落组成影响的一般性规律，就必须同步分析长期、短期增温对AM真菌群落的效应，以比较二者间的异同。

如前所述，植物物种丰富度与土壤资源有效性是调控AM真菌群落组成的关键因子。已有的研究发现短期增温能够导致植物物种的丧失（Klein et al，2004；Wang et al，2012），但长期增温有助于植物多样性的维持（Zhang et al，2017）。无论短期增温还是长期增温都能提高土壤速效氮的浓度（Wang et al，2014）。因此，我们假设长期、短期增温都会降低AM真菌多样性，但长期增温的负效应要弱于短期效应。为了验证这一假设，本研究同步分析长期增温和短期增温对高寒草甸AM真菌群落结构的效应，旨在阐明AM真菌对长期、短期增温的响应规律，揭示长期、短期增温下驱动AM真菌群落构建的主要生态学过程。

10.4.1　研究方法

本研究的增温样地共两块，每块样地均采用全因子随机设计。其中，一块样地始建于1997年，另一块样地始建于2011年，两块样地间直线地理距离约500 m。在1997年建设的样地中，有对照和增温两种处理，每种处理8个重复；详细试验设计见9.3.1中描述；2011年建设样地中，设置有5种增温幅度，每种处理5个重复，本研究仅选择了与1997年样地相同的对照和增温处理。详细试验设计见9.2.1中描述。样品采集流程同9.3.1。测定指标及数据处理方法同9.2.1和9.3.1描述。

10.4.2　土壤理化与植物群落特性

与对照组相比，长期增温降低了土壤总氮含量（$P=0.01$）、总氮磷比（$P=0.03$）；短

期增温在降低土壤总氮含量（$P=0.02$）、总氮磷比（$P<0.01$）的同时，还降低了土壤速效氮（$P=0.02$）和速效磷含量（$P=0.03$）（表10.4）。长期增温对植物地上生物量和根冠比均无显著效应，但降低了根生物量（$P<0.01$）；与长期增温不同，短期增温对植物地上生物量、根生物量和根冠比均无显著效应（表10.4）。

表10.4 不同处理下土壤和植物特征

土壤/植物变量	17年样地		3年样地	
	对照	增温	对照	增温
pH	7.32 ± 0.07	7.35 ± 0.05	7.36 ± 0.03	7.45 ± 0.03
土壤湿度/%	46.60 ± 0.97[a]	40.70 ± 0.27[a]	38.19 ± 2.56[ab]	34.53 ± 1.65[b]
速效氮/(mg/kg)	50.41 ± 1.62[b]	54.33 ± 3.46[ab]	64.66 ± 6.67[a]	47.51 ± 6.55[b]
速效磷/(mg/kg)	18.74 ± 0.67[a]	17.63 ± 0.97[ab]	16.41 ± 0.79[ab]	12.00 ± 0.66[c]
速效氮磷比	2.71 ± 0.13[b]	3.13 ± 0.22[ab]	3.98 ± 0.47[a]	3.96 ± 0.46[a]
总氮含量/(g/kg)	6.64 ± 0.25[a]	4.93 ± 0.33[bc]	5.90 ± 0.38[ab]	3.83 ± 0.24[c]
总磷含量/(g/kg)	0.79 ± 0.01	0.77 ± 0.01	0.79 ± 0.02	0.79 ± 0.01
总氮磷比	8.44 ± 0.38[a]	6.43 ± 0.43[b]	7.47 ± 0.34[ab]	4.80 ± 0.30[c]
有机碳/(g/kg)	73.90 ± 7.52	67.08 ± 3.10	65.51 ± 8.34	48.46 ± 1.21
地上生物量/(g/0.25 m^2)	18.25 ± 1.30[b]	18.54 ± 1.83[b]	27.80 ± 1.40[a]	26.40 ± 2.50[a]
根生物量/(g/0.25 m^2)	48.63 ± 1.94[b]	34.56 ± 4.08[c]	81.16 ± 17.58[ab]	102.36 ± 18.42[a]
根冠比	2.71 ± 0.17	2.08 ± 0.47	2.82 ± 0.52	3.96 ± 0.77

此外，长期、短期增温对植物物种丰富度无显著影响（10.12a）；长期增温显著降低了植物亲缘关系指数（NRI），而短期增温对其影响不显著（图10.12b）。在17年地内，对照处理的植物NRI值显著高于零模型的零值，而增温处理的植物NRI与零无显著差异；3年样地内对照处理的NRI值显著低于零值，增温处理的NRI与零无显著差异（图10.12b）。这说明在17年样地中对照处理的植物群落谱系结构是聚集的，而3年样地的对照处理是发散的；无论是17年样地还是3年样地，增温处理的植物群落谱系结构都是随机的。

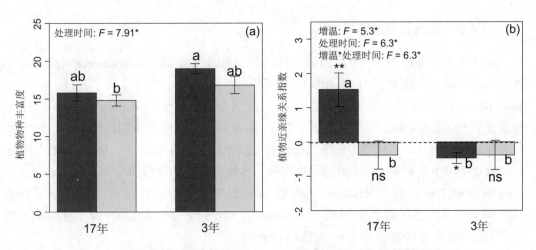

图10.12 不同处理下植物物种丰富度（a）与植物近亲缘关系指数（NRI，b）

注：在95%的置信水平上，使用Tukey's HSD检验检测不同处理间的差异显著性，不同小写字母表示差异显著。F值与P值源于二因素方差分析结果（* $P<0.05$；** $P<0.01$）。

此外，增温及其处理时间均显著地影响了植物群落物种组成（增温：$R^2=0.09$，$P=0.02$；处理时间：$R^2=0.38$，$P<0.001$）和谱系组成（增温：$R^2=0.17$，$P=0.002$；处理时间：$R^2=0.40$，$P<0.001$）。PCoA分析发现，虽然17年样地和3年样地具有不同的植物物种组成和谱系组成，但在两块样地上的增温处理均能显著改变植物物种组成（图10.13a）和谱系组成（图10.13b）。

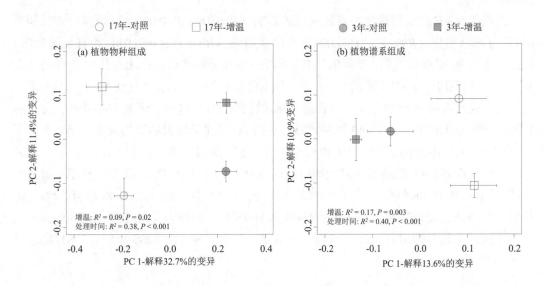

图10.13 植物群落组成（a）与植物群落谱系组成（b）的PCoA排序

10.4.3 高通量测序结果分析

本研究共检测到 79 个 AM 真菌分子种，其中 60 个种隶属于 Glomeraceae（*Glomus* 33 种，*Rhizophagus* 23 种，*Funneliformis* 1 种，*Septoglomus* 3 种），7 个种隶属于 Ambisporaceae，7 个种隶属于 Scutellosporaceae，4 个种隶属于 Claroideoglomeraceae，1 个种隶属于 Ambisporaceae，1 个种隶属于 Diversisporaceae。在所有检测到的 AM 分子种中，有 32 个分子种与 MaarjAM 数据库中的已命名虚拟种相关，而其余 47 个分子种与已发表序列的相似度均小于 97%，属于新记录虚拟种。本研究发现的优势属为 *Rhizophagus*（占总 reads 输的 45.7%），其次是 *Glomus*（占总 reads 数的 39.7%）；相应地，优势分子种为 Glo3708（与 VT325 相似度为 99%，占总 reads 的 36.7%），依次是 Glo3999（与 *Glomus* 属的 VT166 相似度为 100%，占总 reads 数的 18.8%）。

10.4.4 AM 真菌的多样性与群落组成

长期、短期增温均显著降低了 AM 真菌物种丰富度（长期增温：−45.6%；短期增温：−80.0%；图 10.14a）和球囊霉科 AM 物种丰富度（长期增温：−48.9%；短期增温：−75.9%；图 10.14b）；对于非球囊霉科物种丰富度，仅有短期增温对其有显著的负效应（图 10.14c）；对 AM 真菌群落的谱系结构进行分析，发现增温对 AM 真菌最近亲缘关系指数有显著影响（$F=8.25$，$P=0.04$）；无论是 17 年样地还是 3 年样地，AM 真菌的 NRI 值在对照处理下均显著高于零模型的零值，在增温处理下均与零无显著差异（图 10.14d）。

增温仅对 AM 真菌群落物种组成有显著影响（$R^2=0.09$，$P=0.02$），而增温处理时间对 AM 群落物种组成（$R^2=0.12$，$P<0.001$）和谱系组成（$R^2=0.15$，$P=0.01$）均有显著影响。PcoA 分析显示 17 年样地和 3 年样地具有不同的 AM 真菌物种组成；无论是 17 年样地还是 3 年样地，增温均导致 AM 真菌的物种组成（图 10.15a）和谱系组成（图 10.15b）差异显著。

对丰度较高的前 25 个分子种（占总 reads 数的 98.9%）进行二因素方差分析，发现有 3 个分子种（Glo6292、Rhi3640 和 Scu8358）的相对丰度受增温的影响显著，有 4 个分子种（Glo3999、Rhi3708、Rhi1498 和 Cla3906）受处理时间的影响显著，2 个分子种（Glo2157 和 Glo3274）受增温及其处理时间的双重影响（图 10.16）。其中，长期增温导致 2 个分子种（Rhi3708 和 Glo2157）的相对丰度降低，2 个分子种（Cla3906 和 Glo3274）的相对丰度增加；短期增温降低了 3 个 AM 真菌分子种（Glo3999、Rhi3640 和 Scu8358）的相对丰度；无论处理时间长短，增温均降低了 2 个分子种（Glo6292 和 Rhi3708）的相对丰度（图 10.16）。

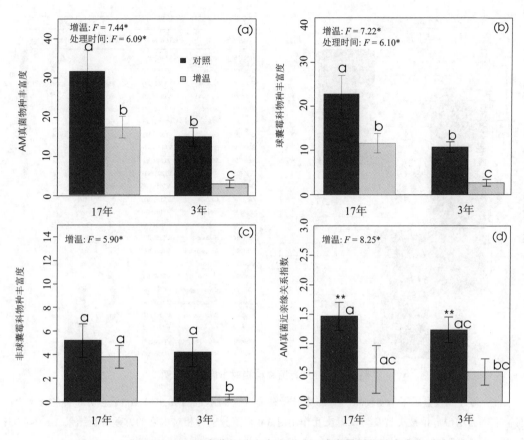

图10.14 不同处理下AM真菌物种丰富度（a）、球囊霉科物种丰富度（b）、非球囊霉科物种丰富度（c）和AM真菌近亲缘关系指数（d）

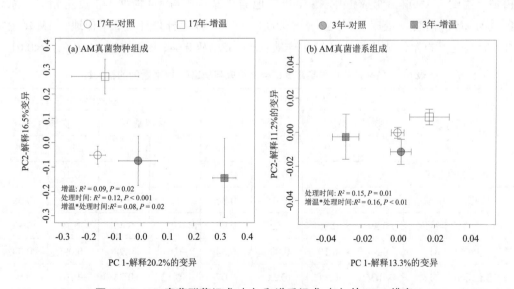

图10.15 AM真菌群落组成（a）和谱系组成（b）的PCoA排序

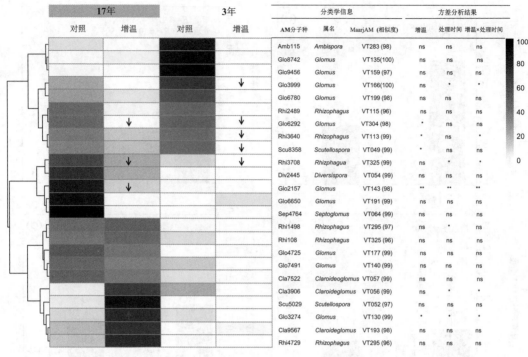

图10.16　AM真菌物种相对丰度的热谱图

注：排序图仅显示了丰度较高的前25个分子种（占总reads数的98.9%）AM真菌分子种的分类学信息。右侧为增温、植被类型及其二者交互作用对AM真菌分子种相对丰度的方差分析结果。* $P<0.05$；** $P<0.01$；*** $P<0.001$；ns，不显著。

将植物/土壤变量与AM真菌群落进行相关性分析，发现17年样地的根生物量与AM物种丰富度、AM群落组成正相关；3年样地的总氮磷比与AM物种丰富度正相关，总磷含量与AM群落物种组成正相关（表10.5）。无论是17年样地还是3年样地，AM真菌物种丰富度与其群落组成均相关（17年样地：$r=0.55$，$P=0.04$；3年样地：$r=0.6$，$P<0.01$）。

表10.5　AM真菌物种丰富度、群落组成与植物/土壤变量间的相关性

解释变量	17年样地				3年样地			
	物种丰富度		物种组成		物种丰富度		物种组成	
	r	P	r	P	r	P	r	P
植物物种组成	—	—	0.35	0.13	—	—	−0.16	0.85
植物谱系组成	—	—	0.05	0.36	—	—	−0.09	0.69
植物物种丰富度	0.39	0.26	−0.27	0.97	0.27	0.45	−0.19	0.84
植物的NRI	0.34	0.19	0.036	0.34	−0.01	0.98	0.09	0.34
地上部分生物量	−0.36	0.31	0.21	0.07	−0.12	0.74	−0.16	0.88

续表10.5

解释变量	17年样地				3年样地			
	物种丰富度		物种组成		物种丰富度		物种组成	
	r	P	r	P	r	P	r	P
根生物量	0.59*	0.02*	0.27*	0.02*	−0.08	0.98	0.05	0.34
根冠比	0.53	0.11	0.02	0.33	0.02	0.95	−0.05	0.56
土壤pH	−0.22	0.54	−0.16	0.81	−0.56	0.09	−0.18	0.89
土壤湿度	−0.14	0.7	−0.04	0.51	0.22	0.54	−0.11	0.78
土壤速效氮浓度	−0.43	0.21	0.06	0.29	0.47	0.17	−0.06	0.61
土壤速效磷浓度	0.5	0.14	0.11	0.21	0.55	0.09	0.22	0.06
速效氮磷比	−0.24	0.38	0.05	0.33	0.14	0.71	0.01	0.42
土壤总氮浓度	0.33	0.22	0.01	0.36	0.57	0.09	0.05	0.33
土壤总磷浓度	0.05	0.85	−0.13	0.68	−0.54	0.11	0.35*	0.01*
总氮磷比	0.33	0.21	−0.03	0.48	0.66*	0.04*	0.09	0.26
土壤有机碳	0.21	0.59	−0.14	0.73	0.46	0.18	−0.02	0.5

注：与AM真菌物种丰富度间的相关性使用皮尔森相关，与AM真菌群落与谱系组成间的相关使用Mantel检验。*代表显著相关。

10.4.5 长期增温、短期增温对AM真菌群落效应的对比分析

1. 17年样地与3年样地内AM真菌物种丰富度的比较

在本研究中，17年样地对照组的AM物种丰富度高于3年样地的对照组。由于17年样地和3年样地对照组间的根本区别是围封时间的差异，因此该结果说明长期围封有助于AM真菌物种多样性的恢复（Chen et al, 2018）。植物物种丰富度经常被用于解释AM真菌多样性的变化。植物物种丰富度越高，其对应的AM真菌物种多样性也越高（Johnson et al, 2004; Fitter, 2005; Liu et al, 2012b）。然而，本研究中17年样地对照组的植物物种丰富度略低于3年样地对照组，这说明围封导致的植物物种丰富度的变化并不是引起17年样地中对照组的AM物种丰富度高于3年样地的因素。此外，土壤氮、磷矿质营养也已被证实是AM真菌物种多样性变化的驱动因子（Du et al, 2020; Du et al, 2021）。此外，土壤氮、磷矿质营养也已被证实是AM真菌物种多样性变化的驱动因子（Liu et al, 2012; Shi et al, 2014）。本研究中虽然17年样地和3年样地对照组间土壤速效磷的含量无显著差异，但17年样地中对照组的速效氮显著低于3年样地；这说明与短期围封相比，长期围封加速了氮素限制（Du et al, 2020; 2021）。由于土壤氮素限制已被证实能够驱动菌根共生体发生适应性进化（Johnson et al, 2010），因此可推测长期围封

下AM真菌对土壤氮素限制的适应性进化是导致17年样地中AM真菌多样性高于3年样地的原因。

2. 长期、短期增温对AM真菌群落的效应

长期、短期增温均降低了AM真菌物种丰富度，但长期增温的负效应弱于短期增温。该结果很好地支持了本文的研究推断，说明增温处理对AM真菌的效应不存在迟滞效应，也表明高寒草甸AM真菌对气候变暖的高度敏感性。鉴于在本研究中有76%的AM真菌都属于Glomeraceae，且增温导致的AM真菌多样性的丧失也主要表现为Glomeraceae物种丰富度的降低，因此AM真菌对气候变暖的敏感性更多表现为Glomeraceae的AM真菌的温度敏感性。造成长期增温的负效应弱于短期增温的负效应的主要原因是长期的自然选择使得AM真菌适应了该区特有的高寒气候，无法在短期内快速适应温度的增加，因而短期增温会加剧AM真菌物种的丧失（胁迫排斥学说）；然而，当受到长期的增温处理时AM真菌会发生适应性进化，因而长期增温对AM真菌的负效应会减弱（胁迫适应假说）（Millar et al, 2016）。

此外，17年样地中增温显著降低了根生物量，且根生物量是解释AM真菌物种丰富度变化的最优变量。由于根生物量的降低会减少植物向AM真菌碳的分配，加速AM真菌的种间竞争，进而导致AM真菌物种的丧失（Shi et al, 2014）。因此长期增温导致的根生物量的减小是驱动AM真菌物种丰富度降低的重要途径（Liu et al, 2012；Liu et al, 2015；Vogelsang et al, 2006）。不同于17年样地，3年样地内增温显著降低了土壤总氮含量和总氮磷比，且土壤总氮磷比是解释AM真菌物种丰富度的最优变量。这说明短期增温导致的土壤氮营养限制是导致AM物种丰富度降低的主要原因，因为土壤氮限制会抑制植物的生长，减小植物向AM真菌碳的供应量，加剧了真菌间对碳的竞争，进而导致AM物种多样性的丧失（Johnson et al, 2010）。上述分析说明，长期增温对AM真菌物种丰富度的负效应是由增温导致的根生物量的降低所介导的，而短期增温的负效应是由增温导致的土壤氮营养限制所介导的，表明增温对AM真菌负效应的作用机制是依增温处理持续时间而异的。考虑到长期增温导致植物根生物量的降低可能是短期增温引起的土壤氮限制的累积效应，因此可推断适度地添加外源性氮素是缓解气候变暖对高寒草甸AM真菌负效应的有效手段之一。

3. 长期、短期增温对AM真菌谱系结构的效应及其生态学过程

鉴于AM真菌功能特征已被证实是保守进化的（Hart et al, 2010），因此AM真菌群落的谱系结构经常被用于确定驱动AM真菌群落组装的关键生态学过程（Horn et al, 2014；Liu et al, 2015；Shi et al, 2017）。在本研究中，两块样地对照组的AM真菌群落均是谱系聚集的，说明了环境过滤驱动了AM真菌群落的装配。该研究结果与其他的研究结果是一致的（Chen et al, 2017；Egan et al, 2017；Horn et al, 2014；Ülle, 2014）——AM真菌群落谱系在大多数自然系统中也是聚集的。与对照组不同，两块样地增温处理的谱系结构都是随机的。考虑到AM真菌已被证实存在很强的扩散能力（Davison et al, 2015；Davison et al, 2018；León et al, 2016），因此本研究中谱系的随机

模式并不由扩散限制所导致，而是环境过滤和竞争排斥中和作用的结果（Mayfield et al，2010）。具体来讲，在自然状态下 AM 真菌主要受到来自当地高寒气候的选择压力，使得 AM 真菌群落主要由 Glomeraceae 的物种所主导，导致了一个聚集的谱系结构；但在增温处理下，AM 真菌在受到当地高寒气候选择压力的同时，也在经历着由增温处理引起的根生物量或土壤营养限制的压力；二者叠加在一起，导致了 AM 真菌间的竞争排斥作用加强，降低 AM 真菌（特别是球囊霉科 AM 真菌）物种多样性，使得 AM 真菌群落内物种的亲缘关系较远，出现了谱系随机。这些结果说明长期、短期增温均能导致驱动 AM 真菌群落构建的生态过程从环境过滤向环境过滤和竞争排斥中和作用的转变。

综上所述，本研究测定了青藏高原高寒草甸 AM 真菌群落对长期（17年）和短期（3年）OTC 增温处理的响应，发现处理时间的长短决定了增温对 AM 真菌群落组成的影响和作用机制。同时，还发现通过添加外源性氮素以促进植物根系的生长是缓解气候变暖对高寒草甸 AM 真菌多样性负效应的有效手段。有待进一步研究长期增温引起的根生物量降低是否为短期增温引起的土壤氮限制的累积效应。

10.5 模拟增温与降雪对 AM 真菌多样性的影响

全球的气温升高一方面可直接促进 AM 真菌的生长（Gavito et al，2005）；另一方面因 AM 真菌是与植物共生的真菌，其群落结构高度依赖于所共生的宿主植物（Johnson et al，2004）。因此，无论是温度的升高或是放牧的存在都可以通过影响植物生产力和群落组成间接影响 AM 真菌群落结构（Klein et al，2004；Wu et al，2008）。但是，目前关于增温（Kim et al，2014；Kim et al，2015；Gao et al，2016）和放牧（Eom et al，1999；Su et al，2007；Yang et al，2013）对 AM 真菌的影响并没有统一的定论，仍需要在更多生态系统中探究增温与放牧对 AM 真菌影响的研究。此外，作为热量传输的绝缘体，积雪对地表温度的变化具有明显的阻隔作用，可以有效地将土壤温度保持在 0 ℃ 左右（Edwards et al，2007）。有研究报道，积雪深度和时间的增加可以显著提高当地微生物的活性（Buckeridge et al，2008），并改变植物生长季的长短，影响植物物候（Dorji et al，2013）。但据我们所知，目前还没有关于降雪增加对 AM 真菌群落结构影响的相关报道。

系统全面地获取 AM 真菌多样性是进一步理解 AM 真菌响应气候变化和放牧措施的基础。基于核糖体 rDNA 序列分析的分子生物学方法如今已普遍应用于 AM 真菌群落多样性的研究中。Öpik 等依据 AM 真菌 18S rDNA 小亚基区段对所公开的 AM 真菌序列进行了收集整理，目前在其建立的 MaarjAM 数据库中共记录 352 个 AM 真菌虚拟分类单元。然而，其中的大多数 AM 真菌序列来自气候较为温和的生态系统（Öpik et al，2013），对一些极端生境（如青藏高原地区）的 AM 真菌多样性知之甚少。因此，在青藏高原地区探究 AM 真菌的多样性及其对模拟增温、降雪和放牧的响应具有重要的科学意义。

10.5.1 研究方法

1. 研究区概况与实验设计

本研究依托中科院青藏高原研究所纳木错多圈层相互作用综合观测研究站进行。实验样地设置在距离观测站约2 km的天然牧场，地理坐标为30°72′N，91°05′E，海拔约4 875 m；年均气温为–0.6 ℃，降水量约为415 mm。试验样地土壤类型属于高山草原土和高山草甸土，植被以高山、极地及中国喜马拉雅植被类型为主，主要优势种为高山嵩草等莎草科植物。

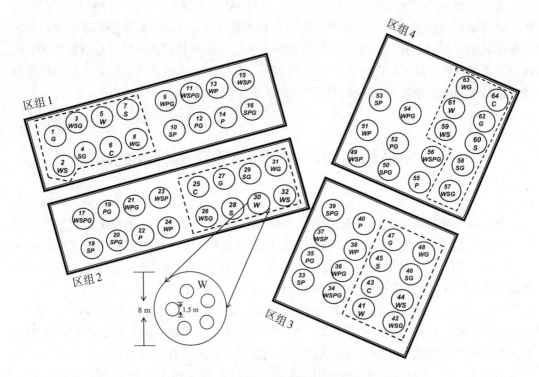

图10.17　实验研究的随机分组设计

注：C表示对照；S表示降雪；W表示增温；P表示鼠兔；G表示放牧。虚线表示鼠兔围栏，实线表示不同样区的边界。

本试验于2009年开始设立，试验处理包括2个模拟气候因子（增温、降雪）及2个模拟放牧因子（牦牛、鼠兔）。采用四因素全因子随机区组设计，每个处理及其不同的组合重复4次，共64个小区（图10.17）。模拟增温采用OTC（Marion et al, 1997），其底部和顶部直径分别为1.5 m和0.75 m，高为0.4 m，于每年生长季（5月中旬至8月底）在试验样地内设置。为更自然地模拟降雪，每年从样地附近采集雪样自然置于试验小区上，雪层厚度约1 m，积雪覆盖时间为4月底至5月初。在生长季内选取体质量相近的牦牛对每个放牧样区进行自然啃食以模拟牦牛放牧。放牧强度为每小区一头牦牛，每年3~4

次，每次持续3 d。高原鼠兔在试验样地内普遍存在，其大规模的种群爆发可能会导致高原草地的退化，试验设置约40 cm高的固定围栏对鼠兔进行排除，但此试验处理未能得到预期效果，在围栏内的试验样区仍有鼠兔的出现（Hopping，2015）。因此，在后期的分析中，并没有分析鼠兔存在的试验处理，而是将是否有鼠兔存在的试验小区进行了合并。因此，本研究仅考虑模拟增温、降雪及牦牛三种试验处理及其交互作用，共8个处理，每处理8个重复。

2. 样品采集及土壤理化性质分析

2012年8月5日（试验处理第4年）进行土壤样品的采集，在每个小区内随机采集2钻（直径：3.8 cm，深：25 cm）土壤样品，并将其混合均匀为一份样品，共64份样品。从土壤中挑选鲜活的植物根系，并将其分为两份，一份用于植物DNA的提取，另一份用于AM真菌侵染率的测定。随后将土壤样品风干，用于土壤理化性质的测定。土壤理化性质分析方法详见9.2.1中描述。

3. AM真菌侵染率测定

AM真菌根内总侵染率（root length colonization，%RLC）经台盼蓝（trypan blue）染色后使用十字交叉法进行测定（McGonigle et al，1990）。具体方法：随机挑选根段样品置于试管中，经10% KOH溶液在70 ℃水浴中处理25 min，弃去KOH溶液；用蒸馏水洗净后置于2%（V/V）的HCl中酸化30 min；最后用0.05%（m/V）的台盼蓝染液（溶剂为乳酸∶甘油∶水=1∶1∶1的混合物）70 ℃下染色10 min。弃去染液，用蒸馏水洗净后再加入脱色液（V/V，乳酸∶甘油∶水=1∶1∶1）进行脱色。以PVLG（聚乙烯醇1.66 g，蒸馏水10 mL，乳酸10 mL，甘油1 mL，高温下配制）为浮载剂，随机选取7个根段进行制片，每份样品压制5个显微制片，一份样品共计35个根段。最后在10×20倍的显微镜下观察根系皮层中的AM真菌结构，每个样品共观察210个视野。

4. 根系内AM真菌群落多样性分析

称取50 mg根样，在经液氮充分研磨后利用植物组DNA提取试剂盒进行植物DNA的提取（共64份根样）。提取的总DNA经琼脂糖凝胶电泳检测合格后用于巢式PCR的扩增。第一次PCR采用真核通用引物GeoA2（CCAGTAGTCATATGCTTGTCTC）和Geo11（ACCTTGTTACGACTTTTACTTCC）进行18S rDNA片段的扩增（Schwarzott et al，2001），反应体系为25 μL：植物基因组DNA模板2 μL，引物各1 μL（浓度为5 μmol/L）。扩增程序为：94 ℃预变性2 min，94 ℃变性30 s，59 ℃退火1 min，72 ℃延伸2 min，共30个循环，最终在72 ℃延伸10 min。第二次PCR扩增利用AM真菌特异性引物NS31（TTGGAGGGCAAGTCTGGTGCC）（Simon et al，1992）和AML2（CCAAACACTTTGGTTTCC）（Lee et al，2008）进行扩增，PCR反应体系为50 μL：其中模板2 μL（首次PCR产物100倍稀释），引物各2 μL（浓度为5 μmol/L）。循环条件如下：94 ℃预变性2 min，94 ℃变性30 s，58 ℃退火1 min，72 ℃延伸1 min，共30个循环，最终在72 ℃延伸10 min。两次PCR产物均利用1%（m/V）琼脂糖凝胶电泳检测。

使用Axygen核酸纯化试剂盒对第二次PCR产物进化纯化，并将纯化后的PCR产物连接到 pGEM-T 载体（Promega，WI，USA）中，采用热激法将载体转化到大肠杆菌（Escherichia coli）DH5α 感受态细胞中构建分子克隆文库。对每个克隆文库，使用灭菌牙签随机挑选 48 个白斑浸入 30 μL 双蒸水中，经液氮反复冻融 2 次后，取 1 μL 液体作为模板，利用引物 NS31-AML2 重新进行 PCR 扩增，扩增体系为 20 μL，反应程序与第二次 PCR 程序相同。通过琼脂糖凝胶电泳剔除假阳性克隆。对所有阳性 PCR 产物使用限制酶 HinfI 和 Hin1II（Fermentas，Vilnius，Lithuania）双酶切后进行限制性片段长度多态性分析（restriction fragment length polymorphism，RFLP）。对每个克隆文库，选取每种 RFLP 型的一个代表性克隆进行 DNA 序列的测序，剩余的克隆子通过 RFLP 带型分类，并记录每种 RFLP 型的克隆子数目。

测序所得的 DNA 序列使用 ContigExpress 软件进行编辑后，使用 USEARCH（Edgar et al, 2011）软件进行嵌合体的检测与去除。剩余序列通过 BLAST 与核酸数据库（GenBank）进行在线比对，以确认序列是否为 AM 真菌的目标序列。将所有 AM 真菌序列与 MaarjAM 数据库重新比对分析，在 97% 相似性水平上进行虚拟单元的划分（Öpik et al, 2010）。使用 MEGA5 软件基于 Kimura's two-parameter（K2P）模型对全部 AM 真菌序列进行 Neighbor-Joining 系统发育树的构建（Tamura et al, 2011）。本研究所获得的 AM 真菌分子种代表性序列均已提交至 GenBank 数据库，序列号为：KP731887-KP731918 和 KX298197-KX298206。

5. 数据分析与统计方法

使用 R 语言进行统计分析，所有数据分析前均经正态分布检测，对不符合正态分布的数据进行 log 转换。以不同样区的影响为随机效应，使用线性混合效应模型检验模拟增温、降雪、牦牛放牧及其不同处理组合对土壤性质和 AM 真菌多样性的影响，此模型在 R 语言中使用 nlme 包的 lme 功能进行分析（Pinheiro et al, 2009）。处理间的多重比较使用 multcomp 包的 Tukey's honestly significant difference（HSD）方法在 0.05 水平上进行检验（Hothorn et al, 2008）。AM 真菌在各处理间和整个样地的稀疏曲线通过 vegan 包的 rarecurve 功能进行绘制（Oksanen et al, 2013）。为更全面地评价土壤微生物多样性，本研究使用 picante 包的 pd 函数对 AM 真菌的系统发育多样性进行计算（Kembel et al, 2010）。使用 adonis 函数进行非参数多元方差分析以检验试验处理对 AM 真菌群落结构的影响，并利用 rda 函数基于冗余度分析探究 AM 真菌群落结构与环境因子的相互关系，以上两种分析均利用 vegan 包进行统计分析（Oksanen et al, 2013）。

10.5.2 增温与降雪对土壤理化特性影响

模拟增温显著升高了土壤（$F=42.0$，$P<0.001$）和空气温度（$F=430.7$，$P<0.001$），降低了土壤含水量（$F=4.6$，$P=0.04$）。模拟降雪显著降低了土壤温度（$F=28.1$，$P<0.001$），提高了土壤含水量（$F=8.4$，$P=0.006$）；放牧仅显著增加了土壤速效氮的含量（$F=5.5$，$P=0.002$）。此外，模拟增温与放牧的交互作用显著改变了土壤含水量（$F=5.0$，$P=0.03$），增温、放牧和降雪三者的交互作用显著改变了土壤速效磷的含量（$F=5.1$，$P=$

0.03）。土壤pH、总氮含量、有机碳含量在各处理间均无显著差异（表10.6，$P>0.05$）。

表10.6 不同处理下空气、土壤温度及理化性质和统计检验结果

		气温/℃	土壤温度/℃	土壤含水量/%	土壤速效氮/(mg/kg)	土壤pH	土壤速效磷/(mg/kg)	土壤总氮/%	土壤有机碳/%
未放牧	C	8.48±0.10[b]	11.43±0.19[c]	0.14±0.01[ab]	9.48±1.44	5.45±0.06	0.94±0.09	0.23±0.02	1.55±0.15
	W	9.82±0.06[a]	12.52±0.25[ab]	0.10±0.01[b]	10.31±0.71	5.41±0.03	1.30±0.21	0.23±0.01	1.64±0.14
	S	8.78±0.04[b]	10.96±0.19[c]	0.15±0.01[a]	9.38±1.17	5.53±0.08	1.28±0.24	0.22±0.02	1.53±0.13
	WS	9.92±0.11[a]	11.63±0.23[bc]	0.13±0.01[ab]	9.97±1.13	5.48±0.08	1.00±0.13	0.23±0.02	1.63±0.14
放牧	C	8.72±0.09[b]	11.42±0.16[c]	0.11±0.01[b]	16.06±2.49	5.45±0.04	1.13±0.24	0.25±0.02	1.64±0.15
	W	9.76±0.06[a]	12.77±0.26[a]	0.12±0.01[ab]	12.83±2.58	5.38±0.04	1.04±0.12	0.22±0.01	1.48±0.09
	S	8.64±0.06[b]	10.71±0.25[c]	0.13±0.01[ab]	13.55±4.16	5.54±0.06	1.01±0.15	0.24±0.02	1.62±0.14
	WS	9.85±0.10[a]	11.58±0.20[c]	0.13±0.01[ab]	9.97±1.29	5.48±0.07	1.17±0.21	0.23±0.01	1.56±0.14
Summary of the treatments effects									
增温		430.74***	42.03***	4.56*	0.91	1.44	0.16	0.17	0.01
降雪		3.68	28.08***	8.37**	1.06	3.88	0.01	0.04	0.01
放牧		0.05	0.01	1.52	5.51*	0.01	0.16	0.21	0.02
增温×降雪		0.03	2.21	0.07	0.01	0.02	1.01	0.45	0.17
增温×放牧		0.92	0.56	5.04*	2.12	0.06	0.01	2.31	2.37
降雪×放牧		2.60	0.81	0.30	0.76	0.05	0.01	0.01	0.10
增温×降雪×放牧		2.36	0.01	0.32	0.01	0.01	5.14*	0.05	0.10

注：数据为平均值±标准误（$n=8$）。各处理间（列）相同字母表示差异不显著（Tukey's HSD）。* $P \leq 0.05$；** $P \leq 0.01$；*** $P \leq 0.001$。

10.5.3 增温与降雪对AM真菌的影响

不同样品的AM真菌侵染率为0~54.9，但不同试验处理对AM真菌侵染率并没有显著影响（$P>0.05$）。本研究共筛选出2 911个阳性克隆子，依据RFLP分型共测序668条。其中，237条序列与AM真菌序列具有较高同源性，占总克隆子数量的37.5%。此外，还检测出大量其他菌门的序列，如154条线虫纲序列（Nematoda，31.1%），113条子囊菌纲序列（Ascomycota，14.5%）等（表10.6）。

表10.6 各门或亚门所测序列数及其克隆子比例

	AM真菌	线虫	子囊菌	担子菌	链形植物	其他
序列数	237	154	113	31	53	59
克隆子比例/%	37.50	31.05	14.48	8.30	3.67	5.00

尽管本试验各处理中AM真菌克隆子的数量不同，但通过AM真菌虚拟种累积曲线的分析发现，随克隆子数目的增加，AM真菌的虚拟种累积曲线逐步接近平缓，表明各处理中大多数的AM真菌分子种都已被充分调查（图10.18）。

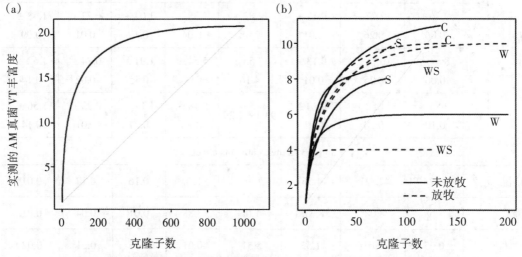

图10.18 试验样地（a）和不同处理间（b）AM真菌分子种的物种累计曲线

注：C表示对照；S表示降雪；W表示增温；WS表示增温加降雪。

基于237条AM真菌序列，本研究共鉴定出21种AM真菌分子种，其中一种在MaarjAM数据库中尚未记录（图10.19）。在这21种AM真菌虚拟种中，19种虚拟种分属于4目6科（Glomeraceae、Diversisporaceae、Acaulosporaceae、Claoideoglomeraceae、Paraglomeraceae、Archaeosporaceae），剩余2种目前尚不清楚其分类地位。其中，球囊霉属（*Glomus*）7种，根孢囊霉属（*Rhizophagus*）3种，多样孢囊霉属（*Diversispora*）1种，无梗囊霉属（*Acaulospora*）2种，近明球囊霉属（*Claroideoglomus*）4种，原囊霉属（*Archaeospora*）1种，类球囊霉属（*Paraglomus*）1种。在属的水平上，根孢囊霉属的相

对丰度最高，占总 AM 真菌克隆子数目的 44.3%；其次是球囊霉属，占 AM 真菌总克隆子数目的 18.1%。在 AM 真菌虚拟种水平上，VT325（*Rhizophagus* sp.）相对丰度最高，占 AM 真菌克隆子数目的 23.1%；其次是 VT295（*Rhizophagus* sp.）和 VT143（*Glomus* sp.），分别占 AM 真菌克隆子数目的 20.7% 和 13.3%。VT325 和 VT56 在各样地的出现频率最高，存在于每个处理中；而一些罕见的 AM 真菌虚拟种仅在特定处理中出现（图 10.19）。此外，试验处理还显著改变了一些 AM 真菌的相对丰度，如模拟增温显著降低了 VT143 的相对丰度（$F=4.20$，$P=0.04$），而模拟降雪则显著增加了 VT295 的相对丰度（$F=4.57$，$P=0.04$）。

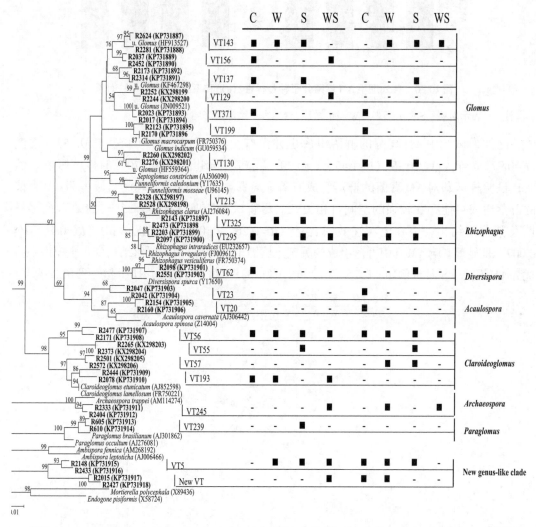

图 10.19　AM 真菌序列（加粗表示）和 GenBank 数据库中参考序列所构建的邻近归并系统发育树

注：C 表示对照；S 表示降雪；W 表示增温；WS 表示增温加降雪。可信度在 50% 以上的 bootstrap 值方被显示。右侧为各处理间的 AM 真菌分子种的分布，"■"代表存在。

各处理间 AM 真菌虚拟种的丰富度为 0～5，平均值为 2.1；系统发育多样性为 0.06～

0.22，平均值为0.13。但试验处理对AM真菌的虚拟种丰富度或系统发育多样性均无显著影响（$P>0.05$），图10.20。

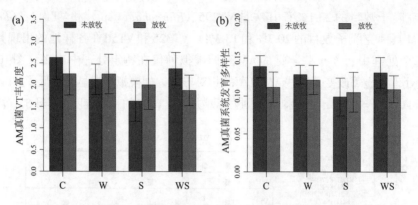

图10.20　各处理下AM真菌分子种多样性（a）和系统发育多样性（b）

注：C表示对照；S表示降雪；W表示增温；WS表示增温加降雪。

此外，试验中AM真菌的群落组成也并没有受牦牛放牧（$F=0.96$，$P=0.45$）、增温（$F=0.97$，$P=0.45$）、降雪（$F=1.45$，$P=0.20$）或其不同组合（$P>0.70$）的显著影响。然而，试验样区却对AM真菌的群落组成有着显著影响（$F=1.61$，$P=0.03$），表明AM真菌的群落组成可能存在较强的空间自相关性。尽管试验处理没有显著影响AM真菌的多样性及其群落结构，但在土壤速效磷含量（$R^2=0.26$，$P=0.002$）和土壤pH（$R^2=0.16$，$P=0.007$）是显著影响AM真菌群落组成的关键土壤因子。AM真菌的群落结构变化主要由一些优势AM真菌分子种（例如VT325、VT295、VT143）相对丰度的变化所引起（图10.21）。

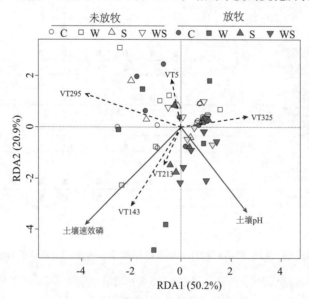

图10.21　AM真菌群落结构的冗余度分析

注：C表示对照；S表示降雪；W表示增温；WS表示增温加降雪。显著相关的环境变量（土壤速效磷（AP）和土壤pH，实线箭头）和AM真菌分子种（虚线箭头）作为因子拟合至排序图中。

10.5.4 增温与降雪对AM真菌群落的影响机制

本研究样地位于青藏高原中部，植被类型主要是以高山嵩草为主的嵩草草甸，土壤养分相对贫瘠。嵩草属植物以前多被认为是非菌根或低菌根化植物，但本研究利用分子方法在以嵩草属植物为主的植物根系中检测到多种AM真菌分子种。这与Li等在青藏高原东南部的研究报告结果类似。Li等分别在嵩草属植物和高山嵩草植物根系中检测出22（Li et al，2014）和27（Li et al，2015）种AM真菌分子种。以上试验结果均表明，嵩草属植物不仅可被AM真菌侵染（Muthukumar et al，2004），且在青藏高原地区还具有较高的侵染强度（Gai et al，2006）。然而，本研究植物根系中AM真菌的平均丰富度仅为2.1，要低于Li等在2015的研究发现，他们在每个根样本中平均检测到5.5个AM真菌分子种（Li et al，2015）。土壤理化特征是影响AM真菌多样性的重要环境因素，本研究样地中相对贫瘠的土壤特征可能导致了当地AM真菌与植物间较弱的共生关系。此外，较低的AM真菌丰富度也与研究中所用引物的低特异性有关。尽管引物NS31-AML2在其他高山草甸生态系统中有着较高的特异性（Liu et al，2011），但在本研究样地中却仅扩增出约1/3的AM真菌序列。新一代的高通量测序技术测序通量高，可从环境DNA样品中获取更多的AM真菌多样性信息（Öpik et al，2009）；因此，在未来如要准确地反映青藏高原嵩草草甸AM真菌的物种多样性，新一代的测序技术的使用必不可少。

VT325和VT295是本研究样地中AM真菌的优势分子种，在青藏高原其他地区也多被发现和报道（Liu et al，2015；Shi et al，2017）。但它们在全球范围内的分布频度却并不高（Davison et al，2015），并且在MaarjAM数据库中也很少被记录，表明这两种AM真菌可能具备特殊的功能特征，使其在青藏高原独特的环境中得到大量繁殖。类似地，在本研究中，全球广泛分布的球囊霉属也不占优势，而目前所报道物种数不足20种的根孢囊霉属是本研究样地的优势菌属。在其他研究报道中，无梗囊霉属和近明球囊霉属分别是青藏高原东南部（Li et al，2014）和中部（Liu et al，2011）地区最为优势的AM真菌属。以上结果都表明在青藏高原地区，生物与非生物间的相互作用使得AM真菌对青藏高原不同地区产生了局域适应性。

与我们的期望不符，本研究各种试验处理均没有对AM真菌丰度及其多样性产生显著影响。一般认为，放牧会降低植物光合产物的生成，使得植物向根际AM真菌分配的碳相应减少（Barto et al，2010），最终导致AM真菌侵染率降低（Gange et al，2002）和物种丰富度减少（Su et al，2007）。然而，放牧对AM真菌多样性的影响也一直存在争议：有报道认为放牧不会影响AM真菌多样性（Yang et al，2013）；而有些报道则认为AM真菌侵染率会随放牧强度的加剧而升高（Gehring et al，1994；Eom et al，2001）。AM真菌对放牧的不一致响应可能是由于不同研究中所采用的放牧类型及强度和当地植被类型差异所造成的（Barto et al，2010）。在本研究中，牦牛放牧的强度相对较弱，一年内的放牧时间不超过20 d。当地植被对放牧的长期适应可能导致了AM真菌丰度和多样性的稳定。因温度升高可促进植物分配给AM真菌更多的光合产物（Rillig et al，2002），所以增温往往会增加 AM 真菌的侵染率（Heinemeyer et al, 2004；Staddon et al, 2004；Soudzilovskaia et al, 2015）和物种丰富度（Kim et al, 2014；Kim et al, 2015）。然而我们的研究结果表明，在青藏高原高海拔地区，连续 4 年 1℃左右的增温并不会影响 AM 真菌的多样性。尽管如此，因植物物种多样性和 AM 真菌物种多样性往往紧密相关（Hiiesalu et al, 2014），由增温所导致的植物物种丧失已在青藏高原地区被多次报道（Klein et al, 2004；Yang et al, 2014），所以我们预测长期大幅度的变暖可能会降低该地区 AM 真菌多样性。目前国内外就模拟降雪对 AM 真菌多样性的影响还未见报道，本研究的试验结果首次表明高海拔嵩草草甸中 AM 真菌对降雪增加的响应并不敏感。我们在分子种水平上发现，VT143（*Glomus* sp.）的相对丰度随温度的升高而显著降低；VT295（*Rhizophagus* sp.）的相对丰度在模拟降雪条件下显著增加，表明不同的 AM 真菌生长策略不同，对环境变化的响应也不同。

AM 真菌群落组成受气候变化或放牧的影响已在多种生态系统中被发现和报道（Eom et al, 2001；Su et al, 2007；Yang et al, 2013）。但在本研究中，AM 真菌群落结构并不受任何试验处理的显著影响。AM 真菌的群落组成受生物和非生物因素的共同影响，如宿主植物（Johnson et al, 2004）、营养条件（Casazza et al, 2017）、水分利用（Zhang et al, 2016）和干扰机制（Carvalho et al, 2003）等都会影响 AM 真菌的群落构成。在本研究中，除土壤温度外，其他土壤理化性质都未发生显著变化，稳定的土壤营养或许解释了 AM 真菌群落结构的稳定性。如上所述，放牧或增温可通过改变植物对菌根的碳源分配或改变植物物种组成来影响 AM 真菌群落结构；而降雪也会通过增加有机碳、氮向土壤中的释放（Groffman et al, 2001），导致植物群落组成的变化（Aerts, 2010），最终影响 AM 真菌群落结构。遗憾的是，我们没有对地上植物群落的组成进行调查，所以无法判定植物群落在各试验处理下是否发生了变化及这种变化是否影响了 AM 真菌的群落结构。试验结果发现，AM 真菌群落组成受采样样区位置的显著影响，AM 真菌分子种在处理重复间的周转率较高。这种较高的 AM 真菌 β 多样性可能受环境异质性所影响，同时也弱化了本试验中处理对 AM 真菌群落结构的影响。

综上所述，本研究通过连续 4 年的野外试验处理，首次在高海拔嵩草草甸探究了 AM 真菌对气候变化和放牧的响应。本研究所检测到的 AM 真菌侵染率和分子种多样性相对较高，表明 AM 真菌可以适应青藏高原高海拔、寡营养的极端环境。尽管本研究并没有检测到模拟增温、降雪和放牧对 AM 真菌多样性和群落结构的显著影响，但本研究结果加深了我们对青藏高原地区 AM 真菌响应全球气候变化和放牧的理解。此外，莎草科植物作为青藏高原主要的植物类群，对当地畜牧业发展有着至关重要的作用，在未来有必要进一步在嵩草草甸生态系统开展 AM 真菌响应气候变化和放牧的相关研究。

参考文献

[1] Aerts R. Nitrogen-dependent recovery of subarctic tundra vegetation after simulation of extreme winter warming damage to Empetrum hermaphroditum [J]. Global Change Biology, 2010, 16: 1071-1081.

[2] Alexj D, Michaela N, Thorunn H. Idiosyncrasy and overdominance in the structure of natural communities of arbuscular mycorrhizal fungi: is there a role for stochastic processes [J]. Journal of Ecology, 2010, 98: 419-428.

[3] Angelard C, Sanders I R. Effect of segregation and genetic exchange on arbuscular mycorrhizal fungi in colonization of roots [J]. New Phytologist, 2011, 189 (3): 652-657.

[4] Antunes P M, Lehmann A, Hart M M, et al. Long-term effects of soil nutrient deficiency on arbuscular mycorrhizal communities [J]. Functional Ecology, 2012, 26: 532-540.

[5] Aroca R, Porcel R, Ruiz-Lozano J M. How does arbuscular mycorrhizal symbiosis regulate root hydraulic properties and plasma membrane aquaporins in Phaseolus vulgaris under drought cold or salinity stresses? [J]. New Phytologist, 2007, 173: 808-816.

[6] Artursson V, Finlay R D, Jansson J K. Interactions between arbuscular mycorrhizal fungi and bacteria and their potential for stimulating plant growth [J]. Environmental Microbiology, 2006, 8 (1): 1-10.

[7] Augé R M. Water relations, drought and vesicular-arbuscular mycorrhizal symbiosis [J]. Mycorrhiza, 2001, 11 (1): 42-43.

[8] Barto E K, Rillig M C. Does herbivory really suppress mycorrhiza? A meta-analysis [J]. Journal of Ecology, 2010, 98: 745-753.

[9] Bedini S, Pellegrino E, Avio L, et al. Changes in soil aggregation and glomalin-related soil protein content as affected by the arbuscular mycorrhizal fungal species Glomus mosseae and Glomus intraradices [J]. Soil Biology and Biochemistry, 2009, 41 (7): 1491-1496.

[10] Bender F. Mycorrhizal effects on nutrient cycling, nutrient leaching and N_2O production in experimental grassland [J]. Soil Biology & Biochemistry, 2015, 80: 283-292.

[11] Bender S F, Conen F, Van der Heijden M G A. Mycorrhizal effects on nutrient cycling, nutrient leaching and N_2O production in experimental grassland [J]. Soil Biology and Biochemistry, 2015, 80: 283-292.

[12] Bender S F, Plantenga F, Neftel A, et al. Symbiotic relationships between soil fungi and plants reduce N_2O emissions from soil [J]. ISME Journal, 2014, 8 (6): 1336-

1345.

[13] Bennett A E, Bever J D, Bowers M D. Arbuscular mycorrhizal fungal species suppress inducible plant responses and alter defensive strategies following herbivory [J]. Oecologia, 2009, 160 (4): 771-779.

[14] Bennett J A, Maherali H, Reinhart K O, et al. Plant-soil feedbacks and mycorrhizal type influence temperate forest population dynamics [J]. Science, 2017, 355: 181-184.

[15] Berdanier A B, Klein J A. Growing season length and soil moisture interactively constrain high elevation aboveground net primary production [J]. Ecosystems, 2011, 14: 963-974.

[16] Bever J D, Dickie I A, Facelli E, et al. Rooting theories of plant community ecology in microbial interactions [J]. Trends in Ecology & Evolution, 2010, 25: 468-478.

[17] Borer E T, Seabloom E W, Gruner D S, et al. Herbivores and nutrients control grassland plant diversity via light limitation [J]. Nature, 2014, 508: 517.

[18] Börstler B, Renker C, Kahmen A, et al. Species composition of arbuscular mycorrhizal fungi in two mountain meadows with differing management types and levels of plant biodiversity [J]. Biology and Fertility of Soils, 2006, 42 (4): 286-298.

[19] Brearley F Q, Elliott D R, Iribar A, et al. Arbuscular mycorrhizal community structure on co-existing tropical legume trees in French Guiana: International journal of plant nutrition, plant chemistry, soil microbiology and soil-born plant diseases [J]. Plant & Soil, 2016, 403: 253-265.

[20] Brundrett M C. Global diversity and importance of mycorrhizal and nonmycorrhizal plants [M]. Cham: Springer, 2017.

[21] Buckeridge K M, Grogan P. Deepened snow alters soil microbial nutrient limitations in arctic birch hummock tundra [J]. Applied Soil Ecology, 2008, 39: 210-222.

[22] Bunn R, Lekberg Y, Zabinski C. Arbuscular mycorrhizal fungi ameliorate temperature stress in thermophilic plants [J]. Ecology, 2009, 90: 1378-1388.

[23] Caporaso J G, Kuczynski J, Stombaugh J, et al. Qiime allows analysis of high-throughput community sequencing data [J]. Nature Methods, 2010, 7: 335-336.

[24] Du C, Jie J, Yuan S D, et al. Short-term grazing exclusion improved topsoil conditions and plant characteristics in degraded alpine grasslands [J]. Ecological Indicators, 2020, 108: 105680.

[25] Chaudhary V B, Rúa M A, Antoninka A, et al. MycoDB, a global database of plant response to mycorrhizal fungi [J]. Scientific Data, 2016, 3: 160028.

[26] Chen X J, Lin Q M, Zhao X R, et al. Long-term grazing exclusion influences arbuscular mycorrhizal fungi and their association with vegetation in typical steppe of Inner

Mongolia, China [J]. Journal of Integrative Agriculture, 2018, 17 (6): 1445-1453.

[27] Chen Y L, Xu Z W, Xu T L, et al. Nitrogen deposition and precipitation induced phylogenetic clustering of arbuscular mycorrhizal fungal communities [J]. Soil Biology & Biochemistry, 2017, 115: 233-242.

[28] Cheng L, Booker F L, Tu C, et al. Arbuscular mycorrhizal fungi increase organic carbon decomposition under elevated CO_2 [J]. Science, 2012, 337 (6098): 1084-1087.

[29] Croll D, Giovannetti M, Koch A M, et al. Nonself vegetative fusion and genetic exchange in the arbuscular mycorrhizal fungus Glomus intraradices [J]. New Phytologist, 2009, 181 (4): 924-937.

[30] Dan X, Erik V, Yajun H, et al. Land use influences arbuscular mycorrhizal fungal communities in the farming-pastoral ecotone of northern China [J]. New Phytologist, 2015, 204: 968-978.

[31] Davison J, Moora M, Öpik M, et al. Global assessment of arbuscular mycorrhizal fungus diversity reveals very low endemism [J]. Science, 2015, 349: 970-973.

[32] Davison J, Moora M, Öpik M, et al. Microbial island biogeography: isolation shapes the life history characteristics but not diversity of root-symbiotic fungal communities [J]. Isme Journal, 2018, 12: 2211-2224.

[33] Dorji T, Totland Ø, Moe S R, et al. Plant functional traits mediate reproductive phenology and success in response to experimental warming and snow addition in Tibet [J]. Global Change Biology, 2013, 19: 459-472.

[34] Du C, Gao Y. Grazing exclusion alters ecological stoichiometry of plant and soil in degraded alpine grassland [J]. Agriculture Ecosystems & Environment, 2021, 308: 107256.

[35] Dumbrell A J, Ashton P D, Aziz N, et al. Distinct seasonal assemblages of arbuscular mycorrhizal fungi revealed by massively parallel pyrosequencing [J]. New Phytologist, 2010, 190: 794-804.

[36] Edwards A C, Scalenghe R, Freppaz M. Changes in the seasonal snow cover of alpine regions and its effect on soil processes: a review [J]. Quaternary International, 2006, 162-163: 172-181.

[37] Egan C P, Callaway R M, Hart M M, et al. Phylogenetic structure of arbuscular mycorrhizal fungal communities along an elevation gradient [J]. Mycorrhiza, 2017, 27 (3): 273-282.

[38] Egerton-Warburton L M, Querejeta J I, Allen M F. Common mycorrhizal networks provide a potential pathway for the transfer of hydraulically lifted water between plants [J]. Journal of Experiment Botany, 2007, 58 (6): 1473-1483.

[39] Eom A H, Wilson G W T, Hartnett D C. Effects of ungulate grazers on arbuscular mycorrhizal symbiosis and fungal community structure in tallgrass prairie [J]. Mycologia,

2001, 93: 233-242.

[40] Falkowski P G, Tom F, Delong E F. The microbial engines that drive Earth's biogeochemical cycles [J]. Science, 2008, 320: 1034-1039.

[41] Feng G, Song Y C, Li X L, et al. Contribution of arbuscular mycorrhizal fungi to utilization of organic sources of phosphorus by red clover in a calcareous soil [J]. Applied Soil Ecology, 2003, 22 (2): 139-148.

[42] Finlay R D. Ecological aspects of mycorrhizal symbiosis: with special emphasis on the functional diversity of interactions involving the extraradical mycelium [J]. Journal of Experiment Botany, 2008, 59 (5): 1115-1126.

[43] Fitter A H. Darkness visible: reflections on underground ecology [J]. Journal of Ecology, 2005, 93: 231-243.

[44] Frank B. On the nutritional dependence of certain trees on root symbiosis with belowground fungi (an English translation of A. B. Frank's classic paper of 1885) [J]. Mycorrhiza. 2005, 15 (4): 267-275.

[45] Frank D A, Gehring C A, Machut L, et al. Soil community composition and the regulation of grazed temperate grassland [J]. Oecologia, 2003, 137: 603-609.

[46] Gai J P, Cai X B, Feng G, et al. Arbuscular mycorrhizal fungi associated with sedges on the Tibetan plateau [J]. Mycorrhiza, 2006, 16: 151-157.

[47] Gai J P, Feng G, Cai X B, et al. A preliminary survey of the arbuscular mycorrhizal status of grassland plants in southern Tibet [J]. Mycorrhiza, 2006, 16: 191-196.

[48] Gange A C, Bower E, Brown V K. Differential effects of insect herbivory on arbuscular mycorrhizal colonization [J]. Oecologia, 2002, 131: 103-112.

[49] Ganjurjav H, Gao Q, Gornish E S, et al. Differential response of alpine steppe and alpine meadow to climate warming in the central Qinghai-Tibetan Plateau [J]. Agricultural and Forest Meteorology, 2016, 223 (15): 233-240.

[50] Gao C, Kim Y, Zheng Y, et al. Increased precipitation, rather than warming, exerts a strong influence on arbuscular mycorrhizal fungal community in a semiarid steppe ecosystem [J]. Botany, 2016, 94: 459-469.

[51] Gavito M E, Olsson P A, Rouhier H, et al. Temperature constraints on the growth and functioning of root organ cultures with arbuscular mycorrhizal fungi [J]. New Phytologist, 2005, 168: 179-188.

[52] Glynou K. The local environment determines the assembly of root endophytic fungi at a continental scale [J]. Environmental Microbiology, 2016, 18: 2418-2434.

[53] Gonzalez-Chavez M C, Carrillo-Gonzalez R, Wright S F, et al. The role of glomalin, a protein produced by arbuscular mycorrhizal fungi, in sequestering potentially toxic

elements [J]. Environmental Pollution, 2004, 130 (3): 317-323.

[54] Gosling P, Jones J, Bending G D. Evidence for functional redundancy in arbuscular mycorrhizal fungi and implications for agroecosystem management [J]. Mycorrhiza, 2016, 26 (1): 77-83.

[55] Govindarajulu M, Pfeffer P E, Jin H, et al. Nitrogen transfer in the arbuscular mycorrhizal symbiosis [J]. Nature, 2005, 435 (7043): 819-823.

[56] Grilli G, Urcelay C, Galetto L, et al. The composition of arbuscular mycorrhizal fungal communities in the roots of a ruderal forb is not related to the forest fragmentation process [J]. Environment Microbiology, 2015, 17: 2709-2720.

[57] Grime J P, Mackey J M L, Hillier S H, et al. Floristic diversity in a model system using experimental microcosms [J]. Nature, 1987, 328 (6129): 420-422.

[58] Groffman P M, Driscoll C T, Fahey T J, et al. Colder soils in a warmer world: a snow manipulation study in a northern hardwood forest ecosystem [J]. Biogeochemistry, 2001, 56: 135-150.

[59] Guo D, Wang H. The significant climate warming in the northern Tibetan Plateau and its possible causes [J]. International Journal of Climatology, 2012, 32: 1775-1781.

[60] Harrier L A, Watson C A. The potential role of arbuscular mycorrhizal (AM) fungi in the bioprotection of plants against soil-borne pathogens in organic and/or other sustainable farming systems [J]. Pest Management Science, 2004, 60 (2): 149-157.

[61] Harrison M J, van Buuren M L. A phosphate transporter from the mycorrhizal fungus Glomus versiforme [J]. Nature, 1995, 378 (6557): 626-629.

[62] Hart M M, Reader R J, Klironomos J N. Plant coexistence mediated by arbuscular mycorrhizal fungi [J]. Trends in Ecology and Evology, 2003, 18 (8): 418-423.

[63] Hart M M, Reader R J. Taxonomic basis for variation in the colonization strategy of arbuscular mycorrhizal fungi [J]. New Phytologist, 2002, 153: 335-344.

[64] Hautier Y, Niklaus P A, Hector A. Competition for light causes plant biodiversity loss after eutrophication [J]. Science, 2009, 324: 636-638.

[65] Hawkes C, Hartley I, Ineson P, et al. Soil temperature affects carbon allocation within arbuscular mycorrhizal networks and carbon transport from plant to fungus [J]. Global Change Biology, 2010, 14: 1181-1190.

[66] He F, Zhang H, Tang M. Aquaporin gene expression and physiological responses of Robinia pseudoacacia L. to the mycorrhizal fungus Rhizophagus irregularis and drought stress [J]. Mycorrhiza, 2016, 26 (4): 311-323.

[67] Heinemeyer A, Fitter A H. Impact of temperature on the arbuscular mycorrhizal (AM) symbiosis: growth responses of the host plant and its SM fungal partner [J]. Journal of Experiment Botany, 2004, 55: 525-534.

[68] Heinemeyer A, Ridgway K P, Edwards E J, et al. Impact of soil warming and shading on colonization and community structure of arbuscular mycorrhizal fungi in roots of a native grassland community [J]. Global Change Biology, 2004, 10: 52-64.

[69] Helgason T, Daniell T J, Husband R, et al. Ploughing up the wood wide web? [J]. Nature, 1998, 394 (6692): 431.

[70] Hiiesalu I, Pärtel M, Davison J, et al. Species richness of arbuscular mycorrhizal fungi: associations with grassland plant richness and biomass [J]. New Phytologist, 2014, 203: 233-244.

[71] Hildebrandt U, Regvar M, Bothe H. Arbuscular mycorrhiza and heavy metal tolerance [J]. Phytochemistry, 2007, 68 (1): 139-146.

[72] Hodge A, Campbell C D, Fitter A H. An arbuscular mycorrhizal fungus accelerates decomposition and acquires nitrogen directly from organic material [J]. Nature, 2001, 413 (6853): 297-299.

[73] Hodge A, Fitter A H. Substantial nitrogen acquisition by arbuscular mycorrhizal fungi from organic material has implications for N cycling [J]. Proceedings of the National Academy of Sciences of the United States of America, 2010, 107 (31): 13754-13759.

[74] Hoeksema J D, Chaudhary V B, Gehring C A, et al. A meta-analysis of context-dependency in plant response to inoculation with mycorrhizal fungi [J]. Ecology Letters, 2010, 13 (3): 394-407.

[75] Hopping K A, Knapp A K, Dorji T, et al. Warming and land use change concurrently erode ecosystem services in Tibet [J]. Global Change Biology, 2018, 24 (11): 5534-5548.

[76] Hopping K A. Cascading effects of changing climate and land use on alpine ecosystems and pastoral livelihoods in central Tibet [M]. Fort Collins: Colorado State University, 2005.

[77] Horn S, Caruso T, Verbruggen E, et al. Arbuscular mycorrhizal fungal communities are phylogenetically clustered at small scales [J]. ISME Journal, 2014, 8 (11): 2231.

[78] Hothorn T, Bretz F, Westfall P. Simultaneous inference in general parametric models [J]. Biometrical Journal, 2008, 50: 346-363.

[79] Hu Y, Chang X, Lin X, et al. Effects of warming and grazing on N_2O fluxes in an alpine meadow ecosystem on the Tibetan plateau [J]. Soil Biology Biochemistry, 2010, 42: 944-952.

[80] Ibijbijen J, Urquiaga S, Ismaili M, et al. Effect of arbuscular mycorrhizal fungi on growth, mineral nutrition and nitrogen fixation of three varieties of common beans (*Phaseolus vulgaris*) [J]. New Phytologist, 1996, 134 (2): 353-360.

［81］Jacott C, Murray J, Ridout C. Trade-offs in arbuscular mycorrhizal symbiosis: disease resistance, growth responses and perspectives for crop breeding［J］. Agronomy, 2017, 7（4）: 75.

［82］Jakobsen I, Abbott L K, Robson A D. External hyphae of vesicular-arbuscular mycorrhizal fungi associated with *Trifolium subterraneum* L.［J］. New Phytologist, 1992, 120（3）: 371-380.

［83］Jakobsen I, Rosendahl L. Carbon flow into soil and external hyphae from roots of mycorrhizal cucumber plants［J］. New Phytologist, 1990, 115（1）: 77-83.

［84］Jallow M F A, Dugassa-Gobena D, Vidal S. Indirect interaction between an unspecialized endophytic fungus and a polyphagous moth［J］. Basic and Applied Ecology, 2004, 5（2）: 183-191.

［85］Jalonen R, Nygren P, Sierra J. Transfer of nitrogen from a tropical legume tree to an associated fodder grass via root exudation and common mycelial networks［J］. Plant Cell Environment, 2009, 32（10）: 1366-1376.

［86］Jansa J, Mozafar A, Frossard E. Phosphorus acquisition strategies within arbuscular mycorrhizal fungal community of a single field site［J］. Plant and Soil, 2005, 276（1-2）: 163-176.

［87］Jiang S J, Pan J B, Shi G X, et al. Identification of root-colonizing AM fungal communities and their responses to short-term climate change and grazing on Tibetan plateau［J］. Symbiosis, 2017, 74（3）: 159-166.

［88］Jiang Y, Wang W, Xie Q, et al. Plants transfer lipids to sustain colonization by mutualistic mycorrhizal and parasitic fungi［J］. Science, 2017, 356: 1172.

［89］Jiang Z, Song J, Li L, et al. Extreme climate events in China: IPCC-AR4 model evaluation and projection［J］. Climate Change, 2011, 110: 385-401.

［90］Johansen A, Jensen E S. Transfer of N and P from intact or decomposing roots of pea to barley interconnected by an arbuscular mycorrhizal fungus［J］. Soil Biology and Biochemistry, 1996, 28（1）: 73-81.

［91］Johnson D, Vandenkoornhuyse P J, Leake J R, et al. Plant communities affect arbuscular mycorrhizal fungal diversity and community composition in grassland microcosms［J］. New Phytologist, 2004, 161: 503-515.

［92］Johnson N C, Wilson G, Bowker M A, et al. Resource limitation is a driver of local adaptation in mycorrhizal symbioses［J］. Proceedings of the National Academy of Sciences, 2010, 107（5）: 2093-2098.

［93］Johnson N C, Graham J H, Smith F A. Functioning of mycorrhizal associations along the mutualism-parasitism continuum［J］. New Phytologist, 1997, 135（4）: 575-585.

［94］Johnson N C, Hoeksema J D, Bever J D, et al. From lilliput to brobdingnag extending models of mycorrhizal function across scales [J]. Bio.Science, 2006, 56 (11): 889-890.

[95] Johnson N C. Resource stoichiometry elucidates the structure and function of arbuscular mycorrhizas across scales [J]. New Phytologist, 2010, 185: 631-647.

[96] Joner E J, Briones R, Leyval C. Metal-binding capacity of arbuscular mycorrhizal mycelium [J]. Plant and Soil, 2000, 226 (2): 227-234.

[97] Jones M D, Smith S E. Exploring functional definitions of mycorrhizas: Are mycorrhizas always mutualisms? [J]. Canadian Journal of Botany, 2004, 82 (8): 1089-1109.

[98] Jung S C, Martinezmedina A, Lopezraez J A, et al. Mycorrhiza-induced resistance and priming of plant defenses [J]. Journal of Chemistry Ecology, 2011, 38: 651-664.

[99] Kato T, Tang Y, Gu S, et al. Temperature and biomass influences on interannual changes in CO_2 exchange in an alpine meadow on the Qinghai-Tibetan Plateau [J]. Global Change Biology, 2006, 12: 1285-1298.

[100] Kembel S W. Disentangling niche and neutral influences on community assembly: assessing the performance of community phylogenetic structure tests [J]. Ecology Letters, 2009, 12: 949-960.

[101] Kembel S W, Cowan P D, Helmus M R, et al. Picante: R tools for integrating phylogenies and ecology [J]. Bioinformatics, 2010, 26: 1463-1464.

[102] Kim Y C, Gao C, Zheng Y, et al. Arbuscular mycorrhizal fungal community response to warming and nitrogen addition in a semiarid steppe ecosystem [J]. Mycorrhiza, 2015, 25: 267-276.

[103] Kim Y, Gao C, Zheng Y, et al. Different responses of arbuscular mycorrhizal fungal community to daytime and night-time warming in a semiarid steppe [J]. Chinese Science Bulletin, 2014, 59: 5080-5089.

[104] Kivlin S N, Hawkes C V, Treseder K K. Global diversity and distribution of arbuscular mycorrhizal fungi [J]. Soil Biology and Biochemistry, 2011, 43 (11): 2294-2303.

[105] Klein J A, Harte J, Zhao X Q. Dynamic and complex microclimate responses to warming and grazing manipulations [J]. Global Change Biology, 2005, 11: 1440-1451.

[106] Klein J A, Harte J, Zhao X Q. Experimental warming causes large and rapid species loss, dampened by simulated grazing, on the Tibetan Plateau [J]. Ecology Letters, 2004, 7: 1170-1179.

[107] Klironomos J, Zobel M, Tibbett M, et al. Forces that structure plant communities: quantifying the importance of the mycorrhizal symbiosis [J]. New Phytologist, 2011, 189: 366-370.

[108] Klironomos J N, Hart M M, Gurney J E, et al. Interspecific differences in the response of arbuscular mycorrhizal fungi to Artemisia tridentata grown under elevated atmospheric CO_2 [J]. Canadian Journal of Botany, 2001, 79: 1161-1166.

[109] Klironomos J N. Variation in plant response to native and exotic arbuscular mycorrhizal fungi [J]. Ecology, 2003, 84 (9): 2292-2301.

[110] Koch A M, Croll D, Sanders I R. Genetic variability in a population of arbuscular mycorrhizal fungi causes variation in plant growth [J]. Ecology Letters, 2006, 9 (2): 103-110.

[111] Kohout P, Doubkova P, Bahram M, et al. Niche partitioning in arbuscular mycorrhizal communities in temperate grasslands: a lesson from adjacent serpentine and nonserpentine habitats [J]. Molecular Ecology, 2015, 24 (8): 1831-1843.

[112] Koide R T. Functional complementarity in the arbuscular mycorrhizal symbiosis [J]. New Phytologist, 2000, 147 (2): 233-235.

[113] Krüger M, Stockinger H, Krüger C, et al. DNA-based species level detection of Glomeromycota: one PCR primer set for all arbuscular mycorrhizal fungi [J]. New Phytologist, 2009, 183 (1): 212-223.

[114] Landis F C, Gargas A, Givnish T J. Relationships among arbuscular mycorrhizal fungi vascular plants and environmental conditions in oak savannas [J]. New Phytologist, 2004, 164: 493-504.

[115] Lee J, Lee S, Young J P. Improved PCR primers for the detection and identification of arbuscular mycorrhizal fungi [J]. FEMS Microbiology Ecology, 2008, 65 (2): 339-349.

[116] Leifheit E F, Verbruggen E, Rillig M C. Arbuscular mycorrhizal fungi reduce decomposition of woody plant litter while increasing soil aggregation [J]. Soil Biology Biochemistry, 2015, 81: 323-328.

[117] Leigh J, Hodge A, Fitter A H. Arbuscular mycorrhizal fungi can transfer substantial amounts of nitrogen to their host plant from organic material [J]. New Phytologist, 2009, 181 (1): 199-207.

[118] León D G D, Moora M, Öpik M J, et al. Dispersal of arbuscular mycorrhizal fungi and plants during succession [J]. Acta Oecologica, 2006, 77: 128-135.

[119] Lewandowski T J, Dunfield K E, Antunes P M. Isolate identity determines plant tolerance to pathogen attack in assembled mycorrhizal communities [J]. Plos One, 2013, 8: e61329-e61329.

[120] Li T, Hu Y J, Hao Z P, et al. First cloning and characterization of two functional aquaporin genes from an arbuscular mycorrhizal fungus *Glomus intraradices* [J]. New Phytologist, 2013, 197 (2): 617-630.

[121] Li X, Gai J, Cai X, et al. Molecular diversity of arbuscular mycorrhizal fungi associated with two cooccurring perennial plant species on a Tibetan altitudinal gradient [J]. Mycorrhiza, 2014, 24: 95-107.

[122] Li X, Zhang J, Gai J, et al. Contribution of arbuscular mycorrhizal fungi of sedges to soil aggregation along an altitudinal alpine grassland gradient on the Tibetan plateau [J]. Environment Microbiology, 2015, 17: 2841-2857.

[123] Li X L, Marschner H, George E. Acquisition of phosphorus and copper by VA-mycorrhizal hyphae and root-to-shoot transport in white clover [J]. Plant and Soil, 1991, 136 (1): 49-57.

[124] Lin G, Mccormack M L, Guo D. Arbuscular mycorrhizal fungal effects on plant competition and community structure [J]. Journal of Ecology, 2015, 103: 1224-1232.

[125] Lin X, Zhang Z, Wang S, et al. Response of ecosystem respiration to warming and grazing during the growing seasons in the alpine meadow on the Tibetan plateau [J]. Agricultural and Forest Meteorology, 2011, 151: 792-802.

[126] Lindahl B D, Nilsson R H, Tedersoo L, et al. Fungal community analysis by high-throughput sequencing of amplified markers—a user's guide [J]. New Phytologist, 2013, 199: 288-299.

[127] Lioussanne L, Perreault F, Jolicoeur M, et al.The bacterial community of tomato rhizosphere is modified by inoculation with arbuscular mycorrhizal fungi but unaffected by soil enrichment with mycorrhizal root exudates or inoculation with *Phytophthora nicotianae* [J]. Soil Biology & Biochemistry, 2010, 42: 473-483.

[128] Liu A, Hamel C, Hamilton R I, et al. Acquisition of Cu, Zn, Mn and Fe by mycorrhizal maize *(Zea mays* L.*) grown* in soil at different P and micronutrient levels [J]. Mycorrhiza, 2000, 9 (6): 331-336.

[129] Liu J, Guo C, Chen Z L, et al. Mycorrhizal inoculation modulates root morphology and root phytohormone responses in trifoliate orange under drought stress [J]. Emirates Journal of Food and Agriculture, 2016, 28 (4): 251-256.

[130] Liu S L, Guo X L, Feng G, et al. Indigenous arbuscular mycorrhizal fungi can alleviate salt stress and promote growth of cotton and maize in saline fields [J]. Plant and Soil, 2015, 398 (1-2): 195-206.

[131] Liu Y, Johnson N C, Lin M, et al. Phylogenetic structure of arbuscular mycorrhizal community shifts in response to increasing soil fertility [J]. Soil Biology Biochemistry, 2015, 89: 196-205.

[132] Liu Y, Lin M, He X, et al. Rapid change of AM fungal community in a rain-fed wheat field with short-term plastic film mulching practice [J].Mycorrhiza, 2012, 22: 31-39.

[133] Liu Y, Lin M, Li J, et al. Resource availability differentially drives community

assemblages of plants and their root-associated arbuscular mycorrhizal fungi [J]. Plant and Soil, 2015, 386 (1): 341-355.

[134] Liu Y, Shi G, Mao L, et al. Direct and indirect influences of 8 yr of nitrogen and phosphorus fertilization on Glomeromycota in an alpine meadow ecosystem [J]. New Phytologist, 2012, 194: 523-535.

[135] Liu Y J, He J X, Shi G X, et al. Diverse communities of arbuscular mycorrhizal fungi inhabit sites with very high altitude in Tibet plateau [J]. FEMS Microbiology Ecology, 2011, 78: 355-365.

[136] Long R J, Ding L M, Shang Z H, et al. The yak grazing system on the Qinghai-Tibetan plateau and its status [J]. Rangeland Journal, 2008, 30: 241-246

[137] Lugo M A, Cabello M N. Native arbuscular mycorrhizal fungi (AMF) from mountain grassland (Cordoba Argentina) I, Seasonal variation of fungal spore density [J]. Mycologia, 2002, 94: 579-586.

[138] Lumini E, Orgiazzi A, Borriello R, et al. Disclosing arbuscular mycorrhizal fungal biodiversity in soil through a land-use gradient using a pyrosequencing approach [J]. Environmental Microbiology, 2020, 12: 2165-2179.

[139] Maherali H, Klironomos J N. Influence of phylogeny on fungal community assembly and ecosystem functioning [J]. Science, 2007, 316: 1746-1748.

[140] Mari M, John D, Maarja O, et al. Anthropogenic land use shapes the composition and phylogenetic structure of soil arbuscular mycorrhizal fungal communities [J]. Fems Microbiology Ecology, 2015, 90: 609-621.

[141] Marion G M, Henry G H R, Freckman D W, et al. Open-top designs for manipulating field temperature in high-latitude ecosystems [J]. Global Change Biology, 1997, 3: 20-32.

[142] Marschner H, Dell B. Nutrient uptake in mycorrhizal symbiosis [J]. Plant and Soil, 1994, 159 (1): 89-102.

[143] Martínez-García L B, Armas C, Miranda J D D, et al. Shrubs influence arbuscular mycorrhizal fungi communities in a semi-arid environment [J]. Soil Biology & Biochemistry, 2011, 43: 682-689.

[144] Martínez-García L B, Richardson S J, Tylianakis J M, et al. Host identity is a dominant driver of mycorrhizal fungal community composition during ecosystem development [J]. New Phytologist, 2015, 205: 1565-1576.

[145] Mayfield M M, Levine J M. Opposing effects of competitive exclusion on the phylogenetic structure of communities [J]. Ecology Letters, 2010, 13: 1085-1093.

[146] Mcgonigle T P, Miller M H, Evans D G, et al. A new method which gives an objective measure of colonization of roots by vesicular—arbuscular mycorrhizal fungi [J]. New

Phytologist, 2010, 115: 495-501.

［147］Miehe G, Miehe S, Kaiser K, et al. How old is pastoralism in Tibet? An ecological approach to the making of a Tibetan landscape ［J］. Palaeogeogr Palaeocl, 2009, 276: 130-147.

［148］Millar N S, Bennett A E. Stressed out symbiotes: hypotheses for the influence of abiotic stress on arbuscular mycorrhizal fungi ［J］. Oecologia, 2016, 182 (3): 625-641.

［149］Miller R M, Kling M. The importance of integration and scale in the arbuscular mycorrhizal symbiosis ［J］. Plant and Soil, 2000, 226 (2): 295-309.

［150］Monz C A, Hunt H W, Reeves F B, et al. The response of mycorrhizal colonization to elevated CO_2 and climate change in *Pascopyrum smithii* and *Bouteloua gracilis* ［J］. Plant Soil, 1994, 165: 75-80.

［151］Morgan B S, Egerton-Warburton L M. Barcoded NS31/AML2 primers for sequencing of arbuscular mycorrhizal communities in environmental samples ［J］. Applications in Plant Sciences, 2017, 5 (8): 1700017.

［152］Mosse B. Plant growth responses to vesicular-arbuscular mycorrhiza ［J］. New Phytologist, 1973, 72 (1): 127-236.

［153］Mummey D L, Rillig M C. Spatial characterization of arbuscular mycorrhizal fungal molecular diversity at the submetre scale in a temperate grassland ［J］. Fems Microbiology Ecology, 2010, 64: 260-270.

［154］Munkvold L, Kjøller R, Vestberg M, et al. High functional diversity within species of arbuscular mycorrhizal fungi ［J］. New Phytologist, 2004, 164 (2): 357-364.

［155］Murray T R, Frank D A, Gehring C A. Ungulate and topographic control of arbuscular mycorrhizal fungal spore community composition in a temperate grassland ［J］. Ecology, 2010, 91: 815-827.

［156］Johnson N C. Resource stoichiometry elucidates the structure and function of arbuscular mycorrhizas across scales ［J］. New Phytologist, 2010, 185: 631-647.

［157］Oehl F, Laczko E, Bogenrieder A, et al. Soil type and land use intensity determine the composition of arbuscular mycorrhizal fungal communities ［J］. Soil Biology & Biochemistry, 2010, 42: 724-738.

［158］Olsson P A, Rahm J, Aliasgharzad N. Carbon dynamics in mycorrhizal symbioses is linked to carbon costs and phosphorus benefits ［J］. FEMS Microbiology Ecology, 2010, 72: 125-131.

［159］Öpik M, Metsis M, Daniell T J, et al. Large-scale parallel 454 sequencing reveals host ecological group specificity of arbuscular mycorrhizal fungi in a boreonemoral forest ［J］. New Phytologisit, 2009, 184: 424-437.

［160］Öpik M, Vanatoa A, Vanatoa E, et al. The online database MaarjAM reveals global and ecosystemic distribution patterns in arbuscular mycorrhizal fungi（Glomeromycota）[J]. New Phytologist, 2010, 188（1）: 223-241.

［161］Öpik M, Zobel M, Cantero J J, et al. Global sampling of plant roots expands the described molecular diversity of arbuscular mycorrhizal fungi [J]. Mycorrhiza, 2013, 23: 411-430.

［162］Powell J R, Rillig M C.Biodiversity of arbuscular mycorrhizal fungi and ecosystem function [J]. New Phytologist, 2018, 220: 1059-1075.

［163］Powell J R, Parrent J L, Hart M M, et al. Phylogenetic trait conservatism and the evolution of functional trade-offs in arbuscular mycorrhizal fungi [J]. Proceedings: Biological sciences, 2009, 276: 4237-4245.

［164］Qin Y, Yi S, Chen J, et al. Responses of ecosystem respiration to short-term experimental warming in the alpine meadow ecosystem of a permafrost site on the Qinghai-Tibetan Plateau [J]. Cold Regions Science & Technology, 2015, 115: 77-84.

［165］Querejeta J I, Allen M F, Caravaca F, et al. Differential modulation of host plant $\delta^{13}C$ and $\delta^{18}O$ by native and nonnative arbuscular mycorrhizal fungi in a semiarid environment [J]. New Phytologist, 2006, 169（2）: 379-387.

［166］Reader H. Taxonomic basis for variation in the colonization strategy of arbuscular mycorrhizal fungi [J]. New Phytologist, 2002, 153（2）: 335-344.

［167］Redecker D, Schussler A, Stockinger H, et al. An evidence-based consensus for the classification of arbuscular mycorrhizal fungi（Glomeromycota）[J]. Mycorrhiza, 2013, 23（7）: 515-531.

［168］Redon P O, Béguiristain T, Leyval C. Differential effects of AM fungal isolates on Medicago truncatula growth and metal uptake in a multimetallic（Cd, Zn, Pb）contaminated agricultural soil [J]. Mycorrhiza, 2009, 19（3）: 187-195.

［169］Reinhart K O, Wilson G W, Rinella M J. Predicting plant responses to mycorrhizae: integrating evolutionary history and plant traits [J]. Ecology Letters, 2012, 15（7）: 689-695.

［170］Remy W, Taylor T N, Hass H, et al. Four hundred-million-year-old vesicular arbuscular mycorrhizae [J]. Proceedings of the National Academy of Sciences of the United States of America, 1994, 91（25）: 11841-11843.

［171］Rillig M C, Field C B. Artificial climate warming positively affects arbuscular mycorrhizae but decreases soil aggregate water stability in an annual grassland [J]. Oikos, 2002, 97: 52-58.

［172］Rillig M C, Mummey D L. Mycorrhizas and soil structure [J]. New Phytologist, 2006, 171（1）: 41-53.

［173］Rillig M C, Wright S F, Shaw M R, et al. Artificial climate warming positively affects arbuscular mycorrhizae but decreases soil aggregate water stability in an annual grassland [J]. Oikos, 2002, 97: 52-58.

[174] Rillig M C, Wright S F, Shaw M R, et al. Artificial climate warming positively affects arbuscular mycorrhizae but decreases soil aggregate water stability in an annual grassland [J]. Oikos, 2010, 97: 52-58.

[175] Rillig M C. Arbuscular mycorrhizae and terrestrial ecosystem processes [J]. Ecology Letters, 2004, 7 (8): 740-754.

[176] Rillig M C. Arbuscular mycorrhizae, glomalin, and soil aggregation [J]. Canadian Journal of Soil Science, 2004, 84 (4): 355-363.

[177] Rodríguez-Echeverría S, Teixeira H, Correia M, et al. Arbuscular mycorrhizal fungi communities from tropical Africa reveal strong ecological structure [J]. New Phytologist, 2016, 213: 380.

[178] Rúa M A, Antoninka A, Antunes P M, et al. Home-field advantage? evidence of local adaptation among plants, soil, and arbuscular mycorrhizal fungi through meta-analysis [J]. BMC Evolutionary Biology, 2016, 16 (1): 122.

[179] Rui Y, Wang S, Xu Z, et al. Warming and grazing affect soil labile carbon and nitrogen pools differently in an alpine meadow of the Qinghai-Tibet Plateau in China [J]. Journal of Soil Sediment, 2011, 11 (6): 903-914.

[180] Sato K, Suyama Y, Saito M, et al. A new primer for discrimination of arbuscular mycorrhizal fungi with polymerase chain reaction-denature gradient gel electrophoresis [J]. Grassland Science, 2005, 51 (2): 179-181.

[181] Sawers R J, Svane S F, Quan C, et al. Phosphorus acquisition efficiency in arbuscular mycorrhizal maize is correlated with the abundance of root-external hyphae and the accumulation of transcripts encoding PHT1 phosphate transporters [J]. New Phytologist, 2017, 214 (2): 632-643.

[182] Schloss P D, Westcott S L, Ryabin T, et al. Introducing mothur: open source platform independent community supported software for describing and comparing microbial communities [J]. Applied Environmental Microbiology, 2009, 75: 7537-7541.

[183] Schüβler A, Schwarzott D, Walker C. A new fungal phylum, the Glomeromycota: phylogeny and evolution [J]. Mycological Research, 2001, 105 (12): 1413-1421.

[184] Schwarzott D, Schusler A. A simple and reliable method for SSU rRNA gene DNA extraction, amplification, and cloning from single AM fungal spores [J]. Mycorrhiza, 2001, 10: 203-207.

[185] Shi G, Liu Y, Johnson N, et al. Interactive influence of light intensity and soil fertility on root-associated arbuscular mycorrhizal fungi [J]. Plant Soil, 2014, 378: 173-188.

[186] Shi G, Liu Y, Lin M, et al. Relative importance of deterministic and stochastic processes in driving arbuscular mycorrhizal fungal assemblage during the spreading of a toxic plant [J]. Plos One, 2014, 9: e95672.

[187] Shi G, Yao B, Liu Y, et al. The phylogenetic structure of AMF communities shifts in response to gradient warming with and without winter grazing on the Qinghai-Tibet Plateau [J]. Applied Soil Ecology, 2017, 121: 31-40.

[188] Simon L, Lalonde M, Bruns T D. Specific amplification of 18S fungal ribosomal genes from vesicular-arbuscular endomycorrhizal fungi colonizing roots [J]. Applied Environmental Microbiology, 1992, 58 (1): 291-295.

[189] Smith F A, Jakobsen I, Smith S E. Spatial differences in acquisition of soil phosphate between two arbuscular mycorrhizal fungi in symbiosis with *Medicago truncatula* [J]. New Phytologist, 2000, 147 (2): 357-366.

[190] Smith S E, Smith F A. Roles of arbuscular mycorrhizas in plant nutrition and growth: New paradigms from cellular to ecosystem scales [J]. Annual Review of Plant Biology, 2010, 62 (1): 227-250.

[191] Soudzilovskaia N A, Douma J C, Akhmetzhanova A A, et al. Global patterns of plant root colonization intensity by mycorrhizal fungi explained by climate and soil chemistry [J]. Global Ecology Biogeography, 2015, 24: 371-382.

[192] Spatafora J W, Chang Y, Benny G L, et al. A phylum-level phylogenetic classification of zygomycete fungi based on genome-scale data [J]. Mycologia, 2016, 108 (5): 1028-1046.

[193] Staddon P L, Gregersen R, Jakobsen I. The response of two Glomus mycorrhizal fungi and a fine endophyte to elevated atmospheric CO_2, soil warming and drought [J]. Global Change Biology, 2004, 10: 1909-1921.

[194] Su Y Y, Guo L D. Arbuscular mycorrhizal fungi in non-grazed restored and over-grazed grassland in the Inner Mongolia steppe [J]. Mycorrhiza, 2007, 17: 689-693.

[195] Sudová R. Different growth response of five co-existing stoloniferous plant species to inoculation with native arbuscular mycorrhizal fungi [J]. Plant Ecology, 2009, 204 (1): 135-143.

[196] Sun X, Su Y, Zhang Y, et al. Diversity of arbuscular mycorrhizal fungal spore communities and its relations to plants under increased temperature and precipitation in a natural grassland [J]. Chinese Science Bulletin, 2013, 58: 4109-4119.

[197] Tamura K, Peterson D S, Peterson N, et al. MEGA5: Molecular evolutionary genetics analysis using maximum likelihood, evolutionary distance, and maximum parsimony methods [J]. Molecular Biology Evolution, 2011, 28: 2731-2739.

[198] Tao L, Ahmad A, de Roode J C, et al. Arbuscular mycorrhizal fungi affect plant

tolerance and chemical defences to herbivory through different mechanisms [J]. Journal of Ecology, 2016, 104 (2): 561-571.

[199] Teste F P, Kardol P, Turner B L, et al. Plant-soil feedback and the maintenance of diversity in Mediterranean-climate shrublands [J]. Science, 2017, 355 (6321): 173-176.

[200] Treseder K K, Allen M F. Direct nitrogen and phosphorus limitation of arbuscular mycorrhizal fungi: a model and field test [J]. New Phytologist, 2002, 155: 507-515.

[201] Urcelay C, Diaz S. The mycorrhizal dependence of subordinates determines the effect of arbuscular mycorrhizal fungi on plant diversity [J]. Ecology Letters, 2003, 6 (5): 388-391.

[202] van der Heijden M G A, Bardgett R D, van Straalen N M. The unseen majority: soil microbes as drivers of plant diversity and productivity in terrestrial ecosystems [J]. Ecology Letters, 2008, 11 (3): 296-310.

[203] van der Heijden M G A, Klironomos J N, Ursic M, et al. Mycorrhizal fungal diversity determines plant biodiversity ecosystem variability and productivity [J]. Nature, 1998, 396 (6706): 69-72.

[204] van der Heijden M G A, Wiemken A, Sanders I R. Different arbuscular mycorrhizal fungi alter coexistence and resource distribution between co-occurring plant [J]. New Phytologist, 2003, 157 (3): 569-578.

[205] Vandenkoornhuyse P, Ridgway K P, Watson I J, et al. Co-existing grass species have distinctive arbuscular mycorrhizal communities [J]. Molecular Ecology, 2003, 12: 3085-3095.

[206] Vannette R L, Rasmann S, Allen E. Arbuscular mycorrhizal fungi mediate below-ground plant-herbivore interactions: a phylogenetic study [J]. Functional Ecology, 2012, 26 (5): 1033-1042.

[207] Veiga R S L, Faccio A, Genre A, et al. Arbuscular mycorrhizal fungi reduce growth and infect roots of the non-host plant *Arabidopsis thaliana* [J]. Plant Cell Environment, 2013, 36 (11): 1926-1937.

[208] Verbruggen E, Toby K E. Evolutionary ecology of mycorrhizal functional diversity in agricultural systems [J]. Evolutionary Applications, 2010, 3 (5-6): 547-560.

[209] Veresoglou S D, Rillig M C. Do closely related plants host similar arbuscular mycorrhizal fungal communities? [J]. A meta-analysis, Plant Soil, 2014, 377: 395-406.

[210] Veresoglou S D, Sen R, Mamolos A P, et al. Plant species identity and arbuscular mycorrhizal status modulate potential nitrification rates in nitrogen-limited grassland soils [J]. Journal of Ecology, 2011, 99 (6): 1339-1349.

[211] Veresoglou S D, Shaw L J, Hooker J E, et al. Arbuscular mycorrhizal modulation

of diazotrophic and denitrifying microbial communities in the (mycor) rhizosphere of *Plantago lanceolata* [J]. Soil Biology Biochemistry, 2012, 53: 78-81.

[212] Wagg C, Jansa J, Schmid B, et al. Belowground biodiversity effects of plant symbionts support aboveground productivity [J]. Ecology Letters, 2011, 14 (10): 1001-1009.

[213] Wagg C, Jansa J, Stadler M, et al. Mycorrhizal fungal identity and diversity relaxes plant-plant competition [J]. Ecology, 2011, 92 (6): 1303-1313.

[214] Wan S, Hui D, Wallace L, et al. Direct and indirect effects of experimental warming on ecosystem carbon processes in a tallgrass prairie [J]. Global Biogeochemistry Cycle, 2005, 19: 159-160.

[215] Wang B, Qiu Y L. Phylogenetic distribution and evolution of mycorrhizas in land plants [J]. Mycorrhiza, 2006, 16: 299-363.

[216] Wang B, Yeun L H, Xue J Y, et al. Presence of three mycorrhizal genes in the common ancestor of land plants suggests a key role of mycorrhizas in the colonization of land by plants [J]. New Phytologist, 2010, 186 (2): 514-525.

[217] Wang J, Shen J, Wu Y, et al. Phylogenetic beta diversity in bacterial assemblages across ecosystems: deterministic versus stochastic processes [J]. ISME Journal, 2013, 7: 1310-1321.

[218] Wang S, Duan J, Xu G, et al. Effects of warming and grazing on soil N availability species composition and ANPP in an alpine meadow [J]. Ecology, 2012, 93: 2365-2376.

[219] Wang X, Dong S, Gao Q, et al. Effects of short-term and long-term warming on soil nutrients, microbial biomass and enzyme activities in an alpine meadow on the Qinghai-Tibet Plateau of China [J]. Soil Biology & Biochemistry, 2014, 76: 140-142.

[220] Wearn J A, Gange A C. Above-ground herbivory causes rapid and sustained changes in mycorrhizal colonization of grasses [J]. Oecologia, 2007, 153 (4): 959-971.

[221] Webb C O, Ackerly D D, Kembel S W. Phylocom: software for the analysis of phylogenetic community structure and trait evolution [J]. Bioinformatics, 2008, 24: 2098-2100.

[222] Webb C O, Ackerly D D, Mcpeek M A, et al. Phylogenies and community ecology [J]. Ecology Evolution System, 2002, 8: 475-505.

[223] Webb C O. Exploring the phylogenetic structure of ecological communities: an example for rain forest trees [J]. American Naturalist, 2000, 156: 145-155.

[224] Wen J, Qin R M, Zhang S, et al. Effects of long-term warming on the aboveground biomass and species diversity in an alpine meadow on the Qinghai-Tibetan Plateau of China [J]. Journal of Arid Land, 2020 12 (2): 252-266.

[225] Wilson G W, Hartnett D C. Interspecific variation in plant responses to mycorrhizal colonization in tallgrass prairie [J]. American Journal of Botany, 1998, 85 (12): 1732-1738.

[226] Wilson G W T, Rice C W, Rillig M C, et al. Soil aggregation and carbon sequestration are tightly correlated with the abundance of arbuscular mycorrhizal fungi: Results from long-term field experiments [J]. Ecology Letters, 2010, 12: 452-461.

[227] Wright S F, Upadhyaya A. Extraction of an abundant and unusual protein from soil and comparison with hyphal protein of arbuscular mycorrhizal fungi [J]. Soil Science, 1996, 161 (9): 575-586.

[228] Wu B, Hogetsu T, Isobe K, et al. Community structure of arbuscular mycorrhizal fungi in a primary successional volcanic desert on the southeast slope of Mount Fuji [J]. Mycorrhiza, 2007, 17: 495-506.

[229] Wu Q S. Arbuscular Mycorrhizas and Stress Tolerance of Plants [M]. Singapore: Springer, 2017.

[230] Xu D, Fang X, Zhang R, et al. Influences of nitrogen, phosphorus and silicon addition on plant productivity and species richness in an alpine meadow [J]. Journal of Forest Research, 2015, 5: 845-856.

[231] Yang H S, Zhang Q, Koide R T, et al. Taxonomic resolution is a determinant of biodiversity effects in arbuscular mycorrhizal fungal communities [J]. Journal of Ecology, 2017, 105 (1): 219-228.

[232] Yang W, Zheng Y, Gao C, et al. The arbuscular mycorrhizal fungal community response to warming and grazing differs between soil and roots on the Qinghai-Tibetan Plateau [J]. Plos One, 2013, 8: e76447.

[233] Yang Z, Zhang Q, Su F, et al. Daytime warming lowers community temporal stability by reducing the abundance of dominant stable species [J]. Global Change Biology, 2016, 23: 154-163.

[234] Zavalloni C, Vicca S, Büscher M, et al. Exposure to warming and CO_2 enrichment promotes greater above-ground biomass nitrogen phosphorus and arbuscular mycorrhizal colonization in newly established grasslands [J]. Plant Soil, 2012, 359: 121-136.

[235] Zhang C, Willis C G, Klein J A, et al. Recovery of plant species diversity during long-term experimental warming of a species-rich alpine meadow community on the Qinghai-Tibet plateau [J]. Biological Conservation, 2017, 207: 27-37.

[236] Zhang J, Wang F, Che R, et al. Precipitation shapes communities of arbuscular mycorrhizal fungi in Tibetan alpine steppe [J]. Scientific Report, 2015, 6: 23488.

[237] Zhao Z, Dong S, Jiang X, et al. Effects of warming and nitrogen deposition on CH_4, CO_2 and N_2O emissions in alpine grassland ecosystems of the Qinghai-Tibetan Plateau [J]. Science of the Total Environment, 2017, 592: 565-572.

[238] Zhou X, Guo Z, Zhang P, et al. Different categories of biodiversity explain productivity variation after fertilization in a Tibetan alpine meadow community [J]. Ecology & Evolution, 2017, 7: 3464-3474.

[239] Zhu X, Luo C, Wang S, et al. Effects of warming, grazing/cutting and nitrogen fertilization on greenhouse gas fluxes during growing seasons in an alpine meadow on the tibetan plateau [J]. Agricultural & Forest Meteorology, 2015, 214-215: 506-514.

[240] Zobel M, Öpik M. Plant and arbuscular mycorrhizal fungal (AMF) communities—which drives which? [J]. Journal of Vegetation Science, 2014, 25: 1133-1140.

[241] Zou Y N, Huang Y M, Wu Q S, et al. Mycorrhiza-induced lower oxidative burst is related with higher antioxidant enzyme activities, net H_2O_2 effluxes, and Ca^{2+} influxes in trifoliate orange roots under drought stress [J]. Mycorrhiza, 2015, 25 (2): 143-152.

[242] 毕银丽. 丛枝菌根真菌在煤矿区沉陷地生态修复应用研究进展 [J]. 菌物学报, 2017, 36 (7): 800-806.

[243] 陈保冬, 李晓林, 朱永官. 丛枝菌根真菌菌丝体吸附重金属的潜力及特征 [J]. 菌物学报, 2005, 24 (2): 283-291.

[244] 陈永亮, 陈保冬, 刘蕾, 等. 丛枝菌根真菌在土壤氮素循环中的作用 [J]. 生态学报, 2014, 34 (17): 4807-4815.

[245] 初亚男, 张海波, 秦泽峰, 等. AM真菌与非菌根植物的相互作用关系 [J]. 应用生态学报, 2018, 29 (1): 321-326.

[246] 蒋胜竞, 石国玺, 毛琳, 等. 不同PCR引物在根系丛枝菌根真菌群落研究中的应用比较 [J]. 微生物学报, 2015, 55 (7): 916-925.

[247] 刘润进, 陈应龙. 菌根学 [M]. 北京: 科学出版社, 2007.

[248] 牛书丽, 韩兴国, 马克平, 等. 全球变暖与陆地生态系统研究中的野外增温装置 [J]. 植物生态学报, 2007, 31 (2): 262-271.

[249] 王强, 王茜, 王晓娟, 等. AM真菌在有机农业发展中的机遇 [J]. 生态学报, 2016, 36 (1): 11-21.

[250] 王幼珊, 刘润进. 球囊菌门丛枝菌根真菌最新分类系统菌种名录 [J]. 菌物学报, 2017, 36 (7): 820-850.

[251] 杨海水, 王琪, 郭伊, 等. 丛枝菌根真菌群落与植物系统发育的相关性分析 [J]. 植物生态学报, 2015, 39 (4): 383-387.

[252] 杨如意, 郭富裕, 昝树婷, 等. 来源对丛枝菌根真菌功能的影响 [J]. 生态学报, 2014, 34 (15): 4142-4150.

[253] 张慧, 韩冰, 董全民, 等. AMF及短期增温增雨互作对植物吸收氮磷功能的影响 [J]. 草地学报, 2020, 28 (4): 1035-1041.

[254] 赵艳艳, 周华坤, 姚步青, 等. 长期增温对高寒草甸植物群落和土壤养分的影响 [J]. 草地学报, 2015, 23 (4): 665-671.

第11章 不同增温梯度对门源草原毛虫生长发育与繁殖的影响

11.1 气候变暖对昆虫的影响述评

目前关于全球变暖对昆虫影响的研究表明，由于昆虫是变温动物，温度限定了昆虫的地理分布范围，气候变暖将导致昆虫的分布范围发生变化；其生长发育直接依赖于温度，全球温度上升导致了昆虫种群爆发的强度和频度也相应增大（Jönsson et al, 2009）；温度在温带地区的主要作用是影响越冬，减小了幼虫死亡率，增加了成虫越冬存活率；在更北方的纬度，气温升高延长了盛夏季节，增加了用于生长和繁殖的可用热预算（Bale et al, 2002），温度上升可能导致入侵昆虫和迁徙性害虫增加（Laštůvka et al, 2009）；但在低纬度，气温上升超过了某些昆虫的生理最适温度，则给这些昆虫带来了不利影响，甚至是灭顶之灾。

11.1.1 气候变暖对昆虫生长发育的影响

昆虫的生长速度是生活史的重要特征（Rombough，2003），生长速度快的昆虫在竞争中有更大的优势，可能提前繁殖期来扩大种群数量（Chippindale et al, 1997）。在当前的气候变化的过程中，全球平均温度正在上升（Semenza et al, 2009），作为变温动物的昆虫，温度对其生长速度有直接影响（Irlich et al, 2009），低温使昆虫的发育期延长（Angillettajr et al, 2002；Folguera et al, 2010），温度上升使昆虫的生长速度加快（Atkinson et al, 1994；Radmacher et al, 2010）。如19~30 ℃时，红棕象甲（*Rhynchophorus ferrugineus*）的发育历期随温度的升高而缩短，在22~33 ℃，成虫的寿命随温度的升高而缩短（赵明等，2010）；在19~34 ℃，麻疯树柄细蛾（*Stomphastis thraustica*）各虫态的发育历期随温度的升高而缩短（蒋素容等，2012）；何海敏等（2011）关于温度和光周期对甜菜夜蛾（*Spodoptera exigua*）发育期和繁殖的影响结果表明，温度对卵期、幼虫期、蛹期和蛹重有显著影响，随着温度从22 ℃提高到28 ℃，卵期、幼虫期、蛹期缩短，蛹重下降，此外，雌虫的寿命随着温度的升高而下降；Couret

等（2013）对淡色库蚊（*Culex pipiens*）的研究也表明其生长速率主要由温度驱动，在幼虫期及生长到成虫羽化期间，温度和生长速度成正相关线性关系。但是温度对昆虫不同的发育阶段的影响都是不同的（Folguera et al, 2010; Kemp et al, 2005）。Radmacher的研究发现，二角壁蜂（*Osmia bicornis*）所有生长阶段的持续时间随温度升高而下降，但其蛹前期的持续时间在温度升高下无变化（Radmacher et al, 2011）。

温度上升加快了昆虫的生长速度，也使得昆虫的物候提前了，Zhou（1995）等研究1964—1991年英国的五种蚜虫〔云杉高蚜（*Elatobium abietinum*）、杏圆尾蚜（*Brachycaudus helichrysi*）、麦无网长管蚜（*Metopolophium dirhodum*）、麦长管蚜（*Sitobion avenae*）和桃蚜（*Myzus pericae*）〕的迁移物候以及它们与温度的关系表明，温度（尤其是冬天的温度）是影响蚜虫物候的主导因素，冬季平均气温增加1℃，蚜虫的迁飞期将提前4～19 d。Takeda等（2010）的研究也表明，在春天，模拟增温条件下的稻绿蝽（*Nezara viridula*）比自然条件下的稻绿蝽更早地在滞育后从休眠状态过渡到繁殖期，这种现象在雌虫中尤其明显。

11.1.2 气候变暖对昆虫繁殖的影响

变温动物的生殖有强烈的温度依赖性，只有在一定的温度范围内才能进行正常的生命活动（Berger et al, 2008）。如卵的成熟过程对温度有严格的要求（Jervis et al, 2005），温度太高时（37℃），麻疯树柄细蛾的卵不能孵化（蒋素容等，2012）。

温度对昆虫的生殖器成熟有直接影响，叶恭银等对天蚕的研究表明，高温对天蚕卵巢和睾丸（蒋素容等，2012）的生长发育有明显影响，3、4龄幼虫卵巢和睾丸大小在20～29℃范围内随温度提高而增大。在茧蛹期，温度过高（32℃），卵巢生长发育明显受阻，睾丸增长，精子发生明显受阻，睾丸中可溶性蛋白含量和精子形成数量明显下降。

温度对昆虫的繁殖力也有很大的影响（Gotthard et al, 2007），在19～26℃范围内，红棕象甲的单雌产卵量随温度的升高而增加（赵明等，2010）；在25～34℃范围内，麻疯树柄细蛾雌虫平均产卵量（44.4粒/雌）明显高于低温区（19～22℃）的平均产卵量（16.9粒/雌）（蒋素容等，2012）；在22～28℃范围内，甜菜夜蛾产卵量也随着温度的升高而增加（He et al, 2011）。

温度影响了昆虫的生长速度和繁殖，进而改变了昆虫每年的世代数。1989年之前埃塞俄比亚温度太低，咖啡浆果螟虫（*Hypothenemus hampei*）每年只能完成1个世代，但是之后由于温度上升，每年能完成1～2个世代；在肯尼亚和哥伦比亚，每年咖啡浆果螟虫世代数与气候变暖成正相关关系（Jaramillo et al, 2009）；在20世纪期间，瑞典的云杉树小囊虫每年只有1个世代，而到21世纪末，预计气温将增加2.4～3.8℃，瑞典南部可能有63%～81%云杉树小囊虫每年出现2个世代，瑞典中部为16%～33%（Jönsson et al, 2009）。在日本南国市，气温变暖使水黾（*Aquarius paludum*）每年内的世代数也增加到4个或者更多（Harada et al, 2011）。

11.1.3 气候变暖对昆虫越冬存活率的影响

温度升高降低了寒冷对变温动物的冻害，提高了昆虫的越冬存活率（Bale et al, 2010），当温度升高 2.5 ℃，日本稻绿蝽（*Nezara viridula*）越冬存活率上升（从 27%～31% 到 47%～70%），这是在稻绿蝽分布范围扩大的一个关键因素；Kiritani 等对稻绿蝽冬季死亡率调查也显示，冬季温度每上升 1 ℃，其冬季死亡率减少约 15%（Kiritani et al, 2007）；松异舟蛾（*Thaumetopoea pityocampa*）成虫越冬存活率也随着气候变暖而升高（Buffo et al, 2007）。

但如果温度上升太高，对越冬昆虫也不利，过高的温度会使昆虫消耗更多的储备能量（脂肪和蛋白质等），不利于昆虫在冬季生存（Williams et al, 2012）。如 Bosch 等（2010）的研究表明，果园壁蜂（*Osmia lignaria*）在 60～70 d 的预越冬期处于高温环境下，身体脂肪将大量消耗，成虫的死亡率会大幅度升高，越冬率下降。

11.1.4 气候变暖对昆虫种群数量的影响

温度上升直接影响昆虫的生长发育与繁殖，必然影响昆虫的种群数量（Chen et al, 2011）。一直以来，寒冷的冬季保护了许多北欧国家免受某些害虫的侵扰，而气候变暖导致该地区变得温暖而潮湿，这意味着延长作物生长季节和可能引入新的作物，但也失去了杀死作物害虫的长冷期（Roos et al, 2011）。因此，当气温上升导致冬天不是那么寒冷，昆虫的存活率将显著变大，并且由于繁殖期更长和高存活率，昆虫的种群数量将增长得更快，昆虫的分布将更广（Logan et al, 2003）。这也意味着来年害虫的数量将增加，分布范围将扩大，目前大多数研究认为全球变暖意味着增加更多害虫（Quarles et al, 2007），即增温加剧了害虫的种群爆发与扩散（Westgarth et al, 2007），对森林和农业的危害非常严重，如全球变暖导致了原产于加拿大不列颠哥伦比亚省的山松甲虫种群爆发（Choi et al, 2011），使该省 1 200 万 hm^2 黑松死亡（Kurz et al, 2008）。

有研究表明，温度对不同的昆虫的影响是不同的（Folguera et al, 2010；Kemp et al, 2005），不同昆虫的自身生理限制决定了对温度升高的响应程度不一致（Hoffmann et al, 2010），即气温升高对昆虫的影响还取决于昆虫对温度变化的生理灵敏度，目前生活在低纬度地区的热带昆虫的生活环境温度非常接近其最佳生理温度，虽然全球气候变化导致的温度上升幅度小于高纬度地带，但温度可能超过昆虫的生理最适温度，反而对其有害（Kingsolver et al, 2009），过高的温度将降低幼虫存活率，不利于成虫生长和繁殖，而这将增大昆虫局部绝灭的可能性。因此全球变暖下热带昆虫面临的绝灭风险比高纬度的昆虫更高（Deutsch et al, 2008）。在亚热带和热带，当温度升高 3.7 ℃，蚜虫无法存活到成年，不能繁殖产生后代，这意味着蚜虫种群可能会在夏天绝灭（Chiu et al, 2012）。Adler 等（2007）在落基山脉的试验也表明，气候变暖导致蚜虫一年内密度减小，种群密度呈下降趋势。Pelini 等（2011）关于气候变暖对低纬度和高纬度森林蚂蚁群落影响的研究则表明，在低纬度地带，大部分蚂蚁觅食活动及种群数量随温度升高而下降；在温带地区，气候变暖对许多昆虫是有利的。例如，温度上升使冬季不太寒冷，昆虫越冬存活率将更高，而且增温导致生长季节的延长，进一步使每年的世代数增加，这些都将使昆虫种群数量增加（Bale et al，2002）。Kwon 等（2012）对韩国的二化螟、水稻象甲等主要水稻害虫的研究发现，温度升高使水稻害虫的种群密度显著增长；在寒带气候区，昆虫有更广的耐热性，并且它们目前生活的地区的气候比其生理最适温度低，气候变暖使温度更贴近昆虫的生理最适温度，因此气候变暖更适合它们的生存（Kingsolver et al，2009）。Jaramillo 等（2009）的研究表明温度每升高 1 ℃，咖啡浆果螟虫种群的最大内禀增长率将增加 8.5%。

11.1.5 气候变暖对昆虫分布的影响

气候变化，特别是温度升高，会影响昆虫生理、行为和发展，以及通过改变昆虫一年的世代数和增加越冬率影响物种的数量和分布（Huang et al，2017）。有研究表明气候变化可能导致植食性昆虫的生物入侵，许多物种向极地扩散，说明许多物种正在扩大其分布范围以应对气候变暖（Ward et al，2007；Walthe et al，2002）。

全球增温使某些昆虫往高纬度和高海拔地区扩散（Walther et al，2000）。如当冬季最低温度升高 3 ℃，美国的南方松甲虫的分布范围将向北扩张 170 km，山松甲虫则随着温度升高向高海拔区扩散（Williams et al，2002）；20 世纪 60 年代初到 2000 年，稻绿蝽的分布范围向北扩张了 70 km（Shardlow et al，2007；Musolin et al，2002）；在中国，预测 21 世纪末气温升高 3 ℃，棉铃虫的中度适生区纬度将北移 3 km，海拔升高 300~500 m（Zhu et al，2011）。在欧洲，松异舟蛾的分布范围正在扩大（Buffo et al，2007），Netherer 的研究也证明了这一观点（Netherer et al，2010）；在美国，棉铃虫、欧洲玉米螟、北方玉米根虫、西部玉米根虫等的分布范围随着温度的升高而大幅度扩大（Diffenbaugh et al，2008）。

气候变暖对耐寒性不同的昆虫的分布影响不同。对某些耐热范围较窄的昆虫来说，气候变暖反而对它们不利，许多昆虫可能面临缩小其地理分布或局部绝灭的情况（Botkin et al，2007；Beever et al，2011），如热带蚂蚁（Diamond et al，2012）等热带昆虫。

11.1.6 门源草原毛虫的研究现状与研究意义

门源草原毛虫属鳞翅目毒蛾科草原毛虫属，广泛分布于青海北部高寒草甸地区，由于外形与青海草原毛虫相似，早年曾被误认。严林等在 1997 年鉴定其为昆虫新种类，门源草原毛虫的足、前胸背板和肛上板均为黑色，而青海草原毛虫的足、前胸背板和肛上板均为黄色。

严林对门源草原毛虫的生活史进行了细致的研究（严林，2006），门源草原毛虫一年发生 1 个世代数，经历卵、幼虫、蛹和成虫四个阶段，孵化后以滞育的一龄幼虫越冬，翌年 4 月植物返青时 1 龄幼虫开始活动，取食植物幼芽。门源草原毛虫在发育时期和形态上存在性二型性，表现在三个方面：第一，雌幼虫为7龄，而雄幼虫为6龄，即雌幼虫比雄幼虫多1龄期，由于幼虫是草原毛虫一生中唯一取食的阶段，因此7龄雌幼虫体重大于6龄雄幼虫，进而雌性蛹、成虫体重大于雄幼虫。第二，门源草原毛虫雄蛹为红褐色，雌蛹为黑色，雄蛹期较雌蛹期长15 d左右。通过蛹期的调整，雌雄成虫羽化时期基本一致。第三，雌雄成虫的外形与习性不同；室内试验表明，门源草原毛虫的发育起点为3.8 ℃，适温范围为15～33 ℃，最适温度为20 ℃，幼虫的发育速率在适温范围内随温度升高而增大（严林，2006）；野外扣笼试验发现门源草原毛虫取食多个科的植物，是广食性昆虫，其最喜食植物主要是禾草和莎草，且随着幼虫龄期的增长，毛虫取食的植物种类逐渐增多。此外，随着扣笼内毛虫密度的增加，幼虫的食谱相应地扩大，出现食谱普泛化（严林等，1995）。

全球变暖已是众所周知，作为全球最高的高原，青藏高原的气候变化具有超前性，是我国气候变化的启动区。近600年来的3次冷期和3次暖期都在青藏高原出现得最早，其次是祁连山，继而是我国东部。高原百年尺度的冷暖变化比我国东部要早10～60年（冯松等，1998）。而根据对几个关键时段（过去10万年、过去2000年和现代等）气候变化特征的研究，发现高海拔地区的气候变化幅度大于低海拔地区（姚檀栋等，2000）。青藏高原比低海拔地区对全球气候变化更敏感（马晓波等，2003；魏凤英等，2003），青藏高原是研究生态系统对全球变化响应机制的理想场所。

青藏高原上的动植物深受气候变化的影响，在动物界中数量最多、分布最广的昆虫受影响最大。门源草原毛虫在幼虫期主要取食禾本科和莎草科牧草（万秀莲等，2006），对高寒草甸的牧草造成重大危害，造成家畜食物短缺，改变草地植物群落结构，加剧草地退化和草地生态环境恶劣，而且还会导致家畜中毒，严重阻碍了青海畜牧业的健康发展（严林等，1995），是青海高原高寒草甸地区的主要害虫之一（Lin et al，2006）。青藏高原的气温上升对其生长发育、空间分布与繁殖是否有影响？温度升高度数不同对其影响是否不同？该方面的理论和试验研究均较少。因此，通过测定不同增温梯度下青海门源草原毛虫的生长发育、空间分布与繁殖等，对比分析不同增温幅度下毛虫幼虫越冬存活率、发育历期、相对生长率、体质量、存活率、翅长、雄成虫体长、雌虫孤雌产卵数、卵质量、卵孵化率等的变化，揭示不同增温幅度下毛虫幼虫生长发育及成虫繁殖的变化规律，对未来温度升高时采取科学预报和防治具有重要的现实意义。

11.2 研究方法

11.2.1 研究区概况

中国科学院海北高寒草甸生态系统研究站（以下简称海北站）位于青藏高原东北隅的祁连山谷地（37°29′~37°45′N，101°12′~101°23′E），站区山地海拔4000 m，谷地2900~3500 m。隶属于青海省海北藏族自治州门源回族自治县门源马场，距西宁市160 km。站区属于典型的高原大陆性气候，夏季受东南季风气候、冬季受西伯利亚寒流的影响，一年无明显的四季之分，暖季短暂而凉爽，冷季寒冷而漫长。年平均气温-1.7 ℃，年极端最高气温27.6 ℃，极端最低气温-37.1 ℃，年降水量为426~860 mm，其中的80%分布于植物生长季的5—9月。土壤为高山草甸土和高山灌丛草甸土，土壤表层和亚表层中的有机质含量丰富。植被建群种为矮嵩草，主要优势种为异针茅、草地早熟禾、麻花艽和发草等（Klein et al，2004）。

11.2.2 样地设置与数据收集

1. 样地与样方的设置

野外试验于2014年4月开始，以门源草原毛虫幼虫为研究对象，通过OTC模拟增温的方法研究增温效应对门源草原毛虫的影响。2014年4月上旬开始观察试验。试验平台为矮嵩草草甸模拟增温试验样地，建于2011年，采用圆台形OTC模拟增温。OTC设4个规格（A、B、C、D型）模拟不同的增温梯度，底部直径依次为2.05、1.75、1.45、1.15 m，顶直径依次为1.60、1.30、1.00、0.70 m，圆台高0.4 m，底角60°。每个规格重复5次，随机选取5处OTC附近的露天草地作为对照（CK）。所有处理均在冬季进行模拟放牧，即人工剪去地面以上约80%的草。

在每个OTC和对照中放置一个细网铁丝扣笼，长35 cm，宽25 cm，高40 cm。为保证毛虫在食物充足的条件下生长，每个扣笼内只放置10只门源草原毛虫幼虫（注：放入扣笼的毛虫幼虫均取自扣笼所在处理内）。

2. 野外观测

从2014年4月牧草返青到9月底，每隔3 d观察并记录毛虫幼虫的数量变化和生长情况，每隔7 d测量并记录毛虫幼虫的体质量、体长和头宽。由于试验的连贯性不能处死毛虫，所测的毛虫幼虫质量为鲜质量，用0.0001 g天平测量，为尽量排除误差，每次测量时间一致，均为15:00—16:00。用游标卡尺测定头宽和体长，头宽测量头的最宽处，所测毛虫体长为毛虫虫体自然长度。幼虫的虫龄结合实际观测（脱皮）和头壳法确定（严林等，2005）。

2014年7月21日（此时草生长最旺盛，门源草原毛虫为6、7龄幼虫，活动频繁）9：00—11：00（此时间段为毛虫取食高峰）对每个样方虫口密度、毛虫的垂直分布高度等指标进行测定。毛虫幼虫空间分布调查的对象是各处理内自然状态下的毛虫（非扣笼中）。由于OTC面积的原因，统计虫口密度时采用50 cm×50 cm规格的样方。

在毛虫的繁殖期，观察并记录毛虫的雌雄比，统计雌虫产卵数，用0.000 1 g天平测量卵质量。在10月底统计各处理下毛虫卵的孵化率。在扣笼中寻找死去的雄成虫，测量其身长与翅长，带回实验室烘干至恒重测其体质量。而雌虫发育成熟后不出茧，在茧中与雄虫交配并直接在茧里产卵，因此为了不做过多的干扰，未统计发育成熟的雌虫的体质量、体长等数据。

统计单雌产卵数时，用小镊子在虫茧尾部破开一个小口，将茧内卵小心倒入纸杯，计数并测质量（0.000 1 g天平）后小心装回虫茧，以细线缝合小口，再将茧放回原处。统计卵孵化率时仍照此方法进行，统计孵化的毛虫幼虫个数。

样地的温度采用HOBO记录仪自动记录（每小时1次）。风速采用风速测量仪测量，在CK、A、B、C和D中各放一个风速测量仪，在同一时刻用这5个风速仪同时测量并记录数据，重复3次。

3. 野外喂养试验

2014年5—7月，分别选取老龄幼虫（6龄雄虫和7龄雌虫）进行2次野外喂养试验，研究在不同的增温梯度下，老龄毛虫对植物的采食率及对食物的利用指数。

喂养试验流程：

（1）野外取草。
（2）室内称草质量，并记录数据。
（3）将称好的草放入相应的培养皿。（培养皿上做好标记）。
（4）称量经过饥饿处理1 h的毛虫的体质量，并记录数据。
（5）将称好的毛虫放入培养皿，每个培养皿放5只毛虫。
（6）培养皿以铁丝网封住口子以防毛虫逃脱。
（7）在每个增温处理和对照中放入3个培养皿（3个重复）。
（8）24 h后收集培养皿，带入室内，拆除封口的铁丝网，分别收集培养皿里剩余的草和粪便，称量培养皿里毛虫的体质量。
（9）烘干培养皿里收集的草和粪便，粪便直接称量，草分种后称量。

喂养的植物选取矮嵩草草甸的常见种：异针茅、草地早熟禾、麻花艽、矮嵩草、垂穗披碱草、鹅绒委陵菜、美丽风毛菊、苔草、高山唐松草、二柱头蔍草、雪白委陵菜、黄花棘豆等。

4. 数据分析方法

（1）草原毛虫对食物的采食率及利用指数

对食物的采食率=（取食前的食物干质量-取食后的食物干质量）/取食前的食物干质量

食物的利用指数用Waldbauer（Waldbauer et al，1984）公式计算：

相对生长率=G/TW

近似消化率=$(F-E)/F×100$

相对取食速率=F/TW

摄食食物转化率=$G/F×100$

消化食物转化率=$G/(F-E)×100$

式中，G 为虫体增加质量（干质量，mg）；E 为粪便质量（干质量，mg）；F 为摄食量（干质量，mg）；W 为虫体生物量（干质量，mg）；T 为取食时间（d）。摄食食物转化率亦称总转化率，消化食物转化率亦称净转化率。

(2) 空间分布指数

综合大多数学者的研究（Kondratieff et al, 2009; 陈向阳等, 2006; 赵丽丽等, 2011），选用以下公式计算毛虫幼虫的空间分布指数：

David Moore 指数 (I) =$S^2/x-1$

式中，S^2 为方差，x 为平均虫口密度（下同）。$I<0$ 时为均匀分布，$I=0$ 时为随机分布，$I>0$ 时为聚集分布。该指标适于比较同一物种在不同地区的种群聚集度。

Lloyd 指数 (L) =m^*/x

式中，m^* 为平均拥挤度（$m^*=x+S^2/x-1$）。$L<1$ 时，为均匀分布；$L=1$ 时，为随机分布；$L>1$ 时，为聚集分布。该指数与密度无关。

Kuno 指数 (C_A) =$(S^2-x)/x^2$

式中，$C_A<0$ 时，为均匀分布；$C_A=0$ 时，为随机分布；$C_A>0$ 时，为聚集分布。该指数为负二项分布 K 的倒数。

扩散系数 (C) =S^2/x

式中，$C<1$ 时，为均匀分布；$C=1$ 时，为随机分布；$C>1$ 时，为聚集分布。该指数用来检验种群扩散是否属于随机分布。

负二项分布 (K) =$x/(S^2/x-1)$

式中，K 值愈小，表示聚集度愈大；K 值趋于∞时，近似泊松分布。该指标与虫口密度无关，可由环境因子造成，也可由昆虫自身行为形成。

种群聚集均数 (λ) =$m/2Kr$

式中，K 为负二项分布的值；r 为自由度，等于 $2K$；$P=0.5$ 时，x^2 为分布函数值，x 为样本平均数。当 $\lambda<2$ 时，聚集的原因主要为环境因素；当 $\lambda≥2$ 时，聚集的原因主要为昆虫行为和环境因素的叠加或昆虫本身的聚集行为。

11.3 OTC模拟增温的效果

11.3.1 OTC的增温效果

在野外自然条件下进行生态系统尺寸上的温度控制试验里，开顶式增温室（OTC）是最简单和最普遍的一种增温方法。青藏高原作为全球气候变化的研究热点地区，海北高寒草甸观测站也成了增温试验的主要研究区域（周华坤等，2000；李英年等，2004）。1997年，Klein在海北站建立了OTC，并取得了一系列成果（Klein et al，2007；2005），其后周华坤（2000）、李英年（2004）等陆续进行了相关研究。OTC的增温效果显著，是一些高纬度、高海拔及无法供电的偏远地区最好的选择（牛书丽等，2007）。基于毛虫幼虫的发育历期与生活环境，本次试验测量的温度为4—9月离地5～10 cm处的平均气温。如图11.1所示，在试验地的4个OTC增温梯度A、B、C、D内的平均模拟增温度数分别为0.40、1.06、1.26和1.98 ℃。OTC增温效果显著（$P<0.05$），增温幅度遵循从A、B、C、D开顶式增温室依次增大的规律，即OTC越小，增温幅度越大。

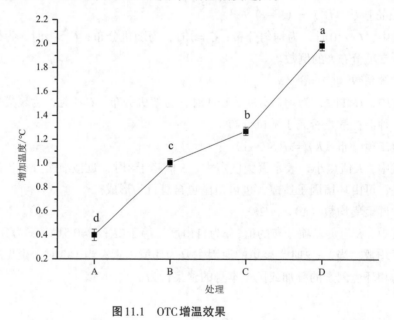

图11.1 OTC增温效果

11.3.2 OTC对风速的影响

OTC增温也导致了一些副作用，如降低了OTC内的风速。如图11.2所示，风速的降低与OTC的设计和材料有关，其材料本身起了一定程度上的遮挡作用，使得OTC内（A、

B、C、D）风速小于OTC外（CK），且OTC面积越小，对风速的阻挡越明显。如图11.2所示，不同处理下风速有差异，CK、A、B、C、D开顶式增温室间均差异显著（$P<0.05$），变化为CK>A>B>C>D，风速显著下降，其中OTC外（CK）与OTC内（A、B、C、D）差异极显著（$P<0.01$）。说明OTC起到了降低风速的作用，A、B、C、D开顶式增温室间差异显著，风速逐渐降低，说明OTC面积越小，对风的阻挡作用越大。

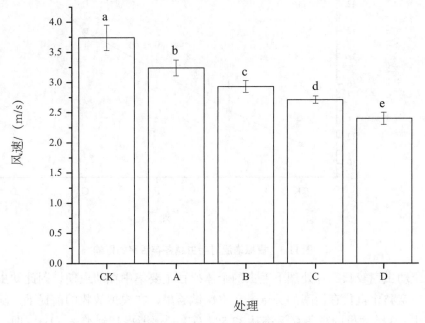

图11.2 OTC对风速的影响

11.4 模拟增温对毛虫幼虫生长发育的影响

门源草原毛虫是青海高原高寒草甸地区的主要害虫，在幼虫期对高寒草甸的牧草危害最大，此时毛虫幼虫取食禾本科和莎草科牧草，改变了草地植物群落结构，加剧草地退化和草地生态环境恶劣，造成家畜食物短缺，还导致家畜中毒，严重阻碍了青海畜牧业的健康发展，研究气温升高对其幼虫的生长发育和生存的影响有很重要的意义。

11.4.1 模拟增温对毛虫越冬存活率的影响

门源草原毛虫的生活史分为幼虫期、蛹期、成虫期及卵期4个发育阶段，幼虫孵化出来即进入滞育，不取食，以1龄幼虫越冬。如图11.3所示，随着增温幅度的加大，1龄幼虫的越冬存活率从32.5%（CK）逐渐提高到45%（D）。其中CK与A差异不显著（$P>$

0.05），其他均差异显著（$P<0.05$）。

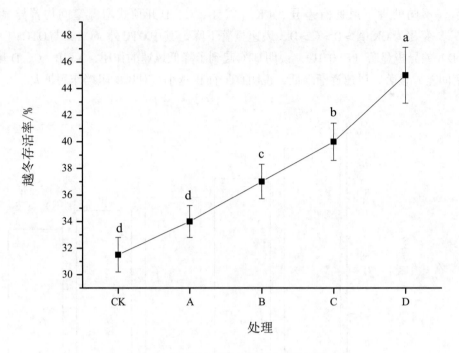

图11.3　模拟增温对毛虫越冬存活率的影响

由于幼虫期较长，各处理下毛虫的个体死亡主要集中在幼虫期，因此幼虫期的生存状况是决定整个世代存活率的关键。在本次试验里，在模拟放牧的前提下，随着增温幅度的加大，1龄幼虫的越冬存活率从32.5%（CK）逐渐提高到45%（D），即模拟增温有利于提高草原毛虫的越冬存活率。解除滞育到蛹期这一幼虫阶段，在适当的增温梯度下（A、B、C），温度升高有利于毛虫幼虫的存活，但是增温过高（D）不利于其存活。

11.4.2　模拟增温对毛虫发育历期的影响

门源草原毛虫以滞育的1龄幼虫越冬，翌年的4月上旬左右开始活动，其开始活动的时间与温度有直接关系（严林，2006），而昆虫的发育起始时间和发育历期的长短是昆虫生活史的重要组成部分，对世代数有直接影响（Danks et al，2006）。门源草原毛虫以1龄幼虫越冬，次年4月开始活动（严林等，2005）。如表11.1所示，在CK、A、B、C和D中，毛虫幼虫发育历期A与B、B与C、B与D各温室间差异不显著（$P>0.05$），其他之间差异均显著（$P<0.05$）。在本次试验中，与对照相比，模拟增温使A、B、C和D中1龄幼虫越冬后开始活动的时间分别提前2、3、4、6 d，即增温幅度越大的处理1龄幼虫越冬后开始活动的日期越提前，A、B、C和D中毛虫蛹期分别提前10、14、22和15 d，即A-C梯度下增温越高，毛虫的蛹期提前越长，而D处理下提前的时间较C的短，说明增温过高不利于蛹期的提前；在CK、A、B、C中，发育历期随着增温梯度的增加有所变短。分析可知，在一定范围内，随着增温的变大，1龄幼虫越冬后开始活动的日期和进入蛹期

的日期越提前，毛虫幼虫期的发育历期越短。

表 11.1　毛虫幼虫期发育起始时间和发育历期

处理	开始日期	结束日期	历期
CK	4月24日	8月16日	114±3.7 [a]
A	4月22日	8月6日	105±4.2 [bc]
B	4月21日	8月2日	98±5.6 [cd]
C	4月20日	7月26日	93±3.2 [d]
D	4月18日	8月1日	102±4.0 [c]

11.4.3　模拟增温对相对生长速度的影响

按月份比较，在5月，毛虫相对生长率从小到大依次为CK、A、B、D和C，除B和D之间外，其他处理间彼此均差异显著（$P<0.05$）（图11.4）；在6月，CK的相对生长率最大，其次为C、B、A和D，其中CK和增温处理差异均显著（$P<0.05$），A、C和D间差异显著（$P<0.05$），B与A、C、D差异均不显著（$P>0.05$）（图11.4）；在7月，各处理的生长速率差异和6月保持一致（图11.4）。

按不同处理比较，5—6月，CK的生长速率逐渐变大，而增温处理的A、B、C、D生长速率均逐渐变小。5月CK的生长速率最小，6和7月生长速率大于增温处理（$P<0.05$）（图11.4）。

昆虫的生长速度是生活史的重要特征，生长速度快的昆虫在竞争中有更大的优势，可能提前繁殖期来扩大种群数量。在当前的气候变化的过程中，全球平均温度正在上升，昆虫是变温动物，温度对其生长速度有直接影响，在发育温度区内，温度上升使昆虫的生长速度加快。本次试验的结果也证明了这一结论，5—7月，增温处理中，毛虫的生长速率均为A、B、C温室依次变大，而D温室下降，这说明不是增温越高其生长速率越大，而是在一定温度范围内，温度升高才会提高其生长速率。但是试验中还出现了另一情况：5月，毛虫的生长速率CK小于A、B、C、D温室。而在6月和7月，毛虫的生长速率CK大于A、B、C、D温室。分析可知，CK在5、6、7月的生长速度略有增加，这是比较正常的，基本符合Books-Dyar法则，即鳞翅目昆虫幼虫生长率较恒定（Morewood et al，1998）。而增温处理下（A、B、C、D温室），毛虫的相对生长速度在5月达到最高，此后一直减小。这说明模拟增温对毛虫的生长影响显著，使毛虫幼虫的发育提前了，在5月达到了生长高峰。造成这种现象的可能原因是5月相对6月和7月来说温度较低，而且此时毛虫处于低龄幼虫期，发育所需有效积温较老龄幼虫期少，因此增温处理下效果更明显，相对生长速度显著增大。

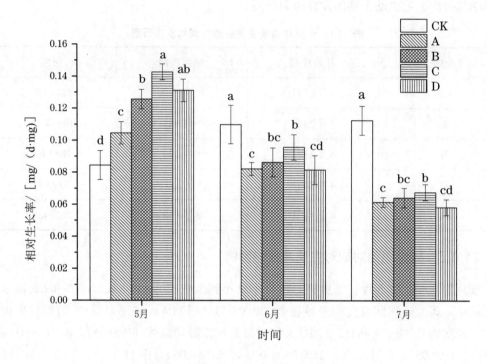

图 11.4 模拟增温对毛虫生长速度的影响

11.4.4 模拟增温对体质量的影响

如图 11.5 所示，2 龄期的毛虫幼虫体质量基本一致，差异不显著（$P>0.05$）；从 3 龄期开始，不同处理的幼虫体质量出现了差异，其中 CK 显著大于温室 C 和 D（$P<0.05$），温室 A 与 B 显著大于 D（$P<0.05$），而 CK、A、B 温室间差异均不显著（$P>0.05$），A、B、C 温室间差异不显著（$P>0.05$），C 与 D 温室间差异不显著（$P>0.05$）；在 4 龄期，各处理体质量与 3 龄期一致；在 5 龄期，各处理下体质量出现了 CK>A>B>C>D 的趋势，除 CK 与 A、A 与 B、C 与 D 温室之间差异不显著外（$P>0.05$），其他之间均差异显著（$P<0.05$），尤其是 CK 与 D 温室之间差异极显著（$P<0.01$）；毛虫 6 龄期，雌虫与雄虫各处理下体质量变化一致，为 CK>A>B>C>D，其中 A 与 B、B 与 C、C 与 D 温室间差异不显著（$P>0.05$），其他之间均差异显著（$P<0.05$），其中 CK 与 C、D 温室间差异为极显著（$P<0.01$）；7 龄期，各处理体质量与 6 龄保持一致。分析可知，和对照相比，从 3 龄开始，增温后毛虫幼虫体质量有减轻趋势。

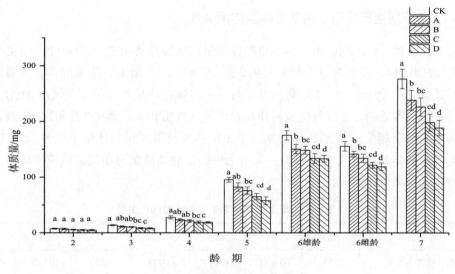

图11.5 模拟增温对体重的影响

11.4.5 模拟增温对体长的影响

由图11.6所示,门源草原毛虫幼虫在2~4龄,各处理下体长基本一致,差异不显著。5~7龄,4个增温处理下的毛虫体长差异不显著($P>0.05$),但均显著小于对照($P<0.05$)。该结果说明,从5龄开始,增温处理下的毛虫体长显著小于对照,但是增温处理下的毛虫体长彼此差异不显著。

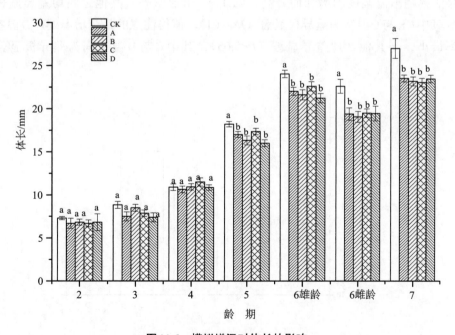

图11.6 模拟增温对体长的影响

11.4.6 增温梯度与毛虫幼虫体型的相关性

表11.2表明，各龄期，温度与毛虫的体质量均呈线性负相关，其中2龄和5龄为极显著相关（$P<0.01$），其他为显著相关（$P<0.05$）。而在2~4龄期，毛虫的体长与温度相关性均不显著（$P>0.05$）。5~7龄期，温度与毛虫的体长均呈线性负相关（$P<0.05$）。相关性分析表明，各龄期，温度与毛虫的体质量均呈线性负相关，其中2龄和5龄为极显著相关，其他为显著相关。而在2~4龄期，毛虫的体长与温度相关性均不显著。5~7龄期，温度与毛虫的体长均呈线性负相关。说明毛虫幼虫的体质量对增温的响应比较敏感，而体长的响应较滞后。

表11.2 增温梯度与毛虫幼虫体型的相关性

	2龄	3龄	4龄	5龄	6龄雄	6龄雌	7龄雌
增温梯度-体重	−0.761*	−0.934*	−0.917*	−0.973**	−0.891*	−0.950*	−0.947*
增温梯度-体长	−0.542	−0.584	0.299	−0.798*	−0.763*	−0.657*	−0.686*

注：*表示0.05水平显著性，**表示0.01水平显著性。

11.4.7 模拟增温对幼虫存活率的影响

本次试验统计了毛虫幼虫越冬后至化蛹前这一发育阶段的存活率。结果表明，在不同的增温条件下，毛虫的存活率不同。如图11.7所示，在对照及增温处理A、B和C温室中，存活率随增温幅度的增加而升高，除了A、B温室外，其他之间均差异显著（$P<0.05$），其中CK与C温室为差异极显著（$P<0.01$）。值得注意的是，增温处理D温室中存活率率最小，与其他处理差异显著（$P<0.05$），其中C与D温室间为差异极显著（$P<0.01$）。

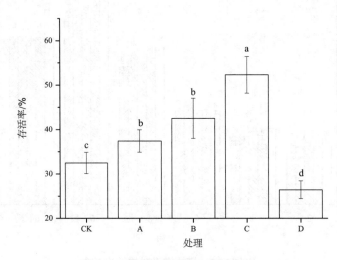

图11.7 模拟增温对存活率的影响

11.5 模拟增温对幼虫空间分布的影响

生物的种群空间分布格局是由生物所处环境及其种群的内禀特征共同作用而决定的，是生物物种的种性特征在种群水平上的体现。研究生物种群的空间分布对于了解物种的种间关系、生态策略以及制定防治策略等都具有非常重要的意义。此外，在实际应用中还可作为抽样技术以及资料代换的数据依据。万秀莲等（2006）对草原毛虫幼虫的空间格局与食性的关系做了初步阐述，严林等（1996）对门源草原毛虫不同生长发育期的空间分布型做了细致研究，但对于全球气候变暖背景下毛虫通过这一特征所表现出的生态策略及响应有待深入研究。为此对门源草原毛虫空间分布在模拟增温条件下的变化规律做了系统分析，阐释了该物种通过改变空间分布对温度升高的响应，以期为该物种的科学管理及后续研究提供理论依据。

11.5.1 聚集度指数

如表11.3所示，所有处理中，$I>0$，$L>1$，$C_A>0$，$C>1$，即在不同的处理下门源草原毛虫均表现出聚集分布的特征。A、B、C、D四组温室中K值均小于对照组，表明门源草原毛虫在增温处理下聚集程度较对照组强。此外，所有组的λ值都大于2，其分布原因可能是昆虫自身行为，也可能是昆虫行为和环境因素的叠加。

表11.3 不同处理下门源草原毛虫的聚集度指数

处理	m^*	I	L	C_A	C	K	λ
CK	18.06	15.16	14.61	0.04	1.66	26.56	16.16
A	29.32	8.34	4.52	0.85	14.44	1.18	9.34
B	16.46	13.29	12.04	0.10	2.56	9.56	14.29
C	23.76	18.03	14.94	0.21	5.08	4.83	19.03
D	42.31	37.83	35.19	0.07	3.95	13.35	38.83

注：表中m^*为平均拥挤度，I为David Moore指数，L为Lloyd指数，C_A为Kuno指数，C为扩散系数，K为负二项分布，λ为种群聚集均数。

11.5.2 垂直分布

如图11.8所示，随着增温效应的增强，门源草原毛虫的平均分布高度逐渐升高，其中除A与B、C与D温室间差异不显著外（$P>0.05$），其他两两之间均差异显著（$P<0.05$）。各处理下毛虫分布在不同的高度下的百分比不同，从CK到D温室在0～10 cm所占百分比由38%下降到14%，在>20 cm所占百分比由3%上升到42%。说明随着温度的升高，毛虫的垂直分布有上升的趋势。

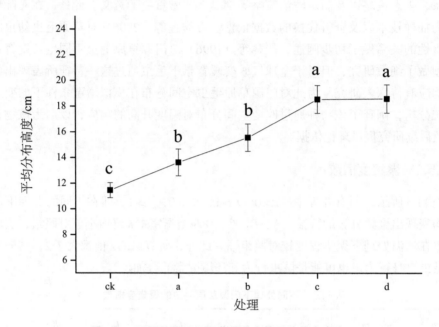

图11.8　不同处理下门源草原毛虫的平均分布高度

上述研究结果说明，垂直分布上毛虫一般分布在0～10、10～20和20～30 cm这三个高度。随着增温梯度的增大，毛虫的平均分布高度逐渐升高，分布于0～10 cm的毛虫比例逐渐降低，而分布于10～20 cm的毛虫比例逐渐增加，分布于20 cm以上的毛虫由很少（3%）至很多（42%），说明随着增温强度的加大，毛虫的垂直分布区域有所上移。当然，毛虫的垂直分布不仅与温度有关，还与风速有关，相关性分析显示，毛虫的垂直分布高度与温度均呈正相关，与风速呈负相关。这与OTC的材料与设计有关，OTC的材料本身起了一定程度上的遮挡作用，使得OTC内风速小于OTC外，减少了风对毛虫的干扰作用，利于其向上运动。

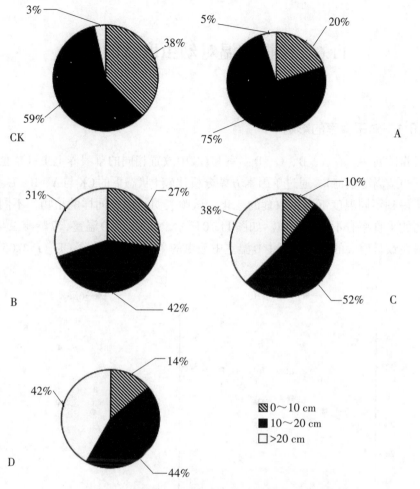

图11.9 不同处理下门源草原毛虫的垂直空间分配率

11.5.3 垂直分布与温度和风速的相关性

如表11.4所示，毛虫的垂直分布与温度呈极显著正相关（$P<0.01$），相关系数为0.868。毛虫的垂直分布与风速呈极显著负相关（$P<0.01$），相关系数为-0.974。

表11.4 毛虫分布的平均高度与温度和风速的相关性

	高度	温度	风速
高度	1	0.868**	-0.929**
温度	0.868**	1	-0.974**
风速	-0.929**	-0.974**	1

注：*表示0.05水平差异显著性，**表示0.01水平差异显著性。

11.6 模拟增温对幼虫取食的影响

11.6.1 对采食率的影响

在喂养试验中,在A、B、C、D温室和CK中放置相同的草喂养毛虫(草全部取自自然状态下的矮嵩草草甸),通过单因素方差分析比较1状态下的CK与A、B、C、D温室间的数据,得到不同温度下毛虫取食的变化。试验表明:取食同样的植物,不同处理下毛虫对植物的采食率有不同的响应。如图11.10所示,从CK到D温室,7龄雌虫与6龄雄虫的采食率大致呈增大的趋势,其中D温室中毛虫的采食率显著大于CK($P<0.05$)。

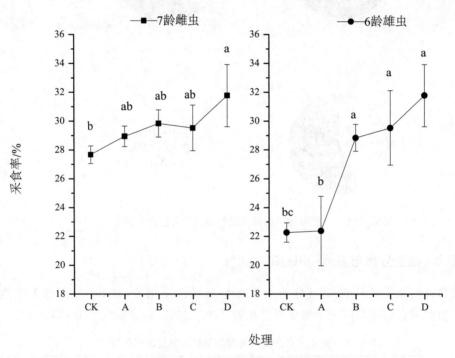

图11.10 模拟增温对采食率的影响

11.6.2 对食物利用指数的影响

6龄雄毛虫,从CK到A温室,各处理下的近似消化率、摄食食物转化率、消化食物转化率先增大再减小,其中均为B温室处理中最大,而相对取食速率则呈减小的趋势,CK中最大,D温室中最小。

7龄雌虫,增温处理下的近似消化率略小于对照,但差异均不显著;增温处理下的摄食食物转化率和消化食物转化率随增温幅度的加大而减小，但均大于对照。而相对取食速率则仍呈减小的趋势，CK中最大，D温室中最小。

对比表11.5与图11.4发现，两者中毛虫6龄和7龄的相对生长率基本一致，均为增温处理下的相对生长率小于对照组。

表11.5 门源草原毛虫幼虫对食物的利用指数

虫龄	处理	相对生长率	近似消化率	相对取食速率	摄食食物转化率	净转化率
6龄雄虫	CK	0.119±0.011a	56.613±2.037ab	4.658±0.867a	0.086±0.013d	0.089±0.014d
	A	0.08±0.052d	57.663±5.171ab	3.612±0.727b	0.184±0.038c	0.2±0.042c
	B	0.084±0.050c	58.057±2.358a	2.703±0.3876c	0.325±0.020a	0.331±0.021a
	C	0.092±0.016b	53.346±4.329b	2.323±0.403c	0.227±0.043b	0.264±0.042b
	D	0.084±0.008c	48.611±1.395c	2.173±0.676d	0.212±0.064bc	0.216±0.064c
7龄雌虫	CK	0.120±0.082a	42.461±2.376a	4.247±0.848a	0.1689±0.077b	0.186±0.085b
	A	0.074±0.096cd	41.554±3.296a	3.934±0.164ab	0.213±0.067a	0.231±0.073a
	B	0.077±0.014c	41.375±2.328a	3.857±0.184b	0.205±0.043a	0.206±0.023a
	C	0.090±0.012b	41.951±3.613a	3.505±0.647cd	0.116±0.028c	0.213±0.036a
	D	0.063±0.011d	41.762±7.556a	3.338±0.265d	0.197±0.0381a	0.212±0.024a

注：不同字母表示差异显著，相同字母表示差异不显著。

11.6.3 模拟增温对幼虫取食的影响机制

取食是昆虫最基本的行为（Chapman，1998），是昆虫在接受内外信息后由肌肉系统和神经系统综合反应的结果（裴元慧等，2008）。就植食性昆虫而言，按昆虫口器类型和取食方式的不同可分为潜叶类（潜入叶片内取食）、咀嚼类和穿洞类（钻入树干或根部取食）、造瘿类和刺吸类5大类。按取食的食谱特性，又可分为狭食性和广食性两种（Abrahamson，1989）。严林的研究表明，门源草原毛虫取食多个科的植物，是广食性昆虫（严林等，1995）。根据实际观察，发现门源毛虫的取食状以顶食状最常见，其次是缘食状。

在喂养试验中，在A、B、C、D温室和CK中放置相同的草喂养毛虫（草全取自自然状态下的矮嵩草草甸），通过单因素方差分析比较1状态下的CK与A、B、C、D温室的数据，得到不同温度下毛虫取食的变化。试验表明：取食同样的植物，不同处理下毛虫对植物的采食率有不同的响应。从CK到D温室中，采食率大致呈增大的趋势，其中CK显著大于D温室（$P<0.05$），其他差异不显著（$P>0.05$）。6龄毛虫，从CK到A温室各处理下的近似消化率、摄食食物转化率、消化食物转化率先增大再减小，其中均为B增温处理中最大，而相对取食速率则呈减小的趋势，CK中最大，D温室中最小；7龄毛虫，增温处理下的近似消化率略小于对照，但差异均不显著；增温处理下的摄食食物转化率和消化食物转化率随增温幅度的加大而减小，但均大于对照。而相对取食速率则仍呈减小的趋势，CK中最大，D温室中最小。两者中毛虫6龄和7龄的相对生长率基本一致，均为增温处理下的相对生长率小于对照。

11.7 模拟增温对毛虫成虫发育与繁殖的影响

11.7.1 模拟增温对蛹体型的影响

1. 雌蛹体型

门源草原毛虫雄蛹为红褐色，雌蛹为黑色。肉眼可以区别开。本试验分开统计了雌蛹与雄蛹的质量、长、宽，以此来研究不同处理下毛虫蛹的体型变化。如图11.11所示，随着增温幅度加大，雌蛹重逐渐减轻，其中CK显著大于B、C、D温室（$P<0.05$），A和B温室显著大于C和D温室（$P<0.05$）（图11.11A）；CK的蛹长显著大于B和D温室（$P<0.05$），其他间差异不显著（$P>0.05$）（图11.11B）；随着增温幅度加大，雌蛹宽有所缩短，但差异不显著（$P>0.05$）（图11.11C）。

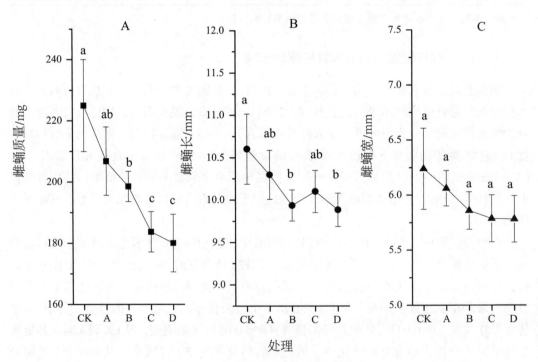

图11.11　模拟增温对雌蛹体型的影响

2. 雄蛹体型

如图11.12所示，增温处理下A、B、C、D温室间雄蛹的蛹质量差异不显著（$P>0.05$），但B、C、D温室均小于CK（$P<0.05$）（图11.12A）；CK中雄蛹长与A温室间差异不显著（$P>0.05$），A、B、C和D温室间差异不显著（$P>0.05$），CK显著大于B、C和D温室（$P<0.05$）（图11.12B）；各处理下雄蛹宽基本一致，差异不显著（$P>0.05$）（图11.12C）。

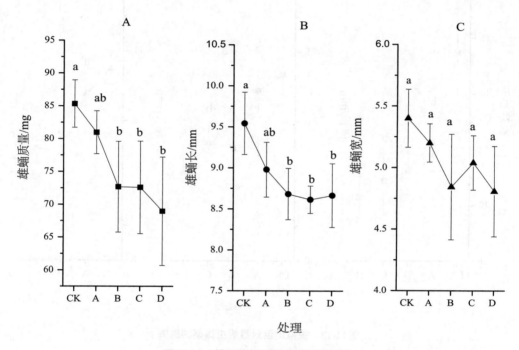

图11.12　模拟增温对雄蛹体型的影响

3. 增温幅度与蛹体型的相关性

表11.6　增温幅度与蛹体型的相关性

	质量	长	宽
增温—雌蛹	−0.453*	−0.246	−0.274
增温—雄蛹	−0.837**	−0.395	−0.39

注：*表示差异显著，**表示差异极显著。

用SPASS软件分析增温幅度与蛹质量、长和宽的相关性，结果如表11.6所示，雌蛹质量与温度呈显著负相关（$P<0.05$），相关系数为−0.453。雄蛹质量与温度呈极显著负相关（$P<0.01$），相关系数为−0.837。

11.7.2 模拟增温对毛虫成虫体型的影响

1. 雄虫体型

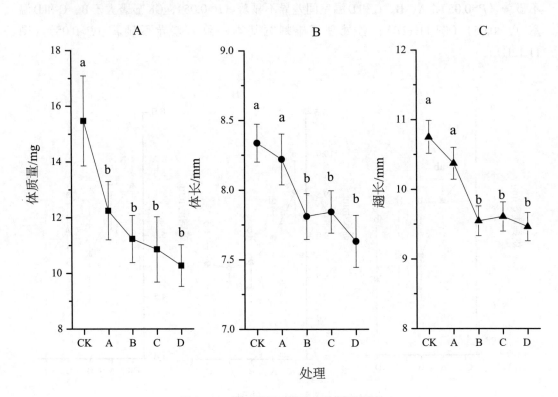

图11.13 模拟增温对雄成虫体型的影响

门源草原毛虫雌虫发育成熟后不出茧，在茧中与雄虫交配并直接在茧里产卵，因此为了不做过多的干扰，未统计发育成熟的雌虫体质量等。而雄虫交配后死亡，收集死亡的雄虫，烘干至恒重后测量其质量、身长和翅长。

经统计发现，增温处理下，毛虫的质量（干质量）、身长与翅长有变化，质量是影响昆虫身体大小的重要因素（Davidowitz，2003），如图11.13A所示，增温处理下A、B、C、D温室间雄成虫的质量差异不显著（$P>0.05$），但均小于CK（$P<0.05$）。

如图11.13B所示，CK中毛虫雄成虫翅长与A温室间差异不显著（$P>0.05$），B、C和D温室间差异不显著（$P>0.05$），CK与A显著大于B、C和D温室（$P<0.05$）。

如图11.13C所示，从CK到D温室，毛虫身长有缩短的趋势，CK稍大于A温室，但差异不显著（$P>0.05$）；CK与A显著大于B、C和D温室（$P<0.05$），而B、C和D温室间差异不显著（$P>0.05$）。比较图11.13B与图11.13C可知，不同处理下雄成虫的身长与翅长变化趋势基本一致。

2. 增温幅度与雄虫体质量、身长和翅长的相关性

表11.7　增温幅度与雄虫体重、身长和翅长的相关性

	翅长	身长	体质量
温度	−0.911*	−0.970**	−0.878*

注：*表示0.05水平显著性，**表示0.01水平显著性。

用SPASS软件分析增温幅度与雄成虫体质量、身长和翅长的相关性，结果如表11.7所示，增温幅度和雄成虫翅长与体质量呈显著负相关（$P<0.05$），与身长呈极显著负相关（$P<0.01$）；翅长与身长呈极显著负相关（$P<0.01$），与体质量呈显著负相关（$P<0.05$）；体质量与身长呈显著负相关（$P<0.05$）。

3. 雌虫产卵数与卵质量

已有研究表明，气候因素对昆虫的产卵数有影响（唐红艳等，2010）。统计发现，在增温处理下的雌虫，产卵数有所不同，但差异不显著（$P>0.05$）；CK下的雌虫单雌产卵数稍多于增温处理的，其中B和C温室的显著小于CK（$P<0.05$），A和D温室稍小于CK，但差异不显著（$P>0.05$）（图11.14）。

同时，统计了各处理下雌虫所产卵的卵质量，如图11.15所示，从CK到D温室，毛虫卵的质量逐渐增加，其中D温室最重，B、C和D温室之间差异不显著（$P>0.05$），其他之间差异显著（$P<0.05$）。A和D温室小于CK但差异不显著（$P>0.05$）。说明增温处理下，卵的质量显著上升。图11.14和11.15图说明，一方面增温处理导致雌虫产卵数下降，但另一方面提高了卵的质量。

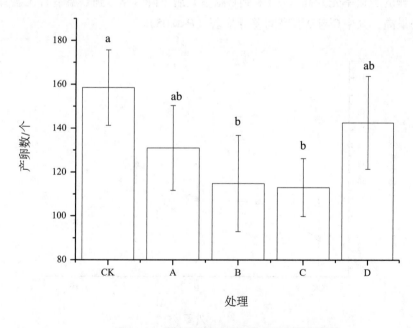

图11.14　模拟增温对毛虫雌虫产卵数的影响

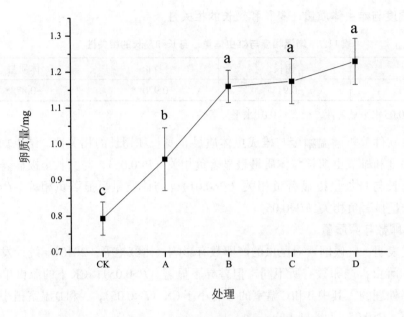

图 11.15　模拟增温对卵质量的影响

11.7.3　卵孵化率

如图 11.16 所示，毛虫卵在增温处理下的孵化率略大于 CK 下，其中 C 温室处理下的卵孵化率显著大于 CK（$P<0.05$），A、B 和 C 温室稍大于 CK，但差异不显著（$P>0.05$）。所有处理中，卵的孵化率先升高（从 CK 到 C 温室）后下降（从 C 到 D 温室），C 温室处理下卵的孵化率最高，其中 C 与 D 温室间差异显著（$P<0.05$）。

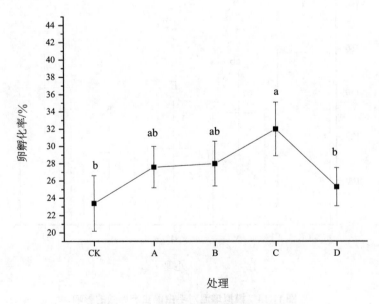

图 11.16　不同处理下毛虫卵孵化率

11.7.4 温度对门源草原毛虫生长发育与繁殖的影响机制

温度对昆虫成虫体型大小及繁殖的影响一直是国内外的研究热点,主要研究温度对昆虫蛹和成虫的体型、单雌产卵数、卵的孵化历期和孵化率的影响。

门源草原毛虫蛹存在性二型性,雄蛹为红褐色,雌蛹为黑色。本试验分开统计了雌蛹与雄蛹的质量、长、宽,以此来研究不同增温梯度下毛虫蛹的体型变化。随着增温幅度加大,雌蛹与雄蛹质量逐渐减轻,蛹长有所缩短,蛹宽无变化。用SPASS软件分析增温幅度与蛹质量、长和宽的相关性,发现雌蛹和雄蛹质量均与温度呈显著负线性相关($P<0.05$),而雌蛹和雄蛹的长与宽均与温度相关性不显著($P<0.05$)。说明蛹质量对增温的响应比较敏感,而蛹长与宽的响应较滞后。

门源草原毛虫雌虫发育成熟后不出茧,在茧中与雄虫交配并直接在茧里产卵,不便于做过多的人为干扰,因此未统计发育成熟的雌虫的体型数据,仅统计了各处理下雄成虫的体质量(干质量)、身长和翅长。结果表明:增温处理下,毛虫雄成虫的体质量、身长和翅长都在一定程度上减轻或者缩短,相关性分析表明,增温幅度和雄成虫翅长、身长与体质量均呈负相关。

温度对昆虫卵的发育有重大影响,韩瑞东的研究表明,适度的温度升高有利于缩短孵化历期,但在温度过高的环境下(温度≥34 ℃),油松毛虫卵的孵化率大幅下降甚至不能孵化(韩瑞东等,2005)。本试验为野外试验,且毛虫卵的孵化在雌茧内进行,未避免过多的人为干扰,未统计毛虫卵的发育历期,只统计了孵化前的卵数和卵质量,及成功孵化的毛虫幼虫数。结果表明:温度的升高会使雌虫的单雌平均产卵数减少,与此同时雌虫所产卵的质量有所上升,此外,适当范围内(0~1.26 ℃)的温度升高使得毛虫卵孵化率上升,但是过高的温度(1.98 ℃)会使卵孵化率降低。

参考文献

[1] Abrahamson W G. Plant-Animal Interactions [M]. NewYork: Mcgraw-Hill Book Company, 1989.

[2] Adler L S, De Valpine P E, Harte J, et al. Effects of Long-term Experimental Warming on Aphid Density in the Field [J]. Journal of the Kansas Entomological Society, 2007, 80 (2): 156-168.

[3] Angilletta J M J, Niewiarowski P H, Navas C A. The evolution of thermal physiology in ectotherms [J]. Journal of Thermal Biology, 2002, 27 (4): 249-268.

[4] Atkinson D. Temperature and organism size: a biological law for ectotherms? [J]. Advances in Ecological Research, 1994, 25 (6): 1-58.

[5] Bale J S, Masters G J, Hodkinson I D, et al. Herbivory in global climate change

research: direct effects of rising temperature on insect herbivores [J]. Global Change Biology, 2002, 8 (1): 1-16.

[6] Bale J, Hayward S. Insect overwintering in a changing climate [J]. The Journal of Experimental Biology, 2010, 213 (6): 980-994.

[7] Beever E A, Ray C, Wilkening J L, et al.Contemporary climate change alters the pace and drivers of extinction [J]. Global Change Biology, 2011, 17 (6): 2054-2070.

[8] Berger D, Walters R, Gotthard K. What limits insect fecundity? Body size-and temperature-dependent egg maturation and oviposition in a butterfly [J]. Functional Ecology, 2008, 22 (3): 523-529.

[9] Bosch J, Sgolastra F, Kemp W P. Timing of eclosion affects diapause development, fat body consumption and longevity in Osmia lignaria, a univoltine, adult-wintering solitary bee [J]. Journal of Insect Physiology, 2010, 56 (12): 1949-1957.

[10] Botkin D B, Saxe H, Araujo M B, et al.Forecasting the effects of global warming on biodiversity [J]. Bioscience, 2007, 57 (3): 227-236.

[11] Buffo E, Battisti A, Stastny M, et al.Temperature as a predictor of survival of the pine processionary moth in the Italian Alps [J]. Agricultural and Forest Entomology, 2007, 9 (1): 65-72.

[12] Chapman R F. The insects: structure and function [M]. Cambridge: Cambridge University Press, 1998.

[13] Chen Y, Ma C. Effect of global warming on insect: a literature review [J]. Acta Ecologica Sinica, 2011, 30 (8): 2159-2172.

[14] Chippindale A K, Alipaz J A, Chen H W, et al. Experimental evolution of accelerated development in Drosophila. 1. Developmental speed and larval survival [J]. Evolution, 1997, 51 (5): 1536-1551.

[15] Chiu M C, Chen Y H, Kuo M H. The effect of experimental warming on a low-latitude aphid, Myzus varians [J]. Entomologia Experimentalis et Applicata, 2012, 142 (3): 216-222.

[16] Choi W I. Influence of global warming on forest coleopteran communities with special reference to ambrosia and bark beetles [J]. Journal of Asia-Pacific Entomology, 2011, 14 (2): 227-231.

[17] Couret J. Meta-analysis of factors affecting ontogenetic development rate in the Culex pipiens (diptera: Culicidae) complex [J]. Environmental Entomology, 2013, 42 (4): 614-626.

[18] Danks H V. Key themes in the study of seasonal adaptations in insects II. Life-cycle patterns [J]. Applied Entomology and Zoology, 2006, 41 (1): 1-13.

[19] Davidowitz G, D'amico L J, Nijhout H F. Critical weight in the development of

insect body size [J]. Evolution & Development, 2003, 5 (2): 188-197.

[20] Deutsch C A, Tewksbury J J, Huey R B, et al. Impacts of climate warming on terrestrial ectotherms across latitude [J]. Proceedings of the National Academy of Sciences, 2008, 105 (18): 6668-6672.

[21] Diamond S E, Sorger D M, Hulcr J, et al. Who likes it hot? A global analysis of the climatic, ecological, and evolutionary determinants of warming tolerance in ants [J]. Global Change Biology, 2012, 18 (2): 448-456.

[22] Diffenbaugh N S, Krupke C H, White M A, et al. Global warming presents new challenges for maize pest management [J]. Environmental Research Letters, 2008, 3 (4): 44007.

[23] Folguera G, Mensch J, Munoz J L, et al. Ontogenetic stage-dependent effect of temperature on developmental and metabolic rates in a holometabolous insect [J]. Journal of Insect Physiology, 2010, 56 (11): 1679-1684.

[24] Gotthard K, Berger D, Walters R. What keeps insects small? Time limitation during oviposition reduces the fecundity benefit of female size in a butterfly [J]. The American Naturalist, 2007, 169 (6): 768-779.

[25] Harada T, Takenaka S, Maihara S, et al. Changes in life-history traits of the water strider *Aquarius paludum* in accordance with global warming [J]. Physiological Entomology, 2011, 36 (4): 309-316.

[26] He H, Yang H, Xiao L, et al. Effect of temperature and photoperiod on developmental period and reproduction of Spodoptera exigua [J]. Jiangxi Plant Prot, 2011, 3 (4): 93-96.

[27] Hoffmann A. Physiological climatic limits in Drosophila: patterns and implications [J]. The Journal of Experimental Biology, 2010, 213 (6): 870-880.

[28] Huang S H, Cheng C H, Wu W J. Possible Impacts of Climate Change on Rice Insect Pests and Management Tactics in Taiwan [J]. 作物, 环境与生物资讯, 2010, 7 (4): 269-279.

[29] Irlich U M, Terblanche J S, Blackburn T M, et al. Insect rate-temperature relationships: environmental variation and the metabolic theory of ecology [J]. The American Naturalist, 2009, 174 (6): 819-835.

[30] Jaramillo J, Chabi O A, Kamonjo C, et al. Thermal tolerance of the coffee berry borer Hypothenemus hampei: predictions of climate change impact on a tropical insect pest [J]. PLoS One, 2009, 4 (8): e6487.

[31] Jepsen J U, Hagen S B, Ims R A, et al. Climate change and outbreaks of the geometrids *Operophtera brumata* and *Epirrita autumnata* in subarctic birch forest: evidence of a recent outbreak range expansion [J]. Journal of Animal Ecology, 2008, 77 (2): 257-264.

[32] Jervis M A, Boggs C L, Ferns P N. Egg maturation strategy and its associated trade-offs: a synthesis focusing on Lepidoptera [J]. Ecological Entomology, 2005, 30 (4): 359-375.

[33] Jönsson A, Appelberg G, Harding S, et al. Spatio-temporal impact of climate change on the activity and voltinism of the spruce bark beetle, Ips typographus [J]. Global Change Biology, 2009, 15 (2): 486-499.

[34] Kemp W, Bosch J. Effect of temperature on *Osmia lignaria* (Hymenoptera: Megachilidae) prepupa-adult development, survival, and emergence [J]. Journal of Economic Entomology, 2005, 98 (6): 1917-1923.

[35] Kingsolver J G. The Well-Temperatured Biologist [J]. The American Naturalist, 2009, 174 (6): 755-768.

[36] Kiritani K. The impact of global warming and land-use change on the pest status of rice and fruit bugs (Heteroptera) in Japan [J]. Global Change Biology, 2007, 13 (8): 1586-1595.

[37] Klein J A, Harte J, Zhao X Q. Dynamic and complex microclimate responses to warming and grazing manipulations [J]. Global Change Biology, 2005, 11 (9): 1440-1451.

[38] Klein J A, Harte J, Zhao X Q. Experimental warming causes large and rapid species loss, dampened by simulated grazing, on the Tibetan Plateau [J]. Ecology Letters, 2004, 7 (12): 1170-1179.

[39] Klein J A, Harte J, Zhao X Q. Experimental warming, not grazing, decreases rangeland quality on the Tibetan Plateau [J]. Ecological Applications, 2007, 17 (2): 541-557.

[40] Kondratieff B. An introduction to the aquatic insects of North America [J]. Journal of the North American Benthological Society, 2009, 28 (1): 266-267.

[41] Kurz W A, Dymond C, Stinson G, et al. Mountain pine beetle and forest carbon feedback to climate change [J]. Nature, 2008, 452 (7190): 987-990.

[42] Kwon Y, Chung N, Bae M, et al. Effects of meteorological factors and global warming on rice insect pests in Korea [J]. Journal of Asia-pacific Entomology, 2012, 15 (3): 507-515.

[43] Laštůvka Z. Climate change and its possible influence on the occurrence and importance of insect pests [J]. Plant Protection Science, 2009, 45 (5): 53-62.

[44] Lin Y, Gang W, Liu C Z. Number of Larval Instars and Stadium Duration of Gynaephora menyuanensis (Lepidoptera: Lymantriidae) from Qinghai-Tibetan Plateau in China [J]. Ann Entomol Soc, Am, 2006, 96 (6): 1012-1018.

[45] Logan J A, Regniere J, Powell J A. Assessing the impacts of global warming on

forest pest dynamics [J]. Frontiers in Ecology and the Environment, 2003, 1 (3): 130-137.

[46] Morewood W D, Ring R A. Revision of the life history of the High Arctic moth Gynaephora groenlandica (Wocke) (Lepidoptera: Lymantriidae) [J]. Canadian Journal of Zoology, 1998, 76 (7): 1371-1381.

[47] Musolin D L. Insects in a warmer world: ecological, physiological and life-history responses of true bugs (Heteroptera) to climate change [J]. Global Change Biology, 2007, 13 (8): 1565-1585.

[48] Netherer S, Schopf A. Potential effects of climate change on insect herbivores in European forests-general aspects and the pine processionary moth as specific example [J]. Forest Ecology and Management, 2010, 259 (4): 831-838.

[49] Pelini S L, Boudreau M, Mccoy N, et al. Effects of short-term warming on low and high latitude forest ant communities [J]. Ecosphere, 2011, 2 (5): 1-12.

[50] Quarles W. Global warming means more pests [J]. The IPM Practitioner, 2007, 29 (9/10): 1-8.

[51] Radmacher S, Strohm E. Effects of constant and fluctuating temperatures on the development of the solitary bee Osmia bicornis (Hymenoptera: Megachilidae) [J]. Apidologie, 2011, 42 (6): 711-720.

[52] Radmacher S, Strohm E. Factors affecting offspring body size in the solitary bee *Osmia bicornis* (Hymenoptera, Megachilidae) [J]. Apidologie, 2010, 41 (2): 169-177.

[53] Rombough P. Development rate (communication arising): Modelling developmental time and temperature [J]. Nature, 2003, 424 (6946): 268-289.

[54] Roos J, Hopkins R, Kvarnheden A, et al. The impact of global warming on plant diseases and insect vectors in Sweden [J]. European Journal of Plant Pathology, 2011, 129 (1): 9-19.

[55] Semenza J C, Menne B. Climate change and infectious diseases in Europe [J]. The Lancet Infectious Diseases, 2009, 9 (6): 365-375.

[56] Shardlow M, Taylor R. Is the southern green shield bug, *Nezara viridula* (L.) (hemiptera: pentatomidae) another species colonising britain due to climate change [J]. The British Journal of Entomology and Natural History, 2004, 17 (8): 143-146.

[57] Takeda K, Musolin D L, Fujisaki K. Dissecting insect responses to climate warming: overwintering and post-diapause performance in the southern green stink bug, Nezara viridula, under simulated climate-change conditions [J]. Physiological Entomology, 2010, 35 (4): 343-353.

[58] Waldbauer G P, Cohen R W, Friedman S, et al. Self-Selection of an Optimal Nutrient Mix from Defined Diets by Larvae of the Corn Earworm, *Heliothis zea* (Boddie) [J].

Physiological and Biochemical Zoology, 1984, 57 (6): 590-597.

[59] Walther G R. Climatic forcing on the dispersal of exotic species [J]. Phytocoenologia, 2000, 30 (3): 409-430.

[60] Walther G R, Post E, Convey P, et al. Ecological responses to recent climate change [J]. Nature, 2002, 416 (6879): 389-395.

[61] Ward N L, Masters G J. Linking climate change and species invasion: an illustration using insect herbivores [J]. Global Change Biology, 2007, 13 (8): 1605-1615.

[62] Westgarthsmith A, Leroy S A, Collins P E, et al. Temporal variations in english populations of a forest insect pest, the green spruce aphid (elatobium abietinum), associated with the north atlantic oscillation and global warming [J]. Quaternary International, 2007, 10 (173): 153-160.

[63] Williams C M, Hellmann J, Sinclair B J. Lepidopteran species differ in susceptibility to winter warming [J]. Climate Research, 2012, 53 (2): 119-130.

[64] Williams D W, Liebhold A M. Climate change and the outbreak ranges of two North American bark beetles [J]. Agricultural and Forest Entomology, 2002, 4 (2): 87-99.

[65] Zhou X, Harrington R, Woiwod I P, et al. Effects of temperature on aphid phenology [J]. Global Change Biology, 1995, 1 (4): 303-313.

[66] Zhu J, Li B P, Meng L. Simulation and prediction of potential distribution of Helicoverpa armigera in China under global warming [J]. Chinese Journal of Ecology, 2011, 30 (7): 1382-1387.

[67] 陈向阳, 邹运鼎, 丁玉洲, 等. 松墨天牛及其天敌花绒坚甲种群的三维空间分布格局 [J]. 应用生态学报, 2006, 17 (8): 1547-1550.

[68] 冯松, 汤懋苍. 青藏高原是我国气候变化启动区的新证据 [J]. 科学通报, 1998, 43 (6): 633-636.

[69] 韩瑞东, 徐延熙, 王勇, 等. 高温对油松毛虫卵发育的影响 [J]. 昆虫知识, 2005, 42 (3): 294-297.

[70] 蒋素容, 李冠烁, 李庆, 等. 温度对麻疯树柄细蛾生长发育和繁殖的影响 [J]. 中国森林病虫, 2012, 31 (4): 8-10.

[71] 李英年, 赵亮, 赵新全, 等. 年模拟增温后矮嵩草草甸群落结构及生产量的变化 [J]. 草地学报, 2004, 12 (3): 236-239.

[72] 马晓波, 李栋梁. 青藏高原近代气温变化趋势及突变分析 [J]. 高原气象, 2003, 22 (5): 507-512.

[73] 牛书丽, 韩兴国, 马克平, 等. 全球变暖与陆地生态系统研究中的野外增温装置 [J]. 植物生态学报, 2007, 31 (2): 262-271.

[74] 裴元慧, 孔锋, 韩国华, 等. 昆虫取食行为研究进展 [J]. 山东林业科技, 2008 (6): 97-101.

[75] 时培建, 戈峰. 温度与昆虫生长发育关系模型的发展与应用 [J]. 应用昆虫学报, 2011, 48 (5): 1149-1160.

[76] 唐红艳, 牛宝亮. 气象因子对落叶松毛虫繁殖的影响及其产卵量预测 [J]. 东北林业大学学报, 2010, 38 (1): 84-87.

[77] 万秀莲, 张卫国. 草原毛虫幼虫的食性及其空间格局 [J]. 草地学报, 2006, 14 (1): 84-88.

[78] 魏凤英, 王丽萍. 20世纪80—90年代我国气候增暖进程的统计事实 [J]. 应用气象学报, 2003, 14 (1): 79-86.

[79] 严林, 江小蕾, 王刚. 门源草原毛虫幼虫发育特性的研究 [J]. 草业学报, 2005, 14 (2): 116-120.

[80] 严林, 刘振魁, 梅洁人, 等. 野外扣笼条件下草原毛虫对食物的选择 [J]. 草地学报, 1995, 3 (4): 257-268.

[81] 严林. 草原毛虫属的分类、地理分布及门源草原毛虫生活史对策的研究 [D]. 兰州: 兰州大学, 2006.

[82] 严林. 门源草原毛虫空间分布型及抽样技术研究 [J]. 昆虫知识, 1996, 33 (3): 164-167.

[83] 姚檀栋, 刘晓东. 青藏高原地区的气候变化幅度问题 [J]. 科学通报, 2000, 45 (1): 98-106.

[84] 叶恭银, 胡萃, 龚和. 高温对珍贵绢丝昆虫——天蚕睾丸生长发育的影响 [J]. 应用生态学报, 2000, 11 (6): 851-855.

[85] 叶恭银, 胡萃, 龚和. 高温对珍贵绢丝昆虫——天蚕卵巢生长发育的影响 [J]. 生态学报, 2000, 20 (3): 490-494.

[86] 张棋麟, 袁明龙. 草原毛虫研究现状与展望 [J]. 草业科学, 2013, 30 (4): 638-646.

[87] 赵丽丽, 王普昶, 刘玉良, 等. 紫花苜蓿蓟马的空间格局分析 [J]. 农业科学与技术: 英文版, 2011, 12 (7): 990-993.

[88] 赵明, 鞠瑞亭. 温度对红棕象甲实验种群生长发育及繁殖的影响 [J]. 植物保护学报, 2010, 10 (6): 39-43.

[89] 周华坤, 周兴民, 赵新全. 模拟增温效应对矮嵩草草甸影响的初步研究 [J]. 2000, 24 (5): 547-553.

第四编
植物—土壤—昆虫复合系统对模拟增温的响应

第12章 模拟增温和丛枝菌根对门源草原毛虫幼虫生长发育的影响

12.1 气候变暖与AM真菌对植食性昆虫—植物关系的影响概述

12.1.1 气候变暖对植食性昆虫—植物关系的影响

作为当前人类所面临的主要问题之一,气候变暖正以前所未有的方式影响着地球生态系统及生态过程(Shaver et al,2000;O'connor,2009)。那么,被视为生态系统基础的动植物关系就不可避免地会受到这一环境变化趋势的影响(Xi et al,2013;Wardle,2006)。相比第二营养级的其他种类生物而言,昆虫作为变温动物,对于气温的变化更为敏感(Cao et al,2015)。因此,增温对于植食性昆虫与植物互作的作用就成为深入了解全球变暖对于生态系统复杂影响的关键和热点问题。

气候变暖对于植食性昆虫—植物关系的影响,主要通过调节昆虫的代谢消耗水平与植物生产力水平间的平衡、植物生长—分化平衡以及昆虫和植物的物候来实现(O'connor,2009;Zvereva et al,2006;Bidartbouzat et al,2008;Kharouba et al,2014)。温度的适当升高会促进植物的光合作用,使植物积累更多的光合产物(Padilla-Gamiño et al,2007),从而提升植物对组织减少的补偿作用(Jamieson et al,2012;Huttunen et al,2007)。同时,增温也会提高昆虫的代谢消耗水平,造成更大的能量需求(O'connor,2009)。在草原、森林、岩相潮间带等环境中,由于光照及营养等条件的不足,植物无法有效地将温度的升高转化为光合产物的积累以平衡上述需求,所以增温往往造成植食性昆虫—植物关系的增强(Ritchie et al,2000;Logan et al,2003;Thompson et al,2004)。植物生长—分化平衡假说认为,在环境因子受限的条件下,增温会使得某些植物将自身能量及物质更多地合成次生代谢产物(Cao et al,2015),而此类物质含量的提高会降低植物对于植食性昆虫的可利用性(Zvereva et al,2006)。酚类物质、萜类化合物、生物碱以及单宁等植物次生代谢产物能够帮助植物抵御天敌并提高其适应与竞争能力(Ming et al,2007)。

除上述营养关系外,由于对温度变化敏感度的种间差异,气候变暖还能够通过调节植食性昆虫和植物物候的同步性,来影响二者间的相互作用。例如,植食性昆虫在春季早于植物返青期结束滞育,会因为缺少食物或极端气象条件而大量死亡,而晚于植物返青而开始发育,又会因为食物质量随植物成熟而降低从而减少繁殖(Parmesan et al, 2003)。相反,起始发育期延后有利于植食性昆虫的发育与植物发芽期趋于一致,降低被寄生蜂侵染的概率从而提高其存活率(Hunter et al, 2000)。

近年来,有关气候变化与昆虫的研究,已经由以往的环境对昆虫发育、种群结构、繁殖、分布、生理、能量代谢等指标的影响转变为环境因子对植食性昆虫与植物的互作关系,天敌—昆虫—植物的多营养级互作关系,昆虫种间互作与植物的关系,以及地下生物与地上植物—昆虫互作等复杂关系的综合影响(Xi et al, 2013; Cao et al, 2015)。气候变化对于植食性昆虫—植物关系的影响,也是由上述多个生态过程互作所产生的综合结果(图12.1)。

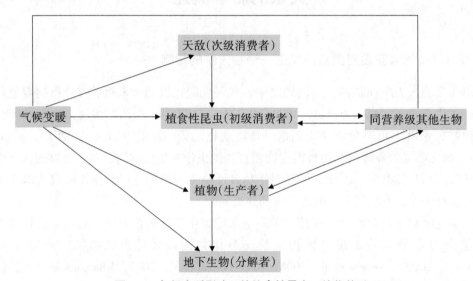

图12.1 气候变暖影响下的植食性昆虫—植物关系

12.1.2 丛枝菌根真菌对食草动物—植物相互关系的影响

地下生态系统及其组分作为陆地生态系统的重要组成部分,自下而上地对地上生物多样性的维持及生态系统功能具有决定性作用(Bardgett et al, 2014; Cardinale et al, 2012)。一方面,地下生物通过分解动植物残体改变土壤营养,影响了地上植物生长与群落组成;另一方面,地下生物也可以直接与植物根系相互作用,经植物向上传导,影响植物的生长状态及种群结构(Mendes et al, 2011),进而通过食物链传递影响更高营养级的生物(Rasmann et al, 2005)。反过来,地上生物也可以影响地下生态系统的有机质的数量与质量(Wardle et al, 2002; Wardle et al, 2004),自上而下地通过植物影响地下生态系统(Broeckling et al, 2008; Pollierer et al, 2007)。总之,地上与地下的生态耦连构成了生态系统结构的基础,很大程度上决定着陆地生态系统过程和功能(Thebault et al,2010;贺金生等,2004)。整合研究地上与地下间的生态联系是当前生态学研究的热点问题,对我们合理预测生态过程、有效地应对全球气候变化与人类活动对生态系统的不利影响具有很大帮助(Bohlen et al,2006;Kardol et al,2010)。

AM真菌作为地球上分布最广泛的一类土壤微生物(Paul,2014),可以与地球上2/3的陆生植物根系形成互惠共生体(Wang et al,2006),被认为是植物内生真菌之母(Parniske et al,2008)。AM真菌是植物专性营养共生菌,植物为其提供碳水化合物作为回报,AM真菌则帮助植物吸收磷、氮等矿质元素(Smith et al,2003;Fitter et al,2011;Smith et al,2012)。作为"植物—土壤"互作的重要媒介(Power et al,1995),AM真菌还可以增强植物抗逆抗病等生理作用(Aroca et al,2007;Wehner et al,2011;Veresoglou et al,2012),改善植物与访花昆虫的相互关系(Cahill et al,2008),影响土壤细菌群落的组成(Artursson et al,2006),参与土壤团聚体的形成(Wilson et al,2009),进而影响多个生态系统过程(Rillig et al,2004)。鉴于AM真菌如此重要的生态功能,再加上AM真菌在地下生态系统网络中的节点地位,探讨AMF在地上与地下生态系统间互作中的作用就显得非常有必要。以往的研究已经表明,植物作为一个主要媒介,介导了地上草食动物与AM真菌间的相互作用(Gehring et al,2009;Babikova et al,2014),使得草食动物、植物、AM真菌三者形成了一个相互作用的互作系统。该系统不仅对生态系统的结构和动态具有重要影响(Gehring et al,2003),还为探讨AM真菌在地上与地下生态系统间互作中的作用提供了非常好的切入点。

12.1.3 地上草食动物怎样影响AM真菌

1. 碳限制假说

一般而言,草食动物对植物地上组织的取食能减少植物光合面积,削弱光合作用效率,降低植物向根系中碳的分配,进而减小AM真菌丰度与多样性(Gehring et al,1994)。早期的大多数研究也支持这一说法(Wardle et al,2004;Gehring et al,2003)。如Gehring等(2003)在进行一系列数据分析后指出,64.3%的资料显示草食动物的取食使得AM真菌的侵染率下降,而仅有4.8%的资料支持草食动物取食提高了AM真菌的侵染率。Barber等(2012)对黄瓜条叶甲—黄瓜—AM真菌互作关系的研究也证明了植食性昆虫对AM真菌侵染率的负效应。

然而,Eom等(2001)、Gehring等(2002)、Frank等(2003)、Kula等(2005)、Wearn等(2007)、Ruotsalainen等(2011)、Bai等(2013)的结果(表12.1)表明,AM真菌的侵染率因宿主植物被取食而增加。Barto等(2010)的Meta分析指出,草食动物对AM真菌侵染率的负效应仅仅占了3%。还有研究显示,取食活动对AM真菌侵染率不构成影响(Walling et al,2006;Yang et al,2013)。此外,草食动物对AM真菌孢子及群落组成的影响也不尽一致,草食动物采食对AM真菌的孢子密度与群落丰富度呈正效应(Frank et al,2003)、负效应(Eom et al,2001;Su et al,2007)与无效应(Yang et al,

2007；Lugo et al，2002）三种模式。因此，碳限制假说（Barto et al，2010）已不足以说明草食动物对AM真菌的影响，可能存在着其他潜在的机制驱动着AM真菌的变化。

表12.1 地上草食动物对AMF的影响

文献	食草动物类型	宿主植物	效应
Barber等，2012	黄瓜条叶甲	黄瓜	负
Eom等，2001	家畜放牧	北美高草草原混合类群	正
Gehring等，2002	蹊鼠等脊椎动物	热带雨林混合类群	正
Frank等，2003	家畜放牧	草地早熟禾	正
Kula等，2005	双带黑蝗	北美高草草原混合类群	正
Wearn等，2007	兔子和昆虫	苏格兰低地草原混合类群	正
Ruotsalainen等，2011	驯鹿	毛果一枝黄花	正
Bai等，2013	家畜放牧	内蒙古荒漠草原混合类群	正
Walling等，2006	人工去叶	矢车菊、羊茅、以拟鹅观草	无
Yang等，2013	人工剪草	青藏高原高寒草甸混合类群	无

2. 根系分泌物

根系分泌物是地上草食动物与AM真菌互作重要的一环。Hamilton等（2008）采用^{13}C标记法对黄石公园中生草原的优势种草地早熟禾进行研究，发现人工去叶促使根系分泌更多的含碳化合物，从而增加了根际微生物的数量与活力，进而加速了有机物分解，促进根系对N的吸收，提高了植物的再生补偿能力，最终提高了叶片的质量和数量。所以，其结果对于取食者自身也呈正反馈。该机制与传统碳限制观点间的矛盾在一些研究中被解释为植物受到胁迫时对自身补偿策略的成本和利益的一种权衡（王昶等，2009），这与宿主植物种类、取食时间以及土壤肥力等其他生物和非生物因子有关（Farrar et al，2003；Jones et al，2004）。

3. 植物的防御性反应

草食动物可以通过诱发植物的防御性反应间接影响AM真菌。Bennett等（2006）指出，AM真菌能够通过提高植物的碳氮比来促进植物对其取食植物的防卫，所以昆虫取食所诱发的防御性反应能对AM真菌产生正效应，但Reidinger等（2012）的研究表明，AM真菌会减少植物的防御性分泌物，所以其自身所受到的反馈也会为负。Pozo等（2007）认为，昆虫的取食能诱发植物的防御性行为，但常常需要消耗大量的营养物质，所以植物对昆虫等的防卫会使得对AM真菌的营养供给减少。此外，植物对其取食者的防卫常通过分泌水杨酸或茉莉酸等次生代谢物质来实现，这些物质会对AM真菌的生长和侵染产生抑制（Babikova et al，2014；Goggin et al，2007）。

4. 植物群落的改变

植物群落的改变决定着 AM 真菌的多样性（Kivlin et al，2011）。Okullo 等（2010，2012）在乌干达布罗湖国家公园的研究表明，大型草食动物与白蚁等节肢动物能够显著改变亚热带草原的植物群落。Petipas 等（2014）基于上述研究，发现草食动物可通过对地上植物群落的作用影响 AM 真菌的群落组成，并发现蚁丘上植物的稀少导致了其上 AM 真菌多样性的降低，而草食动物引起的草原植物群落异质性的提高能够促进 AM 真菌对宿主植物的侵染。

12.1.4　AM 真菌怎样影响地上草食动物

菌根真菌在从宿主植物获取光合产物的同时，提高了宿主植物对营养物质，尤其是稀缺矿质营养资源的吸收能力（Soka et al，2011）。因此，这一共生类群对草食动物（多限于植食性昆虫）的影响多缘于宿主植物化学性质的改变（Bennett et al，2006；Kula et al，2015）。

1. AM 真菌能够提高宿主植物的数量或质量

植物能将由 AM 真菌引起的对营养物质吸收的正效应转化为生长速率的提高，这就意味着增大了昆虫的食物量（Kula et al，2015），相关证据在一些早期的研究中有过报道（Gehring et al，2009）。Gange 等（2005）发现，AM 真菌能够增加滨菊花的数量，增大花的面积，这利于食种子昆虫的取食，该种效应在对访花昆虫的研究中也得到了证实（Cahill et al，2008）。此外，植食性昆虫对不同质量的食物表现出不同的偏爱（Behmer et al，2008）。与 AM 真菌共生的植物对昆虫生长发育所需的氮、磷等物质具有较高的吸收能力，这就使得此类植物对于其取食者来说有着较高的食物质量（Kula et al，2015）。Gange 等（2005）的研究表明，AM 真菌通过提高滨菊的高度、叶片数量以及营养状况，促进了斑潜蝇的取食。Bennett 等（2006）认为，AM 真菌可以通过改变植物的营养状况或降低防卫性物质在植物组织中的浓度来提高植物质量，使其更易被植食性昆虫接受。

2. AM 真菌能改变植物对植食性昆虫的耐受性

植物的耐受性是指在植物受到昆虫取食后，能够迅速生长以补偿损伤组织，降低因取食而导致的消极影响（Stowe et al，2000）。耐受性较强的植物能够补充植食性昆虫所取食的组织，其结果对昆虫有利（Fornoni et al，2011）。Fornoni 等（2003）认为，植物的超补偿效应需要充足的营养物质，其耐受性对于植食性昆虫的影响取决于其可利用资源。而 AM 真菌可以通过对植物矿质元素吸收作用的促进来改善植物的资源状况（Fitter et al，2011；Smith et al，2012）。Callaway 等（2001）的研究指出，在不施加真菌杀菌剂时，丛生禾草针茅能以 AM 真菌为媒介促进去叶后的马尔它矢车菊所产生的超补偿效应。Kula 等（2005）在北美高草草原的试验表明，一些种类的 AM 真菌能提高被取食植物（在 C4 植物中表现尤为明显）的补偿生长能力，但并不表现出防御性反应而降低被取食的强度和频率。这一现象被 Bennett 等（2006）定义为"抗性调节假说"。然而，Wise 等

(2007)通过对相关研究的分析，指出植物的营养条件与其对昆虫的影响似乎并不总是呈线性关系。Bennett等（2007）的研究表明，三种AM真菌对被鹿眼蛱蝶取食的植物分别产生了正、负和中性影响，AM真菌群落对植物耐受性的影响主要取决于优势菌种。

3. AM真菌能调节植物在被取食后所发生的防御性反应

早期的研究表明，植物体内碳氮比的升高有利于其更好地发挥防御性反应（Gehring et al, 1997），而AM真菌的侵染能够改变宿主植物的碳氮比，进而对其取食者产生影响（Reidinger et al, 2012; Pozo et al, 2007）。Wurst等（2004）发现，被AM真菌侵染的植物的梓醇含量显著降低，而Bennett等（2009）的温室试验表明三种AM真菌侵染对长叶车前的桃叶珊瑚苷和梓醇含量影响并不一致。Gange（2007）将AM真菌对食根动物的抑制解释为茉莉酸等防卫性化合物的存在，但AM真菌与地上植食性昆虫的互作是否存在这一机理有待进一步研究。最近的一项研究表明，AM真菌对石竹烯等挥发性物质的调节能促进宿主植物对蚜虫的吸引（Babikova et al, 2014）。此外，AM真菌还能够促进宿主植物体内与防御性反应相关的基因的转录和表达（Pozo et al, 2007; Liu et al, 2007）。

4. AM真菌能通过改变植物的群落组成影响地上草食动物

AM真菌能通过改变植物的群落组成，促进某类植物成为优势种并减少植物群落的多样性来影响地上草食动物（Hartley et al, 2009）。Soka等（2015）指出，AM真菌对一些菌根植物的促进作用有助于它们与其他植物的竞争，使其成为所处群落中的优势种。Zhang等（2014）对湿地植物群落的研究表明，AM真菌能够调节植物间的互作关系而改变植物群落结构。而植物与其取食者在群落水平的互作也在一些研究中得到证实，例如Pfisterer等（2003）对多食性昆虫——草绿蝗与其所采食植物丰富度关系的研究表明，植物种类的丢失对其取食者的生长、发育和繁殖有不同影响，多食性昆虫种群的减小将有利于那些以残存植物为食的寡食性昆虫。

12.1.5 影响因素

1. 取食强度、持续时间与取食者类型

草食动物与AM真菌的互作因取食的强度、持续时间以及取食者的类型而不同。Bardgett等（2001）发现在轻度放牧条件下，土壤微生物的生物量出现峰值。Eom等（2001）和Kula等（2005）认为一般的干扰会诱导地上受伤组织的再生反应，刺激其对土壤中矿质营养的需求，从而分配更多的光合产物给AM真菌，以促进对氮、磷等养分的吸收。而较高强度取食将导致光合组织严重损伤，光合产物急剧减少，超过自身补偿能力，代谢减弱，根系活动受到抑制，这在后续的研究中得到证实（Wearn et al, 2007）。动物取食对植物的影响在短期内可以通过植物自身得到补偿，而超过一定阈值后才会因地下碳分配减少而对AM真菌产生抑制（Gange et al, 2002; Brown et al, 1999; Henry et al, 2008）。

Wearn等（2007）发现，兔子的啃食显著提高了AM真菌的侵染率，但草食性昆虫对此并无明显影响。他们基于以往的研究认为兔子的取食总能对AM真菌产生积极的影响，而有蹄类动物与昆虫对AM真菌的效应不尽相同（Bai et al, 2013），人工剪草对AM真菌的影响也呈现多样性（Yang et al, 2008; Hokka et al, 2004），这可能是由于不同取食者类型所诱发的植物防御性反应不同（Hanley et al, 2007; Huang et al, 1994）。如昆虫的口腔分泌液能够引发植物的防御性反应，从而降低AM真菌侵染率（Walling et al, 2000），另外，捕食者所携带的病原物等也应被考虑在内（高春梅等，2014）。在自然条件下，植物常常同时受到有蹄类、啮齿类和昆虫等多种取食者的作用，它们的内在机理及相互影响有待进一步研究。同样，AM真菌对植食性昆虫的影响也因昆虫种类而异。AM真菌降低了多食性昆虫或咀嚼式口器昆虫的发生率，而刺吸式或寡食性昆虫则更多地活动于有AM真菌共生的植物上（Ohgushi et al, 2005）。

2. 植物生长发育阶段、植物类型与AM真菌种类

草食动物与AM真菌的互作与植物的生长发育阶段以及AM真菌种类有关。当植物处于营养生长期而被取食后，可以将更多的有机碳向地下分配，促进菌根或其他根际微生物的生长以更好地获取土壤养分，补偿取食损伤。而当植物处于生殖生长期时，已将大部分的养分分配给花等生殖器官，没有足够的能力来补偿受伤组织，根系营养物质减少，从而使AM真菌受到限制（Wamberg et al, 2003）。

Gange等（2002）对长叶车前和新疆千里光的研究发现，昆虫与AM真菌的互作在菌根植物中表现为对称，而在非菌根植物中表现出非对称。不同的植物的适应性策略不同，表现出不同的防卫反应（Agrawal et al, 2011），这也会影响AM真菌与草食动物的互作。AM真菌对氮、磷吸收的促进只有在养分供给不足时才会显现（Black et al, 2000; Smith et al, 2009），所以一些对低养分胁迫适应性较强的植物可能对此依赖性较低，但这方面的报道相对较少。此外，植物并不总是能从AM真菌获得益处，这与植物种类有着很大关系（Reidinger et al, 2012）。Rinaudo等（2010）的研究表明，AM真菌对农田生态系统中入侵性杂草有抑制效应。

Klironomos等（2004）的研究表明，不同的AM真菌种类对于模拟取食存在着不同的响应，这是因为AM真菌对有机碳的需求、竞争能力或者对光合产物胁迫的敏感性等因其种类而异（Wearn et al, 2007）。Bever等（2009）发现，植物会择优选择能使其获取更高生存利益的AM真菌类型来形成共生关系，这意味着那些对植物光合产物需求较少的AM真菌在宿主植物遭受取食时具有较强的生存能力，易成为优势种。运用现代分子生物学鉴定技术探究不同种的AM真菌对地上草食动物取食的响应，将有助于把这一领域的相关研究引向深入。

3. 其他因素

其他因素也参与调控了植食性动物与AM真菌间相互作用关系，如土壤肥力与季节等（Bever et al, 2001; Muthukumar et al, 2002）。Treseder等（2004）认为，AM真菌对土壤氮素的响应较其他元素更为敏感，氮素的升高将对AM真菌产生抑制。而Wearn等（2007）指出土壤肥力状况受草食动物的粪便和尿液等影响较大，这一途径在以后的研究中应该被予以重视。Zaller等（2011）的研究表明，土壤含沙量与AM真菌对地上植物生物量的影响呈正相关。Shi等（2014）发现，施肥与遮阴使AM真菌的侵染率及丰度降低。Wearn等（2007）认为，AM真菌的侵染率在春季时最低，这是因为此时植物处于快速生长期，其根的生长速率超过了AM真菌的侵染速率（Titus et al，2000）。此外，还有学者认为，昆虫在不同季节对AM真菌的影响并不一致（Kula et al，2005；Gange et al，2002）。王昶（2008）的研究表明，AM真菌侵染率和孢子密度均可表现出季节性变化，长芒草和茵陈蒿草在开花和返青期表现出较高的AM真菌侵染率。

12.1.6 问题与展望

目前，人们主要通过控制试验从个体以及植物生理水平对地上草食动物与AM真菌的互作关系做了研究，相关预测模型的构建也多有报道，这为后续研究奠定了重要的试验和理论基础。然而，自然条件的多变性，生态系统结构的复杂性，以及地上草食动物、植物和AM真菌类型的多样性使得我们对于该领域仍然知之甚少。所以，综合考虑自然界多种影响因素，从个体、生理向群落和分子水平延伸，对上述互作关系展开系统研究将是今后该领域研究的重点和难点。

近年来，研究发现了很多可以用来解释地上草食动物—植物—AM真菌这一多重互作关系的机制，但在自然条件下，这些机制很可能同时发挥着作用。比如，易被找到的和高质量的食物都有利于植食性昆虫的取食，但Kula等（2015）的研究表明后者对于植物取食者的影响显然更强。Petipas等（2014）的研究也表明在草食动物与AM真菌的互作中，氮、磷等化学途径比植物群落的改变对其更有作用。然而，目前的研究大多仅针对其中的一种途径做阐述，而关于它们的交互作用或上述三者对各种互作途径的权衡取舍等有待进一步探讨。

此外，气候变化对于地上种间关系以及生态系统过程的影响已有大量报道，而地下生态系统的相关研究则相对较少。目前，对AM真菌与地上草食动物的相关研究也多限于其互作关系本身，鲜有研究将其置于全球气候变暖或人为干扰的条件下。Yang等（2013）首次采用红外模拟增温试验在青藏高原对AM真菌与人工模拟放牧的关系做了报道。然而，我们对于上述多重互作关系，尤其是其内在机理等对于全球变化的响应等信息仍知之甚少，相关研究亟待开展。

12.1.7 门源草原毛虫研究现状

门源草原毛虫主要分布于青藏高原东北部，是青藏高原牧区主要虫害之一（陈珂璐等，2016）。该物种一个世代周期为一年，共经历幼虫期、蛹期、成虫期以及卵期四个发育阶段。此外，这一物种在发育过程中表现出性二型性，其雌雄幼虫的发育龄期分别为7龄和6龄，且自6龄开始，雌性幼虫个体的体质量、体长、头宽等形态指标开始大于雄性个体，另外，其成虫在形态和习性等方面均有明显差异（严林等，2005）。门源草原毛虫是一种完全变态昆虫，其1龄幼虫以滞育状态进行越冬，每年3月中下旬结束滞育成为2龄幼虫并开始活动，至7月份，其雄性个体完成6龄发育而开始化蛹，雌性个体继续发育经第7个龄期后进入蛹期,8月中旬以后破蛹成虫,9月中旬前完成交配产卵,10月中旬左右1龄幼虫孵化随即进入滞育状态越冬(严林等,2005)。门源草原毛虫是多食性昆虫,喜食禾草类和莎草类植物叶片,其食谱随生长发育及密度增长有所扩大(郑莉莉等,2016)。上述特性使得门源草原毛虫可被作为实施气候变化背景下的高原生物及高寒区生态系统研究合适的模式物种,然而目前对于该类昆虫的研究多限于对其生长繁殖、分布范围及取食选择等基础性研究,或仅将其作为牧区虫害进行防治研究(陈珂璐等,2016;张棋麟等,2013)。

12.2 研究方法

12.2.1 试验设计与方法

本研究野外工作部分在中国科学院海北高寒草甸生态系统定位观测站(以下称"海北站")附近草地进行。试验样地植被为高寒矮嵩草草甸,其优势种以垂穗披碱草、早熟禾、异针茅、羊茅、矮嵩草、苔草等禾草和莎草类植物为主,夹杂美丽风毛菊、二柱头蔍草、麻花艽、鹅绒委陵菜、雪白委陵菜等其他物种。除此之外,该区域还有小嵩草草甸、藏嵩草沼泽草甸及金露梅灌丛等其他植被类型。平均植被覆盖率达到95%(赵新全,2009)。

本试验采用增温与AM真菌控制相耦合的两因素两水平设计,共4个处理:不增温不施用杀菌剂(NWNF)、不增温施用杀菌剂(NWF)、增温不施用杀菌剂(WNF)、增温施用杀菌剂(WF),每个处理组设置5个重复。

增温样地建于2011年。增温设施采用玻璃细纤维和钢制圆台形框架组成,根据国际冻原计划(Internetional Tundra EXperiment,ITEX)标准制作的开顶箱(open top chanmer,OTC),高0.40 m,底部直径1.15 m,顶部直径0.70 m(Debevec et al,1993)。增温效果已在第11章和相关研究中有过报道(余欣超等,2016;任飞等,2013)。以OTC附近的草地为对照组。样地周围用铁制栅栏圈起以避免大型家畜的采食和践踏。

丛枝菌根控制处理通过苯菌灵杀菌剂实现。苯菌灵对丛枝菌根能够产生有效的抑制作用,并且对其他种类的土壤微生物影响较小,被广泛应用于丛枝菌根研究中(Hartnett et al,2002;Smith et al,2000)。我们前期所实施的预试验表明,短期内在野外条件下施用苯菌灵并不足以对丛枝菌根的侵染形成明显抑制,这可能是由于雨水等作用使得苯菌灵在土壤中较快地扩散。为了避免上述情况的产生,于2016年3月将草地植被原位移栽到直径32 cm×高23 cm的花盆中,此后每隔5 d向花盆中施用浓度为20 g/L的苯菌灵溶液一次。为避免苯菌灵直接喷洒对毛虫的影响,用50 mL的注射器将上述溶液均匀注射于花盆内土壤的表层。

试验主要通过扣笼方式对门源草原毛虫幼虫进行研究（余欣超等，2016）。每个花盆上安装一个直径30 cm、高60 cm的扣笼。扣笼由粗铁丝制成的框架并罩以孔隙大小为0.2 mm×0.2 mm的细钢丝网构成，用以限制门源草原毛虫幼虫的活动范围，避免草原毛虫丢失。

12.2.2　试验指标测定

1. AM真菌侵染率测定

为了检验苯菌灵对AM真菌侵染的抑制效果，于2016年10月用环刀对花盆内土壤进行取样，每个花盆取直径2.5 cm×深14 cm的土壤3份并混合，将上述样品带回实验室后，经过清水漂洗挑选直径小于2 mm的根段，放入FAA固定液（95%酒精溶液50 mL，40%甲醛溶液5 mL，冰醋酸溶液5 mL，蒸馏水35 mL）中进行固定（刘润进等，2009）。

将上述根系剪为0.5~1 cm长的根段放入盛有10%的KOH溶液的试管中，并于90 ℃水浴锅内加热1 h，然后冷却，加入稀盐酸溶液浸泡片刻后倒出，再加入0.01%的酸性品红乳酸甘油染色液（酸性品红0.1 g，甘油63 mL，乳酸875 mL，蒸馏水63 mL）后继续经90 ℃水浴锅加热60 min，最后加入乳酸震荡分色后等待镜检（刘润进等，2009）。

随机挑选上述已处理的根段于洁净载玻片上并加盖盖玻片后按照如下公式进行测定，每个重复测定5次，每次选取5个根段。AM真菌侵染率的计算公式如下：

$$侵染率(\%)=\frac{0\times 根段数+10\%\times 根段数+\cdots\cdots+侵染程度\times 该侵染程度的根段数}{总根段数}$$

2. 门源草原毛虫指标的测定

2016年3月下旬开始，每天在试验区域附近尽可能多地采集刚刚结束越冬的2龄幼虫，于4月3日采集到足够进行试验数量的幼虫，逐个称量后选取体质量近似相等的个体放入上述花盆内进行试验，每个花盆放5只幼虫。为了避免试验过程中对毛虫的干扰，试验过程中不对上述幼虫进行取出操作。仅在2016年7月上旬幼虫化蛹前，对其体质量进行一次统一称量以计算其生长速率，公式如下：

$$G=(M_2-M_1)/D$$

其中，G表示生长速率，M_2为第二次测量体质量，M_1为初次测量体质量，D为两次测量相隔天数。因后续研究需要，无法将毛虫处死，所以上述测量体质量均为鲜质量。

在上述称量操作完成后，每天对扣笼内的毛虫化蛹情况进行观察，记录幼虫的蛹化时间直至所有幼虫完成化蛹。

3. 植物指标测定

在上述工作完成后，在每个花盆内采集门源草原毛虫所主要取食的代表性植物——垂穗披碱草的成熟叶片组织，经70 ℃恒温干燥箱烘干后，用高速离心粉碎机进行粉碎，然后测定其全氮含量。

12.3 苯菌灵对丛枝菌根的抑制效果

苯菌灵显著地抑制了 AM 真菌对高寒矮嵩草草甸植物根系的侵染（$F=57.37$，$P<0.001$，表 12.2）。相比未使用灭菌剂的处理组而言，苯菌灵使 AM 真菌侵染率降低了 29%。本试验中的增温处理对上述抑制作用不构成干扰（表 12.2）。

表 12.2　增温和丛枝菌根抑制对试验指标影响的方差分析

指标	因素	F	P
侵染率	W	0.537	0.474
	F	57.373	<0.001
	W×F	2.149	0.162
生长速率	W	56.109	<0.001
	F	9.292	0.003
	W×F	4.345	0.040
雌性幼虫蛹化时间	W	22.188	<0.001
	F	0.133	0.717
	W×F	0.002	0.963
雄性幼虫蛹化时间	W	69.597	<0.001
	F	0.179	0.675
	W×F	1.034	0.315
雌蛹质量	W	17.952	0.001
	F	3.195	0.096
	W×F	5.354	0.036
雄蛹质量	W	5.374	0.034
	F	0.026	0.874
	W×F	0.019	0.893
含氮量	W	4.192	0.061
	F	8.009	0.014
	W×F	2.787	0.119

12.4 增温和丛枝菌根抑制对门源草原毛虫幼虫生长发育的影响

对照组（不增温不施用苯菌灵）、增温、丛枝菌根抑制（施用苯菌灵）、增温×丛枝菌根抑制组的门源草原毛虫幼虫生长速率分别为1.63、2.17、1.57、1.88 mg/d。增温、丛枝菌根抑制以及两者间交互作用均对门源草原毛虫幼虫的生长速率有着显著的影响（F值分别为56.109、9.292、4.345，P值分别为<0.001，0.003和<0.040；表12.2）。相比对照组（不增温不施用苯菌灵）而言，增温将门源草原毛虫幼虫的生长速率提升了34%。增温和丛枝菌根抑制使得这一指标较对照组升高了16%，而较增温处理降低了13%。

增温对门源草原毛虫雌、雄性幼虫的蛹化时间均有显著的影响（$F=21.19$，$P<0.001$；$F=69.59$，$P<0.001$；表12.2）。增温处理下雌、雄幼虫的蛹化时间分别为204、218 d，而不增温处理下分别为212、223 d。增温使得雌、雄幼虫的蛹化时间较不增温处理分别提前了2%和4%。增温和不增温处理下的雌、雄虫蛹化时间差分别为14、11 d。增温将上述时间差扩大了27%。

12.5 增温和丛枝菌根抑制对门源草原毛虫蛹质量的影响

增温及其与丛枝菌根抑制的交互作用对门源草原毛虫雌虫蛹质量的影响显著（F值分别为17.95和5.35，P值分别为0.001和0.04）（表12.2），而对于雄虫的蛹质量来说，仅增温处理的影响显著（$F=5.37$，$P=0.03$）。增温和增温丛枝菌根抑制处理，使得雌虫蛹质量较对照组增大了22%和8%。增温使雄虫蛹质量增大了18%。

12.6 增温和丛枝菌根抑制对垂穗披碱草含氮量的影响

丛枝菌根抑制对垂穗披碱草的含氮量有明显影响（$F=8.01$，$P=0.01$）（表12.2），使得该指标较不施用苯菌灵组降低了14%。增温、增温和丛枝菌根抑制的交互作用均不显著。

12.7 模拟增温和丛枝菌根对门源草原毛虫幼虫生长发育的影响机制

生长速率是昆虫生活史研究的重要指标，代表着昆虫在单位时间内获取能量和资源并用于自身生长发育的能力。高的生长速率往往意味着昆虫个体能够更为快速地完成生长发育，更为高效地积累物质和能量以用于种群的繁衍，更为容易在竞争中胜出（李孟楼，2010）。增温显著地升高了门源草原毛虫幼虫的生长速率，支持了其他一些研究的结论（余欣超等，2016）。每一种昆虫都有其特定的最适温度范围，过高或过低的温度都不利于昆虫的生长发育和繁殖（李孟楼，2010）。门源草原毛虫对于温度的适应范围也符合这一特点（严林等，2005）。然而在青藏高原等高寒区生态系统中，温度往往是生物生长发育和繁殖的限制因子（赵新全，2009；马瑞俊等，2005）。气温的适当升高有利于初级生产力的提高和其他生物的生存（赵新全，2009；周华坤等，2000）。余欣超等（2016）的研究显示，适当增温能够促进门源草原毛虫的生长，提高该物种种群的存活率，而增温到达一定程度后又会对该昆虫产生抑制效应。这种抑制效应可能是由于过高的增温幅度抑制了门源草原毛虫幼虫的代谢过程，另一方面也可能是因为增温在促进门源草原毛虫幼虫代谢速率的同时，造成了植物碳氮比的升高（石福孙等，2000），降低了该昆虫对食物的利用率（严林等，2005；郑莉莉等，2016），使其获取的能量不足以支持代谢过程的需要，反而形成了过多的消耗。

与本文的研究结果不同，曹慧等（2016）认为在放牧条件下的增温提高了门源草原毛虫幼虫的生长速率，而单独的增温并未对上述指标产生显著影响。这可能是因为两组试验所采用的增温设施不一致。OTC和红外辐射器为全球变化生态学研究中所常用的模拟增温设施，虽然目前均被广泛采用，但是因工作原理的不同，其增温效应及模式也呈现出较大差异（牛书丽等，2007），我们在野外调查过程中也注意到两种增温设施影响下的植被群落变化确实不尽一致，然而目前还缺少直接的试验证据对不同增温设施影响下的植被乃至昆虫响应差异进行检验。

丛枝菌根对于植食性昆虫的影响，主要通过其宿主植物实现，它们与植物根系的结合能够帮助植物吸收氮、磷等矿质元素，同时向植物体获取其生长发育所必需的植物光合产物，进而影响其宿主植物的营养水平、资源分配、代谢产物以及能量过程等（Gange，2007）。大多数禾草类植物、少数莎草科植物以及部分其他杂草都能够与丛枝菌根真菌形成互惠共生体（包玉英等，2004）。门源草原毛虫幼虫的食物也主要以上述种类植物为主，尤其对垂穗披碱草的利用率最高（严林，2006）。丛枝菌根抑制显著降低了垂穗披碱草的含氮量，而门源草原毛虫幼虫生长速率和其食物含氮量成正比（曹慧，2015）。这可以解释本试验中丛枝菌根抑制对于增温对门源草原毛虫幼虫生长速率正向效应的减弱。然而，在未增温条件下，丛枝菌根抑制对门源草原毛虫幼虫食物氮含量的降低并未引起其生长速率的变化。这可能是因为增温加快了门源草原毛虫幼虫的代谢速率，进而使得其对食物质量的要求提高（O'connor，2009），因此丛枝菌根抑制所造成植物含氮量下降对其影响较为显著，而在未增温条件下，尽管植物含氮量因丛枝菌根抑制而有所降低，但仍然足以满足门源草原毛虫幼虫维持其正常的生长速率。综上所述，增温扩大了丛枝菌根抑制对于门源草原毛虫幼虫的不利影响，也就是说，丛枝菌根能够扩大增温对门源草原毛虫的有利影响。

昆虫对于增温的响应较植物更为敏感，因此，增温对昆虫的直接影响较其通过植物对昆虫的间接影响更为强烈。而丛枝菌根对植食性昆虫的影响则主要通过植物来实现。从较长的时间尺度来看，全球变暖一方面降低了青藏高原高寒草甸植被初级生产力，另一方面提高了门源草原毛虫的适合度和对食物的需求，使原有的门源草原毛虫—植物关系失衡，将进一步加剧草地植被的退化，门源草原毛虫最终也将因食物及生存条件的不适而无法生存，生态系统结构将趋于简化，生态系统功能趋于弱化。丛枝菌根能够提高其宿主植物的竞争力，帮助其吸收矿质营养，提高其对门源草原毛虫的能量利用率，进而正向影响门源草原毛虫，这可以视为其对由增温造成的上述关系失衡的缓解。因此，我们认为在青藏高原高寒草甸生态系统中，丛枝菌根能够缓解增温造成的植食性昆虫—植物关系的失衡，进而可能提升生态系统对全球气候变暖的抵抗能力。

作为完全变态昆虫的一种，门源草原毛虫的一个世代要经历幼虫期、蛹期、成虫期、卵期四个发育阶段，其幼虫期主要进行营养生长（严林，2006）。该类昆虫在幼虫期面临着极端环境、天敌捕食、种间偏害关系等的威胁（Xi et al，2013；张棋麟等，2013；曹慧，2015）。本研究表明增温提前了门源草原毛虫蛹化时间，这有利于其在一定程度上避免发育末期青藏高原东北部的低温环境以及更少地暴露在天敌等的威胁之下。此外，幼虫期的提前结束意味着毛虫更早地完成了变态发育和繁殖所需的能量积累，也将进一步导致羽化及产卵时间的提前（曹慧，2015）。从更长的时间尺度来看，增温导致的上述变化会使门源草原毛虫生活史周期缩短乃至世代数增加，这将大大有利于该物种后代的繁衍和种群规模的扩大（余欣超，2015）。

门源草原毛虫在发育时期上呈现出雄性先熟现象，这是一些物种在长期的自然选择下进化的结果，是对极端生存条件的适应性策略，有利于交配成功率的提高，有效避免因雌虫大量死亡而导致的交配期性比失衡（Carvalho et al，1998）。门源草原毛虫的雄性幼虫经6个龄期开始蛹化，而雌性幼虫完成这一过程需要7个龄期，雄性个体发育提前的趋势一直持续到成虫阶段（严林，2006）。门源草原毛虫的雌性成虫不具备虫翅等飞行器官，其成虫交配产卵主要由雄性成虫主动完成。此外，门源草原毛虫雌性成虫寿命较雄性成虫短。因此，门源草原毛虫的雄性先熟现象有利于成虫的成功交配（严林，2006；曹慧，2015）。虽然并未对门源草原毛虫幼虫的羽化时间进行统计，但蛹化时间的提前将导致其幼虫成熟时间的提前，因此增温条件下雄性幼虫蛹化时间提前幅度大于雌性幼虫的结果，能够间接地证明增温扩大了门源草原毛虫的雄性先熟现象，这与前期研究的结论一致（余欣超，2015）。

蛹是完全变态昆虫完成变态所必经的一个阶段，是昆虫个体由营养生长向生殖生长转变的过渡，为下一步的成虫繁殖做准备（李孟楼，2010）。本研究结果表明，增温明显增大了门源草原毛虫蛹的质量，而蛹质量的增大意味着其成虫繁殖能力的提高（曹慧，2015；Tammaru et al，1996），余欣超（2015）的研究能够证实这一观点。此外，在我们的研究中，雌雄个体的蛹质量对丛枝菌根抑制处理表现出不同程度的响应，在增温条件下，雌蛹质量因丛枝菌根的抑制而明显降低，而雄蛹未表现出这一趋势。这可能是由于门源草原毛虫雌性个体的幼虫发育历期较雄性幼虫个体多了1个龄期，而且末龄幼虫的生长速率在雌性性别间的差异更加明显，这就使得在同样的处理下，雌虫的体质量更容易比雄虫发生变化，曹慧（曹慧，2015）的研究结果也表明在放牧作用下门源草原毛虫雌蛹质量的增大比率是雄蛹质量的2倍。

增温有利于门源草原毛虫幼虫的生长发育，表现为能够提高其生长速率及蛹质量，提前其蛹化时间，扩大其雄性先熟现象及性二型性。丛枝菌根对于门源草原毛虫的影响并不明显。但是，丛枝菌根能够有效扩大增温对门源草原毛虫幼虫生长速率及蛹质量的提高，也就是说，增温扩大了丛枝菌根抑制对门源草原毛虫幼虫生长速率的不利影响。

参考文献

[1] Agrawal A A. Current trends in the evolutionary ecology of plant defence [J]. Functional Ecology, 2011, 25（2）: 420-432.

[2] Aroca R, Porcel R, Ruizlozano J M, et al. How does arbuscular mycorrhizal symbiosis regulate root hydraulic properties and plasma membrane aquaporins in Phaseolus vulgaris under drought, cold or salinity stresses [J]. New Phytologist, 2007, 173（4）: 808-816.

[3] Artursson V, Finlay R D, Jansson J K, et al. Interactions between arbuscular mycorrhizal fungi and bacteria and their potential for stimulating plant growth [J]. Environmental Microbiology, 2006, 8（1）: 1-10.

[4] Babikova Z, Gilbert L, Bruce T J, et al. Arbuscular mycorrhizal fungi and aphids interact by changing host plant quality and volatile emission [J]. Functional Ecology, 2014, 28（2）: 375-385.

[5] Bai G, Bao Y, Du G, et al. Arbuscular mycorrhizal fungi associated with vegetation and soil parameters under rest grazing management in a desert steppe ecosystem [J]. Mycorrhiza, 2013, 23（4）: 289-301.

[6] Barber N A, Adler L S, Theis N, et al. Herbivory reduces plant interactions with above- and belowground antagonists and mutualists [J]. Ecology, 2012, 93（7）: 1560-1570.

[7] Bardgett R D, Der Putten W H. Belowground biodiversity and ecosystem functioning [J]. Nature, 2014, 515 (7528): 505-511.

[8] Bardgett R D, Jones A C, Jones D L, et al. Soil microbial community patterns related to the history and intensity of grazing in sub-montane ecosystems [J]. Soil Biology & Biochemistry, 2001, 33 (12): 1653-1664.

[9] Barto E K, Rillig M C. Does herbivory really suppress mycorrhiza? A meta-analysis [J]. Journal of Ecology, 2010, 98 (4): 745-753.

[10] Behmer S T, Joern A. Coexisting generalist herbivores occupy unique nutritional feeding niches [J]. Proceedings of the National Academy of Sciences of the United States of America, 2008, 105 (6): 1977-1982.

[11] Bennett A E, Alersgarcia J, Bever J D, et al. Three-way interactions among mutualistic mycorrhizal fungi, plants, and plant enemies: hypotheses and synthesis [J]. The American Naturalist, 2006, 167 (2): 141-152.

[12] Bennett A E, Bever J D, Bowers M D, et al. Arbuscular mycorrhizal fungal species suppress inducible plant responses and alter defensive strategies following herbivory [J]. Oecologia, 2009, 160 (4): 771-779.

[13] Bennett A E, Bever J D. Mycorrhizal species differentially alter plant growth and response to herbivory [J]. Ecology, 2007, 88 (1): 210-218.

[14] Bever J D, Richardson S, Lawrence B M, et al. Preferential allocation to beneficial symbiont with spatial structure maintains mycorrhizal mutualism [J]. Ecology Letters, 2009, 12 (1): 13-21.

[15] Bever J D, Schultz P A, Pringle A, et al. Arbuscular mycorrhizal fungi: more diverse than meets the eye, and the ecological tale of why the high diversity of ecologically distinct species of arbuscular mycorrhizal fungi within a single community has broad implications for plant ecology [J]. Bioscience, 2001, 51 (11): 923-931.

[16] Bidartbouzat M G, Imehnathaniel A. Global Change Effects on Plant Chemical Defenses against Insect Herbivores [J]. Journal of Integrative Plant Biology, 2008, 50 (11): 1339-1354.

[17] Black K G, Mitchell D T, Osborne B, et al. Effect of mycorrhizal-enhanced leaf phosphate status on carbon partitioning, translocation and photosynthesis in cucumber [J]. Plant Cell and Environment, 2000, 23 (8): 797-809.

[18] Bohlen P J. Biological invasions: Linking the aboveground and belowground consequences [J]. Applied Soil Ecology, 2006, 32 (1): 1-5.

[19] Broeckling C D, Broz A K, Bergelson J, et al. Root Exudates Regulate Soil Fungal Community Composition and Diversity [J]. Applied and Environmental Microbiology, 2008, 74 (3): 738-744.

[20] Cahill J F, Elle E, Smith G R, et al. Disruption of a belowground mutualism alters interactions between plants and their floral visitors [J]. Ecology, 2008, 89 (7): 1791-1801.

[21] Callaway R M, Newingham B A, Zabinski C A, et al. Compensatory growth and competitive ability of an invasive weed are enhanced by soil fungi and native neighbours [J]. Ecology Letters, 2001, 4 (5): 429-433.

[22] Cao H, Zhao X, Wang S, et al. Grazing intensifies degradation of a Tibetan Plateau alpine meadow through plant-pest interaction [J]. Ecology and Evolution, 2015, 5 (12): 2478-2486.

[23] Cao H, Zhu W Y, Zhao X Q. Effects of Warming and Grazing on Growth and Development of the Grassland Caterpillar (Gynaephora Menyuanensis) [J]. Acta Praticulturae Sinica, 2016, 25 (1): 268-272.

[24] Cardinale B J, Duffy J E, Gonzalez A, et al. Biodiversity loss and its impact on humanity [J]. Nature, 2012, 486 (7401): 59-67.

[25] Carvalho M C, Queiroz P C D, Ruszczyk A. Protandry and female size-fecundity variation in the tropical butterfly brassolis sophorae [J]. Oecologia, 1998, 116 (1): 98-102.

[26] Debevec E M, Maclean S F. Design of greenhouses for the manipulation of temperature in tundra plant communities [J]. Arctic & Alpine Research, 1993, 25 (1): 56-62.

[27] Eom A, Wilson G W, Hartnett D C, et al. Effects of ungulate grazers on arbuscular mycorrhizal symbiosis and fungal community structure in tallgrass prairie [J]. Mycologia, 2001, 93 (2): 233-242.

[28] Farrar J, Hawes M C, Jones D L, et al. How roots control the flux of carbon to the rhizosphere [J]. Ecology, 2003, 84 (4): 827-837.

[29] Fitter A H, Helgason T, Hodge A, et al. Nutritional exchanges in the arbuscular mycorrhizal symbiosis: Implications for sustainable agriculture [J]. Fungal Biology Reviews, 2011, 25 (1): 68-72.

[30] Fornoni J, Núñez F J, Valverde P L. Evolutionary Ecology of Tolerance to Herbivory: Advances and Perspectives [J]. Comments on Theoretical Biology, 2003, 8 (6): 643-663.

[31] Fornoni J. Ecological and evolutionary implications of plant tolerance to herbivory [J]. Functional Ecology, 2011, 25 (2): 399-407.

[32] Frank D A, Gehring C A, Machut L, et al. Soil community composition and the regulation of grazed temperate grassland [J]. Oecologia, 2003, 137 (4): 603-609.

[33] Gange A C, Bower E, Brown V K, et al. Differential effects of insect herbivory on

arbuscular mycorrhizal colonization [J]. Oecologia, 2002, 131 (1): 103-112.

[34] Gange A C, Brown V K, Aplin D M, et al. Ecological specificity of arbuscular mycorrhizae: evidence from foliar- and seed-feeding insects [J]. Ecology, 2005, 86 (3): 603-611.

[35] Gange A. Insect-mycorrhizal interactions: patterns, processes, and consequences [J]. Ecological Communities: Plant Mediation in Indirect Interaction Webs, 2009, 6 (7): 124-144.

[36] Gehring C A, Bennett A E. Mycorrhizal Fungal-Plant-Insect Interactions: The Importance of a Community Approach [J]. Environmental Entomology, 2009, 38 (1): 93-102.

[37] Gehring C A, Cobb N S, Whitham T G, et al. Three-way interactions among ectomycorrhizal mutualists, scale insects, and resistant and susceptible pinyon pines [J]. The American Naturalist, 1997, 149 (5): 824-841.

[38] Gehring C A, Whitham T G. Interactions between aboveground herbivores and the mycorrhizal mutualists of plants [J]. Trends in Ecology and Evolution, 1994, 9 (7): 251-255.

[39] Gehring C A, Whitham T G. Mycorrhizae-Herbivore Interactions: Population And Community Consequences [J]. Mycorrhizal Ecology, 2003, 157 (3): 295-320.

[40] Gehring C A, Wolf J, Theimer T C, et al. Terrestrial vertebrates promote arbuscular mycorrhizal fungal diversity and inoculum potential in a rain forest soil [J]. Ecology Letters, 2002, 5 (4): 540-548.

[41] Goggin F L. Plant-aphid interactions: molecular and ecological perspectives [J]. Current Opinion in Plant Biology, 2007, 10 (4): 399-408.

[42] Hamilton E W, Frank D A, Hinchey P M, et al. Defoliation induces root exudation and triggers positive rhizospheric feedbacks in a temperate grassland [J]. Soil Biology & Biochemistry, 2008, 40 (11): 2865-2873.

[43] Hanley M E, Lamont B B, Fairbanks M M, et al. Plant structural traits and their role in anti-herbivore defence [J]. Perspectives in Plant Ecology Evolution and Systematics, 2007, 8 (4): 157-178.

[44] Hartley S E, Gange A C. Impacts of Plant Symbiotic Fungi on Insect Herbivores: Mutualism in a Multitrophic Context [J]. Annual Review of Entomology, 2009, 54 (1): 323-342.

[45] Hartnett D C, Wilson G W T. The role of mycorrhizas in plant community structure and dynamics: lessons from grasslands [J]. Plant and Soil, 2002, 244 (1): 319-331.

[46] Henry F, Vestergard M, Christensen S, et al. Evidence for a transient increase of rhizodeposition within one and a half day after a severe defoliation of Plantago arenaria grown in

soil [J] . Soil Biology & Biochemistry, 2008, 40 (5): 1264-1267.

[47] Hokka V, Mikola J, Vestberg M, et al. Interactive effects of defoliation and an AM fungus on plants and soil organisms in experimental legume-grass communities [J] . Oikos, 2004, 106 (1): 73-84.

[48] Huang W, Siemann E, Xiao L, et al. Species-specific defence responses facilitate conspecifics and inhibit heterospecifics in above-belowground herbivore interactions [J] . Nature Communications, 2014, 5 (1): 4851-4851.

[49] Hunter A F, Elkinton J S. Effects of synchrony with host plant on populations of a spring-feeding lepidopteran [J] . Ecology, 2000, 81 (5): 1248-1261.

[50] Huttunen L, Niemela P, Peltola H, et al. Is a defoliated silver birch seedling able to overcompensate the growth under changing climate [J] . Environmental and Experimental Botany, 2007, 60 (2): 227-238.

[51] Jamieson M A, Trowbridge A M, Raffa K F, et al. Consequences of Climate Warming and Altered Precipitation Patterns for Plant-Insect and Multitrophic Interactions [J] . Plant Physiology, 2012, 160 (4): 1719-1727.

[52] Jones D L, Hodge A, Kuzyakov Y, et al. Plant and mycorrhizal regulation of rhizodeposition [J] . New Phytologist, 2004, 163 (3): 459-480.

[53] Kardol P, Wardle D A. How understanding aboveground-belowground linkages can assist restoration ecology [J] . Trends in Ecology and Evolution, 2010, 25 (11): 670-679.

[54] Kharouba H M, Vellend M, Sarfraz R M, et al. The effects of experimental warming on the timing of a plant-insect herbivore interaction [J] . Journal of Animal Ecology, 2015, 84 (3): 785-796.

[55] Kivlin S N, Hawkes C V. Differentiating between effects of invasion and diversity: Impacts of aboveground plant communities on belowground fungal communities [J] . New Phytologist, 2011, 189 (2): 526-535.

[56] Klironomos J N, Mccune J L, Moutoglis P, et al. Species of arbuscular mycorrhizal fungi affect mycorrhizal responses to simulated herbivory [J] . Applied Soil Ecology, 2004, 26 (2): 133-141.

[57] Koricheva J, Gange A C, Jones T. Effects of mycorrhizal fungi on insect herbivores: a meta-analysis [J] . Ecology, 2009, 90 (8): 2088-2097.

[58] Kula A A, Hartnett D C, Wilson G W, et al. Effects of mycorrhizal symbiosis on tallgrass prairie plant-herbivore interactions [J] . Ecology Letters, 2004, 8 (1): 61-69.

[59] Kula A A, Hartnett D C. Effects of mycorrhizal symbiosis on aboveground arthropod herbivory in tallgrass prairie: an in situ experiment [J] . Plant Ecology, 2015, 216 (4): 589-597.

[60] Liu J, Maldonadomendoza I E, Lopezmeyer M, et al. Arbuscular mycorrhizal

symbiosis is accompanied by local and systemic alterations in gene expression and an increase in disease resistance in the shoots [J]. Plant Journal, 2007, 50 (3): 529-544.

[61] Logan J A, Regniere J, Powell J A, et al. Assessing the impacts of global warming on forest pest dynamics [J]. Frontiers in Ecology and the Environment, 2003, 1 (3): 130-137.

[62] Lugo M A, Cabello M N. Native arbuscular mycorrhizal fungi (AM 真菌) from mountain grassland (Córdoba, Argentina) I. Seasonal variation of fungal spore diversity [J]. Mycologia, 2002, 94 (4): 579-586.

[63] Mendes R, Kruijt M, De Bruijn I, et al. Deciphering the rhizosphere microbiome for disease-suppressive bacteria [J]. Science, 2011, 332 (6033): 1097-1100.

[64] Ming L I, Ren S Z, Lou S M. Secondary Metabolites Related with Plant Resistance against Pathogenic Microorganisms and Insect Pests [J]. Chinese Journal of Biological Control, 2007, 23 (3): 269-273.

[65] Muthukumar T, Udaiyan K. Seasonality of Vesicular-Arbuscular Mycorrhizae In Sedges In A Semi-Arid Tropical Grassland [J]. Acta Oecologica, 2002, 23 (5): 337-347.

[66] O'Connor M I. Warming strengthens an herbivore-plant interaction [J]. Ecology, 2009, 90 (2): 388-398.

[67] Ohgushi T. Indirect Interaction Webs: Herbivore-Induced Effects Through Trait Change in Plants [J]. Annual Review of Ecology, Evolution, and Systematics, 2005, 36 (1): 81-105.

[68] Okullo P, Moe S R. Large herbivores maintain termite-caused differences in herbaceous species diversity patterns [J]. Ecology, 2012, 93 (9): 2095-2103.

[69] Okullo P, Moe S R. Termite Activity, Not Grazing, Is the Main Determinant of Spatial Variation in Savanna Herbaceous Vegetation [J]. Journal of Ecology, 2012, 100 (1): 232-241.

[70] Oliver J E. Intergovernmental panel in climate change [J]. Encyclopedia of Energy Natural Resource & Environmental Economics, 2013, 26 (14): 48-56.

[71] Padillagamino J L, Carpenter R C. Seasonal acclimatization of Asparagopsis taxiformis (Rhodophyta) from different biogeographic regions [J]. Limnology and Oceanography, 2007, 52 (2): 833-842.

[72] Parmesan C, Yohe G W. A globally coherent fingerprint of climate change impacts across natural systems [J]. Nature, 2003, 421 (6918): 37-42.

[73] Parniske M. Arbuscular mycorrhiza: the mother of plant root endosymbiosis [J]. Nature Reviews Microbiology, 2008, 6 (10): 763-775.

[74] Paul E A. Soil Microbiology, Ecology And Biochemistry [M]. New York: Academic Press, 2014.

[75] Petipasrenee H, Brodyalison K. Termites and ungulates affect arbuscular mycorrhizal richness and infectivity in a semiarid savanna [J]. Botany, 2014, 92 (3): 233-240.

[76] Pfisterer A B, Diemer M, Schmid B, et al. Dietary shift and lowered biomass gain of a generalist herbivore in species-poor experimental plant communities [J]. Oecologia, 2003, 135 (2): 234-241.

[77] Pollierer M M, Langel R, Korner C, et al. The underestimated importance of belowground carbon input for forest soil animal food webs [J]. Ecology Letters, 2007, 10 (8): 729-736.

[78] Power M E, Mills L S. The keystone cops meet in Hilo [J]. Trends in Ecology and Evolution, 1995, 10 (5): 182-184.

[79] Pozo M J, Azconaguilar C. Unraveling mycorrhiza-induced resistance [J]. Current Opinion in Plant Biology, 2007, 10 (4): 393-398.

[80] Rasmann S, Kollner T G, Degenhardt J, et al. Recruitment of entomopathogenic nematodes by insect-damaged maize roots [J]. Nature, 2005, 434 (7034): 732-737.

[81] Reidinger S, Eschen R, Gange A C, et al. Arbuscular mycorrhizal colonization, plant chemistry, and aboveground herbivory on Senecio jacobaea [J]. Acta Oecologica-international Journal of Ecology, 2012 (38): 8-16.

[82] Rillig M C. Arbuscular mycorrhizae and terrestrial ecosystem processes [J]. Ecology Letters, 2004, 7 (8): 740-754.

[83] Rinaudo V, Barberi P, Giovannetti M, et al. Mycorrhizal fungi suppress aggressive Agricultural weeds [J]. Plant and Soil, 2010, 333 (1): 7-20.

[84] Ritchie M E. Nitrogen limitation and trophic vs. abiotic influences on insect herbivores in a temperate grassland [J]. Ecology, 2000, 81 (6): 1601-1612.

[85] Ruotsalainen A L, Eskelinen A. Root fungal symbionts interact with mammalian herbivory, soil nutrient availability and specific habitat conditions [J]. Oecologia, 2011, 166 (3): 807-817.

[86] Shaver G R, Canadell J, Chapin F S, et al. Global warming and terrestrial ecosystems: a conceptual framework for analysis [J]. Bioscience, 2000, 50 (10): 871-882.

[87] Shi G, Liu Y, Johnson N C, et al. Interactive influence of light intensity and soil fertility on root-associated arbuscular mycorrhizal fungi [J]. Plant and Soil, 2014, 378 (1-2): 173-188.

[88] Smith D S, Schweitzer J A, Turk P J, et al. Soil-mediated local adaptation alters seedling survival and performance [J]. Plant and Soil, 2012, 352 (1): 243-251.

[89] Smith F A, Grace E J, Smith S E, et al. More than a carbon economy: nutrient

trade and ecological sustainability in facultative arbuscular mycorrhizal symbioses [J] . New Phytologist, 2009, 182 (2): 347-358.

[90] Smith M D, Hartnett D C, Rice C W. Effects of long-term fungicide applications on microbial properties in tallgrass prairie soil [J] . Soil Biology and Biochemistry, 2000, 32 (7): 935-946.

[91] Smith S E, Smith F A, Jakobsen I, et al. Mycorrhizal Fungi Can Dominate Phosphate Supply to Plants Irrespective of Growth Responses [J] . Plant Physiology, 2003, 133 (1): 16-20.

[92] Soka G E, Ritchie M E. Arbuscular mycorrhizal symbiosis, ecosystem processes and environmental changes in tropical soils [J] . Applied Ecology and Environmental Research, 2015, 13 (1): 229-245.

[93] Stowe K A, Marquis R J, Hochwender C G, et al. The evolutionary ecology of tolerance to consumer damage [J] . Annual Review of Ecology, Evolution, and Systematics, 2000, 31 (1): 565-595.

[94] Su Y, Guo L. Arbuscular mycorrhizal fungi in non-grazed, restored and overgrazed grassland in the Inner Mongolia steppe [J] . Mycorrhiza, 2007, 17 (8): 689-693.

[95] Tammaru T. Realized fecundity in epirrita autumnata (lepidoptera: geometridae): relation to body size and consequences to population dynamics [J] . Oikos, 1996, 77 (3): 407-416.

[96] Thebault E, Fontaine C. Stability of Ecological Communities and the Architecture of Mutualistic and Trophic Networks [J] . Science, 2010, 329 (5993): 853-856.

[97] Thompson R C, Norton T A, Hawkins S J, et al. Physical stress and biological control regulate the producer-consumer balance in intertidal biofilms [J] . Ecology, 2004, 85 (5): 1372-1382.

[98] Titus J H, Leps J. The response of arbuscular mycorrhizae to fertilization, mowing, and removal of dominant species in a diverse oligotrophic wet meadow [J] . American Journal of Botany, 2000, 87 (3): 392-401.

[99] Treseder K K. A meta-analysis of mycorrhizal responses to nitrogen, phosphorus, and atmospheric CO_2 in field studies [J] . New Phytologist, 2004, 164 (2): 347-355.

[100] Veresoglou S D, Chen B, Rillig M C, et al. Arbuscular mycorrhiza and soil nitrogen cycling [J] . Soil Biology & Biochemistry, 2012, 46 (46): 53-62.

[101] Walling L L. The myriad plant responses to herbivores. [J] . Journal of Plant Growth Regulation, 2000, 19 (2): 195-216.

[102] Walling S Z, Zabinski C A. Defoliation effects on arbuscular mycorrhizae and plant growth of two native bunchgrasses and an invasive forb [J] . Applied Soil Ecology, 2006, 32 (1): 111-117.

[103] Wamberg C, Christensen S, Jakobsen I, et al. Interaction between foliar-feeding insects, mycorrhizal fungi, and rhizosphere protozoa on pea plants [J]. Pedobiologia, 2003, 47 (3): 281-287.

[104] Wang B, Qiu Y L. Phylogenetic distribution and evolution of mycorrhizas in land plants [J]. Mycorrhiza, 2006, 16 (5): 299-363.

[105] Wardle D A, Bardgett R D, Klironomos J N, et al. Ecological Linkages Between Aboveground and Belowground Biota [J]. Science, 2004, 304 (5677): 1629-1633.

[106] Wardle D A. The influence of biotic interactions on soil biodiversity [J]. Ecology Letters, 2006, 9 (7): 870-886.

[107] Wearn J A, Gange A C. Above-ground herbivory causes rapid and sustained changes in mycorrhizal colonization of grasses [J]. Oecologia, 2007, 153 (4): 959-971.

[108] Wehner J, Antunes P M, Powell J R, et al. Indigenous Arbuscular Mycorrhizal Fungal Assemblages Protect Grassland Host Plants from Pathogens [J]. Plos One, 2011, 6 (11): e27381.

[109] Wilson G W, Rice C W, Rillig M C, et al. Soil aggregation and carbon sequestration are tightly correlated with the abundance of arbuscular mycorrhizal fungi: results from long-term field experiments [J]. Ecology Letters, 2009, 12 (5): 452-461.

[110] Wise M W, Abrahamson W G. Effects of resource availability on tolerance of herbivory: a review and assessment of three opposing models [J]. The American Naturalist, 2007, 169 (4): 443-454.

[111] Wurst S, Dugassagobena D, Langel R, et al. Combined effects of earthworms and vesicular-arbuscular mycorrhizas on plant and aphid performance [J]. New Phytologist, 2004, 163 (1): 169-176.

[112] Xi X, Griffin J N, Sun S, et al. Grasshoppers amensalistically suppress caterpillar performance and enhance plant biomass in an alpine meadow [J]. Oikos, 2013, 122 (7): 1049-1057.

[113] Yang W, Zheng Y, Gao C, et al. The Arbuscular Mycorrhizal Fungal Community Response to Warming and Grazing Differs between Soil and Roots on the Qinghai-Tibetan Plateau [J]. Plos One, 2013, 8 (9): e76447.

[114] Zaller J G, Frank T, Drapela T. Soil sand content can alter effects of different taxa of mycorrhizal fungi on plant biomass production of grassland species [J]. European Journal of Soil Biology, 2011, 47 (3): 175-181.

[115] Zhang Q, Sun Q, Koide R T, et al. Arbuscular Mycorrhizal Fungal Mediation of Plant-Plant Interactions in a Marshland Plant Community [J]. The Scientific World Journal, 2014, 2014 (2014): 1-10.

[116] Zhou H K, Yao B Q, Xu W X, et al. Field evidence for earlier leaf-out dates in

alpine grassland on the eastern tibetan plateau from 1990 to 2006 [J]. Biology Letters, 2014, 10 (8): 1565-1579.

[117] Zvereva E L, Kozlov M V. Consequences of simultaneous elevation of carbon dioxide and temperature for plant-herbivore interactions: a metaanalysis [J]. Global Change Biology, 2006, 12 (1): 27-41.

[118] 包玉英, 闫伟. 内蒙古中西部草原主要植物的丛枝菌根及其结构类型研究 [J]. 生物多样性, 2004, 12 (5): 501-508.

[119] 曹慧. 门源草原毛虫-植物相互关系对增温和放牧的响应 [D]. 北京: 中国科学院大学, 2015.

[120] 陈珂璐, 余欣超, 姚步青, 等. 不同放牧强度下门源草原毛虫在高寒草甸上的空间分布 [J]. 草地学报, 2016, 24 (1): 195-201.

[121] 邓胤, 申鸿, 郭涛. 丛枝菌根利用氮素研究进展 [J]. 生态学报, 2009, 29 (10): 5627-5635.

[122] 高春梅, 王森焱, 弥岩, 等. 丛枝菌根真菌与植食性昆虫的相互作用 [J]. 生态学报, 2014, 34 (13): 3481-3489.

[123] 贺金生, 王政权, 方精云. 全球变化下的地下生态学: 问题与展望 [J]. 科学通报, 2004 (13): 10-17.

[124] 李孟楼. 森林昆虫学通论 [M]. 北京: 中国林业出版社, 2010.

[125] 刘润进, 陈应龙. 菌根学 [M]. 北京: 科学出版社, 2007.

[126] 牛书丽, 韩兴国, 马克平, 等. 全球变暖与陆地生态系统研究中的野外增温装置 [J]. 植物生态学报, 2007, 31 (2): 94-103.

[127] 任飞, 杨晓霞, 周华坤, 等. 青藏高原高寒草甸3种植物对模拟增温的生理生化响应 [J]. 西北植物学报, 2013, 33 (11): 2257-2264.

[128] 石福孙, 陈华峰, 吴宁. 增温对川西北亚高山高寒草甸植物群落碳、氮含量的影响 [J]. 植物研究, 2008, 28 (6): 92-98.

[129] 石伟琦, 丁效东, 张士荣. 丛枝菌根真菌对羊草生物量和氮磷吸收及土壤碳的影响 [J]. 西北植物学报, 2011, 31 (2): 357-362.

[130] 孙永芳, 付娟娟, 褚希彤, 等. 丛枝菌根真菌对垂穗披碱草吸收不同氮源效率的影响 [J]. 草地学报, 2015, 23 (2): 294-301.

[131] 王昶, 王晓娟, 侯扶江, 等. AM真菌与地上草食动物的互作及其对宿主植物的影响 [J]. 土壤, 2009 (2): 172-179.

[132] 王昶. 黄土高原干旱区草地生态系统丛枝菌根对放牧强度的响应及其季节性变化 [D]. 兰州: 兰州大学, 2008.

[133] 王义平, 吴鸿, 徐华潮. 以昆虫作为指示生物评估森林健康的生物学与生态学基础 [J]. 应用生态学报, 2008, 19 (7): 1625-1630.

[134] 温腾, 徐德琳, 徐驰, 等. 全球变化背景下的现代生态学——第六届现代生

态学讲座纪要 [J].生态学报,2012,32(11):3606-3612.

[135] 严林,江小蕾,王刚.门源草原毛虫幼虫发育特性的研究 [J].草业学报,2005,14(2):116-120.

[136] 严林.草原毛虫属的分类、地理分布及门源草原毛虫生活史对策的研究 [D].兰州:兰州大学,2006.

[137] 马瑞俊,蒋志刚.全球气候变化对野生动物的影响 [J].生态学报,2005,25(11):1153-1159.

[138] 余欣超,陈珂璐,姚步青,等.模拟增温下门源草原毛虫幼虫生长发育特征 [J].生态学报,2016,36(24):8002-8007.

[139] 余欣超.不同增温梯度对门源草原毛虫生长发育与繁殖的影响 [D].北京:中国科学院大学,2015.

[140] 张棋麟,袁明龙.草原毛虫研究现状与展望 [J].草业科学,2013,30(4):638-646.

[141] 赵新全.高寒草甸生态系统与全球变化 [M].北京:科学出版社,2009.

[142] 郑莉莉,宋明华,尹谭凤,等.青藏高原高寒草甸门源草原毛虫取食偏好及其与植物C、N含量的关系 [J].生态学报,2016,36(8):2319-2326.

[143] 周华坤,周兴民,赵新全.模拟增温效应对矮嵩草草甸影响的初步研究 [J].植物生态学报,2000,24(5):547-553.